Die lernende Organisation

Chris Argyris/Donald A. Schön

Die lernende Organisation

Grundlagen, Methode, Praxis

3. Auflage

Schäffer-Poeschel Verlag Stuttgart

Reihe Systemisches Management

Bibliografische Information der Deutschen Nationalbibliothek

Die Deutsche Nationalbibliothek verzeichnet diese Publikation in der Deutschen Nationalbibliografie; detaillierte bibliografische Daten sind im Internet über http://dnb.dnb.de/ abrufbar.

Print: ISBN 978-3-7910-6186-3 Bestell-Nr. 12036-0001

Originalausgabe:
Die Originalausgabe erschien unter dem Titel
"Organizational Learning II, Theory, Method, and Practice"
in der "Addison-Wesley Series on Organizational Development",
hrsg. von Edgar H. Schein und Richard Beckhard

Deutschsprachige Ausgabe:

Ab Oktober 2008 Schäffer-Poeschel Verlag für Wirtschaft ▪ Steuern ▪ Recht GmbH

Chris Argyris/Donald A. Schön
Die lernende Organisation
3. Auflage, 2008, unveränderter Nachdruck Januar 2024

www.schaeffer-poeschel.de
service@schaeffer-poeschel.de

Schäffer-Poeschel Verlag Stuttgart
Ein Unternehmen der Haufe Group SE

Inhalt

Teil II
Defensives Denken und der theoretische Rahmen, der es erklärt – das Modell I und O-I 85

Teil III
Untersuchungsfördernde Interventionen und ihre theoretische Grundlage 119

Anhang

Einleitung

Vor zwanzig oder fünfundzwanzig Jahren gehörte organisationales Lernen – das Lernen der oder in Organisationen – noch zu den seltenen Vorstellungen und war, zusammen mit Begriffen wie „gesellschaftliches", „öffentliches" und „institutionelles" Lernen, in den Bereich der allgemeinen Literatur über soziale Veränderungen verbannt. Bis auf wenige Ausnahmen – zu denen Michel Crozier, Philip Herbst und Herbert Simon als die bemerkenswerteren gehörten – kam das organisationale Lernen in der wissenschaftlichen Literatur über Organisationsforschung überhaupt nicht vor. Noch 1978, als unser Buch *Organizational Learning* herauskam, fanden so renommierte Wissenschaftler wie Tom Burns und Geoffrey Vickers den Gedanken irritierend und in mancher Hinsicht unangebracht.

Heute, Mitte der 90er Jahre, wird inzwischen allgemein anerkannt, daß Wirtschaftsunternehmen, Regierungen, nichtstaatliche Organisationen, Schulen, medizinische Versorgungssysteme, Regionen, ja ganze Staaten und supranationale Einrichtungen sich den veränderten Bedingungen anpassen, aus vergangenen Erfolgen und Mißerfolgen Lehren ziehen, die Irrtümer der Vergangenheit aufspüren und korrigieren, bevorstehende Bedrohungen erahnen und darauf reagieren, experimentieren, ständig innovativ sein und Bilder einer erstrebenswerten Zukunft aufzeigen und realisieren müssen. Es herrscht praktisch Einvernehmen darüber, daß wir alle einem „Imperativ des Lernens" unterliegen, und in der theoretischen wie in der praktischen Welt ist das Lernen in Organisationen zu einer allgemeingültigen Vorstellung geworden.

Die Ursachen für diesen erstaunlichen Wandel in den Ansichten und Verhaltensweisen sind in den einzelnen Bereichen gesellschaftlichen Handelns etwas unterschiedlich. Natürlich geht vieles von diesem Wandel auf ein erheblich geschärftes Bewußtsein der Tatsache zurück, daß Unternehmen, Wirtschaftsregionen, Regierungen und alle von ihnen abhängigen Gruppen in eine Weltwirtschaft eingebunden sind, in der ein scharfer Wettbewerb herrscht und offenbar grundsolide Firmen, ja sogar ganze Branchen verschwinden oder einbrechen können, weil sie versäumen, frühe Warnsignale, die einen raschen Wechsel verlangen, zu erkennen und darauf zu reagieren. In den 80er Jahren verhalfen Wettbewerbsschocks den Managern einiger multinationaler Großunternehmen aus der Automobil- und Computerbranche zu der nicht sehr angenehmen Einsicht, daß sich das Wettbewerbsspiel, an dem sie beteiligt waren, radikal geändert hatte. Sie mußten ihre Organisation weit grundlegender umgestalten, als sie geglaubt hatten, und die Forderung nach organisationalen Veränderungen sollte von Dauer sein in einer Wirtschaftswelt, die den „Zustand der Stabilität hinter sich" gelassen hatte.

Zur gleichen Zeit wurden strategische Planung und Wettbewerbsanalyse in den Wirtschafts- und Führungsakademien zu etablierten Disziplinen, und bereits anerkannte Ge-

biete wie Finanzen, Rechnungswesen, Herstellung und Management-Informationssysteme wurden anspruchsvoller und in ihren analytischen Methoden noch rigoroser. Mit der Entwicklung dieser Gebiete wurde die Durchführung ihrer Grundsätze und Verfahren zum Problem. Und als sich ihr Augenmerk noch ausweitete und auf die Durchführung richtete, übernahmen auch sie allmählich das „organisationale Lernen" als allgemein anerkannten Gedanken. Im strategischen Bereich zum Beispiel erkannten führende Denker zunehmend, daß die strategische Planung hinsichtlich organisationaler Veränderungen neu durchdacht werden mußte. In seinem Buch *Managing the Resource Allocation Process* beschrieb Joseph Bower, wie wichtig Gewinn- und Verlustspiele von Interessenten und Mächtigen, die auf der mittleren Führungsebene ablaufen, für die Gestaltung der Unternehmensstrategie waren; er bestimmte das Gegenstück zu dem, was wir „begrenzte Lernsysteme" nennen – und behandelte sie wie feste Bestandteile des Status quo. Die jüngsten Werke von Autoren wie Russell Ackoff, Igor Ansoff, Edward Bowman und Andrew Pettigrew spiegeln ein wachsendes Einverständnis wider, daß die Entwicklung der Strategie ein aktiver, sich wiederholender Prozeß werden müßte, der die gesamte Organisation umfaßt – und folglich das organisationale Lernen verlangt.
Auch in anderen Organisationsbereichen wurde in den 80er Jahren deutlich, daß Veränderungen und Turbulenzen, altvertraute Merkmale der Managementsprache und Organisationstheorie, inzwischen zu herausragenden Merkmalen des Organisationsumfeldes geworden waren, die ein erhebliches Mehr an organisationalen Anpassungsfähigkeiten erforderten. Auf Gebieten wie öffentliche Verwaltung, Gesundheitsfürsorge, staatliche Sozialleistungen, Umweltmanagement und Bildung verursachten Forderungen nach Kostensenkung drastische Einschnitte, während eine wachsende Unzufriedenheit mit den Leistungen dieser Dienstleister zu Versuchen einer radikalen Umstrukturierung führte. Die Auswirkungen dieser Veränderungen und Forderungen nach Veränderung waren auf allen Ebenen individuellen Handelns, der organisationalen Systeme und der interorganisationalen Bereiche zu spüren.
Auf allen Gebieten sozialen Handelns ist ein kraftvolles Bild von Organisationen entstanden, die in wechselseitige Transaktionen mit den Umfeldern verwickelt sind, in die sie eingebettet sind. Der Erfolg einer Organisation, wie immer man ihn definiert, wird als abhängig von der Fähigkeit der Organisation betrachtet, die Dinge auf neue Art zu sehen, ein neues Verständnis zu erlangen und neue Verhaltensmuster zu erzeugen – und all das auf *kontinuierlicher* Grundlage und so, daß die Organisation *als Ganzes* einbezogen wird.
Die reichhaltige Literatur über das Lernen in Organisationen, das organisationale Lernen, die in den letzten fünfundzwanzig Jahren entstanden ist, läßt sich in zwei Gruppen unterteilen. Die eine Gruppe – präskriptive, praxisorientierte, wertverpflichtete, manchmal messianische und weitgehend unkritische Literatur – nimmt den Begriff „lernende Organisation" als Schlagwort für alles, was die führenden japanischen oder anderen Organisationen tun, und für das, was die übrige Welt tun muß, um zu ihnen aufzuschließen.

Die zweite Gruppe – wahrscheinlich ebenfalls von den allgemein anerkannten Gedanken angeregt, die durch die Welle des neuen globalen Wettbewerbs ausgelöst wurden – behandelt das organisationale Lernen wie ein wissenschaftliches Forschungsobjekt, vor allem in Führungs- und Wirtschaftsakademien. Die zweite Gruppe neigt zur Praxisferne, zur Skepsis gegenüber den Behauptungen der ersten Gruppe, schreibt nichts vor und ist hinsichtlich ihrer Definition des Lernens neutral – das heißt offen gegenüber der Ansicht, daß Lernen für erfolgreiches Handeln oder ein wünschenswertes Ergebnis gut oder schlecht sein, damit zusammenhängen oder nicht zusammenhängen kann.

Obwohl die Gemeinschaften aus der Praxis, die die beiden Zweige des zweigeteilten Bereichs des Lernens in Organisationen bilden, normalerweise nichts miteinander zu tun haben, stimmen sie in manchen Grundgedanken überein, die sie z. T. einigen unserer frühen Publikationen entliehen haben. Beide Zweige machen sich beispielsweise zu eigen, welch großen Wert wir auf die Bedeutung legen, die organisationalen Aktionstheorien (oder, im verwandten Begriff, „mentalen Modelle") zu erkennen, hervorzuholen, zu kritisieren und neu zu fassen. Beide Zweige übernehmen unsere Unterscheidung zwischen Einschleifen- und Doppelschleifen-Lernen; sie sprechen zum Beispiel von Lernen auf niedrigerer und höherer Ebene oder von paradigmen-erzwungenem und paradigmenbrechendem Lernen. Selbst Wissenschaftler, die die Möglichkeiten des Lernens in Organisationen auf höherer Ebene sehr skeptisch betrachteten, haben einen ansatzweisen Sinneswandel erkennen lassen.[1] Gemeinsam ist beiden Zweigen auch eine gewisse Blindheit gegenüber den Faktoren – oder deren Umgehen –, die wir als besonders wichtig erachten, damit das organisationale Lernen auf höherer Ebene erfolgreich abgeschlossen und bewahrt wird: gegenüber der Verhaltenswelt der Organisation und den handlungsleitenden Theorien einzelner, die sie bestärken und durch sie bestärkt werden.

Aus unserer Sicht, die beide Richtungen einbezieht, gibt es im Bereich des organisationalen Lernens vier zentrale Fragen:

1. Was ist eine Organisation (wie ist eine Organisation beschaffen), daß sie lernen kann?
2. Auf welche Weise, wenn überhaupt, können real bestehende Organisationen lernen?
3. Welche von den Arten des Lernens, zu denen Organisationen in der Lage sind oder sein könnten, sind wünschenswert?
4. Mit welchen Mitteln können Organisationen ihre Fähigkeit zu den Arten des Lernens entwickeln, die sie für erstrebenswert halten?

Die beiden Zweige haben eine formlose Aufteilung der geistigen Arbeit vorgenommen, nach der von dem einen aufgegriffene Fragen vom anderen übergangen werden. Die Vertreter der „lernenden Organisation" fragen in den meisten Fällen nicht, was eine Or-

[1] Barbara Leavitt und James March zum Beispiel bemerken in ihrem Artikel „Organizational Learning" von 1988, daß „es hinreichend Beweise gibt, daß die wie üblich verschlüsselten Lehren der Geschichte eine wichtige Grundlage für die Intelligenz von Organisationen darstellen. Trotz der Probleme lernen Organisationen." (S. 336)

ganisation ist, daß sie lernen kann. Sie glauben offenbar nicht, daß die Aufgabe, eine lernende Organisation zu entwickeln, ein grundlegendes Überdenken dessen erfordert, was eine Organisation überhaupt ist. Und offensichtlich machen sie sich auch keine Gedanken darüber, welche Arten des organisationalen Lernens erstrebenswert sind. Sie nennen zwar Erfordernisse für die lernende Organisation – Organisation mit großer Leitungsspanne, lokale Autonomie, Vertrauen und Zusammenarbeit über funktionale Grenzen hinweg –, gehen diesen Begriffen oder dem Wesen der Veränderungsprozesse, auf die sie sich beziehen, aber selten auf den Grund. Die meisten Befürworter der „lernenden Organisation" zerbrechen sich über diese Fragen nicht den Kopf, denn die Befürworter gehen von den *Antworten* auf die Fragen aus.

Die akademischen Schüler des organisationalen Lernens, die praxisfern, nicht präskriptiv und wertneutral sein wollen, konzentrieren sich auf die Fragen, die der erste Zweig nicht beachtet: Was bedeutet „Lernen in Organisationen"? Wie ist es überhaupt durchführbar? Welche Arten des organisationalen Lernens sind erstrebenswert, für wen und mit welcher Wahrscheinlichkeit? Die Schüler sind diesen Fragen gegenüber im allgemeinen skeptisch; ihre Skepsis kreist um drei Haupteinwände, die sich auf drei der vier Fragen beziehen, die wir in den Mittelpunkt des Geschehens stellen:

1. Einige Forscher behaupten, allein schon der Gedanke des Lernens bei Organisationen sei widersprüchlich, paradox oder sinnlos.
2. Andere Forscher, die das organisationale Lernen als sinnvollen Begriff akzeptieren, bezweifeln jedoch, daß reale Organisationen sich tatsächlich damit beschäftigen oder überhaupt dazu in der Lage sind.
3. Ein dritter Einwand akzeptiert Lernen bei Organisationen zwar als einen sinnvollen Begriff und glaubt, daß Organisationen manchmal wirklich lernen können, leugnet jedoch, daß Lernen in Organisationen immer, oder überhaupt, nützlich ist.

Im Gegensatz zu den polarisierten Standpunkten der Lern-Befürworter und -Gegner versuchen wir, eine praxisorientierte, wertverpflichtete Haltung mit einer skeptischen Einstellung gegenüber vielen der Behauptungen und stillschweigenden Annahmen derer zu vereinen, die gegenwärtig eine Version der lernenden Organisation fördern. Und das sind die Hauptelemente unseres Ansatzes:

1. Wir erkennen eine übergeordnete Bedeutung des organisationalen Lernens an, das sich allgemein auf die Aneignung von Erkenntnissen, Know-how, Verfahren und Praktiken jeder Art und mit allen Mitteln durch eine Organisation bezieht. In diesem Sinn ist Lernen in Organisationen allgegenwärtig und an sich weder gut noch schlecht. Tatsächlich wirkt vieles von dem, was im übergeordneten Sinn als Lernen in Organisationen gelten würde, denjenigen Arten des organisationalen Lernens entgegen, die wir für besonders erstrebenswert halten.
2. Unser Ansatz zum organisationalen Lernen ist normativ und praxisorientiert. Wir sind in erster Linie an *produktivem* Lernen bei Organisationen interessiert, wobei wir anerkennen, daß die Bedeutung dieses Begriffs sich nur allgemein definieren läßt und

im jeweiligen konkreten Zusammenhang eine Spezifikation erfordert. Wir möchten verstehen, wie diese Art des Lernens in real existierenden Organisationen geschaffen werden kann und wie die Praktiker dabei behilflich sein können. Aber wir stehen auch vielen Behauptungen der Befürworter der lernenden Organisation kritisch gegenüber und wissen um viele der Bedrohungen für das produktive Lernen, die kritische Beobachter ausgemacht haben. Unsere normativen Interessen veranlassen uns jedoch nicht nur, die Verhaltensmuster zu beschreiben, die das produktive Lernen bei Organisationen bedrohen, sondern auch zu lernen, wie man sie ändert.

3. Weil wir die beiden Zweige auf dem Gebiet des organisationalen Lernens zu kombinieren suchen, bedienen wir uns einer Forschungsmethode, die Elemente und Verhaltensweisen verbindet, die häufig getrennt gehalten werden. Unsere Forschungsmethode geht vom direkt beobachtbaren Verhalten in bestimmten Fällen aus und zielt darauf ab, verallgemeinerbare, empirisch widerlegbare Aussagen hervorzubringen. Wir streben eine allgemeine Theorie des organisationalen Lernens für Praktiker an, die die Arten des Lernens erweitern wollen, die wir für produktiv halten. Aus diesem Grund beschäftigt sich unser Ansatz mit Verhaltensmustern, die allen Organisationen gemeinsam sind, schließt aber auch eine Theorie seltener Vorkommnisse ein. Er muß im Grunde die Form der Aktionsforschung haben, der es um verallgemeinerbare Erkenntnisse organisationaler Phänomene geht, und zwar über den Versuch, gemeinsam mit den Praktikern die seltenen Vorkommnisse zu *produzieren*, die mit dem produktiven Lernen in Organisationen verbunden werden.
4. Für uns sind die einzelnen Praktiker für das Lernen bei Organisationen von zentraler Bedeutung, weil ihr Denken und Handeln sich auf die Aneignung von Fähigkeiten für das produktive Lernen auf organisationaler Ebene auswirkt. Wenn wir nicht an diesem Punkt beginnen, haben wir keine Chance, ein für den Praktiker nützliches Wissen zu schaffen.
5. Wir kennen die komplizierten Wechselbeziehungen zwischen individuellem und organisationalem Lernen. Wir sehen den Ursachenpfeil in beide Richtungen weisen: Das Lernen der interagierenden Individuen ist wesentlich für das organisationale Lernen, das ein Feedback liefert und das Lernen auf individueller Ebene beeinflußt. „Was ist eine Organisation, daß sie lernen kann?“ Wir antworten zunächst einmal mit dem Hinweis auf die politischen Bedingungen, unter denen die Individuen als Kräfte organisationalen Handelns auftreten können. Innerhalb dieses politischen Rahmens erkennen wir die Bedeutung der Organisationskultur, die als bewahrendes Umfeld für Wissen, Verhaltensweisen und Wertvorstellungen dient. Und in die „Kultur“ beziehen wir auch die äußerst wichtigen Organisationswerkzeuge wie Diagramme, erinnertes Wissen und Programme ein.
6. Unser Augenmerk gilt also der organisationalen *Untersuchung*. Wir benutzen diesen Begriff im Sinne Deweys als ganz allgemeine Bezeichnung für die Ausübung menschlicher Intelligenz in der Welt – die Verflechtung von Denken und Handeln,

mittels derer wir vom Zweifel zur Lösung des Zweifels gelangen. Die organisationale Untersuchung erfolgt, wenn Individuen in Organisationen im Wechselspiel miteinander nachforschen in dem Bemühen, produktive Ergebnisse beim Lernen in Organisationen zu erzielen. (Vgl. John Deweys Buch *Logic: The Theory of Inquiry* von 1938.)

Besondere Bedeutung im Rahmen des Untersuchungsprozesses wird der *Überraschung* eingeräumt, der Diskrepanz zwischen Ergebnis und Erwartung, die wir als wesentlich für den Prozeß betrachten, durch den Menschen neu sehen, denken und handeln lernen können.

7. Die organisationale Untersuchung ist nach unserem Sprachgebrauch so weit gefaßt, daß sie auch Untersuchungsarten einschließt, die für einige Lerntypen von zentraler Bedeutung sind, die von Wissenschaftlern heute zweckmäßig unterschieden werden, aber auch für Formen organisationaler Intelligenz, die vom Lernen im engeren Sinn gelegentlich getrennt werden.
8. Wir wissen um die Bedeutung der Unterscheidung, zu einer neuen Sicht zu kommen und dann aufgrund dieser Einsicht zu *handeln*. Gefahren für das produktive Lernen bei Organisationen können sowohl stichhaltige Rückschlüsse als auch produktives Handeln beeinträchtigen. Aber derartige Gefahren interessieren nicht nur den Wissenschaftler, sondern auch den Praktiker, den wir als Fragesteller sehen, der über seine eigene Untersuchung nachzudenken imstande ist („die Untersuchung untersucht", wie Dewey schrieb). Weil wir Praktiker für denkfähige Fragesteller halten, achten wir auch auf ihre impliziten Ansichten zur Kausalität und zu kausalen Rückschlüssen, da sie diese Begriffe anders gebrauchen als in der Sozialwissenschaft üblich.
9. Unser Ansatz zum produktiven organisationalen Lernen konzentriert sich auf das Einschleifen- wie das Doppelschleifen-Lernen: Einige Lernarten finden innerhalb bestehender Wertesysteme und der Handlungsrahmen statt, in die Werte eingebettet sind, während andere Arten mit Veränderungen bei Werten und Rahmenbedingungen zu tun haben und gedankliche Untersuchungen erfordern, die unvereinbare Bedingungen einbeziehen.
10. Auf der Ebene interpersonellen und organisationalen Verhaltens heben wir den Unterschied und die komplizierten Wechselbeziehungen hervor, die zwischen verschiedenen Typen von Einschleifen- und Doppelschleifen-Lernen bestehen.

Eine Art des Doppelschleifen-Lernens besteht darin, Wertvorstellungen und grundsätzliche Annahmen umzugestalten, die in die handlungsleitende Theorie einer Organisation eingebaut sind, die ihre Strategie, Wertvorstellungen, Ansichten über ihre Umwelt und das Verständnis der eigenen Fähigkeiten enthält. Diese Art des Lernens kann die Arten des Wandels hin zu mehr Offenheit, Flexibilität, lokaler Autonomie und Untersuchungsorientierung einschließen, die die Befürworter der „lernenden Organisation" vor Augen haben.

Wir glauben, daß das organisationale Doppelschleifen-Lernen, das in einem solchen Wandel enthalten ist, abhängt vom *Lernsystem* der Organisation, von der ihrer Struktur „übergestülpten" Verhaltenswelt, vom Informationsnetz und den Anreizsystemen. Lernsysteme können das organisationale Doppelschleifen-Lernen fördern oder behindern. Ihr Wandel hängt vom Doppelschleifen-Lernen in organisationalen Untersuchungsprozessen ab, von einer Verlagerung von die Untersuchungen behindernden zu die Untersuchungen begünstigenden handlungsleitenden Theorien. Bei der Art gemeinschaftlicher Aktionsforschung, die wir befürworten, untersuchen Forscher und Praktiker Irrtümer erster Ordnung wie Kompetenzfallen und abergläubisches Lernen (Leavitt und March, 1988), aber auch Irrtümer zweiter Ordnung in organisationalen Untersuchungsprozessen, die zu immer neuen Irrtümern erster Ordnung führen.

11. Wir unterscheiden analytisch zwischen diesen beiden Arten des Doppelschleifen-Lernens, um ihre kausalen Wechselbeziehungen zu erkunden. Wir glauben, in beiden Zweigen der Erforschung des organisationalen Lernens eine Tendenz zu erkennen, der Beachtung dieser Wechselbeziehungen auszuweichen oder ihnen nicht genügend Bedeutung beizumessen. Die Fähigkeit real existierender Organisationen, sich mit produktivem organisationalen Lernen zu beschäftigen, die eigenen Lernziele zu erreichen oder die Grundsätze und Verfahren durchzusetzen, die von lernorientierten Organisationsforschern propagiert werden, wird unserer Ansicht nach vor allem durch die untersuchungsfeindlichen handlungsleitenden Theorien eingeschränkt, die die normalen Muster organisationaler Untersuchungen unter bedrohlichen oder unangenehmen Bedingungen prägen.

    Dennoch sehen wir, daß interessante Fragen zur Möglichkeit gestellt werden können, das Doppelschleifen-Lernen bei organisationalen Untersuchungen zu umgehen. Die moderne Informationstechnologie ermöglicht zum Beispiel, Daten über den relativen Beitrag einer Organisationseinheit zu den Unternehmenskosten oder -gewinnen zu erstellen und zu verbreiten. Können derartige Informationssysteme das produktive Lernen bei Organisationen so erleichtern, daß der Umstrukturierung begrenzter Lernsysteme ausgewichen wird? Gibt es Anreizstrukturen im Sinne Albert Hirschmans (1970), die dahin tendieren, Verhaltensarten auszulösen, die für das Doppelschleifen-Lernen in Organisationen unentbehrlich sind? Kann Organisationsökologie dergestalt zu bestimmten Mustern selektiver Anpassung neigen, daß kein besonderer Hinweis auf individuelle oder interpersonelle Untersuchung erforderlich ist?

Diese und andere Fragen behandeln wir im vorliegenden Buch. In Teil I stellen wir das Begriffssystem vor, sowohl für das organisationale Lernen als auch für die Beziehung zwischen Forschung und Praxis, und erläutern diese Begriffe anhand eines Falles, der die langfristige Entwicklung eines Industrieunternehmens und die Rollen beschreibt, die die organisationale Untersuchung bei dieser Entwicklung spielt. In Teil II stellen wir Begriffe vor, die für das begrenzte Lernen von zentraler Bedeutung sind – defensives Denken und Modell I der handlungsleitenden Theorie; organisationales Abwehrverhalten und begrenzte organisationale (O-I) Lernsysteme. Teil III bietet ein kurzes, von einem Seminar ausgehendes Beispiel und ein langfristiges Organisationsbeispiel für den Wechsel vom defensiven zum produktiven Denken, vom Modell I der handlungsleitenden Theorie zum Modell II und von begrenzten zu produktiveren organisationalen Lernsystemen. In Teil IV besprechen wir die jüngste Geschichte des organisationalen Lernens und formulieren kontroverse Fragen und Herausforderungen, die sich dabei ergeben haben. Wir untersuchen diese Fragen aus unserer Sicht des organisationalen Lernens, treten für ein gemeinschaftliches Vorgehen von Handeln und Forschen sowie für die grundlegende Bedeutung einer Sicht ein, die die individuelle und interpersonelle Untersuchung und die ihr zugrundeliegenden handlungsleitenden Theorien mit Mustern produktiven und unproduktiven Lernens auf höheren Gesamtebenen verbindet.

Dank

Wir danken Michael Beer, Robert Burgelman und Andrew Van de Ven für die Durchsicht und das Eingehen auf unsere Anmerkungen über ihre Fallstudien.

Cambridge, Massachusetts *Chris Argyris, Donald A. Schön*

TEIL I

EINE EINFÜHRUNG IN DAS ORGANISATIONALE LERNEN

1. Was ist eine Organisation, daß sie lernen kann?

Einige Unterscheidungsmerkmale vorab

Der englische Begriff „learning" (Lernen) kann sowohl das *Ergebnis* bezeichnen (das, was gelernt wurde) als auch den *Prozeß*, der zu diesem Ergebnis führt. Im ersten Fall könnten wir fragen: „Was haben wir gelernt?" und eine Ansammlung von Informationen in Form von Wissen oder Qualifikationen, Fertigkeiten meinen, im zweiten: „Wie lernen wir?" und eine Lerntätigkeit meinen, die gut oder schlecht ausgeführt werden kann. Wenn wir zum Beispiel davon sprechen, „Lehren aus der Erfahrung zu ziehen", dann sind die „Lehren" für uns selbstredend das Lern*ergebnis*, das „Lehren ziehen" dagegen ist der Lern*prozeß*. Diese Mehrdeutigkeit von Ergebnis und Prozeß, die die verschiedenen Bedeutungen umfaßt, die Theoretiker und Praktiker dem Lernen im allgemeinen und dem „organisationalen Lernen" im besonderen geben, ist für jede andere Frage von Bedeutung, mit der wir es zu tun haben – zum Beispiel dafür, welche Formen des organisationalen Lernens erstrebenswert sind und welche Beweise es für ihre Existenz gibt.

Grundsätzlich kann man sagen, eine Organisation lerne, wenn sie sich Informationen (Wissen, Verständnis, Know-how, Techniken oder Praktiken) jedweder Art auf welchem Weg auch immer aneignet. In diesem übergeordneten Sinn lernen alle Organisationen im guten wie im schlechten immer dann, wenn sie ihren Informationsstand erweitern, und es gibt keine Einschränkungen dafür, wie diese Erweiterungen zustande kommen. Das allgemeine Schema für das organisationale Lernen schließt einen gewissen Informationsgehalt ein, ein *Lernergebnis*, sodann einen *Lernprozeß*, der darin besteht, Informationen zu erwerben, zu verarbeiten und zu speichern, und schließlich einen *Lernenden*, dem der Lernprozeß zugeschrieben wird. Lernen kann einem Agenten innerhalb oder außerhalb der Organisation zugeschrieben werden, ja sogar der Information selbst, etwa wenn man sagt, daß „neue Ideen sich in einer Organisation ausbreiten". Wir können auch von der Sonderform des Lernens sprechen, die aus dem „Umlernen" im Sinne von „aufgeben" besteht: dem Aneignen von Informationen, das dazu führt, etwas vom bestehenden Wissensbestand einer Organisation wegzunehmen (zum Beispiel eine veraltete Strategie).

Innerhalb dieses allgemeinen Schemas besteht eine wichtige Art des organisationalen Lernens darin, daß eine Organisation ihre Aufgaben im Zeitablauf besser erfüllt. Auch dieses *instrumentale Lernen* beruht auf einem Schema, das sich auf den Erfolg einer Aktion beim Erreichen der selbstgesetzten Ziele sowie auf Kriterien und Maßnahmen zur Überprüfung dieses Erfolges bezieht. Die Aktion muß bestimmbar sein (zum Bei-

Wenn wir von der Sicht eines entfernten Beobachters abrücken, aus der Organisationen und ihre Teile als unpersönliche Kräfte gesehen werden können, und so dicht herankommen, daß wir die individuellen und interpersonellen Prozesse erkennen, die dem Verhalten einer Organisation zugrunde liegen, erwecken wir das Paradox des organisationalen Lernens zu neuem Leben. Vielleicht ist dieser Begriff eine Metapher, gleichbedeutend mit „organisationaler“ Stärke oder Entropie. Macht es Sinn zu erklären, daß Organisationen *buchstäblich* wissen, sich erinnern, denken oder lernen? Wie können wir testen, ob sie es tatsächlich tun? Das wörtliche Verständnis des organisationalen Lernens erfordert, daß wir diese Prozesse und Bedingungen darlegen.
Wie mühsam es auch sein mag: das Paradox, das dem Begriff des organisationalen Lernens anhaftet, macht seinen potentiellen Reiz für die Organisationstheorie aus, denn es stößt an die Grenzen unserer üblichen Erkenntnisse. Wenn wir das Lernen bei Organisationen erforschen wollen, müssen wir uns neu überlegen, was wir unter „Organisation“ verstehen. Wir müssen uns fragen, was eine Organisation ist, wie sie beschaffen ist, so daß man von ihr sagen kann, sie könne lernen.

Organisationen als Gesamtheiten

Man könnte eine solche Untersuchung mit der Erklärung beginnen, daß Organisationen als aus Individuen bestehende Gesamtheiten etwas lernen, wenn ihre einzelnen Mitglieder oder ein wesentlicher Teil davon es lernen. Doch schon ein kurzes Nachdenken zeigt, daß eine solche Entsprechung keinen Bestand haben kann.
In vielen Fällen, wenn das Wissen einzelner nicht in den Strom eindeutig organisationalen Denkens und Handelns einfließt, wissen Organisationen *weniger* als ihre Mitglieder. Zum Beispiel können die Sozialeinrichtungen immer noch nach Kategorien wie „Alleinerziehende(r)“, „mißbrauchte Kinder“ oder „zerrüttete Familien“ vorgehen, obwohl die Sozialarbeiter der Behörde genau wissen, daß diese Kategorien den entscheidenden Kriterien für die Menschen, die sie betreuen, nicht mehr genügen. In einigen Fällen kann eine Organisation offenbar nicht das lernen, was *alle* ihre Mitglieder wissen. Wenn ein Fehler „so groß wird, daß man ihn nicht zugeben kann“ – etwa bei großangelegten Investitionen in eine Technologie oder gewaltigen wirtschaftlichen Entwicklungsprojekten in der Dritten Welt –, beharrt eine Organisation eventuell auf einem Kurs, den alle ihre Mitglieder als tollkühn betrachten. Umgekehrt gibt es Situationen, in denen eine Organisation *weit mehr* zu wissen scheint als ihre Mitglieder. Strukturen, Verfahren und Erinnerungen, die in das System einer Organisation wie etwa der Armee oder eines Telefonunternehmens eingebaut sind, ermöglichen einer Organisation unter Umständen zumindest vorübergehend hervorragende Leistungen, auch wenn ihre einzelnen Mitglieder offenbar alles andere als hervorragend sind.
Solche Überlegungen können nahelegen, das Lernen bei Organisationen in Kategorien

der „organisationalen Umgebung" zu betrachten, in der die einzelnen denken und handeln. Man hat Organisationen als „Verhaltensschauplätze" für zwischenmenschliches Handeln angesehen, als Übungsfelder der Macht, als Systeme institutionalisierter Anreize, die das individuelle Verhalten steuern, oder als sozio-kulturelle Zusammenhänge, in denen einzelne sich auf einen symbolischen Dialog einlassen. Aus einem oder mehreren dieser Blickwinkel vermögen wir eventuell die Bedingungen zu beschreiben, unter denen innerhalb eines organisationalen Umfeldes das Denken und Handeln einzelner ein organisationales Lernen ergeben. Dieses Vorgehen läßt uns aber nach wie vor das Problem, individuelle mit organisationalen Prozessen zu verbinden.

Wir könnten überlegen, dieses Problem dadurch zu lösen, daß wir das organisationale Lernen als das Vorrecht einer Person an der Spitze betrachten, die „für" die Organisation als Ganzes lernt. Doch die Chefs großer und komplexer Organisationen beklagen oft, ihren Untergebenen nicht die Lektionen vermitteln zu können, die sie selbst gelernt haben. Die Chefs können sehr schnell aufeinander folgen, die Organisation unter ihnen bleibt jedoch im wesentlichen unverändert. Und wenn sich etwas ereignet, das wie organisationales Lernen aussieht, hat es offenbar nicht selten kaum etwas mit der Person an der Spitze zu tun.

Alternativ könnten wir uns Ansammlungen einzelner als Vertreter vorstellen, die „für" die übergeordnete Organisation lernen, der sie angehören. Eine Gruppe von Angestellten der mittleren Ebene könnte beispielsweise beim Dialog miteinander herausfinden, wie man ein Produktionsproblem löst oder die Produktqualität verbessert. Aber das von der Gruppe einzelner erzielte Lernergebnis findet in der Organisation insgesamt unter Umständen keine Verbreitung. Und selbst wenn die Ergebnisse einer Untersuchung richtig verbreitet werden, gelangen sie vielleicht nicht in den Strom der Besprechungen und Überlegungen, die die Politik, die Programme oder Maßnahmen einer Organisation prägen.

Wir stehen immer noch vor dem Problem festzulegen, unter welchen Bedingungen das Denken und Handeln einzelner eindeutig organisational wird.

Organisationales Handeln

Der Gedanke des organisationalen Handelns geht dem des organisationalen Lernens logisch voraus, weil das Lernen – Denken, Wissen oder Sich-Erinnern – eine Art des Handelns ist und die Durchführung einer beobachtbaren, für eine Organisation neuen Handlung der entscheidende Test dafür ist, ob ein bestimmter Fall von organisationalem Lernen eingetreten ist. Aber wie können wir wissen, was Lernen für eine Organisation bedeutet, wenn wir nicht wissen, was Handeln für sie bedeutet?

„Handelt" eine Organisation, sobald eines ihrer Mitglieder handelt? Wenn, dann bestünde offenbar kaum ein Unterschied zwischen einer Organisation und der Ansammlung von Individuen, die aus den Mitgliedern besteht. Andererseits ist klar, daß einige Ansammlungen von Menschen eine Organisation darstellen und andere nicht. Aber selbst wenn eine Ansammlung von Einzelpersonen eindeutig zu einer Organisation gehört, können diese Personen viele Dinge tun (etwa essen, schlafen, spazierengehen, mit Freunden reden), die nicht das Kriterium organisationalen Handelns erfüllen.

Organisationen sind keine bloßen Ansammlungen von Individuen, und doch gibt es keine Organisation ohne derartige Ansammlungen. Das organisationale Handeln läßt sich nicht auf das Handeln einzelner reduzieren, nicht einmal auf das aller Einzelpersonen, aus denen die Organisation besteht, aber es gibt dennoch kein organisationales Handeln ohne individuelles Handeln. Wann macht es also einen Sinn zu sagen, daß eine Ansammlung einzelner eine Organisation bildet, die handelt?

Stellen wir uns einen „Haufen“ Studenten vor, die spontan gegen die finanziellen Fördermaßnahmen ihrer Universität protestieren. Ab wann hören sie auf, ein Haufen zu sein, und werden eine Organisation? Der Haufen ist eine Gesamtheit, eine Ansammlung von Menschen, die vielleicht rennen, schreien und gemeinsam herumlaufen. Aber es ist eine Gesamtheit, die nicht entscheiden oder im eigenen Namen handeln kann, und ihre Grenzen sind vage und verschwommen. Der Haufen wird erst dann einer Organisation ähnlich, wenn er drei Bedingungen erfüllt. Die einzelnen Angehörigen des Haufens müssen

1. vereinbarte Maßnahmen ausdenken, um Entscheidungen im Namen der Gesamtheit treffen zu können,
2. einzelnen die Vollmacht geben, für die Gesamtheit zu handeln, und
3. Grenzen zwischen der Gesamtheit und der übrigen Welt festlegen.

Sobald diese Bedingungen erfüllt sind, werden die Mitglieder der Gesamtheit allmählich zu einem erkennbaren „Wir“, das Entscheidungen treffen und diese Entscheidungen in Handlungen umsetzen kann.

Wenn die Angehörigen des Haufens ein erkennbarer Träger gemeinsamer Entscheidungen und Handlungen werden, werden sie im altgriechischen Sinn eine *polis*. Bevor eine Organisation irgend etwas anderes sein kann, muß sie „politisch“ sein, denn erst als politisches Gebilde kann die Gesamtheit als Organisation handeln. Es sind also die Einzelpersonen, die entscheiden und handeln, doch sie tun das im Namen der Gesamtheit, als deren Vertreter. Und damit Einzelpersonen für die Gesamtheit entscheiden und handeln können, muß es Regeln geben, die festlegen, wo die Grenzen der Gesamtheit liegen, wann eine Entscheidung getroffen und wann die Vollmacht zum Handeln an einzelne delegiert wurde. Sobald Mitglieder einer Gesamtheit solche Regeln aufstellen, die wir „konstitutionell“ nennen, und zu einer *polis* werden, haben sie sich organisiert. Das Aufstellen von Regeln, das eine Organisation entstehen läßt, muß nicht bewußt erfolgen, und konstitutionelle Regeln müssen nicht explizit sein. Entscheidend ist, daß das Verhalten der Mitglieder in den wesentlichen Punkten *regelkonform* ist. Wenn die Studenten, die vor dem Büro des Dekans demonstrieren, wissen, wie man sich organisiert, was sie wahrscheinlich als Kinder beim Spielen gelernt haben, werden sie spontan geltende Regeln über Entscheidungen, Delegieren und Mitgliedschaft ausarbeiten. Durchaus möglich, daß ihre Regeln stillschweigend gelten; es gibt keinen Grund, sie öffentlich zu machen, solange nichts passiert (eine Überraschung, eine Krise, ein Zustrom neuer Personen), was sie in Frage stellt. Solange Kontinuität bei den Regeln besteht, die das Verhalten einzelner Mitglieder bestimmen, hat die Organisation Bestand, auch wenn einige Mitglieder kommen und gehen. Und die Existenz der Organisation braucht nicht einmal gefährdet zu sein (wird eventuell sogar gestärkt), wenn diese Regeln vage, mehrdeutig oder nicht schlüssig sind.

Durch ein Regelwerk über Entscheidungen sowie durch das Delegieren und Festlegen von Grenzen der Mitgliedschaft wird eine Gesamtheit zu einer Organisation, die imstande ist zu handeln. Wenn wir diese Theorie des organisationalen Handelns jedoch auf die vertrauten Organisationen unserer Gesellschaft anwenden wollen, müssen wir einige weitere Unterscheidungen vornehmen.

Die protestierenden Studenten bilden unter Umständen eine Organisation, die nur für die Dauer ihres Protestes besteht; ihre Organisation kann beispielsweise erlöschen, wenn der Dekan zusagt, eine Zusammenkunft über die Finanzhilfe einzuberufen. Gian-Francesco Lanzara (1983) verwendete den Begriff „ephemer" für derartige kurzlebige, informelle Organisationen. Ephemere Organisationen können spontan als Reaktion auf eine Krise entstehen, wie das Erdbeben in den Abruzzen in Lanzaras Beispiel, das urplötzlich ausbrach und ebenso plötzlich wieder aufhörte. Doch sie bestehen eine Zeitlang als kooperative Systeme.

Wie Chester Barnard zeigte (1938), gehören Organisationen zur Gattung von Systemen, in denen Individuen zusammenarbeiten, um sich wiederholende Aufgaben zu bewältigen (etwa Kaffee kochen und ihn an die Opfer eines Erdbebens verteilen). Jedes kooperative System verkörpert eine Strategie, die Aufgaben, die es regelmäßig durchführt, nach irgendeinem Grundsatz aufzuteilen und die Bestandteile an einzelne Mitglieder zu delegieren, wodurch organisationale Rollen entstehen. Der „Aufgabenplan" der Organisation, das Muster der miteinander verbundenen Rollen, ist gleichzeitig eine Arbeitsteilung und ein Entwurf für die Durchführung der Arbeit. Dieser Entwurf besitzt die Eigenschaften anderer geplanter Artefakte. Er ist mehr oder weniger komplex; er umfaßt eine Vielzahl von Variablen, Werten und Einschränkungen; er unterliegt Schwankungen und Veränderungen; und er kann vor seiner Ausführung – „im voraus geplant" – vorgestellt oder während der Durchführung erarbeitet oder umgearbeitet werden.

Im Gegensatz zu ephemeren Organisationen ist eine *Vertretung* eine Ansammlung von Personen, die Entscheidungen trifft, Handlungsvollmachten erteilt und die Mitgliedschaft überwacht, und all das fortlaufend. Sie ist ein gemeinschaftliches Werkzeug für die regelmäßige Durchführung wiederkehrender Aufgaben. Haushalte, das Musterbeispiel einer Organisation, sind Vertretungen, genauso wie die dauerhaften kooperativen

Systeme, die von einzelnen in „Folk-Societies“ gebildet werden. Die Amischen, eine Gruppe der Mennoniten, zum Beispiel bilden gemeinschaftliche Baugruppen, denen regelmäßig der Bau von Häusern, Silos oder Getreidescheunen übertragen wird. Sie arbeiten in der Regel ohne förmlichen Plan oder bestimmte Leiter. Sie erarbeiten sich ihre situationsspezifischen Arbeitspläne im Gespräch vor Ort, auf dem Gelände und bei bereits vorhandenem Material. Solche formlosen Vertretungen sind besonders interessant, weil sie das Vorhandensein kulturspezifischer Organisationsschemata nahelegen, die allen Mitgliedern der Kultur vertraut sind und wieder und wieder mit unendlich vielen Abweichungen reproduziert werden können.

Zu den Vertretungen gehören auch die Gebilde, die wir üblicherweise als Organisationen betrachten: Geschäftsunternehmen, Kirchen, Schulen, Armeen, Fabriken, Gewerkschaften, Sozialeinrichtungen oder Ministerien. Das sind formale Organisationen, deren Regeln bis zu einem gewissen Grad bestimmt und im Rechtssystem der Gesellschaft festgelegt sind. Diese Organisationen werden formal als „juristische Personen“ bezeichnet. Ihre Arbeitspläne sind komplex, und sie besitzen in unterschiedlichem Umfang die Eigenschaften, die Max Weber der Bürokratie zuschrieb: eine klare Unterscheidung zwischen Personen und den Rollen, die sie einnehmen, eine komplexe und eingehende Darstellung der Rollen und Regeln, prozeduralen Arbeitspläne, hierarchischen und pyramidenförmig organisierten Autoritätsebenen. Derart komplexe Arbeitspläne können eng oder locker verknüpft sein, starr oder flexibel. Alle fallen sie jedoch unter unsere grundlegende Definition der Bedingungen für das organisationale Handeln: Sie sind kooperative Systeme, die von den konstitutionellen Grundsätzen einer Polis beherrscht werden.

Die organisationale Untersuchung

Wenn eine Gesamtheit diese Bedingungen erfüllt, so daß ihre Mitglieder für sie *handeln* können, kann man sagen, sie lerne, wenn ihre Mitglieder für sie *lernen*, in ihrem Namen einen Untersuchungsprozeß durchführen, der zu einem Lernergebnis führt.

Wir verwenden „Untersuchung“ hier nicht im üblichen Sinn wissenschaftlichen oder juristischen Erforschens, sondern in einem grundsätzlicheren Sinn, wie John Dewey ihn in seinem Werk gebraucht (1938): der Verflechtung von Denken und Handeln, die vom Zweifel zur Lösung des Zweifels fortschreitet. In der Untersuchung nach Dewey (auf die wir im folgenden Kapitel näher eingehen) wird Zweifel als das Erleben einer „problematischen Situation“ gedeutet, die durch die fehlende Übereinstimmung zwischen den erwarteten Ergebnissen des Handelns und den tatsächlich erzielten Ergebnissen ausgelöst wird. Eine solche fehlende Übereinstimmung – eine Überraschung, wenn wir sie erleben – blockiert den Strom spontaner Aktivität und läßt Gedanken und weitere Handlungen aufkommen, die darauf abzielen, diesen Strom wiederherzustellen.

Untersuchungen werden erst dann organisational, wenn sie von Personen durchgeführt werden, die gemäß der geltenden Rollen und Regeln als Vertreter einer Organisation fungieren. Die Personen können auch Untersuchungen anstellen, die nichts mit der Organisation zu tun haben, der sie angehören. Stellen wir uns zum Beispiel eine Agentur vor, die Fernsehprogramme für den Gebrauch in Schulen produziert. Einige der Mitarbeiter der Agentur fragen sich vielleicht, was die Lehrer eigentlich mit ihren Programmen machen. Dennoch können ihre Nachforschungen ohne Zusammenhang mit dem Strom der eindeutig organisationalen Tätigkeit bleiben, weil ihre Vorgesetzten kein Interesse daran haben zu erfahren, was mit den Programmen der Agentur geschieht, solange die Schulen die jährlichen Gebühren zahlen. Umgekehrt kann das, was eine Organisation erfährt, den einzelnen unzugänglich bleiben, etwa wenn die Mitarbeiter nicht über die Gründe für einen Wandel in der Programmpolitik informiert werden.
Wenn individuelle und organisationale Untersuchungen sich überschneiden, fließen erstere in letztere ein und gestalten diese mit, die dann über eine Rückkoppelung wieder die individuellen Untersuchungen prägen. Wenn etwa Angehörige der Agentur ihre Manager dafür interessieren können, was die Lehrer mit ihren Programmen machen, könnte die Agentur neue Methoden für Entscheidungen über den Programminhalt aufgreifen, was die Mitarbeiter vielleicht dazu brächte, die Lehrer in eine gemeinsame Programmgestaltung einzubeziehen.

Organisationales Wissen

Das Ergebnis der organisationalen Untersuchung kann die Form eines veränderten Denkens und Handelns annehmen, das einen Wechsel im Design der Organisationspraxis bewirkt. Ein Telekommunikationsunternehmen erlebt beispielsweise einen großräumigen Netzausfall. Die Ursachenforschung führt vielleicht zu veränderten Entwicklungs- und Wartungsverfahren für die Netzsoftware oder neuen Methoden zur Erkennung von Gefahren für die Netzstabilität.
Unter welchen Voraussetzungen wird dieses Wissen „organisational“? Auf diese Frage gibt es zwei verschiedene, aber sich ergänzende Antworten.
Erstens: Organisationen fungieren auf verschiedene Arten als *Bestandsumfelder für Wissen*, einschließlich des Wissens, das durch die organisationale Untersuchung erlangt wird. Dieses Wissen kann im Kopf einzelner Mitglieder gespeichert sein. Ist es nur auf diese Art gespeichert, kann es für die Organisation verloren sein, sobald die Betreffenden ausscheiden; eine Organisation kann zum Beispiel durch den Weggang desjenigen in größte Schwierigkeiten kommen, der als einziger wirklich über die Finanzen Bescheid weiß. Wissen kann jedoch auch in den Akten einer Organisation angesammelt sein, die ihre Aktionen, Entscheidungen, Maßnahmen und Vorgehensweisen festhalten, ebenso wie in den offiziellen wie inoffiziellen Plänen, durch die sich Organisa-

unter Umständen, weil jeder Versuch, ihre Nichtübereinstimmung mit der vertretenen Organisationstheorie aufzudecken, als bedrohend oder unangenehm empfunden würde.
Was immer die Gründe für die Implikation sein mögen, die handlungsleitende Theorie einer Organisation erklärt deren Identität im Zeitablauf. Nehmen wir eine große und dauerhafte Organisation wie die Armee der Vereinigten Staaten. In einem Zeitraum von etwa fünfzig Jahren wechselt das Personal der Armee komplett. Trotzdem sprechen wir von „der Armee". Wenn sie nicht mehr aus denselben Menschen besteht, wieso bleibt sie dann dieselbe? Beim Versuch, diese Frage zu beantworten, könnten wir Artefakte wie Uniformen und Waffen untersuchen. Im Verlauf von fünfzig Jahren erleben sie wahrscheinlich erhebliche Veränderungen. Wir könnten die gesellschaftlichen Funktionen untersuchen, die die Armee hat. Aber selbst wenn wir feststellen, daß diese Funktionen im wesentlichen seit fünfzig Jahren in Kraft sind, lassen wir doch die Möglichkeit offen, daß die Organisation, die sie heute erfüllt, sich wesentlich vom früheren Pendant unterscheidet. Wenn wir dagegen die fünfzigjährige Entwicklung der handlungsleitenden Theorie betrachten, die im militärischen Vorgehen der Armee enthalten ist, und feststellen, daß bestimmte Strategien, Wertvorstellungen und Annahmen – etwa für Befehl und Kontrolle, Beförderung und Ausbildung – in dieser Zeit relativ gleich geblieben sind, dann müßten wir sie als ganz zentral für die Kontinuität der Armee-Identität betrachten. Die handlungsleitende Theorie der Armee, eine scheinbar abstrakte Idee, wäre dann das „Realste" daran.
Man kann die handlungsleitende Theorie einer Organisation aus der Sicht eines Außenseiters oder der eines Insiders der Organisation beschreiben. Ein Außenseiter müßte beachten, wie der Aufgabenplan der Organisation durch das regelbestimmte Verhalten ihrer Mitglieder umgesetzt wird. Insider (auf die wir in Kapitel 8 noch genauer eingehen) haben Zugang zum Know-how, dank dessen sie die für den Aufgabenplan der Organisation angemessenen Maßnahmen ergreifen und kontrollieren. Dieses Know-how kann die Form von Verfahrenswissen haben, wie Faustregeln, oder die, daß die Mitglieder verschiedene Situationen und diesen angemessene Verhaltensweisen erfassen oder spontan „jetzt das Richtige tun". Solche Darstellungen bestimmen die handlungsleitende Theorie der Organisation, wie sie der Insider sieht.

Noch einmal: Organisationales Lernen

Dank des Rückgriffs auf diese Gedanken über das Handeln, Untersuchen und Wissen bei Organisationen können wir nun genauer beschreiben, was wir mit „organisationalem Lernen" meinen.
Jedes Organisationsmitglied macht sich ein eigenes Bild von der handlungsleitenden Theorie des Ganzen, das jedoch immer unvollständig ist. Unablässig versucht der Be-

treffende, sein Bild dadurch zu vervollständigen, daß er sich mit Bezug auf andere in der Organisation neu beschreibt. Wenn die Bedingungen sich ändern, verfaßt er seine Beschreibung neu; andere Personen handeln ähnlich. Es kommt zu einer ständigen, mehr oder weniger abgestimmten Verknüpfung der Bilder der einzelnen von ihrer Aktivität im Rahmen ihrer gemeinsamen Wechselbeziehungen.

Eine Organisation ist wie ein Organismus, dessen sämtliche Zellen ein bestimmtes, partielles, sich änderndes Bild von sich in bezug auf das Ganze enthalten. Und wie ein solcher Organismus ergibt sich das Handeln der Organisation aus ebendiesen Bildern: Ihre handlungsleitende Theorie hängt davon ab, wie die Mitglieder sie darstellen. Unsere Erforschung des organisationalen Lernens darf sich demnach nicht mit statischen Gebilden befassen, die sich Organisationen nennen, sondern, nach Karl Weick (1979; dt. 1985), mit aktiven Organisationsprozessen. Die sich einstellenden Bilder der Mitglieder von der Organisation prägen gerade den Gegenstand ihrer Betrachtung.

Die Kontinuität von Organisationen wäre unverständlich, hinge sie ausschließlich von der mehrfachen, parallelen, privaten Bilddarstellung ab. Sind Organisationen groß und komplex, können sich ihre Mitglieder nicht nur auf den direkten Kontakt verlassen, wenn sie sich beim Vergleich und der Anpassung ihrer privaten Bilder der handlungsleitenden Theorie der Organisation helfen lassen wollen. Selbst beim direkten Kontakt weichen private Bilder von Organisationen oft voneinander ab. Der einzelne braucht äußere Hinweise, die ihn bei seinen privaten Anpassungen leiten.

Solche Hinweisfunktionen werden von Organisationsdiagrammen, Speichern und Programmen erfüllt. Zu den Beispielen für Diagramme gehören Arbeitsflußdiagramme, Organisationspläne und Skizzen oder Fotos vom Arbeitsplatz. Ein Gebäude kann als Plan für Gruppierungen einzelner und als Muster für die Kommunikation unter ihnen dienen. Zu organisationalen Speichern gehören Akten, Unterlagen, Datenbanken und Konten, außerdem materielle Gegenstände (Werkzeuge, Produkte oder Arbeitsmaterialien), die organisationales Wissen enthalten. Programme sind Verfahrensdarstellungen organisationaler Abläufe; dazu gehören Arbeitspläne, Taktiken, Protokolle, Richtlinien, Aufzeichnungen und Vorlagen. Derartige Artefakte beschreiben bestehende Aktivitätsmuster und dienen als Führer für künftige Aktionen.

Organisationales Lernen findet statt, wenn einzelne in einer Organisation eine problematische Situation erleben und sie im Namen der Organisation untersuchen. Sie erleben eine überraschende Nichtübereinstimmung zwischen erwarteten und tatsächlichen Aktionsergebnissen und reagieren darauf mit einem Prozeß von Gedanken und weiteren Handlungen; dieser bringt sie dazu, ihre Vorstellungen von der Organisation oder ihr Verständnis organisationaler Phänomene abzuändern und ihre Aktivitäten neu zu ordnen, damit Ergebnisse und Erwartungen übereinstimmen, womit sie die handlungsleitende Theorie von Organisationen ändern. Um organisational zu werden, muß das Lernen, das sich aus Untersuchungen in der Organisation ergibt, in den Bildern der Organisation verankert werden, die in den Köpfen ihrer Mitglieder und/oder den er-

kenntnistheoretischen Artefakten existieren (den Diagrammen, Speichern und Programmen), die im organisationalen Umfeld angesiedelt sind.
Die Lernergebnisse der organisationalen Untersuchungen können viele Formen annehmen, die alle, wenn sie als Lernen gelten wollen, den Nachweis für eine Veränderung in der handlungsleitenden Theorie der Organisation enthalten müssen. Häufig werden solche Veränderungen durch Erkenntnisse aus Untersuchungen vermittelt. Dazu gehören

a. Auslegungen früherer Erfahrungen von Erfolg oder Mißerfolg;
b. Rückschlüsse aufgrund kausaler Verbindungen zwischen Handlungen und Ergebnissen sowie deren Auswirkungen auf künftige Aktionen;
c. Beschreibungen der sich verändernden organisationalen Umgebung und ihrer wahrscheinlichen Anforderungen an künftige Leistungen;
d. eine Analyse der Möglichkeiten und Grenzen alternativer organisationaler Strategien, Strukturen, Verfahren, Informations- oder Anreizsysteme;
e. Beschreibungen gegensätzlicher Ansichten und Interessen, die unter Bedingungen der Komplexität und Unsicherheit in der Organisation aufkommen;
f. Bilder einer erstrebenswerten Zukunft und die Entdeckung der Mittel, mit denen man sie erreichen kann;
g. kritische Überlegungen über handlungsleitende Theorien von Organisationen und Vorschläge für ihre Umstrukturierung und
h. eine Beschreibung und Analyse der Erfahrungen anderer Organisationen.

Sämtliche Zwischenergebnisse der Untersuchung kommen als Produkte des organisationalen Lernens in Frage, wenn sie von Verhaltensänderungen begleitet werden, die Veränderungen bei der handlungsleitenden Theorie von Organisationen anzeigen, und wenn sie in den einzelnen Bildern verkörpert sind (den Speichern, Diagrammen oder Programmen), die organisationales Wissen bewahren.

Fast ein Erfolg

Um unsere beabsichtigte Meinung klarzumachen, helfen an dieser Stelle vielleicht einige Beispiele, die „fast ein Erfolg“ sind – beinahe kann man von „organisationalem Lernen“ sprechen, aber nicht ganz. Wir haben bereits den Fall erwähnt, in dem Mitglieder einer Organisation neue Einsichten gewinnen, die nicht in Handeln umgesetzt werden. Es gibt ferner die Fälle, in denen die Untersuchung einzelner zu neuen Erkenntnissen und Handlungen führt, jedoch außerhalb des Stroms eindeutig organisationaler Aktivitäten bleibt und keine Veränderung bei der handlungsleitenden Theorie der Organisation herbeiführt; ein einzelner oder eine kleine Gruppe wird zum Beispiel ein heimlicher Verfechter einer Neuerung in der Politik, Technologie oder Vorgehensweise einer Organisation. Ein solcher Fall war in den 50er Jahren McLains nicht genehmigte, geheime Entwicklung des ersten Prototyps der Sidewinder-Rakete in einem Schuppen der Forschungsstation der Marine im kalifornischen Indio. Eine solche Entwicklung kann organisational werden, und auch ihr Lernergebnis, wenn (wie es bei McLain schließlich geschah) das geheime Projekt entdeckt, öffentlich sanktioniert und von der Organisation förmlich übernommen wird.

Es gibt Augenblicke, in denen eine organisationale Untersuchung einen vorübergehenden Wandel in der handlungsleitenden Theorie der Organisation bewirkt, doch die neuen, mit diesem Wandel verbundenen Erkenntnisse, die nur im Kopf bestimmter individueller „Träger" existieren, sind für die Organisation verloren, wenn diese Leute ausscheiden. Das geschieht häufig in kleinen Berufsorganisationen wie Forschungs- und Entwicklungsfirmen, Planungsbüros oder Softwareunternehmen, wo die Mitarbeiter üblicherweise kommen und gehen und ihre Ideen und Fähigkeiten mitnehmen. Gelegentlich erkennen Mitglieder der Gastgeberorganisation die Gefahr des Verlustes und versuchen gezielt, die speziellen Erkenntnisse und Fähigkeiten dieser organisationalen Wandervögel aufzudecken und zu dokumentieren.

Schließlich verdient noch festgehalten zu werden, daß nicht alle Veränderungen der handlungsleitenden Theorie von Organisationen als Lernen gelten. So können zum Beispiel Änderungen im Umfeld einer Organisation (etwa das Nachlassen der Produktnachfrage) Reaktionsmuster auslösen, die Organisationsnormen beeinträchtigen. Mitglieder können die Begeisterung verlieren, in ihrer Arbeit nachlässig werden oder den Kontakt zueinander verlieren. Derartige Änderungen sind Formen der Entartung, des Verfalls. Andererseits kann – wie in einem Beispiel, auf das wir in Kapitel 9 näher eingehen – eine organisationale Untersuchung zu Verschlechterungen in einigen Bereichen der handlungsleitenden Theorie von Organisationen führen, selbst wenn sie in einem anderen Bereich zum Lernen anregt.

All diese Beinaheerfolge lassen vermuten, daß unsere Kategorie des organisationalen Lernens unscharfe Grenzen hat. Es gibt Grenzfälle, in denen schwer exakt festzulegen ist, ob interaktive Untersuchungen wirklich organisational sind oder die handlungsleitende Theorie einer Organisation wirklich verändert haben, oder ob ihre Ergebnisse tatsächlich in den Speichern, Diagrammen und Programmen der Organisation verankert sind. Solche Unklarheiten können in organisationalen Erscheinungen begründet sein, die schlecht ausgeprägt oder erst im Entstehen sind, sie können aber auch Ausdruck eines Mangels an Informationen sein, der genügt, eine klare Festlegung zu vereiteln. Sie beeinträchtigen unsere Definition nicht, solange viele Beispiele eindeutig darunter fallen und die Informationen, die wir brauchten, um das organisationale Lernen definitiv zuzuschreiben, klar sind.

Produktives Lernen bei Organisationen

Instrumentales Lernen kann auf verschiedene Arten eher zum Schlechten als zum Guten sein. Einige davon sind typisch für das organisationale Lernen, andere treffen auf das Lernen durch Kräfte jeder Art zu.

Erstens können die *Ziele* des Handelns verwerflich sein. Der Wert, den wir einem Anstieg der Effektivität oder Effizienz beimessen, hängt davon ab, wie wir die Frage „Effektivität oder Effizienz – wozu?" beantworten und wie wir das „Wozu" bewerten. Dieser Punkt ist ganz entscheidend, wenn die fragliche Aktion von einer Organisation ausgeht, deren Mitglieder eifrig oder gedankenlos willfährig sind. Im Verlauf des Zweiten Weltkriegs wurde der Behördenapparat Eichmanns, als es um den Transport der Opfer in die Gaskammern ging, immer effizienter.

Der Wert, der einem bestimmten Lernbeispiel zugeschrieben wird, hängt auch davon ab, wie wir dessen Gültigkeit beurteilen. Lernen legt offenbar die Aneignung gültigen, brauchbaren Wissens oder Know-hows nahe. Aber wenn wir organisationales Lernen als Untersuchung ansehen, die zu einer Änderung der handlungsleitenden Theorie führt, eröffnen wir die Möglichkeit, daß jede Änderung auf einer Lektion beruhen kann, die sich als falsch oder unausführbar erweist. James March gebraucht den Begriff „abergläubisches Lernen", um sich auf eine solche Art von Lektionen zu beziehen: nämlich die, die auf der Überzeugung beruhen, daß die Ereignisse zeitlich aufeinander gefolgt sind und deshalb auch wie Ursache und Wirkung zusammenhängen. Firmenmanager glauben zum Beispiel gerne, daß ein Gewinnanstieg nach der Einführung einer neuen Politik durch diese Politik hervorgerufen wurde, während er in Wirklichkeit womöglich nur auf verbesserte Marktbedingungen zurückzuführen war. March meint, daß es die Manager zum abergläubischen Lernen zieht, weil es den Mythos ihrer Herrschaft stützt – ein Glaube, der zwar den Normen des Managements entgegenkommt, aber den Tatsachen oft nicht entspricht.

Organisationales Lernen, das zum Zeitpunkt seines ersten Auftretens wirksam oder brauchbar ist, kann zu insgesamt negativen Auswirkungen führen. Um ein bemerkenswertes Beispiel zu nennen: „Kompetenzfallen" (ebenfalls ein Ausdruck von March) sind Situationen, in denen das Erlebnis eines wahrgenommenen Erfolges eine Organisation dazu bringt, in einem vertrauten Denk- und Handlungsmuster zu verharren, und zwar über die Zeit und Bedingungen hinaus, in denen es Erfolge erzielt. Das Verhalten, das Erfolg zum Zeitpunkt t bringt, ist bei $t+1$ vielleicht nicht mehr erfolgreich. Aber eine Organisation, die vom Erfolg eingelullt und von den daraus gezogenen Lehren in die Irre geführt wird, verharrt vielleicht in gewohnten Verhaltensmustern, auch wenn diese längst nicht mehr funktionieren. Im Bereich Unternehmensstrategie fallen einem General Motors, IBM und Digital Equipment Corporation als jüngste Beispiele für Firmen ein, die eine einst gewinnbringende Strategie weiterverfolgten, die zu einer Verluststrategie geworden war; sie waren offensichtlich blind dafür, daß das Wettbewerbsumfeld sich grundlegend geändert hatte. Solche Beispiele sollte man von den Interessensnetzen her begreifen, die die Oganisationen um vertraute Strategien, Technologien oder Strukturen und die „dynamisch konservativen" Prozesse aufbauen (Schön, 1967), die eine Organisation veranlassen, an den Lehren festzuhalten, die sie aus den Erfahrungen der Vergangenheit gezogen hat.

Später werden wir Gelegenheit haben festzustellen, wie man gemeinsam lernen kann, Denk- und Handlungsmuster zu pflegen, die produktives organisationales Lernen *verhindern*. Man kann beispielsweise lernen, auf einen Irrtum zu reagieren, indem man einen Sündenbock sucht, Spielchen mit einseitiger Kontrolle spielt oder die Kontrolle umgeht, systematisch zu Täuschungen greift, seine wahren Absichten verbirgt und Tabus aufrechterhält, die eine Erörterung wichtiger Fragen unmöglich machen. Derartige Denk- und Handlungsmuster, die die Erfahrung lehrt, verhindern oft jenes produktive Lernen, das bessere Leistungen oder veränderte Leistungswerte hervorruft. Die Mitglieder der Organisation können jedoch eine Fixierung auf diese Muster entwickeln, die so weit gehen kann, daß sie erklären: „Wir haben Jahre gebraucht, uns in dieser verrückten Welt zurechtzufinden; macht nicht so einen Wirbel!"

Würden wir Lernen nur im positiven Sinn gebrauchen, müßten wir das Lernen, das in all den negativen Beispielen vorkommt, mit Bezeichnungen wie „dysfunktional", „unecht" oder „begrenzt" belegen. Diese semantischen Kunstgriffe führen in die Irre, weil sie meistens nach erfolgter Tat auf die Lernergebnisse angewandt werden, während wir *in* einer bestimmten Handlungssituation häufig unsicher sind, ob ein angebliches Beispiel produktiven Lernens bei Organisationen gültig und anwendbar ist. Entscheidend ist, daß wir, wenn wir das organisationale Lernen zu verstehen oder zu erweitern suchen, die vielen Möglichkeiten im Auge behalten sollten, auf die sich jedes Beispiel als ungültig, unproduktiv und sogar als definitiv schlecht erweisen kann.

Daher ist es sinnvoll, drei Arten produktiven Lernens bei Organisationen zu unterscheiden:

1. *Organisationale Untersuchungen*, instrumentales Lernen, das zu einer Leistungsverbesserung bei den Aufgaben der Organisation führt;
2. Untersuchungen, mit denen eine Organisation die Werte und Kriterien erkundet und umstrukturiert, durch die sie definiert, was sie unter verbesserter Leistung versteht, und
3. Untersuchungen, mit denen eine Organisation ihre Fähigkeiten zum Erlernen der Typen (1) oder (2) steigert.

Einschleifen- und Doppelschleifen-Lernen

Unter *Einschleifen-Lernen* verstehen wir instrumentales Lernen, das Handlungsstrategien oder Annahmen, die Strategien zugrunde liegen, so verändert, daß die Wertvorstellungen einer Handlungstheorie unverändert bleiben. Qualitätskontrolleure zum Beispiel, die ein fehlerhaftes Produkt entdecken, können diese Information an die Fertigungsingenieure weitergeben, die ihrerseits die Produktspezifikationen und -methoden ändern können, um den Mangel zu beheben. Marketingmanager, die feststellen, daß der monatliche Umsatz hinter den Erwartungen zurückbleibt, können dem Defizit nachgehen und nach einer Erklärung suchen, mit deren Hilfe sie neue Verkaufsstrategien entwickeln können, um die Umsätze wieder anzukurbeln. Linienmanager können auf eine erhöhte Personalfluktuation reagieren, indem sie nach Quellen für die Unzufriedenheit der Mitarbeiter und nach Umständen suchen, die sie beeinflussen können, wie Gehaltsniveau, Lohnzusatzleistungen oder Arbeitsplatzgestaltung, damit sich die Personalsituation wieder stabilisiert.

Bei derartigen Lernereignissen verbindet eine einzige Rückmeldeschleife, die durch eine organisationale Untersuchung zustande kommt, aufgespürte Irrtümer – das heißt ein Aktionsergebnis, das nicht den Erwartungen entspricht und daher überraschend ist – mit Handlungsstrategien der Organisation und den ihnen zugrundeliegenden Annahmen. Diese Strategien oder Annahmen werden ihrerseits abgeändert, damit die Leistung der Organisation im Rahmen ihrer bestehenden Wertvorstellungen und Normen bleibt. Die Wertvorstellungen und Normen selbst (in den obigen Beispielen beziehen sie sich auf Produktqualität, Umsatzniveau bzw. Personalfluktuation) bleiben unverändert.

Unter *Doppelschleifen-Lernen* verstehen wir ein Lernen, das zu einem Wertewechsel sowohl der handlungsleitenden Theorien als auch der Strategien und Annahmen führt. Die Doppelschleife bezieht sich auf die beiden Rückmeldeschleifen, die die festgestellten Auswirkungen des Handelns mit den Strategien und Wertvorstellungen verbinden, denen die Strategien dienen. Strategien und Annahmen können sich gleichzeitig mit einem Wertewechsel oder als Folge davon ändern.[1] Doppelschleifen-Lernen kann durch Einzelpersonen erfolgen, wenn ihre Untersuchung zu einer Änderung der Werte ihrer handlungsleitenden Theorien führt, oder durch Organisationen, wenn Individuen im Namen einer Organisation eine Untersuchung so durchführen, daß sich die Werte der handlungsleitenden Theorie der Organisation ändern.

Organisationen, die ständig geschäftlich mit der Außenwelt zu tun haben, führen regel-

[1] Die Unterscheidung zwischen Einschleifen- und Doppelschleifen-Lernen stammt aus W. Ross Ashbys *Design for a Brain* (1960). Ashby beschreibt den Unterschied anhand (a) des Anpassungsverhaltens eines stabilen Systems, „wobei der Stabilitätsbereich der Bereich des Phasenraums ist, in dem alle wichtigen Variablen innerhalb ihrer normalen Grenzwerte liegen“, und (b) anhand einer Wertänderung eines gültigen Parameters, der das Feld ändert, innerhalb dessen das System seine Stabilität aufrechtzuerhalten sucht. Eines der Beispiele, das Ashby anführt, ist das Verhalten eines thermostatgesteuerten Heiz- oder Kühlsystems. Analog zum Einschleifen-Lernen ändert das System die Werte bestimmter Variablen (zum Beispiel das Öffnen oder Schließen eines Luftventils), um die Temperatur innerhalb der festgesetzten Grenzen zu halten. Das Doppelschleifen-Lernen entspricht dem Prozeß, durch den eine Änderung der Situation das System veranlaßt, die Temperatur innerhalb der Grenzen zu halten, die eine neue Situation festlegt. Vgl. vor allem S. 71-75.

mäßig Untersuchungen in Gestalt von Ermittlungen und Irrtumsberichtigungen durch. Das Einschleifen-Lernen reicht dort aus, wo die Irrtumsberichtigung darin bestehen kann, Organisationsstrukturen und Annahmen innerhalb eines konstanten Rahmens von Leistungswerten und -normen zu ändern. Es ist instrumental und bezieht sich somit in erster Linie auf die Effektivität: wie man am besten bestehende Ziele erreicht und die Organisationsleistung in dem Bereich hält, der von den bestehenden Werten und Normen vorgegeben wird. In einigen Fällen erfordert die Irrtumskorrektur jedoch Untersuchungen, durch die Werte und Normen der Organisation selbst verändert werden, was wir als organisationales Doppelschleifen-Lernen bezeichnen.

Bei bestimmten Beispielen des Doppelschleifen-Lernens werden die erfolgten Veränderungen der Werte und Normen möglicherweise nicht als wünschenswert erachtet: Ihre Wünschbarkeit läßt sich nur durch eine situationsspezifische Kritik der Veränderungen selbst und der Untersuchung bestimmen, durch die sie erzielt werden. Trotzdem können Einzelpersonen oder Organisationen allein durch das Doppelschleifen-Lernen die Wünschbarkeit der Werte und Normen herstellen, die ihre handlungsleitenden Theorien bestimmen.

Stellen wir uns ein Chemieunternehmen vor, das eine Forschungs- und Entwicklungsabteilung (F&E) eingerichtet hat, die neue Technologien erkunden und entwickeln soll (ein Beispiel, auf das wir in Kapitel 3 ausführlicher eingehen). Das Unternehmen hat die neue F&E-Abteilung eingerichtet, weil es die Notwendigkeit erkannt hat, Umsatz und Gewinn zu steigern, und glaubt, das durch betriebsinterne technologische Innovationen erreichen zu sollen. Die neue Abteilung schafft jedoch Technologien, die nicht in das gewohnte Betriebsmuster des Unternehmens passen. Um wenigstens einige dieser Technologien nutzen zu können, muß das Unternehmen, wie wir annehmen wollen, von der Herstellung von Zwischenerzeugnissen, mit der es vertraut ist, auf die Herstellung und Distribution von Konsumgütern umsteigen, mit denen es nicht vertraut ist. Das erfordert wiederum, daß die Mitglieder des Unternehmens neue Ansätze für Marketing, Führung und Werbung finden; daß sie sich auf einen sehr viel kürzeren Produktlebenszyklus und einen schnelleren Wechsel in ihrem Tätigkeitsmuster einstellen; daß sie letztlich das Bild ihres Unternehmens ändern. Und diese Notwendigkeit zum Wechsel gerät in Konflikt mit einer anderen Unternehmensnorm, die Berechenbarkeit bei der Führung der Unternehmensgeschäfte verlangt.

Die Firmenmanager sehen sich folglich gegensätzlichen Anforderungen gegenüber. Wenn sie der Forderung nach Wachstum nachkommen, müssen sie die Forderung nach Berechenbarkeit aufgeben. Entschließen sie sich, ihr Betriebsmuster unverändert zu lassen, müssen sie die Forderung nach Wachstum insofern aufgeben, als diese Forderung durch intern geschaffene Technologie verwirklicht werden soll. Ein Änderungsprozeß, der mit Blick auf die Wirksamkeit bei bestehenden Normen eingeleitet wird, führt, wie sich herausstellt, zu einem Konflikt bei den Normen selbst.

Wenn Firmenmanager sich diesem Konflikt stellen sollen, müssen sie einen Untersuchungsprozeß durchführen, der sich wesentlich von dem beim Einschleifen-Lernen unterscheidet. Zunächst einmal müssen sie sich des Konflikts bewußt werden. Sie haben einen neuen Unternehmensbereich eingerichtet, der unerwartete Ergebnisse gebracht hat; das ist ein Irrtum, eine Überraschung. Sie müssen über diese Überraschung nachdenken, bis ihnen bewußt wird, daß sie die Sache nicht richtig in den Griff bekommen können, wenn sie lieber das machen, was sie schon beherrschen. Ihnen muß klar werden, daß sie den Irrtum nicht beheben können, wenn sie den neuen Bereich bei den bestehenden Normen zu effizienterer Arbeit anhalten; je effizienter der neue Bereich ist, desto stärker versetzen seine Ergebnisse die Manager in Ungewißheit und Konflikt. Die Manager müssen entdecken, daß die Norm für berechenbares Management, die sie, vielleicht stillschweigend, erfüllen, mit ihrem Wunsch kollidiert, Unternehmenswachstum durch technologische Innovationen zu erreichen.

Dann müssen die Manager eine Untersuchung durchführen, die die gegensätzlichen Anforderungen löst. Die Ergebnisse ihrer Untersuchung nehmen die Form einer Umstrukturierung der Organisationsnormen und höchstwahrscheinlich auch der Umstrukturierung der Strategien und Annahmen an, die mit diesen Normen verbunden sind; sie müssen dann in den Bildern und Diagrammen verankert werden, die die handlungsleitende Theorie der Organisation verschlüsseln. Diese Art von Ereignis enthält eine doppelte Rückmeldungsschleife, die die Irrtumsermittlung nicht nur mit Strategien und Annahmen effektiver Leistung verbindet, sondern auch mit den Werten und Normen, die eine effektive Leistung bestimmen.

In einem solchen Beispiel für organisationales Doppelschleifen-Lernen kommen normalerweise unvereinbare Anforderungen in der handlungsleitenden Theorie von Organisationen durch einen Konflikt unter Mitgliedern und Mitgliedergruppen zum Ausdruck. Man könnte sagen, die Organisation werde zum Mittel für die Übertragung unvereinbarer Anforderungen in einen mehrere Personen und mehrere Gruppen betreffenden Konflikt.

Einige Manager des Chemieunternehmens könnten beispielsweise zu Befürwortern von Wachstum durch Forschung werden, während andere, die vertrauten und berechenbaren Betriebsmustern anhängen, zu Gegnern der neuen, auf der Forschung beruhenden Unternehmenskonzeption werden. Doppelschleifen-Lernen folgt, wenn es denn dazu kommt, aus dem Untersuchungsprozeß, mit dem diese Manager sich auseinandersetzen und ihren Streit lösen. Sie können auf verschiedene Arten reagieren, die nicht alle den Kriterien des Doppelschleifen-Lernens in Organisationen genügen.

Erstens können die Mitglieder den Konflikt wie einen Kampf angehen, in dem Entscheidungen zwischen konkurrierenden Anforderungen getroffen und auf der Grundlage der Vorherrschaft Gewichtungen und Prioritäten gesetzt werden müssen. Vielleicht steht der Firmenchef zum Beispiel auf seiten der F&E-Gruppe und kann die alte Garde aufgrund seiner stärkeren Position ausschalten, oder der Kampf der beiden Seiten endet unentschieden, und sie einigen sich auf einen Kompromiß, in dem nichts weiter zum Ausdruck kommt, als daß keine Seite über die andere siegen konnte. In beiden Fällen ist der Konflikt zunächst beigelegt, aber nicht durch einen Prozeß, den man als Lernprozeß bezeichnen könnte. Endet der Konflikt mit einem Powerplay oder einem Patt, wird wahrscheinlich keine Seite dem Konflikt, seinen Ursachen und Folgen oder seiner Bedeutung für die handlungsleitende Theorie in Organisationen einen neuen Sinn abgewinnen.

Die Gegner können aber andererseits ihren Konflikt auch durch eine Untersuchung angehen, und zwar auf eine der folgenden Arten:

a. Sie können neue Leistungsstrategien ersinnen, die die erkannte Unvereinbarkeit der Anforderungen umgehen; sie können mit Erfolg eine Art Forschung und Entwicklung bestimmen, die sich ausschließlich auf die vorhandenen Geschäftsmuster bezieht, die die Wahrscheinlichkeit bieten, bestehende Wachstumsnormen zu erreichen. Sie haben dann erfolgreich eine Einschleifen-Lösung für etwas gefunden, was zunächst ein Doppelschleifen-Problem zu sein schien.
b. Sie können eine Kompromiß-Analyse durchführen, die ihnen ermöglicht, gemeinsam zu dem Schluß zu kommen, daß so und so viele Leistungseinheiten der einen Norm durch so und so viele Leistungseinheiten einer anderen Norm ausgeglichen werden. Auf dieser Grundlage entscheiden sie unter Umständen, daß die Aussichten für einen F&E-Erfolg so gering sind, daß man die F&E-Option aufgeben und deshalb die Wachstumserwartungen des Unternehmens zurückschrauben sollte. Sie können aber auch beschließen, die F&E-Ziele zu begrenzen, so daß die F&E-bedingte Spaltung der Muster der Geschäftsvorgänge auf bestimmte Unternehmensbereiche beschränkt wird. Hier kommt es also zu einem Kompromiß zwischen konkurrierenden Anforderungen, der jedoch erreicht wird durch eine Untersuchung der Möglichkeiten und Werte, die mit Optionen zum Handeln verbunden sind.
c. Die nicht übereinstimmenden Anforderungen könnten als nicht vergleichbar angesehen werden. In einem solchen Fall könnte der Konflikt dennoch durch eine Untersuchung gelöst werden, die den ursprünglichen Einlassungen der Mitglieder auf den Grund geht. Die Beteiligten müssen dann fragen, warum sie diese Positionen vertreten und was die Positionen bedeuten. Sie können fragen, welche Umstände sie veranlaßt haben, bestimmte Wachstumsstandards beim Umsatz und Gewinn zu übernehmen, aufgrund welcher rationalen Erwägungen, und welche Folgen es wahrscheinlich hat, die Standards, mit welchen Mitteln auch immer, erfüllen zu wollen. Ähnlich können sie fragen, welche Arten der Berechenbarkeit bei der betrieblichen Tätigkeit die größte Bedeutung haben, für wen sie wichtig sind und welche Umstände sie so wichtig machen.

Untersuchungen vom Typ (b) oder (c) können zu einer Umstrukturierung der Unternehmenswerte und -normen führen, aber auch zur Entdeckung neuer Muster für Anreize, finanzielle Planung und Kontrolle, die mehr Rücksicht auf die Anforderungen sowohl für das Wachstum als auch die Berechenbarkeit nehmen.

Bei dieser Art organisationalen Doppelschleifen-Lernens lösen die einzelnen Mitglieder interpersonelle Konflikte und solche zwischen Gruppen, in denen unvereinbare Anforderungen an die Leistung von Organisationen zum Ausdruck kommen. Das erreichen sie mit Hilfe von Untersuchungen, die neue Erkenntnisse über die gegensätzlichen Anforderungen – ihre Ursprünge, Bedingungen und Folgen – schaffen sowie neue Prioritäten und Gewichtungen von Normen setzen oder die Normen selbst zusammen mit den dazugehörigen Strategien und Annahmen neu bestimmen. Bei einem derartigen Prozeß werden die umstrukturierten Anforderungen an die Leistung der Organisation eher fast dekkungsgleich und somit empfänglicher für eine erfolgreiche Umsetzung. Und die sich daraus ergebenden Erkenntnisse, Prioritäten und umgestalteten Normen gehen in die Bilder, Diagramme und Programme der Organisation ein und werden so in ihrer „Erinnerung" verankert.

Weitere Überlegungen

Die Unterscheidung zwischen Einschleifen- und Doppelschleifen-Lernen wird durch mehrere Umstände komplizierter. Sobald wir letztere betrachten, erkennen wir ein Bedeutungsgefälle beim organisationalen Lernen, werden uns mehrdeutiger Zonen an den Grenzen dieser beiden Lerntypen bewußt und erkennen mehrere Untersuchungsmuster, durch die Organisationen am Doppelschleifen-Lernen teilhaben können.

Erstens wird die Unterscheidung zwischen Einschleifen- und Doppelschleifen-Lernen durch die Organisationsgröße und -komplexität erschwert.

Handlungsleitende Organisationstheorien sind aus vielen, miteinander verbundenen Teilen bestehende Strukturen. Einige davon sind lokal und peripher, andere sind zentrale Bestandteile und für die Struktur insgesamt von elementarer Bedeutung. In einem Chemieunternehmen zum Beispiel sind Normen, die die Anforderungen für Wachstum und Berechenbarkeit regeln, für die handlungsleitende Theorie der gesamten Organisation von entscheidender Bedeutung. Sollten sich diese Normen ändern, müßte sich auch die übrige handlungsleitende Theorie in weiten Teilen ändern; diese sekundären Veränderungen machen den Konflikt für das ganze Unternehmen so bedeutsam. Eine bestimmte Norm für Produktqualität könnte sich dagegen ohne große Auswirkungen auf die übrige handlungsleitende Theorie der Organisation ändern. Aus solchen Beobachtungen leiten wir ab, daß das Doppelschleifen-Lernen bei Organisationen für die Organisation als Ganzes von größerer oder geringerer Bedeutung sein kann, je nachdem, inwieweit zentrale Werte und Normen betroffen sind.

Außerdem bestehen große Organisationen aus vielen Ebenen. Solche Organisationen lassen sich mit Hilfe einer *Aggregationsleiter* beschreiben, die von Einzelpersonen zu kleinen Gruppen führt, weiter zu Abteilungen aus vielen kleinen Gruppen, zu Bereichen, die Abteilungsansammlungen sind, zur Organisation als Ganzes, zum größeren

Feld, auf dem die Organisation mit anderen Organisationen interagiert. Diese Organisationsebenen sind nichts Abstraktes, sondern lebende Systeme, von denen man sagen kann, daß sie alle eigene Interessen, Absichten, Wertvorstellungen und handlungsleitende Theorien haben. Aus der Sicht jedes einzelnen dieser Systeme ist die übrige Organisation Umwelt. Man kann von einer Organisation sagen, daß sie handelt, interagiert, untersucht und lernt; und das können auch die Gruppen, Abteilungen und Bereiche auf den verschiedenen Aggregationsebenen in der Organisation.

Oft sind die Aktionen organisationsinterner Einheiten wesentlich für die Untersuchung der Organisation und bedeutend für das Einschleifen- und Doppelschleifen-Lernen. Lernen kann mehr oder weniger stark auf eine Organisationseinheit beschränkt sein, je nachdem, wie eng oder locker diese Einheit mit anderen verbunden ist. Eine Änderung in der Technologie eines Produktionsbereichs zum Beispiel kann auch die Werte ändern, die das Verhalten an diesem Arbeitsplatz bestimmen, ohne daß sich das auf die handlungsleitende Theorie der Gesamtorganisation auswirkt. Die Entscheidung einer Bank dagegen, in einem ihrer Bereiche die JIT-Bearbeitung von Papieren einzuführen, kann zu einer Änderung der Normen führen, mittels derer das Kontrollsystem der Bank die Produktion in all ihren Bereichen erkennt, bewertet und belohnt. In diesem Fall regt das, was als Einschleifen-Lernen auf einer Aggregationsebene beginnt, das Doppelschleifen-Lernen auf allen Ebenen an. Grundsätzlicher gesagt, kann die Art organisationalen Lernens, zu der es kommt, mit dem Aggregationsniveau schwanken, auf dem es erfolgt, und mit der engen oder lockeren Verknüpfung der Einheiten innerhalb oder zwischen den Ebenen.

Ein zweiter Umstand, der die Unterscheidung zwischen Einschleifen- und Doppelschleifen-Lernen erschwert, ist die Beziehung zwischen Lernprodukten und -prozessen. Wir haben das Einschleifen- und Doppelschleifen-Lernen bisher anhand der *Produkte, Ergebnisse* organisationaler Untersuchungen definiert und haben dabei zwischen einer Änderung bei der handlungsleitenden Theorie einer Organisation unterschieden, die sich nur auf Handlungsstrategien und Annahmen auswirkt, und der, die die Werte beeinflußt. Aber wir haben auch mit Werten und Normen zu tun, die Untersuchungs*prozesse* bei Organisationen bestimmen, denn sie sind entscheidend für die Fähigkeit einer Organisation zur Verbesserung ihrer Leistung und Umstrukturierung der Werte, die die Verbesserung bestimmen.

Wenn wir zu bestimmen versuchen, ob ein Beispiel von Lernen bei Organisationen ein- oder doppelschleifig ist, ist es nicht nur wichtig festzuhalten, wo die Untersuchung beginnt, sondern auch, wohin sie geht. Die Manager einer Firma können beispielsweise entscheiden, daß ihre Organisation in ihren Reaktionen auf Bedrohungen und sich bietende Gelegenheiten sehr viel beweglicher und offensiver werden muß, wenn sie Marktanteile erorbern will. Wenn sie mit diesem Ziel beginnen, schlagen sie vielleicht vor, eine Organisation mit größerer Leitungsspanne und stärkerer Dezentralisierung zu schaffen, in der die lokalen Einheiten weit mehr Handlungsspielraum haben und mehr Initiative

zeigen. Sobald die Manager anfangen, den neuen Organisationsplan umzusetzen, entdecken sie möglicherweise, daß sein Erfolg davon abhängt, ein Organisationsklima zu schaffen, das öffentlichen Widerspruch und Debatten, Risikobereitschaft und Entscheidungsfreudigkeit bei Ungewißheit erträgt. Diese Werte waren vielleicht in der von der Organisation vertretenen Aktionstheorie enthalten, nicht jedoch in ihrer handlungsleitenden Theorie. Die ursprüngliche Initiative, die als effektivitätssteigernd für die Organisation dargestellt wurde, hat, wie sich herausstellt, entscheidende Auswirkungen auf Doppelschleifen-Veränderungen bei zentralen Werten, die die handlungsleitende Theorie für die Durchführung organisationaler Untersuchungen beherrschen.
Betrachten wir ein verwandtes Beispiel, mit dem wir uns in Kapitel 9 ausführlicher beschäftigen wollen: Eine Organisation führt ein *Total Quality Management-Programm* (TQM) ein (Argyris, 1994). Wenn einzelne, die mit diesem Programm arbeiten, die „eigentlichen Ursachen" der Irrtümer bei einem Produkt oder Prozeß suchen, können sie zwei unterschiedliche Problemarten feststellen. Mängel bei der Produktion sind die eine Problemart; die andere wird durch eine Gruppe von Angestellten verkörpert, die unbeteiligt dabeistehen und zusehen, wie die Mängel sich entwickeln und fortbestehen. TQM kann das einfache Lernen erzeugen, das notwendig ist, eine Lösung für das erste Problem zu bieten, aber es wird wahrscheinlich nicht verhindern, daß das zweite Problem immer wieder auftaucht, oder die Inspektoren veranlassen sich zu fragen, warum sie nichts unternommen haben.
Das Doppelschleifen-Lernen bei organisationalen Untersuchungen verlangt nach einem oder sogar mehreren zusätzlichen Schritten. Es gibt die Frage an den Fragenden zurück und erforscht nicht nur die objektiven Tatsachen im Umfeld eines Mangels, sondern auch die Gründe und Motive hinter diesen Tatsachen. Ein Firmenchef zum Beispiel, der in seinem Unternehmen darauf stößt, daß die Billigung einer Neuerung voraussetzt, daß 275 Leute den Mund halten, könnte fragen: „Wie lange wißt ihr schon von diesen Zuständen?", „Was hat euch gehindert, diese Praktiken zu hinterfragen?" Dieses Doppelschleifen-Lernen ist darauf angewiesen, die eigenen Annahmen und Verhaltensweisen zu hinterfragen.
Die Unterscheidung zwischen Doppelschleifen-Lernergebnissen für die handlungsleitende Theorie einer Organisation und Doppelschleifen-Lernen in Untersuchungsprozessen einer Organisation entspricht der Unterscheidung zwischen *Irrtümern erster und zweiter Ordnung*. Irrtümer *erster Ordnung* in der handlungsleitenden Theorie einer Organisation offenbaren sich durch übermäßige Kosten oder zu viele Kündigungen. Die Irrtümer *zweiter Ordnung*, die bei Untersuchungsprozessen von Organisationen auftreten – wie etwa das Versagen, bestehende Praktiken in Frage zu stellen –, ermöglichen, daß solche Irrtümer erster Ordnung aufkommen und sich halten. Doppelschleifen-Lernen bei organisationalen Untersuchungen besteht aus Hinterfragen, dem Sammeln von Informationen und Überlegungen, die die Irrtümer zweiter Ordnung angehen. Wenn es erfolgreich ist, resultiert es in einer Veränderung hin zu Werten für eine Untersuchung,

die gültiges und aktionsorientiertes Lernen über Irrtümer zweiter Ordnung ergibt. Wie wir in Teil II zeigen, hängen solche Veränderungen eng mit dem „Lernsystem" einer Organisation und den individuellen handlungsleitenden Theorien zusammen, die es beide verstärken und von ihm verstärkt werden.

Zweitlernen bei Organisationen

Das Lernsystem einer Organisation besteht aus den Strukturen, die die Untersuchung in Organisationen und die über diese Strukturen „gestülpte" organisationale Verhaltenswelt lenken, die die organisationale Untersuchung erleichtert oder behindert. Struktur- und Verhaltensmerkmale des Lernsystems einer Organisation schaffen die Bedingungen, unter denen Einzelpersonen bei organisationalen Untersuchungen interagieren, und machen es mehr oder weniger wahrscheinlich, daß wichtige Fragen angesprochen oder vermieden werden, daß Dilemmas öffentlich zur Kenntnis genommen oder unter dem Tisch gehalten und daß heikle Annahmen öffentlich überprüft oder zurückgehalten werden.

Mit „Organisationsstrukturen" meinen wir:

- Kommunikationskanäle (Diskussionsforen, offizielle und inoffizielle Interaktionsmuster);
- Informationssysteme einschließlich ihrer Medien und Technologien (Computer zum Beispiel);
- das räumliche Umfeld der Organisation, soweit es Kommunikationsmuster beeinflußt;
- Maßnahmen und Verfahren, die die individuelle und interaktive Untersuchung lenken, und
- Systeme mit Anreizen, die sich auf den Willen zur Untersuchung auswirken.

Soweit solche Strukturen die organisationale Untersuchung erleichtern, nennen wir sie *Initiatoren*.

Unter der „Verhaltenswelt" der Organisation verstehen wir die Eigenschaften, Bedeutungen und Empfindungen, die die Muster der Interaktion zwischen Individuen innerhalb der Organisation normalerweise so beeinflussen, daß die organisationale Untersuchung berührt wird – zum Beispiel inwieweit Interaktionsmuster friedlich oder feindselig sind, vertraulich oder distanziert, offen oder verschlossen, flexibel oder starr, konkurrierend oder kooperativ, risikofreudig oder -scheu, offensiv oder defensiv. Ein wesentliches Merkmal der Verhaltenswelt einer Organisation ist der Umfang, in dem die Organisationsuntersuchung im allgemeinen mit dem Gewinn-/Verlust-Verhalten zusammenhängt, das so typisch für die Interessen- und Machtspiele der Organisation ist. Diese Spiele sind normalerweise eng mit der organisationalen Untersuchung verbunden. Im Extremfall können, wie Michel Crozier (1964) gezeigt hat, Überraschungen, die produk-

Der Zweifel und seine Auflösung sind Transaktionseigenschaften der Beziehung zwischen dem Untersuchenden und der Situation; der Untersuchende beteiligt sich am Aufbau der Situation, auf die er auch reagiert. Eine Künstlerin malt zum Beispiel das Bild, in dem sie zu jedem Augenblick Anforderungen und Möglichkeiten findet, die nach weiterem Schaffen verlangen. Die Probleme und Fähigkeiten in einer zwischenmenschlichen Beziehung, die Gefühle erzeugen und nach neuem Denken und Handeln verlangen, sind immer, zumindest teilweise, ein Produkt der Beteiligten.
Die Transaktion zwischen Untersuchendem und Situation geht weiter und ist von Natur aus offen. Wenn Untersuchende das, was an einer Handlungssituation problematisch ist, lösen wollen, bringen sie neue problematische Merkmale hervor. Untersuchen „entfernt Zweifel nicht einfach dadurch, daß es auf eine frühere anpassungsfähige Integration zurückgreift", wie Dewey es ausdrückte, sondern „richtet neue umgebende Bedingungen ein, die neue Probleme verursachen". In einer solchen Dialektik (auf das organisationale Gegenstück dieses Begriffs kommen wir im folgenden Kapitel zu sprechen) gibt es nach Deweys Worten „nichts in der Art einer endgültigen Klärung". Die Untersuchung muß an ihrem Erfolg bei der Lösung einer problematischen Situation und an dem Wert gemessen werden, den die Untersuchenden den neuen Problemen zuschreiben, die ihre Lösung schafft.

Irrtümer entdecken und korrigieren

Wir definieren das Entdecken von Irrtümern als die fehlende Übereinstimmung von Ergebnissen und Erwartungen, die das Bewußtsein für eine problematische Situation auslöst und die Untersuchung in Gang setzt, die auf eine Korrektur des Irrtums abstellt. Wenn die Ergebnisse unseres Handelns nicht den Erwartungen entsprechen, erlebt der Untersuchende eine Überraschung – ein Erlebnis, das entscheidend für den Prozeß ist, auf neue Art zu denken und zu handeln. Der Versuch, eine problematische Situation zu lösen, läßt häufig neue Überraschungsquellen sprudeln.
Betrachten wir, was passiert, wenn ein Telefonnetz plötzlich zusammenbricht. Im für das Netz verantwortlichen Unternehmen suchen Techniker nach Wegen, den Betrieb wiederherzustellen. Wenn sie nicht sofort erkennen, wie sie das erreichen können, versuchen sie, Dinge auszuprobieren, die die Lage nicht verschlechtern. Sie untersuchen die Ursachen des Zusammenbruchs und erkunden Wege, wie sich derartige Störungen in Zukunft verhindern lassen. Wie sie die Ursachen verstehen und wie sie das Zuverlässigkeitsproblem angehen, entscheidet über die kurzfristigen Lösungen und die längerfristigen Verhütungsstrategien.
Nicht selten zeigen ihre Versuche zur Durchführung der problemlösenden Strategien beim ersten Umreißen der Probleme Mängel. Wird die unmittelbare Ursache des Zusammenbruchs in einem Irrtum lokalisiert, der in der Netzsoftware verborgen ist, rich-

tet sich das Augenmerk vielleicht zunächst auf einen Softwaretest. Weitere Untersuchungen fördern eventuell ein tiefer liegendes Problem zutage. Vielleicht stellen die Techniker fest, daß sie bei dem Versuch, die Netzleistung zu verbessern, Systeme eingeführt haben, die die Netzsoftware komplexer und damit fehleranfälliger machen. Die Entdeckung dieses grundlegenderen Problems, eine Unstimmigkeit in den Zielen der Netzwerkplanung, mag eine grundlegendere Lösung verlangen. Eine Untersuchung, die zunächst durch eine Überraschung ausgelöst wird, sorgt für neue Überraschungen, die weitere Runden der Irrtumssuche und -korrektur erforderlich machen.

Es ist jedoch wichtig festzuhalten, daß der Begriff „Irrtum", den wir als eine „Nichtübereinstimmung von Ergebnissen und Erwartungen" definieren, normalerweise einen Fehler meint, eine nicht haltbare Handlungsstrategie oder Annahme zum Beispiel, die fälschliche Meinung, daß bessere Tools zum Testen von Software Zuverlässigkeit im Netz garantieren. Der Weg vom Irrtum zum Fehler, der ihm zugrunde liegt, erfordert einen weiteren Untersuchungsprozeß, wie bei der Analyse der Telefontechniker zu den Ursachen des Netzzusammenbruchs. Ein Irrtum ist kein Fehler, er signalisiert vielmehr das Vorliegen eines Fehlers.

Festhalten muß man auch, daß ein Irrtum zwar normalerweise auf ein negatives Ergebnis hindeutet, daß er aber doch etwas Positives haben kann. Das überraschende Ergebnis einer Handlung wird gelegentlich als wünschenswert angesehen. Im Bereich der Wissenschaft stößt ein Forscher vielleicht auf ein überraschendes Phänomen – wie das unerwartete Auftreten von Schimmel auf einer Petrischale, das zur Entdeckung des Penizillins durch Alexander Fleming führte – und stellt dadurch einen Irrtum fest, der die Entwicklung einer neuen Technologie einleitet. Im zwischenmenschlichen Bereich ist ein Manager vielleicht angenehm überrascht, einen Kollegen zu finden, der in einer schwierigen Frage aufgeschlossen für ein aggressives Vorgehen ist.

Ob Untersuchende das überraschende Ergebnis einer Handlung als positiv oder negativ empfinden, sie versuchen, den Irrtum zu korrigieren, Ergebnis und Erwartungen in Übereinstimmung zu bringen. Im einen Fall versuchen sie zu ändern, was sie als unerwünschtes Ergebnis ansehen, um es in Einklang mit ihren ursprünglichen Erwartungen zu bringen; im anderen stellen sie ihre Erwartungen und Absichten um, damit sie dem guten Ergebnis entsprechen. Wenn wir Untersuchen also von der Irrtumssuche und -korrektur her beschreiben, sagen wir damit nicht, daß man aus Fehlschlägen leichter lernt als aus Erfolgen; wir heben lediglich die Rolle der Überraschung als Anregung zu neuen Arten des Denkens und Handelns hervor.

Die organisationale Untersuchung

Dewey betrachtete Untersuchungen als einen sozialen Prozeß. Er war nicht nur der Meinung, daß Menschen normalerweise in einem sozialen Rahmen gemeinsam denken und handeln, sondern auch, daß schon der individuelle oder gemeinschaftliche Untersuchungsprozeß durch die Zugehörigkeit zu einem sozialen System bestimmt wird, das die als selbstverständlich betrachteten Annahmen der Untersuchung festschreibt. Wie Peirce sah auch Dewey die einzelnen Untersuchenden als Mitglieder einer „Untersuchungsgemeinschaft" (community of inquiry), die durch vertragliche Verantwortlichkeiten gebunden waren. Er schrieb, ein Untersuchender gehe einen „Vertrag ein, damit ... er gehalten ist, zu den Ergebnissen ähnlicher Untersuchungen zu stehen". So betrachten wir auch das organisationale Lernen als einen Prozeß, der von Mitgliedern einer Organisation durchgeführt wird, die für sich oder miteinander innerhalb einer *organisationalen* Untersuchungsgemeinschaft arbeiten.

Eine Untersuchung wird organisational, wenn einzelne im Namen der Organisation eine Untersuchung innerhalb einer Untersuchungsgemeinschaft durchführen, die offiziell oder inoffiziell durch die Rollen und Regeln der Organisation bestimmt wird.

Daraus folgt, daß Individuen untersuchen und lernen können und dabei mit ihrer Organisation verbunden und zuweilen auch nicht verbunden sind.

Wenn die organisationale Untersuchung zum Lernen führt, äußern sich ihre Ergebnisse in Gedanken und Handlungen, die in gewisser Weise neu für die Organisation sind. Beim instrumentalen Lernen ergibt die organisationale Untersuchung neue Denk- und Handlungsweisen, die die verbesserte Durchführung einer Aufgabe in der Organisation ermöglichen. In diesem Sinn hängt die Zuschreibung des organisationalen Lernens vom Vorhandensein einer feststellbaren Verhaltensänderung ab. Natürlich kann sich Verhalten nicht nur durch Lernen ändern, sondern zum Beispiel auch in negativer Weise, durch Vergessen oder zufällige Abweichungen. Aber solche Beobachtungen zeigen nur, daß eine Verhaltensänderung keine hinreichende Bedingung für das Lernen ist. Wir behaupten dagegen, daß es eine *notwendige* Bedingung ist. Die Handlung, die eine problematische Situation löst, würde Dewey das „sichtbare Ziel" der Untersuchung nennen, den Zweck, der sie in Gang setzt; und wir können durch Bezug auf ein derartiges Handeln beurteilen, ob die organisationale Untersuchung erfolgreich war. Es ist schwer vorstellbar, wie wir bestätigen könnten, daß es zum Lernen in Organisationen kommt, ohne daß wir eine Verhaltensänderung beobachten. Es trifft zu, daß Personen, die sich ernsthaft mit etwas beschäftigen, wichtige Einsichten gewinnen können, die sehr lange im Hintergrund schlummern. Mitglieder eines Konsumgüterunternehmens zum Beispiel entdecken vielleicht Veränderungen auf dem Markt, die eine Verschiebung der für den Kampf um Marktanteile wichtigen Grundregeln ankündigen, aber ihre Erkenntnisse liegen unter Umständen monatelang brach oder finden womöglich nie den Weg bis in die Planung neuer Produktstrategien. Solche Erkenntnisse dringen nicht bis zum Lernen vor, weil sie sich nicht in neuen Formen organisationalen Handelns niederschlagen. Sie sind bestenfalls eine Möglichkeit für das organisationale Lernen.

Die Beziehung zwischen Forscher und Praktiker

Wenn wir das organisationale Lernen in Kategorien einer Untersuchung definieren, wie sie Praktiker im Rahmen einer Organisation durchführen, stellen wir das heraus, was sie und wissenschaftliche Forscher gemeinsam haben: Beide sind Untersuchende, denen es um das Aufspüren und Korrigieren von Irrtümern sowie darum geht, verwirrende und umstrittene Problemfälle sinnvoll zu lösen. Das steht im Gegensatz zu einer eher konventionellen Betonung eines wichtigen Unterschiedes zwischen den beiden Gruppen. Nach konventioneller Sicht, wie sie hauptsächlich von den Universitäten gepflegt wird, fördert die Forschung Spezialkenntnisse der Art zutage, die Everett Hughes (1959) „esoterisches Wissen" nannte. Die Beziehung zwischen Forschern und Praktikern wird bestimmt durch die „Abmachung nach Veblen" (Schön, 1983): von den Praktikern, ihren Problemen; von den Forschern, dem Expertenwissen, dessen Anwendung auf jene Probleme die Praktiker in die Lage versetzt, die Probleme professionell zu lösen. Diese Sicht nimmt meistens eine von zwei Formen an, je nachdem, ob der Anspruch des Forschers auf Fachwissen

1. auf einer auf Forschung basierenden Theorie oder
2. auf Expertenintuition beruht.

Beide Auslegungen führen zu Schwierigkeiten. Wenn Forscher sich in erster Linie als Quelle von auf Forschung basierendem Wissen sehen, ist die Folge in ihrer Interaktion mit Praktikern wahrscheinlich die Ablehnung durch diese oder deren Abhängigkeit. Das wahrscheinliche Ergebnis ist Abhängigkeit, wenn Praktiker das esoterische Wissen der Fachleute aufnehmen und kleine Wissenschaftler werden – meistens „kleine Sozialwissenschaftler" –, die Teile von Theorien als rituelle Klischees benutzen, frei schwebend, ohne greifbare Verbindung dazu, wie die Arbeit tatsächlich erledigt wird. Dieser Zustand, der in Organisationen oft gilt, wo Begriffe wie „Organisationskultur" gebraucht werden, wurde als der „Verlust des unschuldigen Blicks" (DeMonchaux, 1992) bezeichnet. Ablehnung ist wahrscheinlich das Ergebnis, wenn Praktiker in Frage stellen, wie gut die Theorien der Forscher zur praktischen Lage passen, wie sie zu Theorien stehen, die die Praktiker selbst vertreten, oder wenn sie in Frage stellen, ob das tatsächliche Verhalten der Forscher mit den Theorien übereinstimmt, zu denen sie sich bekennen.

In dem Fall, in dem Forscher sich als jemand sehen, der mit Expertenintuition arbeitet, ist das Ergebnis wahrscheinlich wieder Ablehnung oder Abhängigkeit, aber aus etwas anderen Gründen. Das intuitive Fachwissen des Forschers ist für den Praktiker meistens unklar, der dann mehr oder weniger blind wählen muß, ob er es auf Abhängigkeitsbasis „kauft" oder ablehnt. Wir können uns nur schwer vorstellen, wie ein Praktiker aus Fachwissen lernen kann, das sich als intuitiv darstellt. Es ist zwar richtig, daß Sportler und Künstler zuweilen tatsächlich allein durch Beobachtung und Nachahmung voneinander lernen; aber selbst wenn wir einräumen, daß Organisationspraktiker manchmal von Forschern auf diese Weise lernen, wird, solange das Fachwissen im ver-

borgenen bleibt, wahrscheinlich weder der Praktiker noch der Forscher kritisch darüber nachdenken und sich daher auch nicht bewußt entschließen, es in bestimmter Hinsicht in Grenzen anzuerkennen, in anderer Hinsicht allerdings nicht.
Ob das theoriegestützte Fachwissen die Gestalt von esoterischer Theorie oder Intuition annimmt: das herkömmliche Modell der Interaktion zwischen Experte und Praktiker übergeht die Untersuchung der *Praktiker*, ihre eigenen Theorien und Arten, über Ideen nachzudenken oder sie zu testen. Was der Praktiker bereits weiß, wird übergangen, so wie herkömmliche gute Lehrmodelle spontane Erkenntnisse des Schülers übergehen. Wie also soll die Fähigkeit eines Praktikers zur Untersuchung als Folge der Interaktion mit einem sich auf die Forschung stützenden Experten gesteigert werden?

Praktiker als Untersuchende

Wir schlagen vor, die herkömmliche Beziehung zwischen Forscher und Praktiker auf den Kopf zu stellen. Wir betrachten Praktiker nicht als passive Empfänger von Fachwissen, sondern als Untersuchende im Sinn Deweys. Und deshalb fragen wir: „Was wissen diese Praktiker bereits?“ – „Wie untersuchen und lernen sie?“
Wir stoßen auf verblüffende Ähnlichkeiten zwischen den Fragen, die für diejenigen besonders interessant sind, die sich *praktisch* betätigen, und denen, die das organisationale Lernen *erforschen*. Beide Gruppen haben ein Interesse daran, instrumental mit der Erfahrung in Organisationen zurechtzukommen: Sie wollen wissen, was erfolgreiches organisationales Handeln ausmacht. Weil beide verstehen möchten, wie Organisationen arbeiten und wie sie verändert werden können, wollen sie etwas über den ursächlichen Zusammenhang zwischen Organisationshandlungen und -ergebnissen erfahren. Sie möchten feststellen, welche Denk- und Handlungsmuster vergangene Erfahrungen mit Erfolgen oder Mißerfolgen in Organisationen erklären und wie Individuen zu diesen Ergebnissen beitragen. Wenn sie von den Überraschungen und Problemen beeindruckt sind, die sich im Verlauf der Organisationserfahrungen einstellen, versuchen sie, diese und auch die einem Muster folgende Regelmäßigkeit zu verstehen.
Vielleicht sind Organisationspraktiker neugierig auf die Prozesse, mit deren Hilfe sie die täglichen organisationalen Untersuchungen durchführen. Oft sind sie zu Überlegungen *über* die Organisationspraxis in der Lage, was die Forscher als ihr ureigenstes Vorrecht betrachten. Praktiker fragen sich manchmal, wie Erfolg und Mißerfolg in Organisationskategorien definiert werden, wie Ziele und Prioritäten festgesetzt und wie Handlungsziele als erstrebenswert ausgewählt werden. Praktiker wie Forscher sind unter Umständen an Bedrohungen der Wirksamkeit des organisationalen Lernens interessiert, das heißt an denjenigen Arten des Denkens und den Verhaltensformen, die sie zu verzerrten Folgerungen aus früheren Erfahrungen veranlassen. Sie erleben des öfteren, daß sie durch die Fixierung auf direkte Fragen von lokaler Bedeutung blind für die grö-

ßeren Zusammenhänge ihres Handelns werden können. Immer häufiger vermuten sie, daß bestehende Strukturen und Anreizsysteme ihre Fähigkeit untergraben könnten, in einer sich ändernden Umwelt gut zurechtzukommen. Viele von ihnen möchten lernen, wie man neue Strukturen und Anreize schafft und neue Qualifikationen erwirbt, die sie in die Lage versetzen, die Lernfähigkeit ihrer Organisationen zu erhöhen.

Wie Praktiker und wissenschaftliche Forscher Fragen untersuchen, ist in mancher Hinsicht gleich, in anderer völlig verschieden.

Geoffrey Vickers beschreibt zwei Typen von Untersuchenden, die beide ihre eigene Haltung zur Untersuchung haben (Vickers, 1968). Er benutzt den Begriff „Zuschauer-Manipulator" und meint damit ferne Beobachter, die ihre Gegenstände auf Distanz halten, sich von den Welten befreien, die sie untersuchen, und jene Umfelder nur gelegentlich unter genau kontrollierten Bedingungen stören, um die Reaktionen ihrer Gegenstände zu beobachten. „Agenten-Erfahrende" begeben sich dagegen in die problematische Situation als betroffene Akteure, „deren Handlungen und Einschätzungen vielleicht teilweise durch ein besseres Verständnis der Situationen geleitet und verändert werden, die sich als maßgeblich für [ihre] Belange erweisen".

Organisationspraktiker sind zwangsläufig „Agenten-Erfahrende". Nur in ihrer Vorstellung oder durch Rückzug können sie sich den Luxus leisten, Zuschauer zu werden. Sie befinden sich *in* den Situationen, die sie zu verstehen suchen, und helfen, sie zu gestalten, indem sie sie auf neue Arten sehen und in ihnen handeln. Mit ihren Wahrnehmungen, Worten und Gedanken, aber auch mit ihren Handlungen helfen sie mit, die Objekte ihrer Untersuchung zu erschaffen. Sie sind Designer, nicht im speziellen Sinn des Designs als Beruf, sondern auf eine umfassendere Art: Sie erstellen Dinge unter komplexen und ungewissen Bedingungen. Zu den Objekten, die sie entwerfen, gehören Produkte und Dienstleistungen, Maßnahmen, Marketingstrategien, Informationssysteme, Organisationsrollen und -strukturen, Arbeitsplätze, Entschädigungspläne und Karriereleitern. Sie können sogar ganze Organisationen entwerfen. Nicht zuletzt entwerfen sie ihre täglichen Handlungsstrategien.

Praktiker haben, wie die wissenschaftlichen Forscher, ein Interesse daran, Erklärungsmodelle für die Welt der Organisationen zu bauen. Wie die Forscher versuchen auch die Praktiker, die Daten zu erklären, die sie für relevant halten, und oft haben sie ziemliche Angst davor, Beweise zu widerlegen. Aber die Modelle der Praktiker müssen auch den Zwecken des Entwerfens dienen. Wie ansprechend Modelle als Erkundungs- oder Erklärungswerkzeug auch sein mögen: gemessen werden sie daran, wie gut sie „funktionieren", also die Praktiker in die Lage versetzen, etwas zu tun, was sie tun möchten. Das hat entscheidenden Einfluß darauf, welche Kriterien sich auf die Argumentation der Praktiker anwenden lassen, in welchem Sinn sie experimentieren und in welchem Sinn ihr Experimentieren entsprechend „rigoros" genannt werden kann. Wie die wissenschaftlichen Forscher haben auch die Organisationspraktiker ein lebhaftes Interesse daran, Hypothesen über ihre Umwelt aufzustellen und zu testen. Aber weil Praktiker

Designer vom Typ „Agent-Erfahrender" sind, deren Aktionen die doppelte Aufgabe haben, ihre Handlungssituationen zu sondieren und zu beeinflussen, unterliegt ihre Untersuchung einer anderen „Stoppregel". Zumindest nach einer wissenschaftlichen Ansicht (Popper, 1969) sollte der wissenschaftliche Zyklus der Hypothesenbildung und -überprüfung so lange andauern, wie Mitglieder der Untersuchungsgemeinschaft einleuchtende, konkurrierende Hypothesen vorbringen. Für die Praktiker dagegen schließt sich dieser Kreis entsprechend, wenn ihre Untersuchung ihnen ermöglicht, die beabsichtigten Ergebnisse zu erzielen, und wenn sie die unbeabsichtigten Nebenwirkungen, die ihren Entwürfen eigen sind, mögen oder mit ihnen leben können.

In dieser Hinsicht unterscheiden sich die Normen der Untersuchung in der Praxis von denen der wissenschaftlichen Forschung, wenngleich die beiden Untersuchungsformen in anderer Hinsicht grundlegende Prozesse und Angemessenheitskriterien gemeinsam haben. Nirgendwo wird das deutlicher oder wichtiger als im Hinblick auf die Bedeutung der Kausalität und das Wesen des Kausalschlusses.

Kausalität und Kausalschluß

Forscher und Praktiker sind zwangsläufig gleichermaßen an Fragen der Kausalität und des Kausalschlusses interessiert. Wenn Organisationsforscher sich darum bemühen, Schwankungen in den Mustern des Wachstums und Niedergangs von Organisationen zu erkennen, oder wenn sie untersuchen, wie technologische Neuerungen wirken, wie Anreizsysteme funktionieren, wie Risiken gemanagt werden oder wie Ideen umlaufen und sich entfalten, geht es bei ihren Erkenntnissen um kausale Zusammenhänge. Die Praktiker versuchen, die Dinge zu begreifen, damit sie sie ändern oder sich ihnen anpassen können. Sie möchten die Rahmen- und Handlungsbedingungen erkennen, die frühere Erfolge oder Mißerfolge verursacht haben, um wirksamere Systeme und Strategien zu entwickeln. Sie sind ständig dabei, Irrtümer aufzuspüren und zu korrigieren, wie wir im folgenden Kapitel, aber auch im gesamten Buch sehen werden. Sie interessieren sich brennend sowohl für die Irrtumsursachen als auch für die ursächliche Effizienz der Handlungen, die sie zur Irrtumskorrektur planen. Forscher und Praktiker arbeiten jedoch normalerweise mit unterschiedlichen Kausalmodellen und beurteilen die Ursachen auch unterschiedlich – was sehr bedeutsam für das Wesen einer möglichen gemeinsamen Untersuchung über das organisationale Lernen ist.

Das üblicherweise von Wissenschaftlern verwendete Kausalmodell kreist um den Gedanken einer „Variablen", einer benannten Eigenschaft, die aus der Fülle beobachteter Phänomene genommen und im wesentlichen als in jedem lokalen Kontext gleich behandelt wird. Diese angenommene Konstanz der Bedeutung erlaubt den Wissenschaftlern (in diesem Fall Sozialwissenschaftlern), von Abweichungen bei den lokalen Werten einer Variablen zu reden. Würden die Variablen nicht als bedeutungskonstant angesehen, könnten wir logischerweise nicht von Abweichungen bei den Werten oder Argumenten derselben Variablen reden; wir müßten von einer anderen Variablen reden, sobald eine Variable einen anderen Wert annähme. Herbert Simon drückt einen ähnlichen Gedanken aus, wenn er schreibt, daß jeder Wert zweier Variabler *X* und *Y*, die für Ursache und Wirkung stehen, eine „Ereignisklasse" definiert und daß jede Variable deshalb einen ganzen Satz Ereignisklassen umfaßt (Simon, 1976). Auf diesem Konzept aufbauend, behandelt Simon die Kausalität als die Funktion einer Wirkung *Y* für eine oder mehrere Ursachen *X*, die ausgedrückt wird durch die Formel $Y = F(X)$. Simon nennt eine solche Funktion „geschlossen", wenn „jedem Wert von *X* ein Wert von *Y*, und nur einer, zugerechnet werden kann".

Nach diesem Kausalmodell trachten Theoretiker, die eine Kausalbeziehung untersuchen, danach, allgemeine Kausalsätze in der Form von *covering laws* zu formulieren. Beispiele für *covering laws* sind: „Das Auftreten von aggressivem Verhalten setzt immer das Vorhandensein von Enttäuschung voraus, und das Vorhandensein von Enttäuschung führt umgekehrt immer zu irgendeiner Form der Aggression", oder: ein „Angstzustand, definiert als ‚subjektive, bewußt wahrgenommene Gefühle der Spannung, Besorgnis und Nervosität', wird durch die Wahrnehmung von Rollenüberlastung verursacht" (zitiert bei James, Mulaik und Brett, 1982). Die Forscher suchen nach Beweisen dafür, daß die Werte von *Y* (Angstzustand) vollständig durch Werte von *X* (Rollenüberlastung) bestimmt werden können, wobei die Werte von *X* und das Wissen gegeben sind, daß *X* eingetreten ist, unabhängig von anderen Merkmalen der Zusammenhänge, in denen *X* und *Y* vorkommen.

Nach dem normalen sozialwissenschaftlichen Kausalmodell können probabilistische *covering laws* aus Daten gefolgert werden, die eine der beiden empirischen Methoden liefert: „künstliches Experiment" oder „natürliches Experiment". In beiden Fällen versuchen die Forscher festzustellen, ob Werte der Wirkungsvariablen ausschließlich durch Werte der Ursachenvariablen bestimmt werden, wobei sie sich auf eine oder mehrere von Mills Methoden stützen: Übereinstimmung (auf *X* folgt regelmäßig *Y*), Unterschied (ohne *X* kein *Y*) oder gleichzeitige Änderungen (auf Änderungen bei *X* folgen regelmäßig entsprechende Änderungen bei *Y*) (vgl. Mill, 1949). Bei einem künstlichen Experiment konstruieren die Theoretiker eine Situation, in der sie Änderungen beim Wert *X* kontrollieren können, um Änderungen beim Wert von *Y* zu beobachten. Beim natürlichen Experiment oder der „quasiexperimentellen Methode" (Campbell und Stanley, 1963) beobachten die Theoretiker mehrere Situationen, um die natürlich abweichenden Werte von *X* und *Y* zu messen, wobei sie sich auf die Beobachtung zahlreicher lokaler Situationen stützen, um nicht durch Besonderheiten einer bestimmten Situation irregeführt zu werden. In beiden Fällen versuchen die Forscher, einen respektvollen „Forschungsabstand" zu wahren, damit sie ihre Daten nicht beeinträchtigen oder durch Vorgaben ihrer Themen beeinflußt werden. Sie vermeiden, sich auf die Ziele ihrer Themen zu beziehen, die sie als subjektiv, charakteristisch und qualitativ betrachten – ungeeignet für das Allgemeine, Quantitative und Kontextunabhängige, was wesentlich für das normale sozialwissenschaftliche Modell des strengen Kausalschlusses ist.

Im Alltag denken Organisationspraktiker dagegen in Kategorien der „Designkausalität“: der Kausalbeziehung, die die Absicht eines Handelnden mit der Handlung verbindet, die er entwirft, um diese Absicht zu realisieren. Um die Ursache einer Handlung in Kategorien der Designkausalität zu erklären, beschreiben wir die Absicht, die der Handelnde nach unserer Meinung durch sein Handeln zu erreichen sucht. Oder, mit anderen Worten: Wir beschreiben die Überlegung, die zu der Handlung führte, nicht die Überlegung, mit der diese Handlung im nachhinein vielleicht gerechtfertigt wird. Olafson (1967) nennt diese Art von Kausalität „Ursache durch Vernunft“, von Hayek (1967) nennt sie „hinreichenden Grund“. Praktiker beziehen sich auf einen zweiten, einfachen Kausalitätstyp, die „effiziente Ursache“: die kausale Verbindung zwischen einer Handlung und ihren beabsichtigten oder unbeabsichtigten Folgen. Wenn einzelne darüber hinaus im Rahmen einer Organisation gewohnheitsmäßig miteinander verkehren, schaffen ihre entworfenen Verhaltensweisen gemeinsam mit den Folgen der ersten und zweiten Ordnung, für die dieses Verhalten die effiziente Ursache ist, meistens komplexe Organisationssysteme, die „Musterkausalität“ aufweisen.

Stellen wir uns das Verhalten von Mitarbeitern einer philanthropischen Stiftung vor, die Zuschüsse vergeben. Sie wissen, daß die Gelder ihnen auf der Grundlage „Verbrauchen oder verlieren“ gewährt werden. Demzufolge sorgen sie dafür, daß sie die aufgelaufenen Mittel ausgeben (Designkausalität), egal wie gering die Zuschüsse sind, die sie dabei vielleicht vergeben. Alles in allem erzeugt ein solches über die Zuschüsse entscheidendes Verhalten ein hohes Maß an fragwürdigen Beihilfen (effiziente Kausalität). Da der Stiftungsdirektor diese Wirkung erkennt, richtet er immer schärfere Systeme für eine externe Beurteilung ein (Designkausalität), wodurch die zuschußvergebenden Mitarbeiter sich ungerecht beeinträchtigt fühlen (effiziente Kausalität) und sich dem zu entziehen versuchen (Designkausalität) – was zur weiteren Folge hat, daß die Beurteilungen schließlich als unzuverlässig angesehen werden (effiziente Kausalität). Sind solche Muster erst einmal entstanden, halten sie sich meistens durch Rückmeldungsschleifen am Leben (Musterkausalität), die darauf einwirken, wie einzelne im System denken und handeln.

Denken wir uns eine Fabrik, in der die Führung ein leistungsbezogenes Lohnsystem eingeführt hat. Die Kontrolleure in dieser Fabrik lernen, ihre Kritik an den Arbeitern abzuschwächen, um die Beschwerden und Schlichtungsaktionen zu vermeiden, die sie inzwischen als Reaktion auf ihre ehrlichen Beurteilungen erwarten (Designkausalität). Als eine Folge erster Ordnung (effiziente Kausalität) werden die Leistungsbeurteilungen der Arbeiter aufgeblasen, als Folge zweiter Ordnung (effiziente Kausalität) steigt der Lohn- und Gehaltskostenaufwand. Der steigende Lohn- und Gehaltskostenaufwand, der unbeabsichtigte Gesamteffekt der gezielten Aktionen der einzelnen Kontrolleure, alarmiert unter Umständen das Topmanagement und wird seinerseits zum Auslöser neuer Versuche, den Lohn- und Gehaltsaufwand zu senken (Designkausalität), die ein ähnliches Schicksal erleiden, wie es bereits beschrieben wurde. Das leistungsbezogene Lohnsystem, das ursprünglich die Produktivität erhöhen sollte, belohnt, wie sich herausstellt, unter dem Strich eine mittelmäßige Leistung und steigert den Zynismus der Kontrolleure (Musterkausalität).

Ein Praktiker und Untersuchender, der mit einem solchen Modell für Organisationskausalität arbeitet, versucht, aus Ereignissen in Organisationen Teilursachen abzuleiten und Modelle für ihre Interaktion in Kausalmustern zu konstruieren und zu testen. Der Praktiker verwendet die Methode des kausalen Suchens und beobachtet, wie ein Phänomen das andere nach sich zieht. Damit das kausale Suchen durchführbar ist, ist es darauf angewiesen, daß der Untersuchende ein Hintergrundmodell für die Musterkausalität des Systems hat. Der Prozeß ähnelt der Überlegung eines geschickten Klempners: Vorausgesetzt, daß der Klempner ein System aus Rohren grundsätzlich versteht und weiß, wie die Flüssigkeit hindurchfließt, versucht er, die Ursache einer undichten Stelle dadurch festzustellen, daß er sie zum Ursprung im System zurückverfolgt (räumlich und zeitlich). Wer eine Organisation untersucht, kann, wie ein Klempner, seinen Ursachenverdacht prüfen, indem er vor Ort experimentiert. Der Klempner kann beispielsweise einen Hahn zudrehen und beobachten, ob das Leck aufhört zu tropfen. Im Beispiel der Stiftung könnte ein Untersuchender eine geänderte Geschäftspolitik einführen (etwa den Grundsatz „Verbrauchen oder verlieren“ aufgeben), um sich daraus ergebende Änderungen im Verhalten der Mittelbewilliger zu beobachten. Wer Organisations- oder Rohrsysteme untersucht, kann auch seine Bilder eines ganzen Kausalmusters testen, indem er sich Alternativmodelle ausdenkt und zwischen ihnen dadurch zu unterscheiden sucht, daß er Daten findet, die nur eins der konkurrierenden Modelle erklären kann. Letztlich testen die Praktiker ihre Kausalschlüsse dadurch, daß sie feststellen, ob sie diese zum Erzielen von Designergebnissen gebrauchen können, die sie anstreben und mögen.

Das normale sozialwissenschaftliche Modell für den Kausalschluß zielt auf Verallgemeinerbarkeit ab: Es benutzt allgemeine Ursachen- und Wirkungsvariablen und verlangt die Beobachtung von Mehrfachbeispielen, in denen diese Variablen verschiedene Werte annehmen. Das Kausalitätsmodell des Praktikers ist situationsspezifisch. Es befaßt sich mit bezeichneten Phänomenen, etwa „die Beurteilung Untergebener abmildern“, die nicht die Form allgemeiner, quantifizierbarer Variabler anzunehmen brauchen (und sie für gewöhnlich auch nicht annehmen). Der normale Sozialwissenschaftler verwendet künstliche oder natürliche Experimente, die die verschiedensten Zusammenhänge einbeziehen. Der Praktiker spürt Ursachen im Licht eines Hintergrundmodells für ein bestimmtes System auf und prüft Kausalschlüsse in diesem System anhand von Experimenten vor Ort.

Die allgemeinen, durch die normale Sozialwissenschaft etablierten *covering laws* haben wegen der typischen Darstellung eines *covering law* für die Praxis einen relativ geringen

Nutzen. Die funktionalen Beziehungen der Variablen, die aus der normalen sozialwissenschaftlichen Theorie resultieren, sind meistens genau, quantitativ, probabilistisch, abstrakt und komplex, was es für Praktiker schwer macht, Bilder von theoretischen Ergebnissen zu entwerfen, die man verwenden kann, um die Handlung in einem bestimmten lokalen Zusammenhang zu lenken. Es besteht auch eine „Lücke gültiger Anwendungen" zwischen den Zusammenhängen von Forschung und Praxis. Um zu beweisen, daß die allgemeinen kausalen Beziehungen zwischen Variablen, die in einem Forschungszusammenhang aufgestellt werden, zu einem bestimmten Zeitpunkt in einer bestimmten praktischen Situation Bestand haben, muß der Praktiker in jener Situation die Bedingungen neu schaffen, unter denen die Forschungsergebnisse überhaupt erst erzielt wurden. Das heißt, er muß operationale Definitionen der Schlüsselbegriffe erstellen und nachweisen, daß Beobachter, die die zu überprüfenden Behauptungen nicht kennen, diese Definitionen verwenden können, um aus den maßgeblichen Erscheinungen in einem angemessenen Varianzbereich zuverlässige Beobachtungen zu gewinnen. Außerdem müssen die Praktiker mit Hilfe geeigneter Kontrollen Gefährdungen für die interne und externe Gültigkeit auf ein Minimum reduzieren, wozu auch gehört, die Versuchsstrategie vor den daran Beteiligten geheimzuhalten, damit die Ergebnisse nicht durch vorzeitige Kenntnisnahme beeinträchtigt werden. Unter Praxisbedingungen mit Echtzeit, Erschwernissen und Druck sind solche Aktionen schwer durchzuführen. Und wenn, sind sie nicht neutral. Wie Argyris (1980) nachgewiesen hat, beinhalten derartige Aktionen einen Managementansatz, der an das unternehmerische Klima hierarchischer Organisationen erinnert. Ein solcher Ansatz stellt Untergebene in eine untergeordnete, abhängige Rolle, was höchstwahrscheinlich sehr zwiespältige Gefühle, wenn nicht gar offene Feindseligkeit erzeugt.

Schließlich waren wir auch beeindruckt vom sprunghaften Unterschied zwischen dem, was passiert, wenn Personen Probleme entdecken und Handlungsstrategien entwerfen, und dem, was geschieht, wenn sie dann tatsächlich versuchen, ihre Entwürfe unter Alltagsbedingungen mit Echtzeit und Druck zu verwirklichen – vor allem wenn es zu unangenehmen oder bedrohlichen Situationen kommt. Unter diesen Bedingungen handeln Personen oft ihren Absichten zuwider, ohne sich dieser Diskrepanz bewußt zu werden. Ein Manager möchte vielleicht die ihm unterstellten Mitarbeiter der mittleren Führungsebene dazu bringen, negative Personalbeurteilungen nicht mehr zurückzuhalten. Aber um die Mitarbeiter nicht zu verärgern, bemäntelt er vielleicht die negativen Eigenschaften, die er ihnen unterstellt. Daß er sich dessen in einem solchen Fall nicht bewußt ist, geht wahrscheinlich weniger auf Unwissenheit als auf eingeübtes Festhalten an handlungsleitenden Theorien zurück, die er schon früh im Leben kennengelernt hat.

Im normalen Organisationsalltag sind solche Phänomene eher die Regel als die Ausnahme. Der normale Sozialwissenschaftler, der sie berücksichtigt oder sich auf die Qualifikationen konzentriert, die Praktiker tatsächlich brauchten, um Erkenntnisse zu schaffen, die auf normaler wissenschaftlicher Forschung beruhen, ist selten. Normale

Wissenschaftler werden daher wahrscheinlich keine Forschungsergebnisse zutage fördern, mit denen Praktiker tatsächlich Erkenntnisse erzielen können, die von diesen Ergebnissen abgeleitet sind.
Die kausale Untersuchung der Praktiker ergibt im allgemeinen keine *covering laws*. Ihre situationsspezifischen Schlüsse aus der Design-, der effizienten oder der Musterkausalität lassen sich nur durch einen Prozeß verallgemeinern, den wir „gedanklichen Transfer" nennen – „Transfer", weil das Modell von einer organisationalen Situation auf eine andere übertragen wird; „gedanklich", weil der Untersuchende kritisch auf Entsprechungen und Nichtentsprechungen zwischen der vertrauten und der neuen Situation eingehen sollte. Beim gedanklichen Transfer spielen ursächliche Geschichten eine ähnliche Rolle wie Präzedenzfälle bei juristischen Entscheidungen oder architektonischen Entwürfen. Der Nutzen des Prototyps liegt in seiner Fähigkeit, Erklären und Experimentieren in einer neuen Situation zu schaffen. Wird er auf eine neue Situation übertragen, muß seine Gültigkeit dort durch eine neue Untersuchungsrunde bekräftigt werden, durch die er höchstwahrscheinlich verändert wird. Und der veränderte Prototyp, der aus der neuen Untersuchungsrunde hervorgeht, kann seinerseits als Grundlage für gedanklichen Transfer zu einer neuen Situation dienen.

Zusammenarbeit von Praktikern und Forschern in der Aktionsforschung

Was sollen wir über die Rollen, Methoden und Verhaltensweisen sagen, die zur Erforschung des organisationalen Lernens angemessen sind, wenn wir erkennen, daß der Prozeß des organisationalen Lernens von Praktikern realisiert wird, die selbst Untersuchende sind? Daß sich die Fragen, die für Untersuchende in Organisationen und für wissenschaftliche Forscher interessant sind, in weiten Bereichen überschneiden und daß die Muster kausalen Denkens, die für die beiden Untersuchergruppen typisch sind, in mancher Hinsicht gleich sind, in anderer dagegen völlig verschieden?
Für Forscher, die Wissen zu erzeugen hoffen, das den Praktikern nutzt, sind die Auswirkungen unserer Analyse eindeutig. Diese Forscher sollten sich mit den Praktikern zusammentun, die produktives Lernen in Organisationen fördern und das Wesen ihrer eigenen Lernprozesse und -systeme verstehen möchten. Die Forscher sollten versuchen herauszufinden, was die Praktiker schon können, und lernen, die Untersuchung zu würdigen, an der die Praktiker bereits arbeiten, einschließlich der Fragen, die sie stellen können, und des schon praktisch wirksamen Wissens, das sie vielleicht für selbstverständlich halten, aber nicht beschreiben können. Diese Forscher sollten sich mit Praktikern zusammentun, um die verborgene Rationalität entdecken zu helfen, die oft in der alltäglichen Organisationspraxis steckt, die produktiven Formen der Muster-

kausalität, derer sich die Praktiker oft gar nicht bewußt sind. Aber diese Forschungsfunktion sollte mit der Hilfe für die Praktiker verbunden werden, die Untersuchung auszuweiten und zu intensivieren, in der sie sich bereits auskennen. Das heißt, sie sollte ihnen helfen festzustellen: wie sie sich festrennen und welche Nöte dem zugrunde liegen; wie dieselben Handlungsmuster, die zum Erfolg führen, gelegentlich auch Mißerfolg bescheren können; wie Praktiker aus Mißerfolgen lernen können; wie sie den Bereich ihrer Aufmerksamkeit erweitern können, der zunächst auf das Lokale und unmittelbar Gegebene begrenzt sein kann, womit sie das Feld der Designmöglichkeiten eröffnen; wie sie sich intuitionsfeindlicher Auswirkungen bewußt werden können, die durch ihre vielleicht stillschweigenden Hintergrundmodelle verdeckt werden; wie sie über die Hindernisse für ein produktives organisationales Lernen, das in ihren begrenzten organisationalen Lernsystemen verankert ist, nachdenken und sie erkunden können; und wie sie sich ihres eigenen Beitrags zur Aufrechterhaltung dieser Systeme bewußt werden können.

Es gibt mehrere Gründe für diesen Forschungsschwerpunkt. Erstens sollte ein Forscher, der sich für das organisationale Lernen interessiert, auch Interesse daran haben, wie die Untersuchung der Praktiker zu diesem Prozeß beiträgt. Zweitens sollte ein Organisationsforscher, der Ergebnisse erzielen möchte, die für die Praktiker unter den Untersuchenden nützlich sind, den Wunsch haben, daß ihre und seine Erkenntnisse zusammenfinden. Er muß ihnen zuhören und sich in ihr Denken und Handeln, in ihre Stärken und Schwächen hineinversetzen, um seine Chancen zu vergrößern, gehört zu werden und um seiner Forschung in ihren Augen Gewicht zu verleihen. Wenn Praktiker bereits Untersuchende sind, müssen die Bemühungen eines außenstehenden Forschers, sie in die Forschung einzubeziehen, die Untersuchung berücksichtigen, an der sie bereits arbeiten. Und schließlich sind, wie Kurt Lewin vor vielen Jahren erklärt hat (Lewin und Grabbe, 1945), die Menschen wahrscheinlich eher bereit, Forschungsergebnisse zu akzeptieren und danach zu handeln, wenn sie bei der Planung der Forschung sowie der Sammlung und Analyse der Daten mitgewirkt haben.

Lewins Vorstellung von der Aktionsforschung ist tatsächlich beispielhaft für die Forschungsart, die uns vorschwebt. Seine Forschungskarriere speiste sich im wesentlichen aus zwei Quellen: seiner Ausbildung als Physiker und seiner Erfahrung als Jude, der von den Nazis aus seiner Heimat vertrieben wurde. Seine Forschung offenbarte sein Engagement für die Demokratie (etwa in seiner Untersuchung des demokratischen und autoritären Gruppenklimas), aber auch für die Kreativität, Produktivität und die Ausrichtung der Untersuchung. Er war, wie Alfred Marrow es nannte, ein praktischer Theoretiker, der des öfteren erklärte, daß nichts so praktisch sei wie eine gute Theorie. Er bemühte sich um erstrebenswerte soziale Ergebnisse, wie zum Beispiel das, Kinder dazu zu bringen, Orangensaft zu trinken und Spinat zu essen, den Verkauf von Kriegsanleihen zu fördern und die rassisch oder religiös bedingte Diskriminierung abzubauen. Die Methode, die er entwickelte, bestand darin, seine Personen als aktive, untersuchende Teilnehmer in die Durchführung der sozialen Experimente über sich selbst einzubeziehen. Er machte sich die Arbeitshypothese zu eigen, daß Menschen dazu neigen, Überzeugungen zu übernehmen, an deren Entwicklung und Erprobung sie aktiv beteiligt waren. Im Verlauf dieser praktischen Experimente, die sich auf bestimmte soziale Probleme und Situationen beschränkten, hatte Lewin das Geschick und die Phantasie, Ideen von weitreichender Bedeutung zu entdecken. Zum Beispiel entstammte sein Begriff vom „Pförtner", der längst Eingang in die Sprache sowohl der Sozialwissenschaftler als auch der Laien gefunden hat, direkt seinen experimentellen Untersuchungen über den Einfluß und die Überredung in Zusammenhängen wie dem Trinken von Orangensaft und dem Kauf von Kriegsanleihen.

Eine ähnliche Konstellation von Wertvorstellungen und Methoden wie bei Lewin lag den frühen Untersuchungen und Experimenten von Tavistock zugrunde, etwa beim Streßabbau in den Bergwerken Großbritanniens (Trist und Bamforth, 1951) und bei Glacier Metals (Jacques, 1951). Die Theorie und Praxis beteiligter, halbautonomer Arbeitsgruppen erwuchsen aus diesen frühen Beispielen für die organisationale Aktionsforschung. Fast eine Generation vor Lewin und der Entwicklung der Aktionsforschung am Institut von Tavistock sprach sich John Dewey für ähnliche Werte bei der Untersuchung, Beteiligung und Zusammenarbeit aus. Er begründete seine Argumente jedoch eher philosophisch als empirisch und suchte seine Philosophie durch soziale Experimente hauptsächlich auf dem Gebiet der Staatsbürgerschaft und der Bildung anzuwenden.

Ein Forscher, der sich in diesem Geist mit einem Programm gemeinsamer Aktionsforschung über das organisationale Lernen befaßt, wird wie die Praktiker, denen er sich anschließt, ein „Agent-Erfahrender". Auch er begibt sich in die Situationen, die er untersucht, und muß sich folglich selbst untersuchen. Sein Engagement für die fragliche Organisation ist wahrscheinlich nicht so stark wie das des Praktikers. Seine Interessen an der Untersuchung überschneiden sich wahrscheinlich mit denen des Praktikers, sind aber nicht mit ihnen identisch. Wahrscheinlich verpaßt er einiges von dem, was das lokale Wissen des Praktikers diesem zu sehen ermöglicht, und wahrscheinlich bewahrt er sich eine teilweise skeptische Haltung gegenüber den Ansprüchen des Praktikers an das Wissen und das organisationale Lernen. Er kann jedoch auch mehr Anerkennung als der Praktiker mit dem als selbstverständlich betrachteten praktischen Wissen verbinden, das seine Alltagskompetenz prägt.

Der Aktionsforscher wird sich den Praktikern in ihren Organisationen anschließen, mit ihnen zusammen die Entwürfe untersuchen und auf ihre grundlegenden Kausalitätsmodelle und Kausalschlüsse eingehen. Gleichzeitig wird er sich darum bemühen, daß er und auch der Praktiker sich der Grenzen dieser Modelle bewußt werden. Die Theorien, Modelle, Muster und die Heuristik, die Forscher in die praktische Situation einbringen, benutzen sie gleichsam als Lupe für die Situation, um erstere darauf zu testen, ob sie die Situation verständlich machen, aber nicht als Ersatz für das, was Kevin Lynch einmal „die beste Art an Theorie" nannte, nämlich diejenige, die in der Situation selbst entsteht.

Selbst aus der Sicht eines skeptischen, gewöhnlichen Sozialwissenschaftlers, der lediglich die Phänomene des organisationalen Lernens untersuchen möchte und kein Interesse daran hat, Wissen hervorzubringen, das dem Praktiker nützt, ist es vernünftig, die übliche Beziehung zwischen Praktiker und Forscher umzukehren. Dafür gibt es mindestens zwei Gründe, die wir in Kapitel 9 näher darlegen wollen, aber hier bereits kurz anschneiden:

1. Wer wissenschaftlich das organisationale Lernen erforscht, möchte die Erkenntnisse prüfen, die er aus simulierten Untersuchungen oder anderer empirischer Forschung erlangt. Er hat ein wissenschaftliches Interesse daran, die Lücken zu schließen, die jetzt zwischen seinen relativ anspruchsvollen Formulierungen bestehen, zum Beispiel den Theorien der internen Abweichung und der Auswahl in Organisationen, die wir in Kapitel 9 erörtern, und den differenzierten Prozessen, durch die solche Phänomene tatsächlich entstehen. Das erfordert, Zugang zu den inneren Wirkungsmechnismen der Organisationen durch die Mitarbeit der Praktiker zu bekommen, die selbst Untersuchende sind und sich oft auch so sehen. Eine solche Zusammenarbeit erfolgt und funktioniert wahrscheinlich eher, wenn außenstehende Forscher sich mit Praktikern/Untersuchenden zu gemeinsamer Aktionsforschung zusammentun.
2. Aus wissenschaftlicher Neugier fragen sich Theoretiker des organisationalen Lernens vielleicht, ob die Muster begrenzten Lernens, die sie entdecken, gesetzmäßig sind, den Strukturen des Lebens von Organisationen irgendwie innewohnen, oder ob sie gewissermaßen Artefakte von Bewußtseinzuständen sind, die typisch für die Praktiker sind, die sie beobachten. Könnten sich diese Muster ändern, wenn die Praktiker sich ihrer bewußt werden? Wie könnte eine solche Möglichkeit geprüft werden, wenn der Forscher den Praktikern nicht helfen sollte, Wege zu ersinnen und durchzuführen, Muster begrenzten organisationalen Lernens zu umgehen? Harte Tests wissenschaftlicher Modelle – zum Beispiel derjenigen, die mit Kompetenzfallen, abergläubischem Lernen oder „Mülltonnenphänomenen" zu tun haben – verlangen danach, in Organisationen die Bedingungen zu schaffen, unter denen derartige Modelle in der Praxis bestätigt oder widerlegt werden könnten. Auch das erfordert wieder die Zusammenarbeit mit Praktikern/Untersuchenden.

Angemessene Strenge in der gemeinsamen Aktionsforschung

Praktiker können ihre Kausalitätsmodelle zu Kausalschlüssen benutzen und dazu, solche Schlüsse gedanklich zu übertragen, weil sie „Agenten-Erfahrende" sind, die in großer Nähe der Situationen leben, die sie zu verstehen suchen. Diese Nähe verhilft ihnen zu brauchbaren Hintergrundmodellen von Phänomenen und ermöglicht ihnen, kausale

Nachforschungen anzustellen und vor Ort zu experimentieren. Andererseits bringt die Nähe des Praktikers zur Handlungssituation auch einige Gefahren für die Entwicklung gültigen, brauchbaren Wissens mit sich:

- Ihre Geschäftigkeit kann sie von Untersuchungen abhalten, die ihnen andernfalls nutzen könnten; sie werden oft gezwungen, das Denken einzustellen und dafür zu sorgen, daß „etwas getan wird".
- Die Vertrautheit mit den eigenen Handlungsmustern kann verhindern, daß sie sehen, was sie tatsächlich tun, so daß sie das Wissen zum Handeln, auf das sie sehr angewiesen sind, nicht beschreiben können.
- Ihre Neigungen als interessierte Akteure in der Situation können sie blind für die Daten machen, die sie vielleicht veranlaßt hätten, ihre Ansicht zu ändern.
- Ihre Fixierung darauf, die im wesentlichen lokale und kurzfristige Arbeit voranzutreiben, kann sie davon abhalten, die Dinge längerfristig und in größerem Zusammenhang zu betrachten, was womöglich besser wäre.
- Vor lauter Vertrautheit mit der eigenen Umgebung sehen sie diese vielleicht gar nicht mehr. Genauer gesagt, sie erkennen vielleicht zumindest teilweise die Kausalmuster nicht, die ein produktives Lernen in Organisationen beeinträchtigen, und sehen auch nicht, wie ihre Transaktionen mit dem Organisationsumfeld gerade zu den Behinderungen beitragen, die sie als von außen auferlegt ansehen.

Was heißt es für Praktiker, mit derartigen Anfälligkeiten gut zurechtzukommen? Wie könnte man ihnen dabei durch den Einstieg in eine Zusammenarbeit mit Aktionsforschern helfen, die wissenschaftlich fundiert ist?

Die Sozialpsychologie hat eine lange Tradition in der Diskussion über das Vertrauen unserer täglichen Intuitionen hinsichtlich des Denkens – die Absichten, Gedanken und Gefühle –, welches dem Handeln anderer Menschen zugrunde liegt. Zajonc (1989) wirft diese Frage auf und kommt zu dem Schluß, daß unsere Erfahrung zwar „eine reiche Quelle von Ideen und Annahmen sein kann . . ., aber alles, was wir aus der systematischen Untersuchung der sozialen Wahrnehmung wissen, weist darauf hin, daß wir unseren sogenannten Intuitionen gegenüber äußerst mißtrauisch sein sollten". Um diese Position zu untermauern, führt er die große Zahl von Untersuchungen an, die „eine deutlich eigennützige Schieflage bei der Einschätzung der Wahrscheinlichkeit kausaler Ereignisse" zutage gefördert haben.

Selbst wenn wir das Vertrauen unserer alltäglichen Intuitionen hinsichtlich des Denkens und der Absichten des Menschen sehr viel zuversichtlicher beurteilen, ist doch klar, daß wir sie manchmal falsch einschätzen. Einigermaßen sachkundige Untersuchende in Organisationen, die angemessene Strenge zeigen, würden sicher versuchen, diese Intuitionen zu prüfen, insbesondere die, die eine wichtige Rolle bei der Konstruktion kausaler Zusammenhänge spielen. Nehmen wir beispielsweise den Schluß, daß Kontrolleure im Fall der leistungsbezogenen Entlohnung ihre negativen Beurteilungen abschwächen, „um die Arbeiter nicht zu verärgern", oder daß technische Mitarbeiter in dem Telekommunikationsunternehmen Zuverlässigkeitsprüfungen der Software übergehen, „um dem Drängen der Firmenleitung nach schnellen Installationen nachzukommen". Wie könnten solche Schlüsse geprüft werden? Einer der Haupttests bestünde sicher in einem Experiment vor Ort, nämlich dem Erfragen von Informationen. Aber auch diese Art des Experimentierens ist aus verschiedenen Gründen fehleranfällig.

Betrachten wir eine Situation, in der eine Person eine andere fragt: „Was hat Sie bewogen, das zu tun?", und eine Antwort auf die Frage erhält, worauf sie daraus auf die Absichten des Handelnden schließt. Vielleicht ist der Antwortende zunächst einmal gar nicht in der Lage, die Gedanken von vor dem Geschehen exakt zu rekonstruieren, die ihn zu der Handlung bewogen haben. Vielleicht erinnert er sich nicht, oder er rekonstruiert sie mehr oder weniger unbewußt, um sie den gegenwärtigen Vorstellungen, Interessen oder Neigungen anzupassen, was der verbreiteten Tendenz entspräche, sich einem augenblicklichen geschichtlichen Revisionismus hinzugeben. Derartige Verzerrungen könnten vielleich dadurch korrigiert werden, daß man den Antwortenden veranlaßt, das Ereignis, in das er verwickelt war, genau zu rekonstruieren, oder daß er, wenn möglich, die Reaktionen mehrerer anderer Informanten vergleicht.

Aber Abhilfemaßnahmen wie diese sind für eine zweite Quelle von Irrtümern anfällig, die jeden Versuch betrifft, Handlungsgründe direkt zu erforschen. Von einem Handelnden die Gründe für ein bestimmtes Handeln zu erforschen ist selbst ein Eingriff, und wenn er im Umfeld einer Organisation erfolgt, ist es auch ein Eingriff in das Leben der Organisation. Beide Umstände können sich massiv darauf auswirken (und tun es für gewöhnlich auch), wie sowohl der Untersuchende als auch der Antwortende die Bedeutung ihrer Interaktion auslegen, die Botschaften des jeweils anderen deuten, dem anderen gegenüber handeln und die Handlungen des anderen wahrnehmen. Diese Auswirkungen können die Suche des Untersuchenden nach gültigen Informationen erschweren und oft auch vereiteln.

Ein Grund dafür ist der, daß derjenige, der sich in der Rolle des antwortenden Informanten befindet, auch versucht, die Bedeutungen der Situation aufzudecken, in die er verwickelt ist, und auf der Grundlage der Bedeutungen handelt, die er konstruiert. Vielleicht gibt er auf die Fragen die Antworten, die der Untersuchende seiner Meinung nach hören möchte. Vielleicht deutet er die Situation so, als müßte er bestmögliche Miene zu früheren Aktionen machen. Seine Interaktion mit dem Fragenden ist vielleicht konstruiert, mehr oder weniger bewußt eine Form des Imagemanagements. In dem Maß, wie er sich bei der Befragung bedroht fühlt oder mißtrauisch ist, hält er Informationen möglicherweise bewußt zurück, die ihm eventuell negativ ausgelegt werden könnten.

All diese Interaktionen werden auch von der „Komplementarität" berührt, wie George Devereaux (1967) einmal in Anlehnung an die Quantenphysik schrieb. Die Fragen des Fragenden und seine verbalen wie nichtverbalen Reaktionen sind auch ein Eindringen in die zwischenmenschliche Situation, was sich auf die Meinungsbildung des Informanten und seine Bereitschaft auswirkt, brauchbare Informationen zu liefern. Der Akt des Untersuchens beeinflußt die Situation, die untersucht wird. So kann zum Beispiel jemand, der den Netzwerkausfall untersucht, eine drohende, voreingenommene Haltung vermitteln, die seine Informanten noch zurückhaltender macht, als sie sonst vielleicht gewesen wären.

Was für den Informanten gilt, gilt auch für den Untersuchenden. Auch seine Auslegungen der Botschaften, die er erhält, werden von den mehr oder weniger bewußten Meinungen berührt, die er sich für seine Interaktion mit dem Informanten bildet, von der Bedeutung, die er ihr beimißt, und seinen Vermutungen darüber, wie der Informant ihn wahrnimmt. Wenn er meint, daß der Informant eventuell negative Informationen zurückhält, legt er dessen Antworten vielleicht im Licht seines Argwohns aus, den er gegenüber den Informationen hegt, die dieser seiner Meinung nach zurückhält.

Diese Interaktionseffekte sind für Ursachenuntersuchungen in Organisationen keineswegs etwas Besonderes. Sie sind typisch auch für das experimentelle Umfeld der normalen Sozialwissenschaft, wo sie die Suche des Forschers nach gültigen Informationen ebenfalls vereiteln können. Wie Harré und Secord (1972) erklärten, sind „sozialpsychologische Experimente auch soziale Ereignisse". Ja, gerade die Kontrollen, mit denen Sozialpsychologen ihre gestellten Experimente abzusichern suchen, führen, wie beobachtet wurde, wahrscheinlich systematische Verzerrungen in ihre Forschungsergebnisse ein.

Bei einer Organisationsuntersuchung können all diese Interaktionseffekte jedoch durch bestimmte Eigenarten des Organisationsumfeldes noch verschärft werden. Organisationale Untersuchungen sind fast zwangsläufig ein politischer Prozeß, in dem Individuen überlegen, ob sie sich durch solche Überlegungen entscheidend beeinflussen lassen wollen wie die, daß die Untersuchung sich – in einer Organisationswelt mit Wettbewerb und Auseinandersetzungen – auf ihre Stellung oder die ihrer Bezugsgruppe auswirken könnte. Der Versuch, die Ursachen eines Systemausfalls zu finden, ist unweigerlich ein bewußter Test der Loyalität gegenüber der eigenen Untergruppe und eine Gelegenheit, Schuld oder Lob zuzuweisen. Eine solche Untersuchung löst wahrscheinlich vertraute Spiele aus wie etwa Schuldzuweisungen und -vermeidung, die Ausübung und Vermeidung von Kontrolle sowie den Versuch, Ansehen zu gewinnen und zu verhindern, daß andere Ansehen gewinnen. Im Rahmen solcher Spiele behindern Täuschungsstrategien, präventive Vorwürfe, Obstruktion, Vernebelung und Vertuschung – einschließlich der Vertuschung gerade dieser Strategien – häufig die Untersuchung der Ursachen von Ereignissen in Organisationen und die Urteile der beteiligten Akteure. Wir kommen noch auf diese Erscheinungen zu sprechen, und zwar im Zusammenhang mit den „begrenzten Lernsystemen".

Wie sollte man angesichts der persönlichen, interaktiven und organisationalen Erscheinungen, die die Suche nach gültigen Informationen über die Designqualität behindern können, eine organisationale Untersuchung durchführen, mit der man die Wahrscheinlichkeit erhöht, gültige Informationen hervorzubringen? Diese umfassende Frage gibt einer möglichen Sozialwissenschaft, die das Problem der Ausweitung organisationaler Untersuchungen ernst nehmen könnte, eine Richtung von ganz entscheidender Bedeutung vor und besteht aus mindestens zwei großen Teilen. Erstens, wie können wir genauere und brauchbarere Darstellungen der personellen, interpersonellen und organisationalen Muster geben, die die Ursachenforschung in Organisationen behindern? Zweitens, welche Theorien der Handlung, der Strategien, der Werte und der grundlegenden Voraussetzungen können aus der Sicht des Untersuchungsprozesses selbst einen Untersuchenden am ehesten in die Lage versetzen, Informationen zu gewinnen, sie zu interpretieren und die Interpretation zu überprüfen, um gültige Schlußfolgerungen über die Designqualität ziehen zu können?

Diese Fragen bilden die Grundlage des Ansatzes, den wir „die Theorie der Handlungsperspektive“ oder „Handlungswissenschaft“, *Action Science*, nennen, eine Weiterentwicklung der Lewinschen Handlungsforschung. Er kreist um das Problem, Bedingungen für eine gemeinsame Untersuchung zu schaffen, bei der Organisationsangehörige eher als Koforscher fungieren, nicht nur als Subjekte. Und das tut er, wie bereits angemerkt, unter der Annahme, daß Personen gültige Informationen über ihre Absichten und Handlungsmotive bereitwilliger preisgeben, wenn sie an der Kontrolle des Prozesses der Schaffung, Auslegung, Prüfung und Nutzung der Informationen beteiligt sind. Der Ansatz der Handlungstheorie postuliert das Vorhandensein einer Verhaltenswelt, die von den Parteien zu einer Interaktion geschaffen wird, und bestimmt die Eigenschaften von Verhaltenswelten, die eine gültige Untersuchung behindern oder anregen können. Er erkundet die Merkmale handlungsleitender Theorien, die dem Austausch gültiger Informationen in Verhaltenswelten interpersoneller Untersuchungen nützen; er betont die Bedeutung, private Unterstellungen öffentlich zu machen, diese Unter stellungen als widerlegbar zu behandeln und sie einer öffentlichen Überprüfung zu unterziehen. Er arbeitet unter der, wie wir glauben, gut belegten Annahme, daß handlungsleitende Theorien zu einem verderblichen Einfluß oder Spiegeleffekt neigen. Wir glauben, daß Personen erfolgreichere Untersuchende werden, wenn sie sich handlungsleitender Theorien bedienen, die, wenn sie von ihren Informanten und Koforschern gespiegelt werden, wahrscheinlich gültige Informationen hervorbringen.

Mit diesen Punkten, die für jede künftige Zusammenarbeit zwischen Organisationspraktikern und wissenschaftlichen Forschern von Bedeutung sind, beschäftigen wir uns im folgenden Teil des Buches. Wir beginnen damit im nächsten Kapitel, in dem wir die langfristige Entwicklung eines Industrieunternehmens und die Versuche eines Beraters verfolgen, produktives Lernen in Organisationen an einer wichtigen Verbindungsstelle in dieser Entwicklung zu fördern. Im laufenden Kapitel haben wir die Aufmerksamkeit auf Fragen der Methode, der Einstellung und der Beziehung gelenkt, die entscheidend für die Erforschung des organisationalen Lernens werden, sobald wir es in Kategorien der organisationalen Untersuchung betrachten, Praktiker als Untersuchende anerkennen und die Beziehung Forscher-Praktiker auf den Kopf stellen.

3. Der Fall Mercury: Was erleichtert oder erschwert das produktive Lernen bei Organisationen?

Betrachten wir die zehnjährige Entwicklung eines Industrieunternehmens, der Mercury Corporation.

Dieses Chemieunternehmen wurde in den 20er Jahren dieses Jahrhunderts mit einem einzigen Chemieprodukt gegründet. Es gehörte zu den ersten der Branche, das eine Forschungs- und Entwicklungsabteilung aufbaute, und schuf im Lauf der Jahrzehnte neue Sparten auf den verschiedensten Gebieten. Mitte der 60er Jahre lag der Umsatz bei über drei Milliarden Dollar. Doch die Topmanager, denen überwiegend daran gelegen war, die Wachstumsrate des Unternehmens zu halten, begannen sich Sorgen um Anzeichen nachlassender Vitalität zu machen. Besonders beunruhigt waren sie über den Rückgang des Tempos, mit dem die Forschungs- und Entwicklungsabteilung neue Produkte hervorbrachte, die die Grundlage für neue Geschäftstätigkeiten wurden. Sie sprachen angesichts dieses Problems von einer „unternehmerischen Lücke". Die Forschung, so glaubten sie, habe die Fähigkeit, neue Technologien zu schaffen, nicht aber die, sie zu kommerzialisieren. Für die Kommerzialisierung war die Forschung auf bestehende Unternehmenssparten angewiesen, die häufig nur widerwillig das Risiko eines völlig neuen Produkts oder Verfahrens übernahmen.

Aufgrund ihrer Problemdiagnose fand die Unternehmensleitung eine scheinbar brauchbare Lösung. Man wollte eine New Business Division (NBD) aufbauen, die ermächtigt werden sollte, nicht nur neue Technologien zu entwickeln, sondern auch „ausreifen" zu lassen. Sie würde neue Produkte herstellen und verkaufen können und sie erst dann an die bestehenden Unternehmenssparten übergeben, wenn sie sich bewährt hatten. Man hatte die Hoffnung, die bestehenden Sparten würden, befreit von der Notwendigkeit, die Risiken der ersten Anpassungen an die Praxis zu tragen, sich den neuen Technologien nicht mehr widersetzen, die die Forschungsabteilung entwickelt hatte.

Anfang der 70er Jahre steckte Mercury plötzlich mitten in einer Krise ganz anderer Art. Die Wachstumsrate des Unternehmens hatte sich erholt, doch das lebhafte Wachstum wurde von einer rückläufigen Ertragsrate begleitet. Die Geschäftsleitung machte den stark gestiegenen Geschäftsumfang für dieses Problem verantwortlich. Man war der Meinung, das gelungene Erreichen der Wachstumsziele habe ein Unternehmen geschaffen, dessen Größe und Bereich die Kapazität der Zentralverwaltung überstiegen. Ein Unternehmen, das über fünf Milliarden Dollar umsetzte, konnte nicht wie bisher geführt werden. Man entschloß sich, die Unternehmensleitung zu dezentralisieren, halbautonome Sparten mit eigenen Freiräumen und Präsidenten zu schaffen, den späteren sogenannten „Baronen".

Mitte der 70er Jahre hatte die NBD zehn Jahre Erfahrung gesammelt. Sie hatte etwa 20 Millionen Dollar für Forschung und Entwicklung ausgegeben, ohne daß auch nur ein einziger neuer Geschäftszweig von Bedeutung entstanden wäre. Trotzdem blieb die NBD bestehen; das Topmanagement hatte sie nicht einmal direkt kritisiert. Doch den NBD-Angehörigen selbst wurde unwohl, und sie zogen einen fremden Berater hinzu.[1] Der NBD-Manager regte, wie er damals schrieb, an, der Berater solle ihnen bei der Erprobung „... eines neuen Wagnismanagements in einem ausgereiften Unternehmen [helfen], angesichts der dramatischen sozialen, politischen und vor allem wirtschaftlichen Veränderungen, die sich heute in der Welt ereignen". Er wollte insbesondere wissen, ob „es für ein ausgereiftes Unternehmen in dieser Zeit des Wandels noch eine lohnende Alternative ist, neue Wagnisse einzugehen".

Die Untersuchung der neuen geschäftlichen Entwicklung

Der erste Schritt des Beraters bestand darin, ein Diagramm des Problems zu entwerfen. Logischerweise gab es mehr als eine Darstellung. Verschiedene Mitglieder einer Organisation sehen ein grundlegendes Problem im Zweifelsfalle verschieden und halten ihre Sicht häufig voreinander geheim oder drücken sie unvollständig aus. Bei den ersten Diskussionen bei Mercury brachten verschiedene Angehörige des Unternehmens folgende unterschiedlichen Ansichten über das Problem der Unternehmensentwicklung zum Ausdruck:

- „Wir sind für die Aufgabe nicht gerüstet, nicht nur in der Entwicklung, sondern im gesamten technologischen Bereich... die Kosten für die technologische Entwicklung steigen... 50 Prozent unserer Gewinne stammen von 30 Prozent der Produkte, den Markenprodukten... Wir können mit Kapital sehr viel besser umgehen als mit Technologie."
- „NBD wird durch seine Satzung eingeengt."
- „NBD tendiert zum Weg des geringsten Widerstandes und setzt neue Technologien in schon bestehenden Unternehmensbereichen ein."
- „Wir versuchen es seit zehn Jahren und haben nichts wirklich Wichtiges zustande gebracht. Projekte, die Erfolg hatten, sind nicht von NBD. Wir haben zahlreiche Projekte erwogen, nicht so sehr einen Bereich gewählt und versucht herauszufinden, wie man dorthin kommt."

---

1 Einer der Verfasser, Donald Schön, übernahm diese Beratertätigkeit. Er hatte Anfang der 60er Jahre bei dem Unternehmen gearbeitet, das wir Mercury nennen, und nahm die Arbeit bei der NBD Mitte der 70er Jahre wieder auf.

– „Man muß viele Eisen im Feuer haben, weil die Chancen im Einzelfall so gering sind. Man muß sich viele Möglichkeiten ansehen. Mehr als zehn Jahre haben wir über 200 Projekte geprüft."

Die Personen äußerten diese Ansichten privat, nicht in der Öffentlichkeit. Sie hatten nie miteinander über ihre Differenzen gesprochen und ihre Meinungsverschiedenheiten auch nicht bis zu dem Punkt verfolgt, an dem sie entdeckt hätten, wie sie sie hätten überprüfen können. Der Berater regte an, diesen Differenzen auf den Grund zu gehen, und bat seine Klienten – den Vizepräsidenten für Technologie, den Forschungsdirektor und Mitarbeiter der NBD –, Fallstudien der Unternehmensentwicklung aus den letzten zehn Jahren zu erstellen und dabei besonders auf die Entwicklungen einzugehen, die sie als Erfolg bzw. Mißerfolg betrachteten.

Das war, wie sich herausstellte, keine leichte Aufgabe. Zum einen blieben die Mißerfolge unter der Decke, und niemand war darauf erpicht, sie hervorzuholen. Zum andern war das Wissen über Entwicklungsbemühungen der Vergangenheit unterschiedlich auf die Firmenangehörigen verteilt, und diejenigen, die Teile davon kannten, hatten nie versucht, ihre Sicht der Dinge mit anderen zu vergleichen oder in Einklang zu bringen. Als Folge entstanden bestimmte Entwicklungslegenden. Darunter waren Slogans wie „Gute Ideen kommen von oben" und „Eine gute Idee setzt sich durch". Solche Sprüche geisterten durch das Unternehmen und blieben ungeprüft. Sie wurden sogar zu Voraussagen, die sich selbst bestätigten. Erfolge wurden im nachhinein als gute Ideen hingestellt, Mißerfolge als schlechte Ideen. Weil Mißerfolge im verborgenen blieben, wurde im übrigen die Qualität der mit ihnen verbundenen Ideen nie mit der Qualität der Ideen verglichen, die mit wahrgenommenen Erfolgen in Verbindung gebracht wurden. Der Erfolg an sich galt als Beweis für eine gute Idee; und weil die Unterstützung der Unternehmensleitung wesentlich für das Erreichen eines wahrgenommenen Erfolges war, glaubten alle, daß gute Ideen von oben kämen.

Trotz derartiger Schwierigkeiten folgten die Unternehmensmitglieder dem Drängen des Beraters, Fallgeschichten für neue Geschäftsentwicklungen zu entwerfen. Dabei sollten sie auf Anregung des Beraters die folgenden Fragen anschneiden:

1. Wie haben wir den Entwicklungsprozeß tatsächlich in Angriff genommen, insbesondere in den Fällen, die als eindeutige Erfolge oder Mißerfolge betrachtet werden?
2. Was können wir aus diesen Geschichten lernen? Wie vor allem bestätigen oder widerlegen sie die Theorien über erfolgreiche technologische Entwicklungen, die von verschiedenen Seiten bei Mercury vertreten werden?
3. Welche Schlußfolgerungen können wir aus diesen Geschichten über den Entwurf erfolgreicher Organisationsstrukturen und Praktiken für die technologische Entwicklung ziehen?

Diese Übung in Fallgeschichten hatte nicht das Ziel, aufgrund von Unterschieden zwischen den unveränderlichen Merkmalen erfolgreicher und erfolgloser Entwicklungen Rezepte für eine erfolgreiche Entwicklung zu finden. Sie sollte vielmehr Entwicklungsthemen aufspüren und informelle Praxismuster aufzeigen, die wahrscheinlich differenzierter und komplexer als die Theorien waren, die bei Mercury gefördert wurden, um diese Prozesse zu erklären.

Das Bemühen, die Geschichte nachzuvollziehen, stützte sich auf die Annahme, daß ein Unternehmen wie Mercury oft mehr tun als sagen kann. Mit einem genaueren und deutlicheren Bild von der tatsächlichen Praxis der geschäftlichen Entwicklung hätten die Mitglieder des Unternehmens eigentlich in der Lage sein müssen, ihre bestehenden Theorien über gute Leistungen zu überprüfen, geplante Entwürfe für die Unternehmensentwicklung, die sich auf als unzureichend erkannte Theorien stützten, zu kritisieren und bessere Entwürfe für eine Entwicklung auf der Grundlage von Theorien vorzulegen, die stärker in der Unternehmensrealität verwurzelt waren. Der Berater ahnte im übrigen voraus, daß die Teilnehmer beim Rückblick auf ihre Darstellungen der Entwicklung diese aller Voraussicht nach verschieden interpretieren würden. Der Versuch, diese Unterschiede zu erklären, konnte Einsichten in das Lernsystem von Mercury vermitteln, und die Reaktionen der Teilnehmer auf die Unterschiede konnten nützliche Hinweise darauf liefern, wie Mercury Organisationsprobleme erfaßte und löste.

Und das sind, zusammengefaßt, einige der Geschichten, die vorgebracht wurden. Die erste stammt vom Teilnehmer A:

Produkt X

Anfang der 60er Jahre erwarben wir ein Fabrikationsunternehmen, das ganz auf das Harz R abgestellt war. Um diese Anlage herum bauten wir eine Sparte auf. Damals verfügten wir über keine Materialien, die eigens für diese Art der Herstellung entwickelt waren. Wir waren auf andere Materialien angewiesen, die zu diesem Zweck angepaßt wurden. In einer unserer Materialsparten benutzten wir jedoch ein Produktionsverfahren für Materialien, die unter Umständen besondere Vorteile für das neue Herstellungsverfahren bieten konnten.

Die neue Sparte hatte einen guten Marktanteil, mußte sich jedoch gegen starke Konkurrenz durchsetzen. Uns war bewußt, daß wir Marktanwendungen für einen etwas größeren als den bestehenden Markt brauchten. Wir richteten eine Arbeitsgruppe unter einem Vorsitzenden ein, der sowohl technisch als auch geschäftlich erfahren war; die Arbeitsgruppe erarbeitete mehrere mögliche Anwendungen und empfahl insbesondere das Produkt X.

Es folgte eine zweijährige Machbarkeitsstudie. Sie erforderte die Zusammenarbeit zwischen der Herstellungs- und der Materialabteilung, deren Verhältnis aber nicht das beste war.

Anfänglich war für die Materialsparte nicht ersichtlich, daß sie durch dieses Produkt Marktanteile bei Materialien einbüßen konnte, die sie an Kunden verkaufte, zu denen die neue Herstellungsabteilung in Konkurrenz treten würde, wenngleich die Materialsparte langfristig Materialien zu verkaufen haben würde.

> Man beschloß, die Entwicklung nicht der zentralen Forschungsabteilung zu überlassen, sondern den Sparten selbst, die zu diesem Zweck einen Mitarbeiterstab einrichten wollten. Das Unternehmen finanzierte dieses Vorhaben. Trotz einiger Bedenken herrschte eine sehr kooperative Atmosphäre.
> Bei dem Vorhaben ging es um über eine Million Dollar, und die bereits bestehenden Unternehmensbereiche waren der Meinung, das Geld besser gebrauchen zu können. Ein so neues Vorhaben sieht oft wie ein Vorhaben aus, das scheitert. Zweimal starb das Projekt fast.
> Dennoch überlebte es, nicht zuletzt weil das Unternehmen das Geld gab. Für die Sparte gab es keine Gewinn- und Verlustrechnung. Etwa ein Jahr nach dem Start der Machbarkeitsstudie zeigte ein großer potentieller Kunde Interesse und erklärte: „Wenn ihr sie herstellen könnt, kaufe ich sie."
> Die Leitung der beiden Unternehmensbereiche setzte ihre besten Leute für das Projekt ein und hatte unter dem Ressourcenentzug erheblich zu leiden. Das Produkt ist inzwischen auf dem Testmarkt. Es hat acht Jahre gedauert, das aufwendigste und teuerste Verfahren, das wir je durchgeführt haben. Seine Ausmaße versprechen, die bisherige Größenordnung der Herstellungsabteilung zu sprengen.
> Die NBD hat dieses Produkt nicht bekommen, was ihrer Meinung nach der Fall hätte sein müssen. Der Bereich war Ende der 60er Jahre gerade erst gegründet worden, und seine Beziehung zu den Betriebsabteilungen war schlechter als heute, doch der Boardvorsitzende war ein hartnäckiger und zuverlässiger Verfechter des Projekts.
> Teilnehmer A erzählte dem Berater, sie hätten dem Leiter der Materialsparte nicht gesagt, daß er im Gefolge der Neuentwicklung eventuell Marktanteile verlieren könnte. Der Berater fragte warum, woraufhin sich folgender Dialog entspann:
> Teilnehmer A: *Wenn wir es ihm gesagt hätten, wäre er bei unserer Führungspolitik dumm gewesen, wenn er mitgemacht hätte.*
> Berater: *Haben Sie diese Annahme hinsichtlich seiner Reaktion getestet?*
> Teilnehmer A: *Natürlich nicht. Wie kann man so etwas testen?*
> Berater: *Was geschah, als er merkte, daß man ihm diese Information vorenthalten hatte?*
> Teilnehmer A: *Er ging an die Decke, beruhigte sich aber wieder.*
> Teilnehmer B: *Und einige von uns fragten sich, wann jemand uns auf diese Weise mitspielen würde.*
> Berater: *Hat Sie das vorsichtig und mißtrauisch gemacht?*
> Teilnehmer A: *Sie haben recht. Man muß so sein, wenn man überleben will.*

Wenn eine Information wie diese an die Öffentlichkeit gelangt, gibt sie nicht nur Einblick in das Lernsystem von Mercury, sondern wird auch Teil der Problemdarstellung der Gruppe, die dann für eine spätere Analyse wieder hervorgeholt werden kann. Andererseits bereiten derartige Diskussionen den Teilnehmern oft Unbehagen. Der Berater sieht sich deshalb einer weiteren Herausforderung gegenüber, nämlich zu vermei-

den, unterschiedliche Ansichten zu früh im Prozeß aufeinanderprallen zu lassen, bevor die Geschichten zu Ende erzählt sind. Angesichts der Schwierigkeit und Fremdheit des Problems, das sie untersuchen, und der Diskussion von Dingen, die bisher als tabu galten, fühlen sich die Teilnehmer möglicherweise zunehmend unwohl. Vielleicht verlangen sie ein Ende der Debatte, selten mit der Begründung, Angst zu haben, sondern eher mit der, weiterarbeiten zu wollen. Der Berater akzeptiert ihre Reaktionen vielleicht, er ist jedoch auch dafür verantwortlich, sie auf die Folgen aufmerksam zu machen, wenn sie den Fluß des Geschichtenerzählens abreißen lassen. Falls er starken Widerstand erlebt, kann er zumindest die Gründe dafür erfragen (zum Beispiel „Was bringt Sie zu dem Schluß, daß wir genügend Daten haben?").
Eine zweite Geschichte über Produktentwicklung wurde von einem Mitglied der NBD erzählt:

Produkt Y
Wir hatten eine Arbeitsgruppe, die neue Materialien untersuchte, und erstellten ein Diagramm, um eine Skala der Materialeigenschaften innerhalb eines bestimmten Bereichs zu veranschaulichen. Wir fragten: „Können Sie ein Material nach Maß liefern, das in den mittleren Bereich des Diagramms paßt?"
Wir hatten uns noch nie in dem Bereich betätigt, der durch diesen Teil des Diagramms dargestellt wurde, aber wir wußten, daß einige unserer bestehenden Geschäftsbereiche Bezug zu ihm hatten. Wir hatten ein Material, Produkt Y, mit vielen möglichen Märkten, nicht nur einen einzigen Markt, der nach einem besonderen Material suchte.
Der Leiter der Zentralen Forschung, der der Arbeitsgruppe vorstand, fragte, ob es irgend etwas gäbe, um das es sich zu kämpfen lohne. Die Arbeitsgruppe arbeitete nur vorübergehend und in Teilzeit. Das Engagement war eindeutig geringer als beim Produkt X. Niemandes Arbeitsplatz war vom Gelingen dieser Aufgabe abhängig.
Hätten wir groß einsteigen wollen, hätten wir uns ein Materialvorhaben im großen Stil ausgesucht, denn wir waren in der Lage, ein solches Vorhaben zu erkennen. Statt dessen wurde entschieden, sich auf einen kleineren Spezialmarkt zu konzentrieren.
Die Lizenz für das größere Materialvorhaben besaß ein anderer Unternehmensbereich. NBD konnte mit dem Produkt Y nicht weitermachen, solange wir es nicht als Fertigteil betrachteten. Und der Bereich dachte in Kategorien von Zwischenmaterialien. Sie sagten: „So viel anders ist das nicht. Und die Kosten, sich eine eigene Technologie zu leisten, wären hoch." Inzwischen hatte man einen Plan für den Spezialmarkt.
Und so gaben wir es ihnen.

Der Leiter der Zentralen Forschung erzählte eine dritte Geschichte:

Produkt Z

Einem unserer altgedienten Prüfer hatte man gesagt, er könnte, wenn er eine unangenehme Arbeit übernehme, in der übrigen Zeit tun, was er wolle. Er kreuzte mit einem Vorschlag für Z wieder auf. Das war eine Technologie, die ihn fesselte, etwas, an dessen Entwicklung er mitgearbeitet hatte.

Er fragte: „Was haben wir in der Hand? und Welche Technologie bringen wir?"

Er dachte dabei an das Phänomen Z und einen Firmenartikel, einen Kleber, der bei vielen Betriebsaktivitäten von Mercury eine Rolle spielte. Hier haben wir ein maßgeschneidertes Klebematerial, zu niedrigeren Kosten als die jetzigen Materialien.

Wir sahen uns also im Unternehmen nach jenen Beispielen für Kleber um, die einen bestimmten Kostenbetrag überschritten. Wir suchten interne Anwendungsmöglichkeiten aus, wo man die Anwendung leichter würde austesten können.

Bei ihren Reaktionen auf diese (stark gekürzten) Geschichten machten die Teilnehmer einige Beobachtungen. Sie stellten fest, daß erfolgreiche technologische Entwicklungen häufig offenbar drei verschiedene Prozesse einschlossen:

1. Das Erkunden der Möglichkeiten, die in einigen technologischen Phänomenen stekken;
2. das Erkennen und Beschreiben von Problemen bei bestehenden Geschäften und
3. eine Probleme prüfende oder intelligente Funktion, dank der Probleme, die im Umfeld von Mercury erkannt wurden, mit dem Leistungspotential von Mercury in Verbindung gebracht werden konnten.

Offenbar erwuchsen Entwicklungsmöglichkeiten aus der Abstimmung zwischen Problemen und Leistungspotential, die mit diesen drei Prozessen festgestellt wurden. Ein technologisches Phänomen konnte beispielsweise auf ein firmeninternes Problem oder auf ein Problem abgestimmt werden, das im Umfeld entdeckt wurde. Oft erfolgten diese Abstimmungen offenbar durch glückliche Zufälle.

Die Teilnehmer stellten fest, daß all diese Prozesse eine hochentwickelte Selbsterkenntnis der Fähigkeiten und Bedürfnisse des Unternehmens erforderten. Brauchbare Beschreibungen der Fähigkeiten waren diejenigen, die leicht mit Beschreibungen von Firmenthemen und -bedürfnissen zu verbinden waren. Die Teilnehmer glaubten, „ein Mercury-Problem" erkennen zu können; und ihre Erkenntnis schien aus ihrer Fähigkeit zu erwachsen, sich zumindest stillschweigend Beschreibungen interner Fähigkeiten und Firmenthemen merken zu können, die gelegentlich mit Beschreibungen von Störungen oder Gelegenheiten verglichen werden konnten, die in der Außenwelt auftraten. Im allgemeinen konnten die Teilnehmer die Kriterien jedoch nicht benennen, anhand derer sie in der Lage waren, „Probleme unserer Art" zu erkennen.

Der Begriff „ein Mercury-Problem" wurde ein Ausgangspunkt, die Meinung der Teilnehmer zu ihrem eigenen Spezialbereich zu erkunden, eine Meinung, die sie vertraten und auch mit anderen teilten, die sie aber noch nie in ihre Theorien über Unternehmensentwicklung hatten einfließen lassen. Weitere Slogans und Formulierungen tauchten auf, zum Beispiel „ein schreiendes Baby" für ein Projekt, das eher durch interne Schwierigkeiten als durch eigene Erfolgsaussichten von sich reden machte, oder „ein Flieger" – eine Art, in ein Geschäft einzusteigen, in dem man noch nicht vertreten war. Solche Bilder kamen den Teilnehmern im Zusammenhang mit ihrer Meinung zu den Fähigkeiten und Marktmöglichkeiten von Mercury in den Sinn. Die Fähigkeit zu derartigen Beschreibungen war offenbar ein wichtiger Bestandteil des Prozesses, die Energie und das Engagement der Leitung für die Entwicklung zu mobilisieren. Es war, als hinge die Entwicklung von organisationsinternen Sprachelementen ab, die ein paar sehr nützliche „alte Hasen" im Kopf hatten. Diese Sprachbrocken und die damit verbundenen Bilder waren Teil der stillschweigenden, in der Organisation vorhandenen Entwicklungstheorie, die der Planungsprozeß zutage fördern sollte.

Der Berater achtete auf die Sprache der Teilnehmer, mit der sie ihnen vertraute Erscheinungen und Prozesse beschrieben. Er versuchte nicht, diese Sprache in offensichtlich schärfere, aus einer eigenen Theorie abgeleitete Formulierungen umzuwandeln. Er hielt sich vielmehr so dicht wie möglich an die Beschreibungen der Teilnehmer und versuchte, gemeinsam mit ihnen einen Blick auf die Entwicklung zu werfen, der auf ihrer Beschreibung relevanter Daten beruhte, und er vermied jede Einmischung, die sie von den Problemen und Prozessen hätte ablenken können, die sie selbst beschrieben.

Je weiter das Geschichtenerzählen gedieh, desto deutlicher wurde, daß die Geschichten der Teilnehmer sich zu einigen Grundtypen zusammenfassen ließen. Als die Geschichten immer weitschweifiger wurden, ging der Berater daran, mit den Teilnehmern ein Modell zu konstruieren, das die Themen offenlegte, die den einzelnen Geschichtentypen zugrunde lagen. Jetzt wurde versucht, das komplexe Entwicklungsproblem zu analysieren und in Teilbereiche zu zerlegen.

Der Kern des Entwicklungsproblems schien zunächst darin zu liegen, im ganzen Unternehmen Fähigkeiten zu mobilisieren. Sie konnte man in jeder Zentral- oder Betriebseinheit des Unternehmens finden, wobei Art und Standort häufig von Projekt zu Projekt wechselten. Außerdem waren bestimmte Fähigkeiten („ein sachkundiger, kommerziell erfahrener Mitarbeiter", „jemand, der sich beim Z-Projekt auskennt") oft nur in bestimmten Phasen des Prozesses erforderlich und anschließend überflüssig. Die Einrichtung der Arbeitsgruppe für Entwicklung war ein wesentlicher Bestandteil der alten Befähigung von Mercury, die verzettelten Fähigkeiten des Unternehmens zeitweilig zusammenzuführen. Tatsächlich schien sich so etwas wie eine Arbeitsgruppentechnologie als eine Kunstform entwickelt zu haben. Doch das Vorgehen mit Hilfe einer Arbeitsgruppe konnte nicht das Problem lösen, in den Anfängen steckende Entwicklungen so weit zu bringen, daß die Unternehmensleitung die Notwendigkeit erkannt hätte, eine Arbeitsgruppe einzurichten.

Bei jedem Entwicklungsvorhaben mußte man Ressourcen mobilisieren und Energie freisetzen, häufig aus den Teilen des Organisationssystems, die sie am widerwilligsten

hergaben. Das führte zu einer mißlichen Lage, die bei der Analyse der Unterschiede in den Geschichten von Erfolg und Mißerfolg deutlich wurde.
Die Erfolgsgeschichten fielen in ein allgemeines Muster. Zunächst erkannte man eine neue geschäftliche Möglichkeit, die auf der Entwicklung einer neuen Technologie beruhte. Die Technologie kam meistens aus einem schon bestehenden Unternehmensbereich; oft war sie das unerwartete Ergebnis eines F&E-Projektes, das mit einer völlig anderen Zielsetzung gestartet worden war. Die Nutzung der neuen, durch diese Technologie verkörperten Möglichkeit verlangte, einige bestehende Dinge im Unternehmen neu zu kombinieren. Firmenmitarbeiter sagten beispielsweise: „Wenn wir diese Bereiche doch nur zusammenfassen könnten, hätten wir eine Technologiefamilie, die ihnen allen den Start erleichtern könnte." Oder es hieß: „Hier ist eine Technologie, die gut für das Fixieren wäre. Wir sind augenblicklich zwar nicht im Fixiermittelgeschäft, aber es gibt Teile aus anderen Sparten, die mit Fixiermitteln zu tun haben. Wenn wir sie in einem neuen Unternehmensbereich zusammenfassen würden, hätten wir das Marketinginstrument für unsere neue Technologie."
Erfolgversprechende neue Vorhaben (zum Beispiel das Produkt X) waren diejenigen, bei denen Mercury Teile aus dem bestehenden Geschäft kombinierte und umwandelte. So gesehen war Entwicklung eine Art Puzzlelösen. Vorhandene Teile wurden auf neue Art gesehen und anschließend kombiniert, umgewandelt und mit Ressourcen ausgestattet, die es ihnen ermöglichten, ein neues Projekt zu werden. Diese Abhängigkeit von vorhandenen Teilen kann man als die Methode von Mercury ansehen, auf die eigene Stärke zu bauen, aber auch als einen Weg, Engagement zu erzeugen. Die Manager von Mercury griffen am ehesten nach Vorhaben, die ein vertrautes Element enthielten, und für diese setzten sie sich auch am ehesten ein. Nur die Entwicklungen, die auf Teilen des vorhandenen Puzzles beruhten, waren vertraut genug, dem Topmanagement von Mercury so viel Selbstvertrauen einzuflößen, daß es an ein noch größeres Geschäft glaubte. Nur sie konnten ausreichend Unterstützung durch die Unternehmensleitung mobilisieren und das Topmanagement dazu veranlassen, einen widerstrebenden „Baron" dazu zu bringen, sich – zumindest eine Zeitlang – als ein Teil des größeren Unternehmenspuzzles zu sehen.
Daher auch die Erfolgsmuster: In den vorangegangenen zehn Jahren hatte es drei Erfolge gegeben, die für einen größeren Anteil am Unternehmenswachstum verantwortlich waren. Aber diese Erfolge hatten auch eine Kehrseite.
Die beachtliche Zunahme der Unternehmensgröße von Mercury hatte zur Dezentralisierung des Managements geführt. Die neue Größenordnung hatte auch massive Anforderungen an das Umsatzvolumen gestellt, für das ein vielversprechender neuer Bereich zu sorgen hatte. Die Unternehmenssparten mit ihrem halbautonomen Status arbeiteten mit der strikten Vorgabe, Gewinn zu erzielen. Sie hielten sich streng an ihre Vorgaben, auch wenn sie sie nicht ganz erfüllten. Verständlicherweise zweigten sie nur widerwillig etwas vom eigenen Bestand für ein neues Unternehmensprojekt ab.

Was aus der Warte eines möglichen neuen Vorhabens wie ein Teil des Puzzles wirkte, betrachteten die Barone wie ein Stück Land, das zu ihrer Domäne und ihrem Auftrag für Wachstum gehörte. Als Manager von Firmengebieten hatten sie mit gegensätzlichen Anforderungen zu tun. Einerseits waren sie verantwortlich dafür, die Unversehrtheit ihres Gebiets zu wahren und zu stärken, andererseits wurde von Zeit zu Zeit von ihnen erwartet, sich partiell als Teil eines größeren Puzzles zu betrachten, das eingezogen, mit etwas anderem kombiniert und umgewandelt wurde.

Die Kombinationen und Umwandlungen aus den Geschichten erfolgreicher Entwicklungen können folglich auch als Verletzung bestehender Verträge zwischen einzelnen Sparten gesehen werden. Einer der Teilnehmer erklärte dazu: „Selbst in den besten Ehen gibt es mindestens einen abgeneigten Partner!“ Das galt auf jeden Fall dort, wo das fragliche Gebiet Gewinn abwarf und weitere große Gewinne versprach. Falls diese Gebiete am ehesten Teile enthielten, deren Kombination mit anderen Teilen aussichtsreiche neue Vorhaben in Aussicht stellte, waren die vielversprechendsten Entwicklungen diejenigen, die vermutlich auf den stärksten Widerstand seitens der Leiter bestehender Unternehmenssparten stießen.

Verfechter eines neuen Geschäftszweiges wichen einem solchen Widerstand so lange wie möglich aus und hielten Informationen zurück. Wenn diese Strategie nicht mehr funktionierte, bemühten sie sich um die Unterstützung des Topmanagements. Das setzte sich dann gelegentlich für das neue Geschäft ein, stellte Firmengelder für die Entwicklung bereit und veranlaßte einen der Barone zum Weitermachen. Aber nach jedem Erfolg wurden die Barone mißtrauischer gegenüber der zentralen Leitung und achteten vermehrt darauf, daß sie sich nicht auf ein aussichtsloses Spiel einließen.

All diese Umstände gingen in das Muster der Mißerfolge ein.

In diesen Geschichten wurden auch technologische Chancen entdeckt, die sich aber in diesen Beispielen meistens als „schreiende Babys“ oder „Flieger“ entpuppten. Wenn der Unternehmensleitung solche neuen Geschäftsaussichten vorgestellt wurden, gab es normalerweise eine von zwei Antworten. Manchmal hielt die Leitung sie für zu klein, verglichen mit der Größenordnung der vorhandenen Geschäfte. Die Befürworter der neuen Vorhaben hatten Schwierigkeiten klarzumachen, daß ein völlig neues und unerprobtes Projekt die gewünschte Größenordnung erreichen könnte. Oder die Firmenleitung hielt das neue Vorhaben für zu fremd, für „nicht unsere Art von Geschäft“. Selbst wenn das Vorhaben einen hinreichend hohen Umsatz in Aussicht stellte, erschien der Weg von hier nach dort als zu unsicher, und der „Flieger“ in ein unbekanntes Gebiet wurde mitten im Flug gestoppt, sobald die Risiken des Fremden in vollem Umfang sichtbar wurden.

Wenn das Topmanagement sich bei einem Projekt unwohl fühlte, verweigerte es sein Engagement. Ohne dieses Engagement war es nicht möglich, das Projekt zu verwirklichen, selbst wenn vielleicht einige Mittel zur Verfügung gestellt wurden. Das Projekt wurde aufgegeben und das Scheitern dann eventuell einer schlechten Idee oder dem Unvermögen irgendeines Mitarbeiters zugeschrieben. Die Folge war, daß die besten Techniker

sich von solchen Entwicklungen lieber fernhielten, und diejenigen, die dabeibleiben mußten, bekamen ein „Verlierersyndrom“, wie einer der Teilnehmer es nannte.
Fast alle Mißerfolgsgeschichten gingen auf das Konto der New Business Division. Die NBD gründete ihre Tätigkeit auf eine klar formulierte Entwicklungstheorie. In einem ersten Schritt warf die Forschung neue Technologien ab, „Bälle in der Luft“. Die neuen Technologien wurden dann mit geschäftlichen Chancen verbunden. Schließlich wurden sie nach Unternehmenskriterien geprüft, und die aussichtsreichsten Kandidaten wurden für weitere Investitionen ausgewählt. Aber diese favorisierte Theorie kam mit der Realität der Organisation in Konflikt. Die NBD war wie eine Insel in einem Meer aus feindlichen Spartenbaronen, von denen jeder sie als eine potentielle Bedrohung der Spartenintegrität sowie einen Aderlaß für die Spartenmittel ansah. Die NBD-Mitarbeiter wollten einer Konfrontation mit den Baronen aus dem Weg gehen und versuchten sich dadurch zu schützen, daß sie ihre Suche nach neuen Projekten auf diejenigen beschränkten, die nicht mit Geschäftsbereichen der einzelnen Sparten kollidierten. Sie verbrachten ihre Zeit also damit, Möglichkeiten zu erkunden, die außerhalb der vertrauten Grenzen der bestehenden Geschäftstätigkeit lagen. Aber um ein Projekt voranzubringen, brauchte die NBD letztlich doch die Unterstützung der Unternehmensleitung, und die hielt die Chancen, die ihr vorgelegt wurden, entweder für zu klein oder für zu fremd. Daher das Muster der Mißerfolge.
Berater und Teilnehmergruppe faßten die Muster der Erfolgs- und Mißerfolgsgeschichten zusammen und erstellten folgendes Bild:
Bei der Reaktion auf die Probleme, ein Unternehmen gewaltiger Größe zu leiten, hatten die Mercury-Manager halbautonome Gebiete geschaffen, deren Barone für die kurzfristigen Gewinne verantwortlich waren und um die Mittel streiten mußten. Das Unternehmen war eine Art Oligarchie geworden. Aber der Entwicklungsprozeß verlangte von diesen Baronen, als Teile in einem größeren Puzzle zu fungieren, im Widerspruch zu bestehenden Sanktionen und Anreizen. Es überraschte daher nicht, daß die erfolgreichen Entwicklungen diejenigen waren, die die Beachtung der Unternehmensleitung fanden, die allein die Spartenbarone zwingen konnte, Mittel abzugeben.
Die Notwendigkeit, die F&E-Produktivität zu erhöhen, hatte zur Schaffung der New Business Division geführt. Die Schaffung der NBD als Entwicklungszweig neben den bestehenden Sparten beruhte auf einer Entwicklungstheorie, „die die unternehmerische Lücke füllte“, die das zentrale Entwicklungsproblem und die Prozesse mißachtete, mit denen das Unternehmen das Problem bei seltenen Gelegenheiten tatsächlich gelöst hatte. Angesichts des Entwicklungsproblems war die formale Entwicklungsstruktur zum Scheitern verurteilt.
Darüber hinaus blieb der gesamte Prozeß tabu. Hätte man über ihn diskutiert, hätten die Überwachungs- und Täuschungsmanöver, die die Unternehmensleitung mit den Sparten betrieb, und auch die Wettbewerbs- und Ausschlußspielchen der Barone mit der NBD offengelegt werden müssen. Dann wäre es auch notwendig gewesen, sich öf-

fentlich den beiden gegensätzlichen Erfordernissen der Unternehmensentwicklung und der dezentralen Leitung zu stellen. Das erste Erfordernis lautete, daß jeder Spartenmanager sich als Teil des Unternehmenspuzzles sehen und bereit sein mußte, zugunsten neuer Projekte auf Mittel und Märkte zu verzichten. Nach dem zweiten Erfordernis mußte jeder Spartenmanager seinen Geschäftsbereich nutzen und schützen und lediglich die Forderung erfüllen, regelmäßig die erwarteten Erträge zu erwirtschaften. Daher auch das Fehlen direkter Kritik an der NBD. Niemand war darauf erpicht, in dieses Wespennest zu stechen.

Ein Blick auf das organisationale Lernen

Der Fall Mercury bietet ein Beispiel sowohl für produktives Lernen als auch für organisationales Nichtlernen. Er veranschaulicht für die Untersuchung wichtige Gedanken, die wir bereits vorgestellt haben, und andere, die noch nicht erklärt sind. Wir beabsichtigen, uns diesen Gedanken im folgenden zu widmen.

Das Dilemma der Unternehmensentwicklung

Kernstück der Geschichte ist ein Widerspruch in der instrumentalen Aktionstheorie von Mercury, ein Widerspruch, der gerade durch das erfolgreiche Wachstum des Unternehmens entstanden ist. Zu Beginn der 70er Jahre bewirkte dieser Erfolg eine problematische Situation, die das Management in Kategorien der Organisationsstruktur darstellte, das heißt als Problem einer zentralen Verwaltung, die mit der Aufgabe überfordert war, das stark expandierte Unternehmen zu leiten. Angesichts eines ihrer Meinung nach strukturellen Problems übernahm die Leitung eine strukturelle Lösung, die Dezentralisierung in halbautonome Profit-Center. Bei der Durchführung dieser Lösung entwickelte Mercury eine handlungsleitende Theorie für die Dezentralisierung, die als elementare Norm die Beibehaltung der zentralen Kontrolle über das Unternehmensergebnis enthielt, selbst als die Spartenmanager die Freiheit erhielten, ihr Spartengeschäft selbst zu führen. Die Strategie der zentralen Kontrolle bestand darin, nach Maßgabe der Erträge Ziele für die Spartenergebnisse vorzugeben und das ganze Spektrum der Unternehmensanreize und -sanktionen zu nutzen, um die Spartenmanager zum Erreichen der Ziele zu bewegen. Als Reaktion auf die zentrale Kontrolle gehörte es zur handlungsleitenden Theorie der Spartenmanager, sich dadurch selbst zu schützen, daß sie, wo immer möglich, ihre eigene einseitige Kontrolle ausübten und ihre Privilegien und Gebiete gegen alle Rivalen verteidigten. (In Kapitel 9 haben wir Gelegenheit, einen eingehenderen Blick auf die organisationalen Folgen ähnlicher Normen und Strategien für das Führungsverhalten in einer dezentralen Struktur zu werfen.)

Mitte der 60er Jahre machte die Firmenleitung jedoch eine anders geartete Sorge aus, einen Rückgang der Wachstumsrate des Unternehmens. In diesem Fall nahm das Muster des Bestimmens und Lösens von Problemen mehr als eine Gestalt an. Die Unternehmensleitung stellte das Problem mit der Wachstumsrate als „unternehmerische Lücke“ dar und entwarf wieder eine strukturelle Lösung, die New Business Division. Dieser strukturelle Einfall verkörperte eine vertretene Theorie der Geschäftsentwicklung. Neue geschäftliche Chancen sollten geschaffen und überprüft werden; die aussichtsreichsten sollten von der New Business Division zur Reife gebracht und dann zur unternehmerischen Realisierung an bestehende Sparten übergeben werden. Aber die NBD entwickelte auch eine handlungsleitende Theorie für ihre Aktivitäten. Um Konflikte mit den mächtigen Baronen zu vermeiden, übernahm die NBD die Strategie, nur die neuen Möglichkeiten auszuwählen, die bestehenden Projekten nicht in die Quere kamen. Parallel zur Einrichtung und dem Betrieb der NBD entwickelte Mercury einen anderen Ansatz für die Entwicklung neuer Projekte, der auf einer ganz anderen handlungsleitenden Theorie beruhte. Dieser Ansatz wollte Gelegenheiten zu neuen Projekten dadurch schaffen, daß Teile des vorhandenen Geschäfts umgewandelt und neu zusammengefaßt wurden, und zwar im Bereich dessen, was die Firmenleitung für glaubwürdig und angenehm hielt. Diese handlungsleitende Theorie brachte jedoch das Erfordernis mit sich, daß die Barone von Zeit zu Zeit etwas von ihrem Besitzstand abgeben mußten, um die Ziele der neuen Projektentwicklung zu unterstützen.

Die gegensätzlichen Anforderungen an ein dezentrales Management und an die Unternehmensentwicklung erreichten bei den Interaktionen der Barone mit der zentralen Firmenleitung einen kritischen Punkt. Die innerlich widersprüchliche handlungsleitende Unternehmenstheorie offenbarte sich in Konflikten zwischen Spartenmanagern, die sich ungerechtfertigt unvereinbaren Forderungen ausgesetzt sahen, und der Zentralverwaltung. Diese Konflikte hätten die Gelegenheit für Untersuchungen und Doppelschleifen-Lernen im Unternehmen sein können. Die streitenden Parteien hätten über den Konflikt und seine Ursachen nachdenken können. Vielleicht hätten sie dann eine Umstrukturierung der Unternehmensnormen, -strategien und der Voraussetzungen sondiert, die den Konflikt hervorgerufen hatten. Aber nichts dergleichen geschah. Statt dessen reagierte das Unternehmen auf den Konflikt und den ihm zugrundeliegenden Widerspruch mit dem Einschleifen-Lernen einiger seiner Bestandteile. Bestehende Sparten lernten, ihre Gebiete wirksamer zu schützen und der Zentrale gegenüber mißtrauischer zu werden; die NBD lernte, sich außerhalb des bestehenden Geschäftsbereichs nach Möglichkeiten umzusehen; und die Unternehmensleitung lernte, bestimmte Mißerfolge der NBD zu kritisieren, Kritik an der NBD selbst jedoch zu vermeiden.

Bei diesem Einschleifen-Lernprozeß fungierte die Organisation als eine „Ökologie“ von Untergruppen, innerhalb derer jede Gruppe auf andere Gruppen im größeren internen Umfeld reagierte und gleichzeitig Teil des Umfeldes wurde, auf das die anderen Gruppen ansprachen. Auf der Ebene des Einschleifen-Lernens bestimmte und löste jede Untergruppe die Probleme, die ihr Umfeld ihr stellte. Die Nettowirkung dieses

Einschleifen-Lernmusters, das wir „ökologische Anpassung“ nennen, sollte die Konstanz der handlungsleitenden Theorie der Organisation aufrechterhalten. Die Anforderungen an die Entwicklung und die dezentrale Leitung blieben unvereinbar. Die vertretene Theorie und die handlungsleitende Theorie für die Unternehmensentwicklung blieben unvereinbar.

Es trifft jedoch nicht zu, daß die handlungsleitende Theorie der Organisation vollkommen konstant blieb. Jeder Erfolg auf dem Gebiet der Unternehmensentwicklung machte die Spartenmanager noch mißtrauischer, noch vorsichtiger und noch widerstrebender gegen den nächsten Eingriff der Zentrale. Der Widerspruch in der handlungsleitenden Theorie der Organisation nahm allmählich den Charakter eines Organisationsdilemmas an. Angesichts ihrer gegensätzlichen Anforderungen und ihrer Unfähigkeit, diesen Konflikt durch eine Untersuchung zu lösen, manövrierte die Organisation sich in Situationen, in denen alle Optionen gleichermaßen schlecht erschienen, und es sah so aus, als ob künftige Entwicklungserfolge dünn gesät sein würden.

Was war es, das in der Organisation ein solches Durcheinander schuf? Eine Antwort lautet: Die Organisationsmitglieder hatten nicht über die dem Entwicklungsproblem zugrundeliegenden Fragen nachgedacht. Sie hatten weder den Widerspruch in den Anforderungen an die Entwicklung und die Dezentralisierung entdeckt noch die Unvereinbarkeit zwischen der vertretenen Theorie und der handlungsleitenden Entwicklungstheorie; sie hatten keinen Plan für das Problem. Sie hatten den gesamten Entwicklungsprozeß tatsächlich wie ein Tabu behandelt.

Doch diese Antwort verschiebt die Frage lediglich. Was hinderte die Organisationsmitglieder daran, die Frage zu diskutieren und das Problem darzustellen? Was hinderte sie, von sich aus das zu tun, wobei der Berater ihnen schließlich half?

Begrenzte Intervention in ein begrenztes Lernsystem

Betrachten wir etwas eingehender, wie der Berater beim Interventionsprozeß vorgegangen ist:

– Als der Berater feststellte, daß verschiedene Mitglieder der NBD unterschiedliche und gegensätzliche Ansichten zu ihrem Problem hatten, brachte er sie zusammen, damit sie sich ihren Meinungsverschiedenheiten stellten und darüber diskutierten.

Die Verhaltensnormen in der Mercury Corporation veranlaßten die Mitglieder, sich zu heiklen Fragen nur privat zu äußern, niemals öffentlich. Die öffentliche Erörterung sensibler Themen galt als nicht opportun. Sie barg das Risiko der Blamage und zwischenmenschlicher Konfrontation, und beides galt es zu vermeiden. Die Folge war, daß die Mitglieder der NBD nicht erkannten, wie weit ihre Ansichten über das gemeinsame Problem auseinandergingen.

– Der Berater bemühte sich, die unterschiedlichen Auslegungen zu testen und zu erkunden, indem er Fallgeschichten zur Unternehmensentwicklung sammelte, die

NBD-Mitarbeiter und andere Manager für Erfolge oder Mißerfolge hielten, das heißt indem er eine Entwicklungsgeschichte der Organisation konstruierte.

Die Wahrnehmungen und Erinnerungen daran, wie die Betroffenen von der Entwicklung berichteten, waren auf die Mitglieder verteilt, die ihre Ansicht für sich behielten. Niemand kannte zum Beispiel die ganze Geschichte über den Erfolg des Produktes X, weil niemand sie von mehreren Seiten oder von Anfang bis Ende betrachtet hatte. Man mußte die Geschichte regelrecht aufbauen, indem man viele Einzelwahrnehmungen zusammensetzte, und die Verhaltensnormen sprachen gegen ein solches Vorhaben.

- Der Berater drängte die Organisationsmitglieder zur Zusammenarbeit und dazu, die Bedeutung ihrer Geschichten zu interpretieren.

Solange die Geschichten verstreut und uninterpretiert blieben, blieb auch die Darstellung des Entwicklungsprozesses unbestimmt, und die Beurteilungen des Entwicklungsproblems blieben mehrdeutig. Aber diese Unbestimmtheit und Mehrdeutigkeit wurde als normal und angemessen betrachtet angesichts des gemeinsamen Wunsches, keine Fehlschläge des Unternehmens auszugraben, die Schuldzuweisungen aufkommen lassen konnten, und öffentlich keine Organisationsinterna zu diskutieren, die nach allgemeiner Übereinkunft als tabu galten.

Dann machte sich der Berater daran und ermunterte andere, öffentlich andere und gegensätzliche Meinungen zu dem Problem zu vertreten, andere Auslegungen der Organisationsgeschichte zu prüfen und zu untersuchen, verstreute Wahrnehmungen organisationaler Ereignisse aufeinander abzustimmen, gemeinsam Entwicklungsdaten auszulegen und gemeinsam vom Entwicklungsproblem des Unternehmens ein Modell zu erstellen.

Die Teilnehmer waren am Ende überrascht von ihrem Modell des Entwicklungsproblems. Die einzelnen Teile des Modells, die Geschichten der Entwicklungsereignisse, waren keineswegs neu, aber noch nie zuvor hatte man sie zusammengesetzt und gemeinsam überdacht. Auch wenn das Bild, das dabei herauskam, verwirrend war, hielten die Teilnehmer es doch für überzeugend. Offenbar erklärte es ihre Erfahrungen im Unternehmen und machte die Enttäuschungen, die sie erlebt hatten, verständlich. Der Vizepräsident für Technologie, der an einigen Gruppentreffen teilgenommen hatte, fand das Problemmodell ebenfalls überzeugend.

Bei der Konstruktion dieses Modells hatte die Gruppe einen großen Schritt getan, das hervorzuholen, was die Organisation über den tatsächlichen Entwicklungsprozeß wußte, aber nicht in der Lage gewesen war auszusprechen. Seit vielen Jahren hatte die NBD an der von ihr vertretenen Entwicklungstheorie gearbeitet und war gescheitert. Ihre Fehler wurden taktischen Pannen oder dem Widerstand der Unternehmensleitung zugeschrieben. Jetzt, wo der Widerstand zu einem Teil des Problemmodells gemacht worden war, offenbarte es eine grundlegende Unvereinbarkeit zwischen der Betriebsweise der NBD und der handlungsleitenden Theorie des Unternehmens für erfolgreiche Entwicklung.

Die Interventionen des Beraters bewirkten einen Rückgang bestimmter *Voraussetzungen für Irrtümer* (vereinzelte Wahrnehmungen, unbestimmte Darstellungen, mehrdeutige Beurteilungen), so daß andere Voraussetzungen für Irrtümer (Widerspruch und Unvereinbarkeit in der Aktionstheorie des Unternehmens) zutage treten und einer Untersuchung unterzogen werden konnten.

Der Berater versuchte, bei der Untersuchung der Organisation einen Prozeß des Doppelschleifen-Lernens zu fördern, indem er die Irrtumsvoraussetzungen reduzierte, die gemeinsame Wahrnehmungen des Widerspruchs und der Unvereinbarkeit in der handlungsleitenden Theorie der Organisation verhinderten. Diese Voraussetzungen für Irrtümer wurden durch bestimmte vorherrschende Merkmale der organisationalen Verhaltenswelt verstärkt, das heißt durch gemeinsame Strategien bei einzelnen handlungsleitenden Theorien, zu denen u. a. die folgenden gehörten:

- Wecke keine schlafenden Hunde.
- Behalte deine Ansichten über sensible Fragen für dich; setze durch, daß sie nicht öffentlich diskutiert werden.
- Keine unterschiedlichen Ansichten über Organisationsprobleme publik machen und untersuchen.
- Vermeide es, das ganze Bild zu sehen; laß zu, daß Darstellungen des Problems verstreut, unbestimmt und mehrdeutig bleiben.

Diese Strategien spiegelten ihrerseits weitergehende und grundlegendere Normen, Strategien und Annahmen wider, zum Beispiel:

- Schütze dich einseitig, indem du direkte zwischenmenschliche Konfrontationen und die öffentliche Diskussion heikler Fragen vermeidest, die dir die Schuld zuweisen könnten.
- Schütze andere einseitig, indem du das Untersuchen von Annahmen vermeidest, das negative Gefühle hervorrufen könnte, und indem du andere vor Schuldzuweisungen bewahrst.
- Behalte die Situation und die Aufgabe im Griff, indem du dir eine eigene Meinung zu dem Problem bildest und auch danach handelst. Behalte deine Ansicht für dich und vermeide eine öffentliche Untersuchung, die sie widerlegen könnte.

Diese Merkmale der Verhaltenswelt, die der Berater zu bekämpfen suchte, beengen und bestimmen die Art und das Ausmaß des organisationalen Lernens. Sie entscheiden darüber, was diskutiert wird und was tabu ist, welche Einzelwahrnehmungen von Erfahrungen über die Organisation verstreut bleiben und welche gemeinsam beraten werden. Sie begrenzen das Ausmaß, bis zu dem Organisationsdiagramme entworfen, gemeinsam getragen und überprüft werden. Sie bestimmen, ob und wie Irrtumsvoraussetzungen reduziert werden, damit Widersprüche und Unvereinbarkeiten bei handlungsleitenden Theorien in Organisationen entdeckt werden können.

Die Merkmale der Verhaltenswelt, die die organisationale Untersuchung von Unternehmensproblemen behindern, durchdringen jedoch auch den Entwicklungsprozeß

selbst. Die Manager aus der Zentrale bedienten sich deshalb einseitiger Kontrollen und hielten Informationen zurück, um sich zu schützen und mit den Spartenmanagern fertig zu werden; die Spartenmanager mit ihrem Besitzstandsdenken und dem Argwohn gegenüber der Unternehmensführung wandten ähnliche Strategien an, um sich zu schützen und der zentralen Überwachung standzuhalten. Und beide Gruppen bemühten sich, eine Konfrontation und daraus entstehende negative Gefühle zu vermeiden, indem sie Abstand davon nahmen, das, was sie voneinander hielten, öffentlich zu überprüfen.
So schränkten die Merkmale der Verhaltenswelt, die in den Entwicklungsprozeß eingingen und mit zu ihren wahrgenommenen Schwierigkeiten beitrugen, auch die Untersuchung dieses Prozesses ein. Man könnte sagen, die Verhaltenswelt schützte sich vor der Preisgabe.
Die instrumentale handlungsleitende Organisationstheorie ist in eine Verhaltenswelt eingebettet, die sie ebenso prägt und einengt, wie sie die Fähigkeit der Organisation prägt und einengt, etwas über ihre handlungsleitende Theorie zu erfahren. Das meinten wir mit dem Lernsystem der Organisation. Beim Lernsystem von Mercury war das organisationale Lernen über die Unternehmensentwicklung auf den schon früher beschriebenen Prozeß ökologischer Anpassung beschränkt, einen Prozeß, bei dem jede Gruppe Einschleifen-Lernen durchführte, um innerhalb unveränderter Normen mit den Problemen fertigzuwerden, die ihr durch andere Gruppen der Umgebung entstanden. Eine Zeitlang konnte der Berater dergestalt eingreifen, daß er die Fehlervoraussetzungen reduzierte und das zentrale Entwicklungsdilemma zutage förderte, zu dessen Entstehung und Aufrechterhaltung das Lernsystem der Organisation beigetragen hatte.
Als die Teilnehmer Lösungen für die Probleme zu finden suchten, die sie aufgezeichnet hatten, stießen sie auf eine weitere Schwierigkeit. Sie waren der starken Versuchung ausgesetzt, Lösungen zu erfinden, die für das aktuelle System annehmbar waren; doch das waren die, die das grundlegende Problem höchstwahrscheinlich nicht lösen konnten. In diesem Prozeß übernahm der Berater die Rolle, vorgeschlagene Lösungen öffentlich zu überprüfen und den Teilnehmern dabei zu helfen, in ihnen die Möglichkeiten für unbeabsichtigte Folgen zu erkennen. Die rationalen Normen der Teilnehmer machten sie empfänglich für die Möglichkeit, unter Umständen Konsequenzen hervorzubringen, die sie gar nicht beabsichtigten, und ließen vermuten, daß das Problem nicht wirklich gelöst würde, wenn sie sich dem ihm zugrundeliegenden Dilemma nicht stellten.
Im Verlauf dieser Untersuchung erarbeitete die Teilnehmergruppe fünf Grundsätze für den Neuentwurf des Entwicklungsprozesses des Unternehmens:

1. Bessere Wege finden, die Zuweisung vorhandener kommerzieller und technologischer Kompetenzen im gesamten Unternehmen zu aktivieren und zu leiten, statt Parallelstrukturen und -ressourcen aufzubauen.
2. Die Entwicklungsfunktion des Unternehmens muß Vernetzungen verstreuter Unternehmenskompetenzen schaffen und leiten, Budgetierung und Management der Mit-

tel für die Entwicklung überwachen und diese Funktionen in die laufende Technologieplanung einbeziehen.
3. Der Prozeß sollte mit dem frühen Engagement der Unternehmensleitung für Geschäfts- und technologische Ziele beginnen, statt zu viele Eisen im Feuer zu haben, die die Leitung prüfen muß.
4. Es sollte eine neue Satzung für die Unternehmensentwicklung geben, in der diese Überlegungen zum Ausdruck kommen.
5. Es ist wichtig, daß die Spartenmanager die gegensätzlichen Anforderungen verstehen, die sie erleben, und daß sie und die Unternehmensleitung Anreize und Sanktionen entwerfen, die die Spartenmanager anhalten würden, sich an die gegenwärtigen Spielregeln zu halten und von Zeit zu Zeit als Teil im größeren Puzzle zu fungieren.

Die Teilnehmergruppe erkannte, daß diese Grundsätze nur verwirklicht werden konnten, wenn Unternehmensleitung und Spartenmanager in einen Dialog mit denen eintraten, die für die Unternehmensentwicklung verantwortlich waren, ein Dialog, der mit der Aufzeichnung des Problems beginnen würde, die die Gruppe vorgenommen hatte, und mit dem Entwicklungsdilemma, das zutage getreten war.

Die Aussichten auf einen solchen Dialog schienen ungewiß. Einige Gruppenmitglieder befürchteten: „Wenn man diesen Prozeß jemals formalisieren würde, könnten die Leute ihn ablehnen." Der Vizepräsident für Technologie meinte, ein derartiger Dialog sei notwendig, „müsse aber mit Vorsicht angegangen werden".

Die Mercury-Geschichte zeigt einige Wege, wie das Lernsystem einer Organisation ein Doppelschleifen-Lernen bei einer Organisationsuntersuchung verhindern kann, und sie veranschaulicht eine Art begrenzter Intervention, die dieses Lernsystem zumindest zeitweilig umgeht, um die Wahrscheinlichkeit eines solchen Doppelschleifen-Lernens zu erhöhen.

Organisationsdialektik

Die Mercury-Geschichte erinnert auch an die dialektische Natur des größeren Prozesses organisationalen Wandels, in dem wir Ereignisse des Lernens oder des gescheiterten Lernens finden.

Das Organisationsdilemma der Unternehmensentwicklung ergab sich als eine Folge eines doppelten Prozesses, dessen Teile beide die Form des Erkennens und Lösens eines drängenden Problems annahmen. Die enorme Wachstumsrate des Unternehmens führte zu Schwierigkeiten, die als ein Problem der Überforderung des Managements gesehen und durch Dezentralisierung gelöst wurden. Der Wunsch, diese Wachstumsrate angesichts einer vermeintlich rückläufigen F&E-Produktivität zu halten, führte zur Schaffung der New Business Division. Die Ausarbeitung dieser zwei miteinander verbundenen Lösungen hatte die Entstehung eines neuen Widerspruchs in der handlungsleitenden Theorie der Organisation zur Folge, eine Unvereinbarkeit zwischen den Erfordernissen der Dezentralisierung und der Entwicklung, die wir als ein organisationales Dilemma beschrieben haben, das im Konflikt zwischen zentralem und Spartenmanagement zum Ausdruck kam.

Mit dem Begriff „Organisationsdialektik" meinen wir derartige Prozesse. In ihnen führen problematische Situationen in Organisationen zu einer Untersuchung der Organisation – Erkennen und Lösen der Probleme –, die ihrerseits neue problematische Situationen schafft, bei denen neue Widersprüche und Unvereinbarkeiten in der handlungsleitenden Theorie der Organisation ins Spiel kommen. Und diese manifestieren sich normalerweise in innerorganisatorischen Konflikten. Die Reaktionen der Organisation auf solche Konflikte ergeben noch weitere Veränderungen in der problematischen Situation der Organisation.

Wir glauben, daß das organisationale Lernen im Rahmen derartiger dialektischer Prozesse erfolgt, die aus zwei Bedingungen des Organisationslebens erwachsen. Erstens sind Organisationen zwangsläufig in ständige Transaktionen mit ihrer internen und externen Umwelt verwickelt, die sich als Reaktion auf äußere Kräfte und Handlungen der Organisation fortwährend verändert. Zweitens sind Ziele, Zwecke und Normen einer Organisation immer mannigfaltig und potentiell widersprüchlich.

Es ist folglich kein Zufall, daß Organisationslösungen weitere Probleme entstehen lassen; und in Anbetracht des dialektischen Zusammenhangs organisationaler Untersuchungen kann man das von ihnen sogar erwarten.

Das wirft dann in aller Schärfe das Problem der Bewertungskriterien für Veränderungen und das organisationale Lernen auf, ein Problem, das im Mittelpunkt unserer Untersuchung steht, die uns vor allem in Teil III beschäftigen wird. An dieser Stelle können wir jedoch schon folgendes feststellen:

- Das Erreichen stabiler Lösungen ist kein geeignetes Kriterium für das organisationale Lernen; es liegt in der Natur des Lösens von Organisationsproblemen, Situationen so zu ändern, daß neue Probleme entstehen.
- Die Effektivität von Organisationen, wie sie an der Leistung bevorzugter Zwecke und Normen gemessen wird, ist ein unvollständiges Kriterium für das organisationale Lernen. Sie reicht aus in Situationen, in denen eine Irrtumskorrektur allein durch Einschleifen-Lernen erfolgen kann. Sie reicht nicht aus, wo Widersprüche in einer handlungsleitenden Theorie der Organisation Anforderungen an das Doppelschleifen-Lernen stellen.

„Gute Dialektik" ist der Begriff, mit dem wir organisationale Untersuchungsprozesse beschreiben, die die Form von Einschleifen- und Doppelschleifen-Lernen annehmen, und wo sowohl das Einschleifen- als auch das Doppelschleifen-Lernen den Standards der anspruchsvollen Untersuchung entspricht. Die gute Dialektik erfordert organisationales Zweitlernen. Sie verlangt, daß die Organisationsmitglieder über ihr organisationales Lernsystem und seine Auswirkungen auf die organisationale Untersuchung nachdenken und sie untersuchen.

TEIL II

DEFENSIVES DENKEN UND DER THEORETISCHE RAHMEN, DER ES ERKLÄRT – MODELL I UND O-I

4. Defensives Denken bei Individuen

In diesem Kapitel zeigen wir, was wir unter „defensivem" Denken im Gegensatz zu „produktivem" Denken verstehen, und gehen etwas genauer auf die Methoden ein, die wir benutzen, um zu untersuchen, wie Menschen denken. Unsere Methodologie arbeitet nach einer interdependenten, zweigleisigen Strategie, über die wir versuchen, bei der gemeinsamen Aktionsforschung an die Praktiker heranzukommen.

Als erstes versuchen wir, so genau wie möglich die Realität eines bestimmten Zusammenhangs zu beschreiben, und ordnen unsere Beschreibungen in der Form von Anregungen, die generell auf viele dieser Zusammenhänge anwendbar sind. Im speziellen Zusammenhang versuchen wir, diese Anregungen zu prüfen, und stellen sie deshalb als falsch hin. Wir senken die Standards für die Falsifikation nicht, weil unsere Tests in der Feldumgebung der Organisation erfolgen. Wir stellen unsere Forschungsanregungen auch dar, um sie für die Praktiker brauchbar zu machen, nicht nur um ihnen einen weiteren Test zu liefern, sondern um zur praktischen Wirksamkeit von Wissen in einer Welt beizutragen, die wir zu begreifen suchen.

Zweitens versuchen wir, den Praktikern zu helfen, ihr Handeln stärker gedanklich zu untersuchen, damit sie es überprüfen können und durch Feststellen und Korrigieren von auftretenden Irrtümern die Wahrscheinlichkeit steigern, das hervorzubringen, was ihnen vorschwebt. Wir bemühen uns, den Praktikern beim Verstehen ihrer Welt so zu helfen, daß sie die Bedingungen zum organisationalen Lernen schaffen können, insbesondere zum Doppelschleifen-Lernen.

Wir sehen unsere doppelgleisige Strategie als ein Modell nicht nur für erfolgreiche Forschung, sondern auch für die gedankliche Praxis, vor allem mit Blick auf das Doppelschleifen-Lernen.

Ein allgemeines Dilemma bei der doppelgleisigen Forschung

Nach unserer Ausgangsprämisse entwerfen die Menschen ihre Handlungen und führen ihre Entwürfe aus. Wir nennen diese Entwürfe Handlungs- oder Aktionstheorien, wobei wir, wie in Kapitel 1 ausgeführt, unterscheiden zwischen den Handlungstheorien, für die die einzelnen eintreten, den „vertretenen" Theorien, und denen, die sie tatsächlich gebrauchen, ihren „handlungsleitenden" Theorien.

Beide Arten von Theorien werden früh im Leben erlernt und von Merkmalen der gesellschaftlichen und organisationalen Kultur gestützt. Obwohl das Gefühl des Menschen für

Kompetenz, Unabhängigkeit und Selbstachtung auf beiden Theorien aufbaut, halten wir die handlungsleitenden Theorien für stärker, wenn es darum geht, das Verhalten zu erklären und zu ändern, insbesondere in bezug auf das Doppelschleifen-Lernen.

Fast alle Personen, die wir untersucht haben, vertreten handlungsleitende Theorien, die dem Doppelschleifen-Lernen systematisch zuwiderlaufen, vor allem wenn die Themen unangenehm oder bedrohlich sind. Außerdem lassen dieselben handlungsleitenden Theorien die Akteure bei geschicktem Gebrauch die in sie eingebauten kontraproduktiven Merkmale vergessen. Da die handlungsleitenden Theorien durch organisationale und gesellschaftliche Kulturmerkmale sanktioniert und unterstützt werden, besteht für den einzelnen wenig Grund, sich dieser mißlichen Lage bewußt zu werden oder sie zu ergründen. Wie wir noch zeigen werden, können Praktiker Versuche, diese Lage ergründen zu wollen, sogar als verwirrend oder gar ungeeignet auslegen.

Als Forscher stehen wir deshalb wahrscheinlich vor einem Dilemma: Personen versorgen uns vielleicht unwissentlich mit verzerrten Informationen, und dieselben Personen zögern möglicherweise, sich auf den Dialog einzulassen, der erforderlich ist, die Möglichkeit solcher Verzerrungen zu untersuchen. Wenn wir darauf bestehen, diese Fragen zu erkunden, können Praktiker defensiv werden – und ihre defensive Haltung kann wiederum zu neuen, sowohl erkannten als auch unerkannten Verzerrungen führen.

Dieses Forschungsdilemma ist systembedingt und wahrscheinlich nicht durch bessere Stichprobenverfahren zu überwinden. Es kann auch nicht durch den Einsatz anerkannter sozialwissenschaftlicher Methoden ausgeräumt werden, denn der Durchführung dieser Methoden mit ihrer Fixierung auf Forschungsstrategien der Geheimhaltung und einseitigen Kontrolle liegt ebendie handlungsleitende Theorie zugrunde, die das Dilemma überhaupt erst verursacht (Argyris 1980, 1993).

Merkmale unserer Forschungsmethode

Wir gehen das Forschungsdilemma an, indem wir mit der Aufgabe beginnen, die ihm zugrundeliegenden handlungsleitenden Theorien zu konstruieren, jene Theorien, die das Denken und Handeln der Praktiker prägen. Das erfordert das Sammeln relativ gut zu beobachtender Daten. Das Beobachten des tatsächlichen Verhaltens, insbesondere das Aufnehmen von Gesprächen auf Band, ist die vorherrschende Methode. Wir benutzen außerdem Fragebogen, projektive Tests oder strukturierte Interviews; wenn wir derartige Instrumente verwenden, erkennen wir jedoch, daß sie uns wohl Einblicke in vertretene Theorien geben, nicht aber in handlungsleitende Theorien.

Die Beobachtungen, die gemacht, und die Gespräche, die aufgenommen wurden, sollten mit Zielen und Handlungen verknüpft werden, denen die einzelnen sehr verbunden sind, zum Beispiel Beobachtungen von Treffen über nicht alltägliche Fragen, die dahin tendieren, unangenehme oder bedrohliche Gefühle auszulösen. Derartige Ereignisse sind aufs engste verbunden mit dem Gefühl des einzelnen für Kompetenz, Vertrauen und Selbstachtung. Etwas weniger aussagekräftige Daten kann man in Seminaren und Workshops erhalten, solange jene Aktivitäten Probleme aufwerfen, die die Teilnehmer für wichtige und dauerhafte Merkmale ihres täglichen Arbeitslebens halten.

Das ist ein Grund, warum unsere Forschungsmethoden sich auf Interventionen und Veränderungen konzentrieren. Praktiker betrachten solche Forschungsanregungen mit Vorsicht, vor allem wenn sie mit Doppelschleifen-Fragen zu tun haben. Die Praktiker erkennen, daß Forschung dieser Art ihnen verschiedene Kosten verursachen kann, was auf sämtlichen Organisationsebenen Abwehrverhalten auslöst.

Dieses Abwehrverhalten sollte nicht umgangen oder unterdrückt werden. Wenn es auftritt, sind das zusätzliche Daten, mit denen man die Beurteilung individueller, zwischenmenschlicher und organisationaler Erscheinungen testen kann. Um jedoch erfolgreich mit Abwehrmaßnahmen fertig zu werden, braucht der Forscher die notwendige Qualifikation – die gleiche Qualifikation, welche die Praktiker erwerben müssen, wenn sie in ihrer Organisation mit Abwehrverhalten umgehen sollen. Die Aktionstheorie, die der Forscher benutzt, um gültige Informationen zu erhalten, wird zu einem Modell, das für die Verwendung durch Praktiker zur Verfügung steht.

Wenn ein Forscher oder Praktiker erfolgreich im Dienst des Doppelschleifen-Lernens handeln soll, ist Qualifikation notwendig, aber nicht ausreichend. Der Untersuchende braucht auch eine *aktionsorientierte (aktionsfähige)* Theorie des organisationalen Lernens, eine Theorie, mit der man bestimmte Hypothesen in einem sehr weiten Rahmen, aber auch im Einzelfall aufstellen und überprüfen kann.

„Einzelfall" meint normalerweise $n = 1$. In unserer Forschung fungiert der Einzelfall jedoch als ein Umfeld für Mehrfachbeobachtungen. Unsere Forschung wird größtenteils in nur einer Organisation durchgeführt, aber wir betrachten diese Organisation wie ein Umfeld, in dem wir viele Beobachtungen individuellen und zwischenmenschlichen Verhaltens durchführen.

Unsere Beobachtungen werden von unseren Theorien individuellen und organisationalen Lernens geleitet. Wir interessieren uns zum Beispiel für das Beobachten von Verhaltensweisen wie Beurteilen oder Zuschreiben. Wir nehmen Voraussagen über die Auswirkungen derartiger Verhaltensweisen vor. Diese Voraussagen schwanken, je nachdem, ob die Beurteilungen und Zuschreibungen auf eine Art erfolgen, die eine Untersuchung hemmt oder fördert, vor allem die Untersuchung, die zum Doppelschleifen-Lernen führt. Wir können Protokolle auswerten, um die Häufigkeit zu prüfen, mit der solche Verhaltensweisen auftreten, und Zuverlässigkeitsstudien unter den Beobachtern sowie andere geeignete Maßnahmen durchführen. Wir können auch Voraussagen machen über die Folgen der Verhaltensweisen für Untersuchungsmerkmale, wie etwa sich selbst verwirklichende oder isolierende Prozesse. Sie ermöglichen uns, wie wir im folgenden Kapitel zeigen werden, Voraussagen zu machen über die Auswirkungen des individuellen Verhaltens auf Organisationserscheinungen wie die Beziehungen zwischen Abteilungen oder die Abwehrvorgänge in Organisationen.

Eine relativ einfache Methode zum Beschaffen gültiger Informationen über individuelle Handlungstheorien

In diesem Buch stellen wir Forschungsmethoden dar, die, wie wir behaupten, aussagefähiges Wissen über individuelles und organisationales Lernen hervorbringen, und zwar so, daß das bereits beschriebene Forschungsdilemma einbezogen, nicht umgangen wird. Die erste derartige Darstellung ist ein konkreter, besonderer Fall, den wir die Teilnehmer im Rahmen von Seminaren oder Workshops vorzubereiten bitten.

Normalerweise schicken wir allen voraussichtlichen Teilnehmern einen Brief, in dem wir grundsätzlich schildern, um was für einen Fall es sich handeln soll, und in dem wir sie bitten, uns ihre Fallgeschichte spätestens eine Woche vor Seminarbeginn zuzuschicken. Die Anweisungen zur Aufbereitung des Falles lauten:

1. Nennen Sie ein wichtiges Problem, das Sie zu lösen versucht haben oder in nächster Zukunft lösen wollen. Das ausgewählte Thema unterliegt keinerlei Beschränkungen, es soll lediglich für Ihre eigene Leistung, die Ihrer Abteilung und die Ihrer Organisation wichtig sein.
2. Beschreiben Sie die Schritte, die Sie unternommen haben (oder unternehmen wollen), um das Problem zu lösen. Mit wem sind Sie zusammengekommen? Welchen Zweck hatte die Zusammenkunft rückblickend (oder welchen Zweck soll sie haben)?
3. Unterteilen Sie die nächsten Seiten in zwei Spalten. In die rechte Spalte schreiben Sie das Gespräch, so gut Sie sich erinnern können. Beginnen Sie mit dem, was Sie gesagt haben, was der oder die anderen geantwortet haben, was Sie darauf erwidert haben und so fort, etwa drei Seiten. Handelt es sich um ein Treffen, das noch nicht stattgefunden hat, beschreiben Sie, was Sie sagen wollen, was Sie an Antworten von den anderen erwarten und so fort. In die linke Spalte schreiben Sie alle Gedanken und Empfindungen, die Sie im Verlauf des Gesprächs hatten (bzw. die Sie voraussichtlich haben werden, wenn das Treffen demnächst stattfindet).

Normalerweise bekommen wir Fallgeschichten von drei bis fünf Seiten Länge (manche sind bis zu zehn Seiten lang). Unten ein kurzes Beispiel. Dieser Fall stammt von einem CEO, der seinen unmittelbaren Untergebenen erklärt hatte, daß es an der Zeit sei, das Kind beim Namen zu nennen. Er drängte sie, offen und ohne Umschweife mit den Mitarbeitern zu reden, weil die Firma ernsthafte finanzielle Schwierigkeiten hatte.

Fallgeschichte: Der behutsam vorgehende CEO

Unausgesprochene Gedanken und Empfindungen	**Das Gespräch**
Ich hoffe, wir arbeiten gut zusammen. Ich fürchte, das werden wir nicht.	CEO: *Ich bin sicher, Sie und ich haben dieselben Ziele. Wir müssen unsere letzten Kostenvoranschläge überdenken.* Anderer: *Die letzten Voranschläge sind nicht die zuverlässigsten . . .*
Was ist mit ihm los? Er hat das Wichtigste vergessen.	CEO: *Wie ich sehe, können einige Kosten gesenkt werden (dank Ihrer Empfehlung), aber dann bleibt immer noch ein sehr großes Problem.* Anderer: *Die ursprünglichen Voranschläge wurden von anderen gemacht. Wir waren nie wirklich damit einverstanden.*
Er will die Verantwortung abwehren; er möchte mich verantwortlich machen.	CEO: *Wir müssen mit diesen Voranschlägen arbeiten. Das ist die Realität.*

Die Fälle der Teilnehmer enthalten normalerweise mehrere Besonderheiten. In der linken Spalte stehen zunächst einmal meistens wichtige negative Beurteilungen und Zuschreibungen oder Unterstellungen, die darauf hindeuten, daß der Verfasser des Berichts den „anderen" als erfolglos und leistungsschwach betrachtet. Zweitens drücken die Verfasser der Fälle diese Beurteilungen und Zuschreibungen im allgemeinen nicht so unverblümt wie in diesem Beispiel aus, das der Verfasser seinen Untergebenen für deren Untergebene empfohlen hatte. Drittens vermeiden die geführten Gespräche alle extremen Gefühle, was zudem bemäntelt wird. Viertens sind sich die Verfasser offenbar keiner Diskrepanz zwischen dem, wofür sie eintreten, und dem, wie sie sich tatsächlich verhalten, bewußt.

Gedanken über das Vorgehen bei Fällen in Anbetracht des Forschungsdilemmas

In unseren Anweisungen an die Verfasser der Fälle bitten wir sie, entscheidende Probleme aufzuzeigen, die sie erleben oder erwarten. Wir bitten sie, kurz die Strategie zu schildern, die sie eingeschlagen haben (oder einschlagen wollen), um diese Probleme in den Griff zu bekommen. Der niedergeschriebene Fallbericht sagt uns, welche Ziele die Verfasser haben, und verschafft uns Einblicke in die Prozesse, derer sie sich bedienen wollen, um ihre Ziele zu erreichen. Diese Informationen kommen an die von ihnen vertretene Aktionstheorie heran.

Das Gespräch, das die Teilnehmer niederschreiben, liefert direkt beobachtbare Daten, aus denen wir ihre handlungsleitende Theorie ableiten. Die Beschreibung der Gedanken und Empfindungen, die sie nicht preisgegeben haben (oder preisgeben werden), erlaubt uns Einblicke in ihre Prozesse zur Selbstzensur, ein weiteres wichtiges Merkmal ihrer handlungsleitenden Theorie.

Wie wir noch sehen werden, kann man mit Hilfe solcher Fälle die Unterschiede zwischen den vertretenen Theorien der Verfasser und den in ihre Aktionen eingebauten handlungsleitenden Theorien bestimmen. Das Wissen um solche Unterschiede ermöglicht es den Verfassern abzuschätzen, inwieweit es ihnen gelungen ist, sich nicht dessen bewußt zu sein bzw. die Einsicht zu vermeiden, daß ihr Verhalten ihren Absichten zuwiderläuft. Das kann seinerseits zur Grundlage für eine Untersuchung des Wesens einer handlungsleitenden Theorie werden, die die Verfasser zwar veranlaßt, geschickt zu handeln, aber erfolglose Aktionen hervorbringt.

Wir beschäftigen uns mit der Frage der Gültigkeit derartiger Daten im weiteren Verlauf, denn wir untersuchen die Gültigkeit auf verschiedene Arten unter verschiedenen Bedingungen. Im Moment stellen wir lediglich folgendes fest:

1. Die niedergeschriebenen Gespräche, Gedanken und Empfindungen stellen das dar, was die Praktiker geschrieben haben. (Wir behaupten nicht, daß dies auch tatsächlich ihre Worte während der Ereignisse sind, auf die sich ihre Fälle beziehen. Es ist auch nicht notwendig, daß wir dies behaupten.)
2. Diese Fälle (und die während der Diskussion auf Band aufgenommenen Dialoge) reichen aus, die jeweilige handlungsleitende Theorie der Verfasser abzuleiten, wie sie in den Daten ihrer Fälle zum Ausdruck kommt. (Wir beantworten auch die Frage nach der Verallgemeinerung dieser Ableitungen auf Situationen, die über den Fall hinausgehen.)

Fall 1: Seminar strategisches Fallmanagement

Das erste Beispiel für die oben beschriebene Forschungsmethode haben wir einem Seminar entnommen, das 1993 an der Harvard Graduate School of Business Administration stattfand. Teilnehmer waren 37 leitende Finanzangestellte der oberen und mittleren Führungsebene, darunter fünf Frauen. 15 kamen aus anderen Kontinenten (Afrika, Australien, Asien und Südamerika). Das Hauptaugenmerk dieses Seminars galt neuen Konzepten und Verfahren des strategischen Kostenmanagements sowie den menschlichen Problemen, die wahrscheinlich auftreten, wenn solche Konzepte und Verfahren im Rahmen einer Organisation eingeführt werden.

Es war uns nicht möglich, alle Fälle durchzusprechen, die die Finanzangestellten niedergeschrieben haben, weil die Zeit nicht reichte. Zu Beginn des Seminars vermittelte der Fakultätsangehörige und Seminarleiter (Argyris) der Gruppe anhand der Fälle ein Gesamtbild der zugrundeliegenden und von ihr eingesetzten Handlungsstrategien. Es wurden drei Listen aufgestellt. Liste Nr. 1 enthielt Beispiele für Bemerkungen, die wörtlich aus der „linken Spalte" zitiert wurden und die Ansichten der Verfasser über die Personen wiedergaben, mit denen sie zu tun hatten:

Liste Nr. 1:

1. Lassen Sie sich von diesen Leuten nicht aufregen.
2. Sagen Sie etwas Positives.
3. Das geht nicht gut. Packen Sie es ein und warten Sie auf eine zweite Chance.
4. Bleiben Sie ruhig. Halten Sie sich an die Fakten.
5. Er ist eindeutig defensiv eingestellt.
6. Er greift energisch durch, weil er Angst hat, die Macht zu verlieren.
7. Sie kippt die Systemfrage, damit sie sich nicht ändern muß.
8. Jetzt ködert er mich.
9. Ob er es jemals schafft, sich zu ändern?
10. Dieser Typ ist unglaublich. Der ändert sich nie.
11. Man ist auf keinem Gebiet so gut, wie man meint.
12. Das Dumme ist, daß Sie Rechnungswesen nicht wirklich als eine Führungsfunktion begreifen.

Diese Bemerkungen erklären die folgenden Muster, die wir als eine allgemeine Regel bei den verschiedensten Umfeldern vorfinden, sobald wir diese Fallmethode anwenden:

- Die linke Spalte enthält Gedanken und Empfindungen, die entscheidend für den Lernprozeß sind. Doch sie werden systematisch verschleiert.
- Befürworten, Bewerten und Zuschreiben sind die drei Aktionsstrategien, die Personen in Paarverhältnissen, in Gruppen oder in Situationen zwischen Gruppen am häufigsten anwenden oder dann, wenn sie mit Taktiken, Praktiken, Regeln und Normen von Organisationen zu tun haben.

Die Seminare begannen damit, daß die Manager (die alle einen Fall schriftlich festgehalten hatten) die Liste Nr. 1 lasen. Danach bat der Seminarleiter sie, ihre Reaktionen darauf zu schildern. Er fragte: „Was sagt diese Liste Ihnen über die Personen, die diese Anmerkungen geschrieben haben? Welche Schlüsse ziehen Sie hinsichtlich dessen, was vor sich geht?"

Die Manager antworteten spontan. Im folgenden acht Beispiele.

Liste Nr. 2:

1. Sie waren eigensinnig.
2. Sie reden so, als ob sie recht hätten.

3. Sie sind enttäuscht und wütend.
4. Sie haben sich verschanzt.
5. Sie weichen Konflikten aus.
6. Sie hören nicht zu.
7. Sie sind ängstlich.
8. Sie zeigen mangelndes Einfühlungsvermögen.

Der Seminarleiter schrieb diese Antworten an die Tafel. Dann bat er die Teilnehmer, über ihre Bemerkungen nachzudenken. Sie erklärten, daß ihre Antworten auf eine insgesamt negative Reaktion deuteten. Die Bemerkungen waren in erster Linie negative Beurteilungen und unterstellten anderen ein Abwehrverhalten. Außerdem zeigten die Kommentare, daß die Manager der Meinung waren, daß die Verfasser der Liste Nr. 1 (die sie, wie sie wußten, selbst waren) dem Lernen gegenüber nicht aufgeschlossen waren.

Wir erkennen in diesen Reaktionen folgende allgemeine Muster:

- Beurteilungen und Unterstellungen erfolgen so, daß sie zum Überprüfen nicht gerade einladen. Die Verfasser tun so, als wäre ihre Diagnose sicher und bedürfte keiner Überprüfung.
- Die Verfasser scheinen dem Lernen gegenüber nicht aufgeschlossen zu sein oder betrachten Lernen zumindest nicht als notwendig. Aber alle nahmen sie an dem Seminar teil und schrieben den Fall nieder, mit dem erklärten Ziel zu lernen, wie man beim Umgang mit der menschlichen Seite eines Unternehmens erfolgreicher ist.

Die Bemerkungen auf der Liste Nr. 1 führten zum Nachdenken über eine andere Frage. Eine Seminarteilnehmerin sagte, die negative Grundhaltung der ersten Liste habe sie überrascht. Sie erkannte ihre eigene Bemerkung in der Liste Nr. 1, die ebenfalls negativ war. Sie erklärte jedoch, daß sie mit Sicherheit etwas Positives im Sinn gehabt habe. Sie meinte, daß dies auch bei anderen Teilnehmern der Fall gewesen sein könnte. Einige Teilnehmer bejahten das.

Der Seminarleiter bat die Teilnehmer dann um eine Analyse der Liste Nr. 2, ihre Bemerkungen zur Liste Nr. 1, wie sie an der Tafel standen. Die Manager erklärten, daß auch diese Anmerkungen negativ seien. Es waren Beurteilungen und Zuschreibungen, die nicht zu einer Untersuchung einluden. Das überraschte sie ebenfalls.

Hier stoßen wir auf ein weiteres allgemeines Muster:

- Es gibt offenbar eine systematische Diskrepanz zwischen den ausdrücklichen Bestrebungen der Teilnehmer zu lernen sowie anderen beim Lernen zu helfen und ihrem tatsächlichen Verhalten, das weitgehend nicht zum Lernen führt. Den Personen ist systematisch nicht bewußt, wie sie dieses Nichtbewußtsein erzeugen.

Der Seminarleiter erklärte sodann, daß das bisherige Gespräch einige der wichtigsten Erkenntnisse bestätige, die man weltweit von fast 6000 Personen beiderlei Geschlechts gewonnen habe, die hinsichtlich Mehr- und Minderheitenstatus, Bildung, Vermögen und Stellung ein breites Spektrum vertraten. Was die Seminarteilnehmer erlebten, war nichts

Besonderes. Offenbar gehen Menschen in der ganzen Welt mit schwierigen, unangenehmen und bedrohlichen Fragen ähnlich um. Sie nehmen beispielsweise Bewertungen und Zuschreibungen auf eine Art vor, die nicht zum Lernen ermuntert. Sie neigen dazu, sich nicht der Diskrepanzen bewußt zu werden, die sie erzeugen, etwa wenn sie etwas Positives anstreben, sich aber negativ verhalten.

An dieser Stelle sagte einer der Manager, er stimme dem zu, daß in den selbstzensierten linken Spalten und den Reaktionen, die der Seminarleiter an die Tafel geschrieben hatte, tatsächlich ein negatives Muster vorherrsche. Er war sich sicher, daß ein Teil der „frei fließenden negativen Einstellung" (wie er es nannte) darauf zurückzuführen sei, daß die Teilnehmer dachten, privat zu sprechen. Sie hätten ihr Gespräch anders geführt, wenn die Personen, die sie beurteilten, anwesend gewesen wären.

Das führte zu einigen Versuchen der Manager, im Rollenspiel zu zeigen, wie sie ihre Gespräche anders gestalten würden. Und sie waren tatsächlich anders. Sie waren diplomatischer und lenkten eher ein. Sie umgingen die heiklen Themen und verhielten sich so, als täten sie es nicht. Der Seminarleiter erklärte, er habe bei allen anderen Gruppen das gleiche Ergebnis erzielt. Das Nicht-Bewußtsein, meinte er, war insofern äußerst geschickt, als es im Dienst der Gestaltung von Gesprächen stand, die positiv sein sollten; ein derartiges Nicht-Bewußtsein werde nicht durch Unwissenheit verursacht. Der Seminarleiter hoffte nachzuweisen, daß es durch einen Gesamtplan im Kopf der einzelnen verursacht wird, mit dem sie versuchen, positiv zu handeln, doch die Ergebnisse aus der Umsetzung dieses Planes sind beständig negativ.

Dann gab der Seminarleiter die Liste Nr. 3 aus. Sie enthielt Beispiele für Gedanken aus der linken Spalte und Gespräche aus der rechten, die den Fällen der Teilnehmer entstammten. Die Gespräche waren so gestaltet, daß sie diplomatisch und geglättet waren, und sie umgingen die Meinungen in der linken Spalte. Die Fälle, die schon einige Wochen vorher niedergeschrieben worden waren, ähnelten also dem Rollenspiel im Seminar. Ein Beispiel:

Liste Nr. 3:

Unausgesprochene Gedanken und Empfindungen	**Gespräche**
Ihr kommt mit immer neuen Entschuldigungen, die keinen Sinn machen. Und das die ganze Zeit.	Sie haben immer noch die Möglichkeit, verschiedene Produktkombinationen anzubieten.
Wenn wir Ihnen alles gäben, worum Sie bitten, würden wir unser letztes Hemd verlieren.	Die Forschung, die wir durchgeführt haben, zeigt, daß es eine Verbraucherbewegung in meinem Sinn gibt. Ihr Umsatz wird nicht angetastet.

Wie kann ich die Gruppe von der Notwendigkeit einer Änderung überzeugen, wo wir noch an der Spitze stehen?	Auch wenn wir Marktführer sind, wird es doch immer schwerer, aufgeschlossen zu bleiben und schnell genug zu reagieren. Unser Produktentwicklungsprozeß muß effektiver und effizienter werden.
Der Gewinn des Nobelpreises wird dem Unternehmen nicht helfen. Vielleicht wird es Zeit, die Belegschaft in der Entwicklungsabteilung zu vergrößern und in der Forschung zu verkleinern.	Ich bin sicher, Ihnen allen ist klar, daß wir in einer gewinnorientierten Branche arbeiten und realistisch bleiben müssen. Es sollte aber trotzdem möglich sein, selbst in der Grundlagenforschung einen Marktwert zu finden.

An dieser Stelle läßt sich noch ein weiteres allgemeines Muster ableiten:

- Personen, die erkannt haben, daß die Grundzüge ihrer Handlungen dem Lernen zuwiderlaufen, sind nicht zu Handlungen in der Lage, die das Lernen fördern.

Einige Seminarteilnehmer wiesen noch auf folgendes hin: Wenn sie diejenigen sind, die solche positiven Aussagen wie die in der rechten Spalte der Liste Nr. 3 über sich ergehen lassen müssen, dann wissen sie, daß diese Diplomatie nur dazu dient, negative Gedanken (wie die in der linken Spalte) zu vertuschen. Sie räumten auch ein, daß sie selbst derartige Gedanken für sich behalten. Häufig versuchen sie, diskret Untersuchungen vorzunehmen, aber das scheint selten zu funktionieren, weil die Gegenseite spürt, daß die diskrete Untersuchung ein Vertuschen ist. Des öfteren umgehen sie die Untersuchung bei ihren Treffen, führen später dann aber stundenlang private Gespräche, um herauszufinden, was eigentlich wirklich los war.

Seit Jahrzehnten werden Erkenntnisse wie diese bei Führungsseminaren und Workshops erarbeitet, nicht nur in den Vereinigten Staaten, sondern auch in Europa, Südamerika, dem Nahen und dem Fernen Osten. Wie erklären wir sie? Was für Folgen haben sie für das organisationale Lernen? Diesen Fragen gehen wir im folgenden Kapitel nach.

5. Der Fall des CIOs: Primäre und sekundäre Hindernisschleifen

Fallbeschreibung

Der Chief Information Officer (CIO) eines großen Elektronikunternehmens – also der Leiter der Abteilung Informationstechnologie – wurde vom Geschäftsführer, seinem Vorgesetzten, unterrichtet, daß ein größeres Organisationsproblem bestehe, das ausgeräumt werden müsse.[1] Das Problem bestand darin, daß die Gruppe Informationstechnologie zu groß und zu teuer war. Außerdem leistete sie unzureichende Arbeit für die Linienorganisation.

Der Geschäftsführer erinnerte seinen CIO daran, daß er dieses Problem nicht zum ersten Mal angesprochen habe. Er wurde langsam ungeduldig und drohte, wenn die Kosten nicht gesenkt und Qualität sowie Leistung der Arbeit nicht besser würden, sähe er sich gezwungen, härter durchzugreifen und sich eventuell nach einem neuen CIO umzusehen. Der CIO rief seine nächsten Mitarbeiter zusammen, um gegenzusteuern.

Der CIO und seine nächsten Mitarbeiter

Wie das Treffen begann

Der CIO erklärte seinen Mitarbeitern zunächst, daß er vom Linienmanagement einen Rüffel bekommen habe: Die Zusammenarbeit funktioniere nicht, und die Informationsspezialisten trügen kaum zur Wertschöpfung bei, trotz höherer Budgets.

Dann sagte er: „Ich möchte mit Ihnen über unsere Fähigkeit sprechen, auf die Bedürfnisse der Benutzer einzugehen, und darüber, daß wir ständig Schwierigkeiten mit dem Linienmanagement haben. Das sind schließlich unsere Kunden. Uns muß daran liegen, ihren Anforderungen zu entsprechen." Die Informationsspezialisten antworteten wie folgt:

„Wir machen uns Gedanken über ihre Bedürfnisse. Das große Problem ist, daß sie nicht wissen, was sie wollen.

Wenn sie es dann wissen, haben sie keine Ahnung, wie lange es dauert, ihnen einen erstklassigen Service zu bieten. Sie wollen alles vorgestern.

Die Beschwerden des Linienmanagements standen uns ‚bis hier'. Das Problem ließe sich schnell lösen, wenn die Linie uns das Personal und die Mittel gäbe, die wir wirklich brauchen."

---

[1] Dieser Fall wurde bei einem Führungsseminar vorgestellt und besprochen, das Argyris 1993 an der Harvard Graduate School of Business Administration hielt.

Der CIO zeigte Verständnis für ihre Enttäuschung und ihren Unmut und regte an, die Sache dadurch in Bewegung zu bringen, daß sie „einen glaubwürdigen Plan [entwickelten], um auf die Bedürfnisse [der Kunden] einzugehen". Die Mitarbeiter erwiderten darauf folgendes:
„Es hat keinen Sinn zu planen; unsere Benutzer planen nicht. Egal, wir sind davon überzeugt, daß sie genau dann, wenn wir meinen, alles im Griff zu haben, mit weiteren Forderungen kommen und sich darüber beschweren, was wir alles nicht gemacht haben.
Der CIO hielt dagegen:
„Aber wenn wir keinen vernünftigen Plan haben, können wir nicht verfolgen, wie wir mit unseren Ressourcen umgehen... Wie ich es sehe, haben wir zwei Möglichkeiten. Die erste ist die, weiterhin das zu tun, was wir tun – und das gibt, glaube ich, eine Katastrophe. Die zweite ist die, aus diesem Modell auszubrechen und es anders zu machen als bisher."
Einige Mitglieder der Gruppe erklärten, es bestehe keine Chance, das Linienmanagement zu ändern. Einer sagte: „Wenn ihr es versuchen wollt, viel Glück." Der CIO erwiderte: „Wenn Planung nicht der richtige Weg ist, was schlagen Sie dann zur Lösung des Problems vor?"
Die Informationsspezialisten reagierten zunehmend emotional. Sie sagten letztlich:
1. „Das Problem ist nicht lösbar, weil das Linienmanagement unmögliche Anforderungen stellt".
Und 2. „Die Informationsmitarbeiter bringen sich jetzt schon um."
„Und deshalb gehen die guten Leute", sagte einer der Anwesenden. „Das stimmt", pflichtete ein anderer bei und fügte hinzu: „Es ist nicht zu reparieren."
Buchstäblich am Ende mit seiner Geduld, rief der CIO: „Wir müssen es reparieren, weil wir keine andere Wahl haben! Andernfalls sind wir nicht verantwortungsvoll."

Was geht hier vor?

Die Spezialisten aus der Informationstechnologie bringen ohne Frage ihre Enttäuschung und ihr Mißtrauen gegenüber den Linienmanagern und auch gegenüber dem eigenen Vorgesetzten zum Ausdruck. Ihr Gespräch verläuft auf eine Art, die einen Dialog schwierig macht. Sie verteidigen zum Beispiel ihre Position und nehmen Beurteilungen und Unterstellungen gegenüber dem Linienmanagement vor, was einer Untersuchung oder Überprüfung nicht gerade förderlich ist. Hier einige Beispiele für ihre nicht belegten und nicht überprüfbaren Beurteilungen und Unterstellungen gegenüber dem Linienmanagement:

- Die Linienleute wissen nicht, was sie wollen.
- Die Linie stellt Forderungen mit unrealistischen Terminen.
- Wenn wir ihre Forderungen erfüllen, kommen sie mit noch unrealistischeren Forderungen.
- Die Probleme sind wegen der Verbohrtheit des Linienmanagements nicht zu lösen.

Die Reaktion des CIOs

Der CIO wollte die Untergebenen zur Zusammenarbeit anhalten und auch die Wahrscheinlichkeit minimieren, daß sie ihn als ungerecht und voreingenommen betrachteten. Im Gegensatz zu seinen Untergebenen zensierte er seine Beurteilungen und Unterstellungen und tat aber so, als wäre das nicht der Fall. Auf die Bitte, seine privaten Gedanken und Empfindungen niederzuschreiben, hielt er folgendes fest:

- Diese Leute benehmen sich wie Kleinkinder.
- Sie merken gar nicht, wie abgestumpft und starrsinnig sie sind.
- Manchmal meine ich, ich sollte ihnen den Marsch blasen. Sie müssen zur Vernunft kommen, sonst haben wir alle das Nachsehen.

Auf die Frage, warum er diese Gedanken und Empfindungen nicht offen ausgesprochen habe, erwiderte er erstaunt: „Wenn ich das getan hätte, hätte ich doch nur Öl ins Feuer gegossen." Er hatte recht. Seine privaten Gedanken und Empfindungen bewirkten ebenso das Gegenteil wie das öffentliche Gespräch, das er und seine Mitarbeiter führten. Der Einsatz selbstauferlegter Zensur, um Bedingungen für einen Dialog zu schaffen, ist selten erfolgreich. Wenn man beispielsweise einige der Spezialisten fragte, ob sie eine Vorstellung von dem hätten, was ihre Chefs privat, für sich, dachten, antworteten sie mit Worten, die fast identisch mit denen des CIOs waren. Als sie gefragt wurden, was sie veranlasse, es nicht zu sagen, zeigten sie den gleichen erstaunten Blick. „Machen Sie Witze?" fragte einer von ihnen. „Das würde doch alles nur noch schlimmer machen." Höchstwahrscheinlich führten die Untergebenen auch Selbstgespräche, die nicht an die Öffentlichkeit drangen. Wir haben es also mit Leuten zu tun, die privat übereinander reden und meinen, daß die anderen von diesen Gesprächen nichts erfahren. In Wirklichkeit erfahren sie sehr wohl davon, tun aber so, als wüßten sie von nichts.

Gedanken über das Handeln des CIOs und das seiner Untergebenen

Der CIO beschloß, das Treffen mit einer Ich-nehme-die-Sache-in-die-Hand-Haltung zu beginnen. Er berichtete der Gruppe von den negativen Beurteilungen seitens der Unternehmensspitze und erklärte warnend, daß es Zeit sei gegenzusteuern. Dann bat er um einen konstruktiven Dialog darüber, was zur Korrektur der Situation getan werden könnte. Die Untergebenen hatten ebenfalls eine Wir-nehmen-die-Sache-in-die-Hand-Haltung eingenommen. Sie übergingen die Bitte des CIOs und erklärten, das Problem sei von der Unternehmensleitung verursacht worden.

Der CIO reagierte auf zwei Arten. Erstens vermied er, seine negativen Empfindungen öffentlich auszudrücken, aus Angst, die Situation zu verschlechtern. Wir würden beipflichten. Würde er seine negativen Beurteilungen und Unterstellungen öffentlich äu-

ßern, würde er wahrscheinlich das gleiche Abwehrverhalten auslösen, das die negativen Beurteilungen und Unterstellungen seiner Untergebenen bei ihm ausgelöst hatten. Gerade die Art, wie er seine privaten Gedanken und Empfindungen faßte, lief dem Lernen zuwider. Ironie des Schicksals war, daß seine privaten Gedanken sich mit der Ansicht des Firmenchefs deckten. Beide hielten zum Beispiel die Spezialisten aus der Informationstechnologie für nicht kooperativ und kindisch in ihren Handlungen.
Die erste Aktionsstrategie, die der CIO ergriff, um einen positiven Dialog einzuleiten, erhöhte demzufolge den Umfang an zurückgehaltenen Informationen, unterdrückte seine persönlichen Empfindungen, überging die Gefühle seiner Untergebenen und erweckte den Eindruck, als handle er gar nicht so.
Die zweite Reaktion des CIOs bestand darin, das Problem rational anzugehen. Er bat die Gruppe, einen überzeugenden Plan zu entwickeln, um auf die Bedürfnisse des Linienmanagements eingehen zu können. Die Untergebenen lehnten dieses Ansinnen mit der Begründung ab, es sei irrational: Die Linienmanager könnten gar nicht planen, wären mit einem vernünftigen Plan wahrscheinlich nicht zufrieden und würden ihre Forderungen und Kritik nur steigern.
Bisher verfolgen die Teilnehmer auf allen drei Ebenen offenbar die gleiche Strategie. Alle meinen, sie sollten die Sache in die Hand nehmen und die anderen warnen, daß ihre Handlungsweise nicht akzeptabel ist. Das mobilisiert auf allen Seiten zahllose Beurteilungen und Zuschreibungen, die dem Lernen keineswegs förderlich sind. So halten zum Beispiel die Untergebenen die Linie für unfähig zu planen und unterstellen ihr die Absicht, der informationstechnologischen Gruppe das Leben schwerzumachen. Der CIO glaubte insgeheim das gleiche von der informationstechnologischen Gruppe, beschloß jedoch, vernünftig zu bleiben und sich auf die Entwicklung neuer Pläne zu konzentrieren, damit es ein konstruktives Gespräch gab. Wieder scheint er sich zu bemühen, auf der rationalen Planungsebene zu bleiben und seine privaten Gedanken und Empfindungen zu unterdrücken, um keine emotionalen Reaktionen zu provozieren, die er für nicht konstruktiv hält.
Diese Strategie erreicht die beabsichtigten Ziele nicht. Erstens reagieren die Untergebenen noch emotionaler und nehmen noch mehr Beurteilungen und Unterstellungen vor, die sie mit einem Gefühl der Sicherheit vorbringen. (Würde der CIO sie offen fragen, woher sie wüßten, daß ihre Diagnose stimmt, würden sie wahrscheinlich antworten: „Glauben Sie uns, wir arbeiten mit ihnen, wir wissen es!") Zweitens verwendeten einige der Spezialisten, als sie gefragt wurden, ob sie irgendeine Vorstellung davon hätten, was ihr Chef privat denkt, Worte, die fast identisch mit denen waren, mit denen der CIO über sich sprach. Als sie dann gefragt wurden, was sie veranlasse, ihre Ansichten nicht preiszugeben, sagte einer von ihnen: „Das würde alles nur noch schlimmer machen. Es würde nur Krach geben." Wie der CIO führten auch die Untergebenen private Gespräche und unterstellten ihrem Chef privat Dinge, aber auch das vertuschten sie.

Denkt man über diese Folgen nach, kann man wohl folgendes schließen: Die Teilnehmer hatten ein Interesse, das Firmenproblem zu lösen, aber die Art, wie sie ihr Gespräch führten, und ihre Selbstzensur liefen auf einen Dialog hinaus, der defensiv und selbstbestätigend war. Wenn das geschieht, müssen sich die Teilnehmer auf zwei Hauptprobleme konzentrieren:

1. das Firmenproblem, zu dessen Lösung sie eigentlich angetreten sind, und
2. das Problem, das durch die defensive Haltung ausgelöst wurde – durch Mißtrauen, seine Vertuschung und die Vertuschung der Vertuschung.

Das letzte Problem nimmt, wie wir meinen, einen großen Teil der Aufmerksamkeit der Akteure in Anspruch. Sie müssen nicht nur der anderen Seite zuhören und über ihre Reaktion nachdenken, sondern auch danach trachten, all das zu tun und gleichzeitig ihre Vertuschungsmanöver zu verfolgen.

Die primäre Hindernisschleife

Wir haben mit einem Firmenproblem begonnen, das in hohen Kosten und einer schlechten Leistung der Informationstechnologie bestand. Die Akteure auf allen drei Ebenen stimmten in dieser Darstellung des Problems überein, waren über die Ursachen allerdings unterschiedlicher Meinung.

Der CIO ging mit drei Annahmen über die Aktionsstrategien in das Treffen, die er verfolgen mußte, wenn es erfolgreich sein sollte:

1. Ich (der CIO) sollte die Leitung des Treffens übernehmen, wenn es meine Ziele erfüllen soll. Die Definition des Sieges besteht darin, daß die Untergebenen einen Plan entwickeln, der die Linien-Führungskräfte überzeugt, daß sie Kosten senken wollen.
2. Für mich ist es wichtig, meine Untergebenen in die Entwicklung eines Korrekturplans einzubeziehen. Dann sind sie bei dessen Durchführung engagierter.
3. Wenn meine Untergebenen emotional reagieren und nicht wie Erwachsene handeln, muß ich letzteres unterdrücken und ersteres entschärfen, indem ich mich auf rationales Handeln konzentriere, etwa auf Planen. Meine negativen Gefühle muß ich dadurch unterdrücken, daß ich sie für mich behalte, sie vor der Gruppe zensiere und mich so benehme, als täte ich es nicht.

Die Untergebenen haben offenbar auf ähnlichen Annahmen beruhende Aktionsstrategien verfolgt. Auch sie glaubten, die Leitung des Treffens übernehmen zu müssen. Ihre Definition von Sieg ist die, daß der CIO erkennt, daß die Linienmanager das Haupthindernis für die Lösung des Problems sind. Auch sie versuchen, den CIO einzubeziehen, damit er sich bei der Unternehmensleitung wirksamer für ihre Ansichten einsetzen kann. Außerdem nehmen sie an, daß ihre Reaktionen vernünftig sind. Wenn sie emotional und laut werden, dann um sicherzustellen, daß der CIO hört, was sie sagen.

Diese gemeinsamen Strategien und Annahmen veranlassen beide Seiten zu Gesprächen, die die andere Seite aufbringen, was wiederum dazu führt, daß die emotionalen Dimensionen wichtiger Fragen, über die dann nicht mehr gesprochen werden kann, zum Ausdruck kommen, aber übergangen werden. Ein mit positiven Absichten geführtes Gespräch ruft in Wirklichkeit Abwehrverhalten bei allen Akteuren hervor, die mit diesem Verhalten so umgehen, daß die Abwehr, wieder mit positiven Absichten, weiter verstärkt wird und eskaliert (Konsequenzen ähnlich denen, wie sie von den Finanzangestellten in dem Seminar hervorgerufen wurden, das wir im vorigen Kapitel beschrieben haben).

Wir nennen diese sich selbst verstärkenden Muster der Handlungsstrategien und die lernfeindlichen Folgen *primäre Hindernisschleifen.* Die Schleifen sind insofern primär, als sie bei den direkten Diskussionen durch die handlungsleitenden Theorien der Teilnehmer entstehen (vor allem dann, wenn bei den Diskussionen Unangenehmes oder Bedrohliches mitschwingt). Innerhalb dieser Schleifen werden defensive, dysfunktionale Reaktionen (die auf handlungsleitenden Theorien wie jenen beruhen, die auch der CIO und seine Untergebenen vertreten) durch *Voraussetzungen für Irrtümer* ausgelöst, die sie ihrerseits verstärken: Informationseigenschaften, die Irrtümer oft verdecken und sie unkorrigierbar machen. Wichtige Fragen nicht erörtern zu können ist ein Beispiel; andere derartige Beispiele sind Unklarheit und Mehrdeutigkeit. Bei der Zusammenkunft des CIOs mit seinen Untergebenen bleiben die eigentlichen Ursachen der Sorgen von Linie und Stab unklar (sie werden nicht deutlich spezifiziert oder dargestellt) und mehrdeutig (die unterschiedlichen Auslegungen im Linien-/Stabkonflikt werden nicht geklärt oder gelöst). Das, was der CIO und seine Untergebenen einander oder dem Linienmanagement unterstellen, bleibt unbewiesen und wird auch – in dem Maß, wie es sich nicht nachweisen läßt, solange über die damit verbundenen Fragen und Gefühle nicht gesprochen werden kann – nicht nachweisbar.

Im folgenden eine umfassendere, wenn auch nicht erschöpfende Zusammenstellung von Voraussetzungen für Irrtümer und Korrekturreaktionen darauf:

Voraussetzungen für Irrtümer	**Korrekturreaktionen**
Unklarheit	Spezifizieren
Mehrdeutigkeit	Klären
Unbeweisbarkeit	Nachweisbar machen
Verstreute Informationen	Zusammenfassen
Zurückgehaltene Informationen	Preisgeben
Undiskutierbarkeit	Diskutierbar machen
Unsicherheit	Untersuchen
Widerspruch/Unvereinbarkeit	Lösen

Im Umfeld der Organisationen lösen Voraussetzungen für Irrtümer Abwehrreaktionen wie die des CIOs und seiner Untergebenen aus; diese Reaktionen vermindern ihrerseits die Wahrscheinlichkeit, daß sich Personen für die organisationale Untersuchung einsetzen, die zu produktiven Lernergebnissen führt. Unklarheit und Mehrdeutigkeit bei der handlungsleitenden Organisationstheorie ergeben in den Organisationen Situationen, die der einzelne als bedrohlich empfindet. Unsicherheit über das Wesen unangenehmer Situationen – über das, was zu tun ist und durch wen, oder über Leistungskriterien – verstärken beim einzelnen Abwehr- und Angstgefühle. Wenn wichtige Informationen zurückgehalten und wichtige Fragen als nicht erörterbar behandelt werden, empfinden die Betroffenen oft Mißtrauen und Unbehagen. Unvereinbarkeiten in der handlungsleitenden Organisationstheorie finden meistens in zwischenmenschlichen Konflikten Ausdruck, die die Betreffenden dann in Form von Gewinn-/Verlustspielen ausleben.

Für viele Leser ist die Existenz derartiger Muster sicher nichts Neues. Tatsächlich haben viele CIOs, die an Führungsprogrammen teilgenommen haben, bestätigt, schon ähnliche Situationen erlebt zu haben. Führungskräfte anderer Bereiche erkannten ebenfalls, daß das Fallmaterial vertraute Muster von Konkurrenzdenken zwischen Abteilungen sowie wechselseitigem Mißtrauen zwischen Linie und Stab darstellt.

Warum kommen solche unergiebigen Dialoge mit ihren primären Hindernisschleifen so systematisch vor? Soweit wir wissen, setzt sich niemand für sie ein; und Texte sowie Kurse über Organisationsdesign, Führung, Konfliktlösung und Arbeitnehmer-Mitbestimmung oder -Ermächtigung betrachten diese Schleifen als eine Verletzung von Geist und Buchstabe der Führungs- und Organisationstheorie. Warum entstehen und halten sich dann derartige unergiebige Dialoge, wenn die Teilnehmer doch meistens mit der positiven Absicht in sie eintreten, ein Firmenproblem zu lösen? Eine Antwort auf diese Frage hängt mit den Annahmen und Fähigkeiten zusammen, die der einzelne schon früh im Leben beim Umgang mit unangenehmen und bedrohlichen Situationen einzusetzen lernt. Aber Einzelpersonen sind nur ein Teil der Antwort. Auch Organisationsphänomene verstärken derartige unergiebige Dialoge. Wenn wir die täglichen Aktivitäten in Organisationen betrachten, würde es uns schwerfallen, die der Personen von denen der Organisation zu unterscheiden. Die beiden Bereiche vermischen sich so stark, daß man zu dem Schluß kommen muß, es bestehe eine zirkuläre Beziehung der Musterkausalität, bei der jeder Bereich den anderen „hervorruft" und verstärkt.

Wir glauben deshalb, daß es für die durch die primären Hindernisschleifen verkörperten Muster drei Erklärungsebenen gibt: erstens eine individuelle, zweitens eine organisationale und drittens eine Interaktion beider. Beginnen wir mit der individuellen Ebene.

Modell I handlungsleitender Theorien

Wie bereits in Kapitel 4 ausgeführt, vertreten die Menschen zwei Arten von Handlungstheorien über effektives Verhalten. Das eine ist die *vertretene Handlungstheorie*, das andere die Theorie, die man tatsächlich gebraucht, die *handlungsleitende Theorie*. Wir haben festgestellt, daß Menschen, wenn sie mit unangenehmen oder bedrohlichen Fragen

zu tun haben, sich in ihrem Denken und Handeln nach einem bestimmten Modell der handlungsleitenden Theorie richten, das wir Modell I nennen. Modell I prägt die Handlungen, die, wie oben beschrieben, in Primärschleifen eingehen, was zur Folge hat, daß das Doppelschleifen-Lernen behindert wird. Weder der CIO noch seine Untergebenen sind für eine solche Aktionstheorie eingetreten, aber alle haben sie benutzt.
In der folgenden Tabelle stellen wir Modell I schematisch dar. In der ersten Tabellenspalte stehen „Leitvariablen" oder Werte, die die Handelnden mit ihren Handlungen anstreben:

1. *Ziele bestimmen und versuchen, sie zu erreichen.* Die Teilnehmer haben nur selten versucht, zusammen mit anderen eine gemeinsame Festlegung der Ziele vorzunehmen, und schienen auch nicht bereit zu sein, sich beeinflussen zu lassen, um ihre Sicht der Aufgabe zu ändern.

Modell I handlungsleitender Theorien

Leitvariablen	**Handlungsstrategien**	**Folgen für die Verhaltenswelt**	**Folgen für Lernen und Effektivität**
Ziele bestimmen und versuchen, sie zu erreichen	Die Umwelt einseitig entwerfen und leiten (überzeugen und sich auf höhere Ziele berufen etc.)	Akteur wird gesehen als defensiv, widersprüchlich, unvereinbar, beherrschend, als ängstlich, verletzt zu werden, als seine Gefühle zurückhaltend, übermäßig um sich und andere oder zu wenig um andere besorgt.	Selbst-Isolierung Verminderte langfristige Effektivität
Das Gewinnen maximieren und das Verlieren minimieren	Die Aufgabe an sich ziehen und kontrollieren („Besitz" an der Aufgabe beanspruchen, Hüter der Definition und Durchführung der Aufgabe sein)	Defensive interpersonelle und Gruppenbeziehung (abhängig vom Handelnden, wenig Hilfe für andere)	Einschleifen-Lernen

Das Erzeugen oder Ausdrücken negativer Gefühle minimieren	Sich einseitig schützen (in abgeleiteten Kategorien sprechen, begleitet von wenigen oder gar keinen direkt beobachtbaren Daten, blind sein für Wirkung auf andere und Unvereinbarkeit; Abwehrverhalten einsetzen wie Beschuldigen, klischeehaftes Wiederholen, Gefühle unterdrücken, intellektualisieren)	Defensivnormen (Mißtrauen, mangelnde Risikofreude, Anpassung, externe Bindung, Betonung diplomatischen Verhaltens, machtzentrierter Wettbewerb und Rivalität)	Theorien werden öffentlich kaum getestet. Privat werden Theorien viel getestet.
Rational sein	Einseitig andere vor Schäden schützen (Informationen zurückhalten, Regeln zur Zensur von Informationen und Verhalten schaffen, private Treffen abhalten)		

2. *Das Gewinnen maximieren und das Verlieren minimieren.* Die Teilnehmer waren der Meinung, daß es, nachdem sie sich auf ihre Ziele festgelegt hatten, ein Zeichen von Schwäche sei, sie zu ändern.
3. *Das Erzeugen oder Ausdrücken negativer Gefühle minimieren.* Die Teilnehmer erklärten beinahe einstimmig, das Erzeugen negativer Gefühle zeige Unbeholfenheit, Inkompetenz oder einen Mangel an Diplomatie. Anderen zu erlauben oder zu helfen, ihre Gefühle auszudrücken, wurde zumeist als schlechte Strategie angesehen.
4. *Rational sein.* Das ist das Gegenstück zu Wert 3. Es ist der ausdrückliche Befehl, objektiv zu sein und intellektuell und Gefühle zu unterdrücken. Interaktionen sollten als objektive Diskussionen der Themen angelegt werden, ganz gleich, welche Gefühle ihnen zugrunde liegen.

Die zweite Spalte führt Handlungsstrategien auf, die die Teilnehmer übernahmen, um diese Leitvariablen zu erfüllen:

1. *Die Umwelt einseitig entwerfen und leiten.* Aktionen geheim planen und andere überzeugen oder überreden, mit der eigenen Situationsbeschreibung übereinzustimmen.

2. *Die Aufgabe an sich ziehen und kontrollieren.* Der CIO entscheidet für sich, die Aufgabe bei einer Sitzung des gesamten Stabes zu lösen, und versucht, andere zu seiner Sicht der Dinge zu bewegen.
3. *Sich einseitig schützen.* Sich nicht dadurch Blößen geben, daß man abstrakt redet, Hinweise auf direkt beobachtete Ereignisse vermeiden und die Gedanken und Gefühle zurückhalten, die einen zu dem veranlassen, was man tut. Um Herr der Situation zu werden, sollte man seine Gedanken und Gefühle geheimhalten.
4. *Einseitig andere vor Schäden schützen.* Wertvolle und wichtige Informationen zurückhalten, Notlügen gebrauchen, Gefühle unterdrücken und falsches Mitgefühl bekunden sind Beispiele für diese Strategie. Der Redner vermutet, daß der andere geschützt werden muß, die Schutzstrategie aber geheimgehalten werden soll; keine Vermutung wird überprüft. So bewahrt der CIO seine Untergebenen vor seinen negativen Gefühlen ihnen gegenüber, und sie verhalten sich ihm gegenüber genauso. Dadurch schützt sich der CIO auch vor ihren negativen Reaktionen auf seine Gefühle, und sie schützen sich vor seinen negativen Reaktionen und Gefühlen.

In dem Maß, wie man sich nach einer der vier Handlungsstrategien verhält, wird man auch dazu neigen, sich gegenüber anderen einseitig zu verhalten und sich selbst zu schützen. Mit Erfolg angewandt, kontrolliert ein solches Verhalten andere und verhindert, daß man durch sie beeinflußt wird. Aber die Folge ist, daß der Handelnde meistens als defensiv eingeschätzt wird (denn er verteidigt sich), und Beziehungen zwischen Personen bzw. Gruppen werden eher defensiv als fördernd, eher eine Sache von Gewinnen/Verlieren als von Zusammenarbeiten. Diese Wirkungen erzeugen im allgemeinen Mißtrauen und Unbeweglichkeit.

Angesichts dieser Leitvariablen und Strategien werden die in handlungsleitenden Theorien verankerten Annahmen wahrscheinlich kaum öffentlich überprüft, weil eine derartige Überprüfung erfordern würde, sich dem eigenen defensiven Verhalten und dem anderer zu stellen. Weder der CIO noch seine Untergebenen könnten ihre Annahmen zum Beispiel über ihr gegenseitiges Mißtrauen überprüfen, ohne sich der eigenen defensiven Haltung zu stellen und ohne die negativen Reaktionen zu riskieren, die das wahrscheinlich nach sich zöge.

Wenn kaum eine echte Chance besteht, seine handlungsleitende Theorie öffentlich zu überprüfen, man aber dennoch handeln muß, tut man dies aufgrund einer ungeprüften handlungsleitenden Theorie. Da das Verhalten gemäß der eigenen handlungsleitenden Theorie die Verhaltenswelt beeinflußt, kommt es wahrscheinlich zur Selbstisolierung. Der CIO empfindet so schließlich Mißtrauen, Zynismus und einen Mangel an Vertrauen in seine Untergebenen. Die Untergebenen empfinden das gleiche für ihren Chef. Keine dieser Beurteilungen und Zuschreibungen wird öffentlich überprüft. Und so versiegeln sie sich in sich selbst verstärkenden defensiven Schleifen. In unserem früheren Buch *Theory in Practice* (Argyris und Schön, 1974) haben wir die daraus entstehende Situation wie folgt beschrieben:

„... Fehlt es an derartigen öffentlichen Überprüfungen, besteht die Gefahr, daß sich selbst isolierende Prozesse entstehen ... der einzelne hilft nicht nur, Verhaltenswelten zu schaffen, die Artefakte seiner handlungsleitenden Theorie sind, sondern begibt sich auch der Möglichkeit, Annahmen in seiner handlungsleitenden Theorie zu widerlegen, und damit auch der Möglichkeit, bei der Schaffung von Verhaltenswelten zu helfen, die seine anfänglichen Annahmen über sie widerlegen. Die öffentliche Überprüfung von handlungsleitenden Theorien muß jedoch von der Offenheit begleitet werden, das Verhalten als Lernfunktion zu ändern. Der Akteur braucht eine nur minimal verzerrte Rückkoppelung von anderen. Wenn andere eine solche Rückkoppelung liefern – vor allem wenn sie es mit einigem Risiko tun –, und wenn sie merken, daß der Akteur nicht offen für eine Veränderung ist, glauben sie vielleicht, daß sie sich in eine schwierige Situation gebracht haben. Ihr Mißtrauen gegen den Akteur nimmt wahrscheinlich zu, doch das wird unterdrückt. Das Ergebnis ist die Schaffung einer weiteren Reihe sich selbst isolierender Prozesse, die erneut die Wahrscheinlichkeit verringern, daß der Akteur beim nächsten Versuch, eine Annahme öffentlich zu überprüfen, gültige Informationen erhält ...“ (S. 78)

Weil Doppelschleifen-Lernen auf den Austausch gültiger Informationen und die öffentliche Überprüfung von Zuschreibungen und Annahmen angewiesen ist, tendiert das Modell I dahin, es zu beeinträchtigen. Weil die langfristige Effektivität von der Möglichkeit des Doppelschleifen-Lernens abhängt, neigt das Modell I langfristig zur Ineffektivität.

All diese Folgen der Leitwerte und Handlungsstrategien des Modells I bilden ein Feedback zur Verstärkung dieser Werte und Strategien. In einer Welt der Abwehrhaltung, zunehmender Irrtümer und sich selbst verwirklichender Prozesse ist es verständlich, wenn der einzelne sich selbst schützt, indem er sich noch mehr um einseitige Kontrolle bemüht, um zu gewinnen und nicht zu verlieren, um mit der Abwehrhaltung anderer dadurch zurechtzukommen, daß er „rational“ zu sein versucht und auch andere dazu animiert, und um die eigenen negativen Gefühle und die anderer nach besten Kräften zu unterdrücken, wie in den linken Spalten der Teilnehmerfälle.

Das Modell I hat weiter zur Folge, daß soziale Tugenden wie Fürsorge, Anteilnahme, Ehrlichkeit, Stärke und Mut auf eine Art definiert werden, die das Modell I der handlungsleitenden Theorie fördert. Fürsorge und Anteilnahme zum Beispiel bedeuten dann: „Sei diplomatisch; sage das, was die Leute hören möchten“ – Bedeutungen, die Handlungsstrategien wie Behutsam-Vorgehen, Verheimlichen und Notlügen begünstigen. „Stärke“ wird definiert im Sinne von „gewinnen“, „die einseitige Kontrolle der Situation aufrechterhalten“ und „die eigenen Gefühle, verletzbar zu sein, für sich behalten“.

Es gibt noch einen Umstand, der das Modell I erheblich verstärkt und die Wahrscheinlichkeit lernfeindlicher Prozesse erhöht. Die Individuen beweisen bei der Durchführung des Modells I erhebliches Geschick. Geschicktes Handeln „funktioniert“ normalerweise in dem Sinn, daß die angestrebten Ziele erreicht werden; es erscheint spontan, automatisch und mühelos; es wird als selbstverständlich angesehen, und es erfordert wenig bewußte Überlegung. Diese Merkmale kommen zusammen und machen es weniger wahrscheinlich, daß die Akteure über ihr Modell-I-Verhalten nachdenken und etwas darüber erfahren.

Wir sind nicht nur in Führungsseminaren auf die Wesensmerkmale des Modells I der handlungsleitenden Theorie gestoßen, sondern auch bei zahllosen Zusammenkünften in den verschiedensten Organisationen. Außerdem haben wir in keinem Umfeld, in dem die Akteure das Modell I der handlungsleitenden Theorie verwendeten, jemals Folgen beobachtet, die den oben aufgeführten entgegengesetzt gewesen wären. Und wie bereits erwähnt, gebraucht die überwältigende Mehrheit derjenigen, die wir untersucht haben (fast 99 Prozent), in bedrohlichen oder unangenehmen Situationen das Modell I der handlungsleitenden Theorie.

Diese kurze Skizze des Modells I wird in den folgenden Fällen eingehender dargestellt. Die Elemente von Modell I wechselwirken weit komplizierter, als wir bisher beschrieben haben. Ähnlich gibt es viele Arten, auf die die durch das Modell-I-Verhalten geschaffene Verhaltenswelt ein Feedback bildet, um dieses Verhalten zu verstärken.

Die sekundäre Hindernisschleife

Wir benutzen den Begriff *sekundäre Hindernisschleife*, um auf die Verhaltensschleifen hinzuweisen – kausale Zusammenhänge zwischen Handlungsstrategien und lernfeindlichen Folgen –, die überindividuell sind und zu Interaktionen von Gruppen in Organisationen gehören. Diese Schleifen sind in dem Sinn sekundär, als primäre Schleifen zu ihnen hinführen, wenngleich sie sich selbst verstärken, sobald sie einmal in Gang gekommen sind.

Kehren wir zum Fall des CIOs zurück, um zu demonstrieren, wie direkte Interaktionen zu sekundären Hindernisschleifen führen, die lernfeindliche Aktionen und Haltungen verfestigen, auch wenn das gar nicht in der Absicht der meisten Teilnehmer liegt.

In der folgenden Tabelle zeigen wir das Muster der Beziehungen zwischen primären und sekundären Hindernisschleifen auf. Wir beginnen mit den Leitbedingungen, die das Muster in Gang setzen: der Unzufriedenheit der Benutzer und den angespannten Finanzbedingungen, die keine hohen Kosten bei der Informationstechnologie mehr zulassen. Als nächstes zeigen wir dann die Handlungsstrategien, die der CIO und seine Untergebenen im Verlauf ihrer Zusammenkunft anwandten. Diese Handlungsstrategien führten zu bestimmten Folgen erster Ordnung. Eine bestand darin, daß der Chef die Schlüsse der Untergebenen als unrealistisch bewertete und sie aufforderte, nach einer besseren Lösung zu suchen oder seine Lösung zu übernehmen. Die Untergebenen hielten ihrerseits den Lösungsvorschlag des Chefs für unrealistisch und erklärten, das Problem werde erst dann zu lösen sein, wenn das Linienmanagement sich ändere.

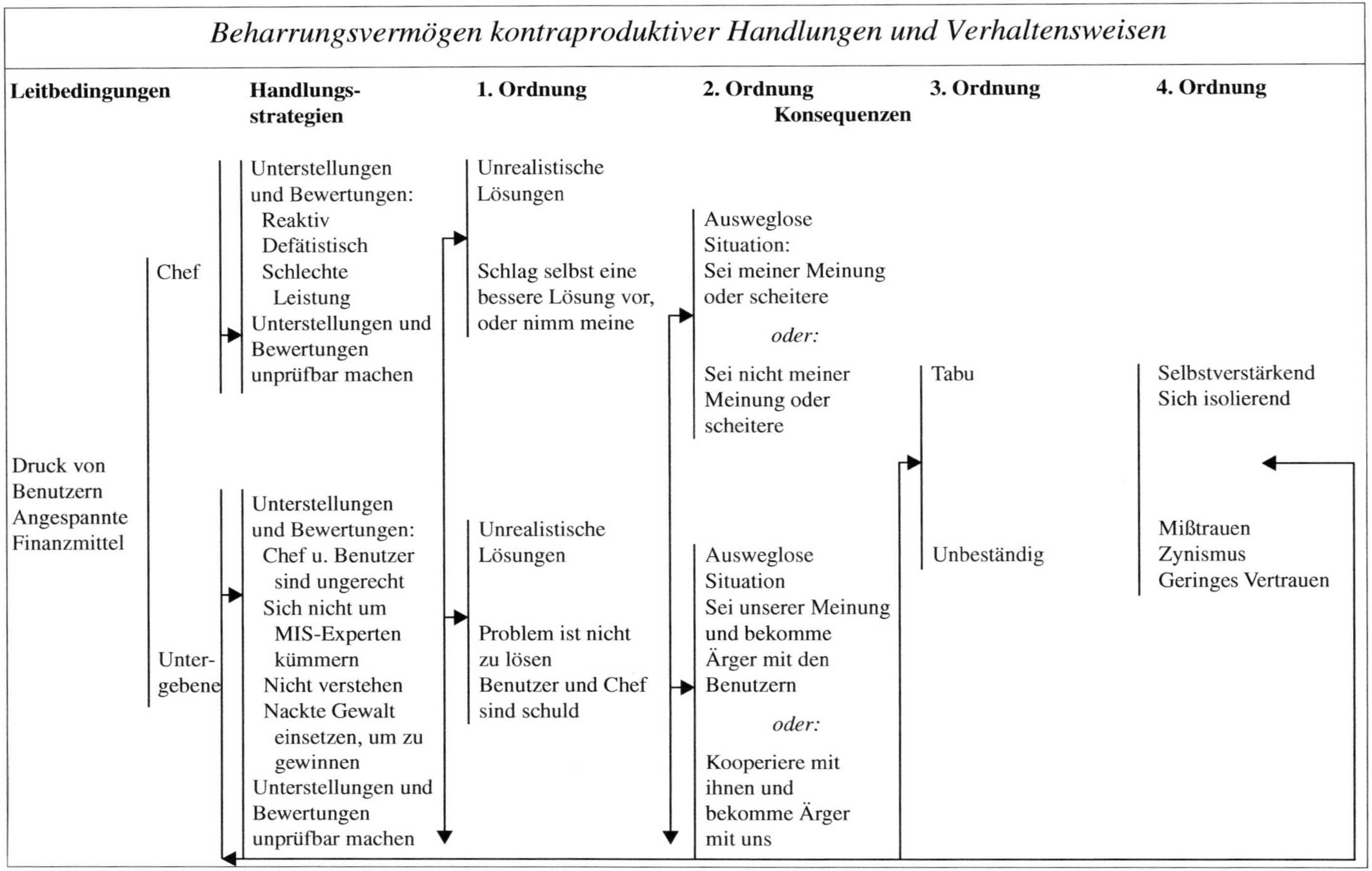
Beharrungsvermögen kontraproduktiver Handlungen und Verhaltensweisen
Leitbedingungen
Handlungs-strategien
1. Ordnung
2. Ordnung
Konsequenzen
3. Ordnung
4. Ordnung
Druck von Benutzern
Angespannte Finanzmittel
Chef
Unter-gebene
Unterstellungen und Bewertungen:
Reaktiv
Defätistisch
Schlechte Leistung
Unterstellungen und Bewertungen unprüfbar machen
Unrealistische Lösungen
Schlag selbst eine bessere Lösung vor, oder nimm meine
Ausweglose Situation:
Sei meiner Meinung oder scheitere
oder:
Sei nicht meiner Meinung oder scheitere
Tabu
Selbstverstärkend
Sich isolierend
Unterstellungen und Bewertungen:
Chef u. Benutzer sind ungerecht
Sich nicht um MIS-Experten kümmern
Nicht verstehen
Nackte Gewalt einsetzen, um zu gewinnen
Unterstellungen und Bewertungen unprüfbar machen
Unrealistische Lösungen
Problem ist nicht zu lösen
Benutzer und Chef sind schuld
Ausweglose Situation
Sei unserer Meinung und bekomme Ärger mit den Benutzern
oder:
Kooperiere mit ihnen und bekomme Ärger mit uns
Unbeständig
Mißtrauen
Zynismus
Geringes Vertrauen

Diese Interaktionen führten zu Folgen zweiter Ordnung in der Form zweier auswegloser Situationen. Eine wirkte sich auf die Untergebenen aus, die andere auf den CIO und hätte auch die Linienmanager erfaßt, wenn sie anwesend gewesen wären.

Wir stehen jetzt am Anfang des Übergangs von primären zu sekundären Hindernisschleifen. Die Linienmanager zum Beispiel halten die Mitarbeiter in der Informationstechnologie für unrealistisch und nicht kostenbewußt genug; die Mitarbeiter schreiben die grundlegenden Probleme den Linienmanagern zu. Beide Sichtweisen schlagen sich in den Organisationsnormen nieder, die die Beziehungen zwischen Linie und Stab beherrschen. Die ausweglosen Situationen, die aus solchen Bewertungen und Normen folgen, gehen in ein Muster des Gruppenkonflikts ein, das typisch für die Stab-Linien-Beziehungen ist.

Die Verästelung der sekundären Hindernisschleifen setzt sich fort. Heikle Fragen aus dem Konflikt zwischen den Gruppen werden tabuisiert, und die Tabuisierung selbst ebenfalls. Jede Gruppe hält die andere für unbeweglich, und beide betrachten das Problem als nicht korrigierbar. Die Literatur über die Stab-Linien-Beziehungen wimmelt von Darstellungen derartiger Auswirkungen.

All diese Konsequenzen bilden ein Feedback, um die primären Hindernisschleifen zu verstärken, die in dem Treffen des CIOs mit seinen Untergebenen dargestellt sind, und schaffen ein Organisationsmuster, das die kontraproduktiven Prozesse fest einschließt. Das bringt die Teilnehmer dazu, Mißtrauen gegenüber den anderen, wenig Vertrauen in Interaktionen mit anderen und Zynismus hinsichtlich der Wahrscheinlichkeit zu empfinden, die Konflikte zwischen den Gruppen zu lösen. Diese Gefühle sind gerechtfertigt, weil sie als typisch für die Organisation angesehen werden.

Unsere tabellarische Darstellung zeigt, daß jeder Dialog über das Problem, die informationstechnologischen Kosten zu senken und die Leistung der Abteilung zu steigern, von den primären und sekundären Hindernisschleifen negativ beeinflußt wird. Wenn das obere Linienmanagement sich der genauen, in unserer Darstellung aufgeführten Prozesse nicht bewußt ist, weil es von ihnen ferngehalten wurde, sehen die Linienmanager nur, daß die Kosten weiterhin hoch bleiben und die Leistung schwach. Das veranlaßt sie, dem CIO zu mißtrauen und sogar Zynismus über seine Fähigkeit zu empfinden, das Problem zu lösen. (Wie sich herausstellte, wurde der CIO in unserem Fall schließlich entlassen und ein „knallharter Linienmann“ mit der Verantwortung betraut.) Würden die oberen Linienmanager dagegen nicht von den detaillierten, in unserer Darstellung aufgeführten Prozessen ferngehalten, würden sie wahrscheinlich dennoch ähnlich reagieren. In beiden Fällen würde kaum korrigierend eingegriffen, um die Fähigkeit der Organisation zum Doppelschleifen-Lernen zu verbessern. Tatsächlich sah sich der CEO einige Monate nach seinem Gespräch mit dem CIO einem ähnlichen Muster defensiver Interaktionen gegenüber, diesmal zwischen den Abteilungen Forschung und Entwicklung (F&E) sowie Finanzen. Die Finanzabteilung erklärte, die Abteilung F&E sei zu teuer; F&E konterte, die Finanzabteilung verstehe nichts von For-

schung und Entwicklung. Wieder löste der CEO das Problem dadurch, daß er bei der Überwachung der Forschungskosten hart durchgriff.
Wir haben jetzt dargelegt, wie primäre und sekundäre Hindernisschleifen Folgen hervorrufen können, die das Lernen auf allen Organisationsebenen konterkarieren. Die dynamische Interaktion innerhalb eines organisationalen Umfeldes aus primären und sekundären Hindernisschleifen ist, zusammen mit ihren lernfeindlichen Konsequenzen, das, was wir unter einem *begrenzten Lernsystem* verstehen.

Sekundäre Hindernisschleifen und organisationales Abwehrverhalten

Zu den wichtigsten Bestandteilen sekundärer Schleifen gehört organisationales Abwehrverhalten. Damit sind in einem Organisationsumfeld durchgeführte Handlungen und Maßnahmen gemeint, die den einzelnen vor unangenehmen oder bedrohlichen Erfahrungen bewahren sollen und gleichzeitig verhindern, daß er oder die Organisation als Ganzes die Gründe für die unangenehme oder bedrohliche Situation erkennt, um die entsprechenden Probleme zu beheben.
Das gesamte Abwehrverhalten von Organisationen beruht auf einer Logik, die in ihren Auswirkungen auf einzelne und Organisationen stark und tief ist. Die Logik läßt sich anhand von vier Regeln ausdrücken:

1. Gib Botschaften aus, die Widersprüche enthalten.
2. Handle so, als wären die Botschaften nicht widersprüchlich.
3. Tabuisiere die Mehrdeutigkeit und den Widerspruch in der Botschaft.
4. Tabuisiere auch die Tabuisierung des Tabuisierten.

Ein Beispiel für eine Botschaft, die diesen Regeln entspricht, ist ein Firmenchef, der zu seinen unmittelbaren Untergebenen sagt:

> „Wir ermuntern jeden, innovativ und risikofreudig zu sein. Das verstehen wir unter ‚bevollmächtigen'. Natürlich erwarten wir von Ihnen auch, daß Sie Schwierigkeiten vermeiden."

Wenn Personen „gemischte" Botschaften austauschen, tun sie das normalerweise spontan und ohne Hinweis darauf, daß ihre Botschaft gemischt ist. Würden sie wegen der Widersprüche in ihrer Botschaft unentschlossen wirken, könnte das als Schwäche ausgelegt werden. Es kommt wirklich selten vor, daß ein Chef eine gemischte Botschaft entwirft und ausgibt und dann fragt, „Finden Sie meine Botschaft widersprüchlich und mehrdeutig?" Die Botschaft wird gerade durch die Natürlichkeit tabuisiert, mit der sie vorgetragen wird, und durch das Fehlen jeglicher Anregung oder Disposition, sie zu hinterfragen. Im übrigen stellt gerade die Tabuisierung einer gemischten Botschaft eine Quelle der Bedrohung oder Mißlichkeit dar. In einer Modell-I-Organisationswelt (die wir O-I nennen) würde eine Diskussion über die Tabuisierung einer gemischten Botschaft genausoviel Abwehr auslösen wie die gemischte Botschaft selbst.
Menschen folgen solchen Regeln ständig, und das, ohne auf sie achten zu müssen, denn

sie haben ein großes Geschick entwickelt, danach zu handeln. Die Ironie des Schicksals ist, daß dieses Geschick unentwirrbar mit Unzulänglichkeit verknüpft ist, weil der geschickte Einsatz gemischter Botschaften eine Reihe unbeabsichtigter und negativer Folgen mit sich bringt. Der CIO und seine Untergebenen haben beispielsweise einen Dialog geführt, bei dem entscheidende Botschaften verschleiert wurden, und diese Verschleierung wurde tabuisiert. Das führte zu erhöhter Emotionalität und auch zu ausweglosen Situationen, die ihrerseits bestehende Gefühle des Mißtrauens, des Zynismus und mangelnden Vertrauens in die Dialogpartner hervorriefen oder verstärkten.

Wir meinen, daß es nicht möglich ist, ein Thema erfolgreich anzupacken, wenn es tabuisiert wird und wenn auch diese Tabuisierung tabu ist. Unter den Regeln, die das Abwehrverhalten beherrschen, haben Personen mit viel Sinn für Integrität und Bereitschaft zu persönlicher Verantwortung das Gefühl, sich in folgender auswegloser Situation zu befinden:

> „Wenn wir nicht über das Abwehrverhalten sprechen, wird dieses Verhalten um sich greifen. Wenn wir aber doch darüber sprechen, handeln wir uns wahrscheinlich Ärger ein."

Ein leitender Angestellter erzählte einmal, daß diese ausweglosen Situationen in seinem Unternehmen unter dem Namen „Sch…-Sandwiches" liefen.

Diese ausweglosen Situationen haben zur Folge, daß das Abwehrverhalten gerade von den Personen geschützt und verstärkt wird, die es gerne los wären. Aber weil sein Schutz verdeckt und tabu ist, erscheint das Abwehrverhalten anderen wie sich selbst schützendes und verstärkendes Verhalten.

Sobald Handlungen sich selbst schützen und verstärken, können sie auch leicht automatisch ausufern. Das Widersinnige daran ist, daß diese ausufernden Merkmale des Abwehrverhaltens vor allem dann aktiviert werden, wenn jemand versucht, sie direkt anzugreifen. Sobald jemand diese Gefahr erkennt, schreckt er um des Fortschritts und des konstruktiven Handelns willen zurück.

Unter solchen Bedingungen gedeiht das Abwehrverhalten prächtig und breitet sich in Organisationsschleifen aus, die jeder kennt, aber keiner in den Griff bekommt. Führungskräfte haben uns in der Tat erklärt, daß der Gedanke, man könne Abwehrschleifen in den Griff bekommen, unrealistisch, müßig oder blauäugig sei. Einige fragten sich, ob ein solches Unterfangen nicht sogar gefährlich sei, denn, wie es ein Beobachter ausdrückte: „Würde das nicht bedeuten, das aufgeben zu müssen, was wir zu unserem Schutz haben?"

Diese Reaktionen sind in der wirklichen Welt sinnvoll. Sie erfüllen und isolieren sich auch selbst – sie „erfüllen sich selbst", weil sie die Bedingungen schaffen, unter denen es einfältig oder gefährlich wäre, sie zu bekämpfen, sie „isolieren sich", weil sie zudem Bedingungen schaffen, unter denen die sich selbst erfüllende Voraussage wahrscheinlich nicht unterbrochen wird.

Wir haben es also mit einem der wichtigsten Fälle von Unbeweglichkeit und Unnachgiebigkeit in Organisationen zu tun: Ein Abwehrverhalten, das immer stärker wird, während die dafür verantwortlichen Personen meinen, es wäre unrealistisch oder sogar gefährlich, in der Richtung groß etwas zu unternehmen.

Reaktionen auf Abwehrverhalten. Weil das Abwehrverhalten und die damit verbundenen sekundären Hindernisschleifen als unausweichlich, naturgegeben und gegen das Management oder Einflüsse gefeit gelten, überrascht es nicht, daß die häufigste Reaktion darauf ein Gefühl der Hilflosigkeit ist. Angestellte in industrialisierten Gesellschaften begegnen dem Abwehrverhalten mit demselben Fatalismus wie Bauern ihrer Armut.

Die Unausweichlichkeit des Abwehrverhaltens, die durch die herrschende Kultur sanktioniert wurde, hat auch eine persönliche Seite. Die Betroffenen übernehmen keine Verantwortung dafür, daß sie ein Abwehrverhalten aufbauen oder aufrechterhalten. Sie sind bereit zu erklären, daß sie vom Abwehrverhalten persönlich tangiert werden, aber nicht in der Lage oder willens sind zu erkennen, wie sie selbst es möglicherweise hervorrufen oder verstärken.

Eine Art, damit zu leben, daß man beim Abwehrverhalten wenig tun kann, besteht darin, diesbezüglich eine zynische Haltung einzunehmen. Zynismus führt zu Pessimismus und Zweifeln, etwa in der Art, daß man sagt: „Hier wird sich doch nichts ändern. Die meinen das gar nicht wirklich. Ich bezweifle, daß überhaupt jemand zuhört. Bleib am Ball. Laß dich nicht verrückt machen. Im nächsten Jahr gibt's ein neues Spielchen." Eine zynische Haltung macht es aber wahrscheinlicher, daß jemand Anzeichen für positive Absichten übergeht oder über sie spottet. Der Zyniker mißtraut anderen Menschen automatisch und sieht überall Beweise dafür, daß sich nichts ändern wird.

Es ist nur ein Schritt vom Zynismus dahin, anderen in der Organisation die Schuld für sämtliche auftretenden Schwierigkeiten zu geben, und die Leute finden genügend Beweise dafür, daß jemand anders schuld ist. Sie können ohne weiteres das Vorhandensein von Abwehrschleifen herleiten, sie können andere in Übereinstimmung damit handeln sehen, sie können die Verschleierungen sehen und auch, daß Begünstigungen oft denen zukommen, die das Abwehrverhalten umgehen.

Schließlich geben die Menschen anderen oft einen Rat, der das Abwehrverhalten verstärkt, zum Beispiel: „Sei vorsichtig. Du bringst dich in Schwierigkeiten, wenn du versuchst, es zu ändern ... Das ist ein Erbe aus alter Zeit." So werden jetzt gerade diejenigen, die sich hilflos und zynisch und veranlaßt fühlen, andere dafür verantwortlich zu machen, die Initiative zu übernehmen, „positiv" dadurch, daß sie anderen raten, das Abwehrverhalten und die Hindernisschleifen zu beachten – gerade die Phänomene, die es den Menschen schwermachen, im Organisationsleben konstruktive Initiativen zu ergreifen.

Um die Vorschläge fortzuführen, die wir im vorigen Kapitel aufgenommen haben, regen wir folgendes an:

Individuelle und überindividuelle Einheiten existieren in zirkulären, wechselseitigen, voneinander abhängigen Beziehungen untereinander. Wenn Verlegenheit oder Bedro-

hung im Spiel ist, beeinflussen diese Beziehungen sich gegenseitig und rufen sich selber verstärkende begrenzte Lernprozesse hervor.
Damit das Doppelschleifen-Lernen erfolgen und sich auf jeder Ebene in der Organisation halten kann, müssen die eigendynamischen Prozesse unterbrochen werden. Um diese Prozesse zu unterbrechen, muß die handlungsleitende Theorie geändert werden.

Wie der technisch-konkrete Bereich des Organisationslebens durch individuell-organisationales Abwehrverhalten erstickt wird

Bei unserer Forschung und Beratung stoßen wir auf Fragen, die in ihrem Grad an Objektivität schwanken, das heißt dem Grad, in dem sie als Tatsachen oder als Gegenstand rein technischer Theorien gesehen werden. Wenn wir mit Fragen zu tun haben, die durch den Einsatz technischer Theorien bestimmt werden, erwarten wir normalerweise, daß deren Maß an Objektivität es den Modell-I- und O-I-Abwehrmerkmalen erschwert, den Dialog zu beherrschen. Das ist nicht unbedingt der Fall.
Technische Theorien sind Handlungstheorien, die meßbare Ziele und Methoden zum Erreichen dieser Ziele benennen. Zu den technischen Theorien, denen man in Organisationen normalerweise begegnet, gehören u. a.:

- Rechnungswesen
- Betriebswirtschaft
- Marketing
- Forschung und Entwicklung
- bestimmte Theorien, die mit Personalfunktionen wie Anreizplänen, Personalauswahl und Ausbildung zusammenhängen.
- Finanzen
- Informationstechnologie
- Wettbewerbsstrategie

Charakteristisch für alle technischen Theorien ist ein Komplex gemeinsamer Merkmale. Erstens wird angestrebt, die Lücke zwischen der vertretenen technischen Theorie und der handlungsleitenden technischen Theorie auf ein Minimum zu reduzieren. Der Technikexperte versucht, in Übereinstimmung mit den Vorschriften der etablierten technischen Theorie zu arbeiten. Zweitens wird besonderer Wert auf den Einsatz produktiven Denkens gelegt. Wer technische Theorien erarbeitet, bemüht sich, ihre Voraussetzungen und Schlußfolgerungen so deutlich wie möglich zu machen. Er strebt danach, Schlüsse abzuleiten, die überprüfbar, vor allem aber falsifizierbar sind. Technische Theorien werden deshalb niedergeschrieben, damit sie kausal rigoros sind, denn das wird verlangt, wenn die Verfahren kausal festlegen sollen, welche Handlungen zu welchen Konsequenzen führen. Technische Theorien sind auch noch auf eine andere Art kausal rigoros. Wenn zwei Fachleute nach bestimmten technischen Vorgaben vorgehen, erhalten sie die gleichen Daten, machen die gleichen Analysen und kommen zu den gleichen technischen Schlußfolgerungen. Geschieht das nicht, kann man zurückgehen und feststellen, wo einer oder beide von den festgelegten Verfahren abgewichen ist.

Uns erschien einleuchtend, daß diese Merkmale der technischen Theorien so stark sein würden, daß sie nicht so ohne weiteres dem bereits beschriebenen individuell-organisationalen Abwehrverhalten erliegen würden. Wir waren der Meinung, die Stärke ihrer geistigen Objektivität werde es erleichtern, die Bedingungen für Irrtümer wie Unbestimmtheit und Mehrdeutigkeit zu verringern.

Bisher haben sich unsere Erwartungen jedoch nicht bestätigt. Es kommt häufig vor, daß objektive Merkmale technischer Theorien vom Modell-I-Abwehrverhalten umgangen und unterdrückt werden. Ein Beispiel: Ein Vorgesetzter (V) schrieb einen Fall über seine Beziehung zu einem Untergebenen (U) nieder, in dem es um dessen unzureichende Leistung bei einigen technischen Fragen in einem Informationsmanagementsystem ging:

Der Fall V und U

Gedanken und Gefühle	**Tatsächliches Gespräch**
Ich bin beunruhigt (wütend) über dieses ewige Problem.	V: *Wir müssen Wege finden, daß Ihre Gruppe einen Teil des Produkts rechtzeitig liefert.*
Ich spüre, daß er der Verantwortung für das Problem ausweicht.	U: *Es ist ganz einfach. Wir können unseren Debugger nicht testen, bevor der Compiler alle Tests hinter sich hat.*
Ich meine, die Gruppe sollte Verantwortung übernehmen.	V: *Können irgendwelche Tests durchgeführt werden, bevor der Compiler fertig ist?*
	U: *Einige eingeschränkte Tests lassen sich durchführen. Aber die Ursache für die meisten Schwierigkeiten liegt bei der Abstimmung zwischen Compiler und Debugger.*
Wieder dieses Ausweichen. Ich möchte ihn zu einer Lösung bringen, bei der er Verantwortung übernehmen kann.	V: *Aber es ist möglich, an den richtigen Compileroutput heranzukommen und die Tests dagegen laufen zu lassen*
Ich habe das Gefühl, er kann in dem Punkt nicht nachgeben und möchte anderen Fragen ausweichen.	U: *Sicher, das könnten wir machen, aber es würde nicht die Stellen erfassen, wo sich der Compiler verändert hat. Es würde auch mehr Platz auf der Platte beanspruchen. Es ist ganz einfach; wir sind auf den Compiler angewiesen.*

So langsam werde ich sauer. Ich lasse weitere Ausflüchte nicht mehr gelten.	V: *Erstens sind Platten billig. Wenn Sie mehr Speicherkapazität brauchen, die können wir beschaffen. Zweitens gibt es noch andere Bauelemente, die mit dem Compiler zusammenhängen und nicht die gleichen Probleme mit der Lieferung haben.*
Ich werde in eine andere Richtung geführt.	U: *Die Abstimmung der anderen Bauelemente ist nicht so eng. Sehen Sie sich die letzte Programmfreigabe an. Der Compiler hat neue Merkmale eingefügt, und wir haben das erst ganz zum Schluß gemerkt.*

Liest man die rechte Spalte, scheint es bei dem Gespräch um Verzögerungen beim Compiler und dem Debugger zu gehen. Die Leistung beider Geräte und ihre Abstimmung ist technisch feststellbar, nämlich in Kategorien, die mit dem Bereich der Computer- und Informationstechnologie zusammenhängen. Die mangelnde Übereinstimmung zwischen V und U, wie sie in der rechten Spalte zum Ausdruck kommt, äußert sich tatsächlich in erster Linie in technischen Fragen.

Erweitern wir nun unseren Horizont. V, der den Fall festgehalten hat, schrieb, er sei enttäuscht von der Leistung Us gewesen. V zweifelte die Erklärung Us für die Verzögerung an, daß nämlich der Debugger erst getestet werden könne, wenn der Compiler durchgetestet sei. Diese Behauptung hätte überprüft werden können, denn die involvierten technischen Theorien legen die Leistungsmerkmale jedes Geräts und die Abstimmung fest. Aber V hat nicht um diesen Test gebeten und ihn auch nicht verlangt.

Ein Grund, warum V nicht auf einem solchen Test bestand, war der, daß er das entscheidende Problem darin sah, daß U und seine Gruppe ihrer Verantwortung aus dem Weg gingen. V stand vor einem Problem, bei dem es um Führung und Gruppenleistung ging. Diese Behauptung wird durch die Bemerkungen in der linken Spalte deutlich. Aber der Fall läßt vermuten, daß V so handelte, daß der Vorrang der zwischenmenschlich-organisationalen Abwehrfragen unterdrückt wurde. Er hoffte offenbar, durch Hervorheben der technischen Fragen und entsprechende Fragestellung das Thema Führung und Gruppenleistung doch noch hervorholen zu können. V verfolgte demnach die Strategie, das nachrangig zu machen, was er für vorrangig hielt, und zu verschleiern, daß er eine solche Strategie einschlug.

U gestaltete das Gespräch dagegen so, daß die technischen Fragen im Vordergrund standen. Er konnte sich vom zwischenmenschlich-organisationalen Bereich distanzieren, der V so aufbrachte. Das führte zu einem unergiebigen Dialog. V bemerkte zunächst, daß Festplatten billig seien (technisch). Wenn V mehr Speicherkapazität bereitstellte (technisch) und da andere Bauteile mit dem Compiler zusammenarbeiten (technisch), könnten die technischen Probleme gelöst werden. U fand Gründe, warum die technisch begründete Lösung von V unzureichend war. V sah das Beharren von U auf technischen Fragen als weiteren Beweis dafür an, daß U verantwortungslos handle. U konnte entgegenhalten, er handle so, weil man ihm nicht gesagt habe, daß V ihn für verantwortungslos halte.

V betrieb Verschleierung, indem er sich nur auf die technischen Fragen konzentrierte, verhielt sich aber so, als wäre das nicht der Fall (Modell I). V erzählte U nie, daß er über dessen mangelndes Verantwortungsgefühl unglücklich sei. U blieb bei seinen Antworten auf der technischen Ebene und schien absichtlich auszuweichen und so zu tun, als wäre das nicht der Fall (wieder das Modell I).

Wir vertreten die Hypothese, daß jeder bei der Gestaltung seiner Argumente aus seinem Geist Wissen abruft, das mit technischen Aktionstheorien zusammenhängt (Abstimmung Compiler/Debugger) und es offen vorbringt. In dieser Hinsicht hat jeder kaum eine andere Wahl als offen zu sein, denn es ist schwer, technische Merkmale, die auf öffentlich anerkannten Theorien beruhen, zu verzerren, ohne der anderen Seite die Möglichkeit einzuräumen, die Behauptung zu falsifizieren.

Auch V gestaltet sein Gespräch so, daß seine Gefühle verschleiert werden, und verhält sich so, als täte er es nicht. Das Schwierige an dieser Strategie ist, daß sie es U leicht macht, auf der technischen Ebene zu bleiben und, falls er ausweichen würde, sich so zu verhalten, als täte er es nicht.

Wir haben es also mit einem Gespräch zu tun, welches das Problem, das V für entscheidend hält (das Ausweichen Us vor der Verantwortung), wahrscheinlich nicht löst. Falls U ausweicht, weil er die Anforderungen von V für ungerecht hält, wird das Problem ebenfalls nicht gelöst. V und U können das Gespräch beenden, dem anderen insgeheim negative Beurteilungen unterstellen und beide das Gefühl haben, es mit einem schwierigen Partner zu tun zu haben. Heraus kommen bei einem solchen Gespräch die sich selbst erfüllenden Voraussagen und sich selbst isolierenden Prozesse des Modells I, die Muster eines begrenzten O-I-Lernsystems.

Schlußfolgerung

Individuen sind mit handlungsleitenden Theorien vom Modell I vorprogrammiert. Angesichts unangenehmer oder bedrohlicher Situationen handeln sie so, daß die Voraussetzungen für Irrtümer zunehmen. Es werden beispielsweise wichtige Themenmerkmale tabuisiert, und auch diese Tabuisierung wird tabuisiert. Das erhöht das Maß an Widersprüchen und Unvereinbarkeit, die Unklarheit und Mehrdeutigkeit, die die Themen umgeben. Diese Folgen führen zu organisationalen Verhaltenswelten, die von organisationalem Abwehrverhalten beherrscht werden. Dieses Abwehrverhalten verstärkt die negativen Folgen der handlungsleitenden Theorien vom Modell I und der O-I-Lernsysteme für das Lernen. Gleichzeitig erzeugt es ein solches Maß an gegenseitiger Durchdringung individueller und organisationaler Abwehr, daß es schwerfällt, die kausalen Rollen dieser beiden Erscheinungsebenen zu entwirren. Als Folge erlebt der einzelne Mißtrauen, Distanz und Zynismus hinsichtlich der Möglichkeiten für ein produktives Lernen in Organisationen bei Fragen, die unangenehm oder bedrohlich sind.

Das führt wiederum dazu, daß es wahrscheinlich nicht zu einer wirklich guten Untersuchung kommt. Die Bedingungen für die von uns so genannte „gute Dialektik" werden unterdrückt. Es entwickelt sich eine Tendenz, Konflikte und unterschiedliche Ansichten auf ein Minimum zu reduzieren, indem man sie umgeht und dieses Umgehen verschleiert. Es wird schwer, eine genaue Darstellung des fraglichen Problems zu überdenken und zu geben. Wahrscheinlich werden die Beteiligten sogar Schwierigkeiten haben, sich auf das zu einigen, was tatsächlich passiert ist. Und noch wahrscheinlicher ist es, daß sie nicht versuchen, ihre Auslegungen der Ereignisse zu überprüfen. Wenn sie es doch versuchen, fallen diese Überprüfungen wahrscheinlich schwach aus, weil sie so angelegt sind, daß sie die Argumentation der Beteiligten, die die Auslegungen überhaupt erst vorgenommen haben, möglichst nicht gefährden.

Den Kern der Erklärungen des menschlichen Verhaltens bilden die Begriffe „Denken" und „Kausalität". Die Menschen benutzen das Denken, um zu analysieren, was vor sich geht, um Handlungen zu planen und diese Pläne zu entwerfen. In all diesen Prozessen spielt der Begriff der Kausalität eine entscheidende Rolle, denn das menschliche Handeln zielt auf Erfolg ab. Erfolg wiederum erfordert, ein Konzept der Art „Wenn A, dann B ..." zu haben, wenn man etwas analysiert, erfindet und hervorbringt.

Handlungsleitende Theorien vom Modell I und organisationales Abwehrverhalten heißen beide den Einsatz defensiven Denkens gut. Defensives Denken besteht darin, die eigenen Voraussetzungen und Rückschlüsse zu stillschweigenden Voraussetzungen und Rückschlüssen zu machen und sie für die öffentliche Überprüfung unanfechtbar zu machen. Das führt zu Schlüssen, die nur innerhalb der engen Grenzen der Logik überprüfbar sind. Diese wird von den Akteuren eingesetzt, die den Schluß gezogen haben. Wir sprechen in diesem Zusammenhang von selbstreferentieller Logik, da die Überprüfung keine Logik unabhängig von der Logik benutzen soll, mittels der der Schluß überhaupt erst hervorgebracht wird. Unter diesen Bedingungen wird defensives Denken als das richtige Denken sanktioniert, das zu nutzen ist. Aber wie wir gesehen haben, ist dies ein Rezept, die Bedingungen für Irrtümer zu verschärfen und die Bedingung für gute Dialektik zu schmälern. Wir stehen vor einem Paradoxon: Die Verhaltensstrategien, die als erfolgreich ausgewiesen sind, vermindern auch die Wahrscheinlichkeit produktiven Lernens auf allen Ebenen der Organisation.

TEIL III

UNTERSUCHUNGSFÖRDERNDE INTERVENTIONEN UND IHRE THEORETISCHE GRUNDLAGE

Einleitung: Intervention zugunsten von O-II-Lernsystemen

In Teil III präsentieren wir das Modell eines Systems für das organisationale Lernen (O-II), das dazu benutzt werden kann, die im Modell O-I enthaltenen Hindernisse für das Doppelschleifen-Lernen abzubauen. Wir stellen außerdem einige wahrscheinliche Szenarios dafür vor, wie Organisationen das Doppelschleifen-Lernen angehen würden. Dann wenden wir uns der Frage zu, wie wir von hier nach dort kommen und wie wir Organisationen helfen können, zu Lernsystemen vom Modell O-II zu gelangen. Unsere Antwort auf diese Frage ist praktisch unser Interventionsmodell. Wir unterscheiden zwischen „begrenzter" und „umfassender" Intervention und halten die Bedingungen fest, unter denen sie jeweils genutzt werden kann.

O-II-Lernsysteme

Eine Organisation mit einem O-I-Lernsystem wird höchstwahrscheinlich nicht lernen, ihre Leitvariablen, Normen und Annahmen zu ändern, da dies eine organisationale Untersuchung von Doppelschleifen-Fragen erfordern würde und O-I-Systeme sich einer solchen Untersuchung widersetzen. Wenn wir daran interessiert sind, die Kräfte zu überwinden, die das Doppelschleifen-Lernen behindern, müssen wir ein alternatives Lernsystem suchen. Wenn wir aber recht haben mit der Behauptung, daß die meisten Organisationen O-I-Lernsysteme haben und daß diese alle Lernprozesse abhalten, die nicht mit ihrer Grundstruktur vereinbar sind, dann finden wir wahrscheinlich nicht das von uns gesuchte neue Lernsystem, wenn wir uns die Welt ansehen, wie sie sich gegenwärtig präsentiert. Wir müssen ein neues Lernsystem als ein seltenes Ereignis schaffen.
Wahrscheinlich können wir ein so seltenes Ereignis nicht ohne Diagramm schaffen, das zumindest ein ungefähres Bild vom Endzustand zeigt, den wir suchen. Dieses neue Lernsystem wollen wir als Modell O-II aufzeichnen. Aber wenn O-II-Lernsysteme sich nicht spontan aus O-I entwickeln können, wie wir behauptet haben, dann brauchen wir auch einen Plan dafür, wie wir gezielt von O-I nach O-II gelangen. Ein solcher Plan sollte uns über die Verhaltensbedingungen unterrichten, die uns vom Kurs abbringen, falls wir sie verletzen. Wenn wir beispielsweise Aussagen machen, die nicht widerlegbar sind, oder wenn wir einseitig andere beherrschen, um nach der handlungsleitenden Theorie des Modells I zu gewinnen, verringern wir die Wahrscheinlichkeit, ein O-II-Lernsystem zu erreichen. Um den Übergang von O-I nach O-II zu schaffen, brauchen wir nicht nur ein „Lernsystem vom Modell O-II", sondern auch eine „handlungsleitende Theorie vom Modell II".

Diese Modelle allein reichen aber nicht, uns die Orientierung zu vermitteln, die wir brauchen. Wir brauchen auch Regeln in der Form von Maximen oder einer Heuristik, die uns helfen, Modell-II-Prozesse auszudenken und hervorzubringen: etwa solche, die für eine Position eintreten und sie mit einer Untersuchung verbinden, private Dilemmas an die Öffentlichkeit bringen und Zuschreibungen vornehmen, damit sie widerlegt bzw. abgebaut werden können. Eine derartige Heuristik liefert operationale Definitionen für Handlungen, ohne die wir die in den Modellen II und O-II beschriebenen Leitlinien nicht erreichen können.

Noch etwas ist zu beachten: Wenn wir von den Modellen II und O-II als „Endstadium" sprechen, laufen wir Gefahr zu suggerieren, daß sie auch als Endstadium erreicht werden können, endgültig und unveränderlich. Aber es gibt mindestens zwei Gründe, warum dem nicht so ist. Erstens stellen die Modelle II und O-II Idealzustände dar, die vielleicht nie ganz erreicht werden, sondern nur annäherungsweise; ihr eigentlicher Wert liegt darin, Modelle für die Schaffung einer guten Organisationsdialektik bereitzustellen. Das führt zum zweiten und wichtigeren Grund. Die Modelle II und O-II werden meistens nicht fest und starr, weil sie eine eingebaute Fähigkeit zum Doppelschleifen-Lernen besitzen, die den Status quo fortwährend in Frage stellt.

Da O-II-Lernsysteme selten sind, werden wir nicht so viele aktuelle Beispiele anführen können wie etwa für O-I-Lernsysteme. Keiner der Verfasser kennt eine Organisation mit einem voll entwickelten Lernsystem des Modells II, und uns ist auch keine Literatur bekannt, die ein derartiges System umfassend beschreibt. Außerdem glauben wir, daß unsere Interventionstheorie für den Übergang von O-I- zu O-II-Lernsystemen auch sehr einfach ist. Wir können also nur Fälle aus den Anfängen von Lernsystemen des Modells II in verschiedenen Umfeldern anbieten, in denen wir gearbeitet haben.

Der CIO und seine direkten Untergebenen: Ein neues Szenario

Wesentlicher Bestandteil eines O-II-Lernsystems ist die handlungsleitende Theorie, die Menschen anwenden, um mit Bedingungen für Irrtümer fertigzuwerden (zum Beispiel Verzettelung, Mehrdeutigkeit, Unklarheit usw.). O-II-Lernsysteme erfordern Bedingungen, unter denen fehlerhafte Annahmen neu formuliert, Unvereinbarkeiten ausgeglichen, Widersprüche aufgehoben, Unklarheiten verdeutlicht, nicht überprüfbare Vorstellungen überprüft, verstreute Informationen zu sinnvollen Mustern zusammengeführt und früher zurückgehaltene Informationen offengelegt werden können. Wie schon dargelegt, sind diese Bedingungen für eine produktive Untersuchung äußerst unwahrscheinlich, wenn jemand handlungsleitende Theorien des Modells I verwendet, die primäre Hindernisschleifen entstehen lassen. Wie wäre es, eine individuelle handlungsleitende Theorie zu entwikkeln, die den Menschen helfen würde, sich den Bedingungen für Irrtümer so zu stellen, daß sie verringert und korrigiert werden?

Wenden wir uns wieder dem Fall des CIOs aus dem vorigen Kapitel zu. Was für ein Gespräch könnte er führen, wenn sein Ziel darin bestünde, zwischenmenschliches und organisationales Abwehrverhalten sowie Bedingungen für Irrtümer abzubauen?
Erstens würde der CIO ein anders geartetes privates Gespräch führen. Die Hauptstoßrichtung dieses privaten Gesprächs ginge dahin, die Fragen zu verdeutlichen und die Validität der mit ihnen verbundenen Annahmen und Zuschreibungen zu überprüfen, um das produktive Lernen zu steigern. Auf die Äußerung seiner Untergebenen, daß die Linienmanager „nicht wissen, was sie wollen", könnte der CIO etwa folgendes Selbstgespräch führen:
„Diese Männer nehmen bezüglich der Absichten des Linienmanagements Beurteilungen und Unterstellungen vor, ohne irgendwelche Daten zu liefern, mit denen ich (oder sonst jemand) mir eine Meinung über die Stichhaltigkeit ihrer Behauptungen bilden könnte.
Ich sollte sie bitten, mir Daten zu liefern, die ihre Behauptungen belegen. Ich habe gelernt, sie nicht zu fragen, warum sie das glauben, was sie glauben, weil das Erklärungen der vertretenen Theorie mobilisiert, die sich wahrscheinlich selbst nützen.
Wenn die Untergebenen erklären, die Linienmanager wüßten nicht, was sie wollen, sollte ich antworten: ‚Was sagen oder tun sie, das Sie zu dem Schluß kommen läßt, sie wüßten nicht, was sie wollen?'"
Falls diese Frage konkret beantwortet wird, kann der CIO sich ein Urteil darüber bilden, ob die Linienmanager unangemessen handeln. Wenn er zu diesem Schluß kommt, kann er diese Einschätzung nach oben weitergeben, um eine Änderung bei der Handlungsweise der Manager in die Wege zu leiten.
Betrachten wir ein anderes Beispiel aus dem Gespräch des CIOs mit seinen Untergebenen:
Wenn die Untergebenen erklären, das Linienmanagement traue ihnen nicht oder kümmere sich nicht wirklich um sie, könnte der CIO erwidern: „Haben Sie Ihre Vermutungen über ihre Ansichten uns gegenüber überprüft? Wenn ja, was haben Sie den Linienmanagern gesagt? Wenn nein, was hat Sie veranlaßt, es nicht zu tun?"
Auf diese Fragen des CIOs könnten die Untergebenen antworten: „Machen Sie Witze? Das gäbe eine Katastrophe. Sie würden entweder lachen oder wütend werden." Ihre Antwort ist eine weitere Unterstellung gegenüber dem Linienmanagement. An sich sollte sie mit Hilfe einer Logik überprüft werden, die sich von der unterscheidet, die die Experten der Abteilung für Informationstechnologie selbst anwenden. Wenn der CIO nichts als weitere unbewiesene Behauptungen hört, könnte er etwa folgendes sagen:
„Ich habe gefragt, ob Sie die Stichhaltigkeit Ihrer Behauptungen über das Linienmanagement geprüft haben. Als Antwort bekomme ich weitere unbewiesene Behauptungen. Ich kann unsere Ansichten beim Linienmanagement nicht wirksam vertreten, wenn ich dort nur mit nicht belegbaren Behauptungen auftrete."
Wenn der CIO seiner Meinung nach falsche oder sich isolierende Schlüsse hört, könnte er fragen:

„Wenn es zutrifft, daß die Benutzer das Problem sind, weil sie nicht planen und in letzter Minute mit Forderungen kommen, und wenn es ebenfalls zutrifft, daß sie das seit Jahren so machen, und wenn wir mehr Mittel bekämen, würde das nicht gerade das Verhalten bestärken, das wir so enttäuschend finden?"
Oder er könnte fragen:
„Sie erzählen mir, Ihre Kunden seien unflexibel und gleichgültig. Vielleicht stimmt das. Aber woher wissen Sie das? Wenn ich Sie das frage, erhalte ich immer nur zur Antwort, daß Sie sagen, sie seien... (Beispiele dafür, was die Untergebenen gesagt haben). Mir wäre es angenehm, wenn diese Unterstellungen und Bewertungen auf eine Art geprüft würden, die unabhängig von Ihrem Denken ist. Sonst könnte ich mich in die Lage bringen, als unkritischer Bote der Abteilung Informationstechnologie betrachtet zu werden." – „Ich kann mit kausaler Argumentation, sei es die Ihre oder meine, nicht einverstanden sein, wenn die Stichhaltigkeit unserer Ansichten, Erfahrungen und Logik nicht unabhängig überprüft wird."
Der CIO könnte auch Aktionen anführen, die belegen, wie seine Untergebenen vielleicht gerade die Konsequenzen herbeiführen, die sie verurteilen. Er könnte sagen:
„Sie erklären, unsere Kunden seien unflexibel und gleichgültig (führt Beispiele für solche Behauptungen an). Sie mögen dieses Verhalten nicht und nehmen es als Beweis dafür, daß die Probleme nicht auszuräumen sind." – „Vielleicht haben Sie recht, aber ich höre von niemandem ein zwingendes Argument, das auch überprüfbar ist. Jedesmal, wenn ich versucht habe, etwas vorzuschlagen, kamen von Ihrer Seite Antworten wie ‚Viel Glück' oder ‚Glauben Sie uns, unsere Benutzer sind nicht beeinflußbar'." – „Es fällt mir schwer, Ihrer Diagnose zu trauen. Wenn Sie sich gegenüber den Linienmanagern so verhalten wie mir gegenüber, kann ich nachvollziehen, wie sie, in Ihren Augen, nicht beeinflußbar würden. Aber ich kann auch nachvollziehen, wie sie zu einem ähnlichen Schluß über Sie kommen könnten."
Und er könnte sagen:
„Das bringt mich auf ein anderes Thema. Sie halten mich vielleicht für nicht beeinflußbar. Ich möchte Gespräche führen, die von mir nicht verlangen, mich von meiner Verantwortung oder der Ihren für die Probleme zu entfernen, die wir erleben." – „Ich möchte erkunden, inwiefern ich bei dem, was ich sage oder tue, in Ihren Augen unbeeinflußbar werde."
Die Akteure sollten sich schließlich darauf konzentrieren, die Widersprüche zu verringern, Lücken zu schließen und Ängste freizulegen. Zum Beispiel:

Statt	**Handle wie folgt**
1. die Akteure (Experten aus der Informationstechnologie, Linienmanager und der CIO) als defensiv, falsch und ungerecht hinzustellen,	1. verlangen Sie Beispiele für Bewertungen und Zuschreibungen und überprüfen Sie deren Stichhaltigkeit.

2. die Akteure als einfältig, Nörgler oder Heulsusen hinzustellen,	2. verlangen Sie Beispiele und Überprüfungen. Untersuchen Sie dann, wie die Linienmanager auf derartige Überprüfungsversuche reagiert haben (oder hätten). Falls es keinen Überprüfungsversuch gab, was war der Grund für diese Unterlassung?
3. die Akteure (zum Beispiel Experten der Informationstechnologie) als egozentrisch, ungerecht und unrealistisch hinzustellen,	3. machen Sie deutlich, daß die Lücken und Widersprüche in den Denkprozessen der Akteure, wenn sie unbemerkt bleiben, sich wahrscheinlich negativ auswirken.
4. Ihre strengen Urteile über deren Erfolglosigkeit zu übergehen,	4. legen Sie Ihre Beurteilungen und Unterstellungen über ihr negatives Handeln dar, verdeutlichen und unterstützen Sie das Überprüfen.

Der Fall V und U: Ein neues Szenario

Kehren wir zum Fall von V und U aus Kapitel 5 zurück und betrachten ein neues Szenario für ihr Gespräch:

Was V sagen könnte	**Die Gedanken hinter dem Entwurf**
U, ich möchte mit Ihnen über ein Problem sprechen, das nach wie vor zwischen uns besteht. (Beschreibt das Problem.) Ich weiß gar nicht, wie ich das vernünftig lösen soll.	Versuchen, die Einstellung zum Problem zu prüfen. Versuchen, mögliche persönliche Verantwortung zu entdecken.
Jedesmal wenn ich die Frage über rechtzeitige Lieferung aufwerfe, erklären Sie, es liege an der Abstimmung zwischen Compiler und Debugger.	Über Gesprächsabschnitte nachdenken, die V benutzt, um das Problem anzudeuten.
Ich reagiere auf zwei Arten. Zum einen unterstelle ich, daß Sie dem Problem ausweichen. Ich überprüfe diese Behauptung nicht.	Private Unterstellungen publik machen. Zugeben, daß V nicht überprüft.
Zum anderen gebe ich die meisten Antworten auf der technischen Ebene. Das macht es Ihnen meiner Meinung nach	Seine privaten Unterstellungen publik machen, um sie prüfen zu können. Sich zu der Erkenntnis bekennen, daß der

offenbar leichter, auf der technischen Ebene zu antworten. Es macht es mir aber auch schwerer, mit den Fragen fertigzuwerden, die mir Schwierigkeiten bereiten.	Prozeß, den V verwendet, kontraproduktiv ist.
Um positiv zu sein, verberge ich all das, aber soweit ich sehen kann, sind die Ergebnisse nicht positiv.	Seine verschleierten Aktionen publik machen. Sich zur Funktionsunfähigkeit dieser Aktionen bekennen.
Erscheint Ihnen diese Diagnose vernünftig? Wenn nicht, wo weichen Sie ab?	Um Überprüfung bitten.
Wenn sie doch vernünftig ist, wären Sie bereit, gemeinsam mit mir neu zu planen, wie wir miteinander umgehen?	Ermuntert zu gemeinsamer Planung und Durchführung konstruktiverer Handlungen.

Wir nehmen an, U könnte wahrscheinlich reagieren, indem er auf zwei Arten kooperierte. Erstens könnte er auf die Untersuchungen von V eingehen und einer gemeinsamen Planung zustimmen. Zweitens könnte er einen ähnlichen Denkprozeß aufnehmen, um den Dialog auszuweiten, damit er Einblick in seine persönliche Verantwortung für die Probleme gewänne.
Vielleicht räumt U zum Beispiel ein, daß auch er seine Gefühle und Gedanken verborgen hat. Er war verärgert darüber, daß V ihm unterstellte, der Verantwortung auszuweichen. Vielleicht gibt er auch zu, seine Gefühle dadurch verschleiert zu haben, daß er sich auf die technischen Fragen konzentrierte und die Verschleierung verschleierte. V könnte U dann bitten, seine Ängste zu beschreiben. Eine solche Untersuchung erweitert die Frage häufig von einer zwischenmenschlichen direkten Angelegenheit, die maßgebliche Organisationsfaktoren einschließt, und zeigt, wie die beiden Faktorenarten sich gegenseitig verstärken. Die Beteiligten befinden sich nun auf dem Weg zu produktiverem Lernen über die technischen, zwischenmenschlichen und organisationalen Bindungen, in denen sie befangen waren.

Das Modell II der handlungsleitenden Theorie

Die Szenarios der Verhaltensstrategien und Konsequenzen, die wir soeben vorgestellt haben, werden durch ein Modell für die *individuelle* handlungsleitende Theorie geprägt, das wir Modell II nennen (Argyris und Schön, 1974, S. 85–93).
Kurz gesagt, stehen die Leitvariablen oder Werte des Modells II denen des Modells I nicht entgegen. Die Leitvariablen des Modells II sind gültige Informationen, freie und sachlich begründete Entscheidung sowie inneres Engagement. Auch die zur Erfüllung dieser Werte erforderlichen Handlungsstrategien stehen denen des Modells I nicht entgegen. Das Modell I betont zum Beispiel, daß der einzelne für seine Ziele eintritt und gleichzeitig die anderen und das Umfeld kontrolliert, um sicherzugehen, daß die Ziele des Han-

Modell II der handlungsleitenden Theorie

Leitvariablen für das Handeln	Handlungsstrategien	Konsequenzen der Verhaltenswelt	Folgen für das Lernen	Folgen für die Effektivität
Gültige Informationen	Situationen planen, in denen die Beteiligten Handlungsursprung sein können und starke persönliche Ursächlichkeit erleben	Akteur als kaum defensiv erlebt	Widerlegbare Prozesse	Erhöhte langfristige Effektivität
Freie und sachliche Wahl		Kaum defensive interpersonelle Beziehungen und Gruppendynamik	Doppelschleifen-Lernen	
Inneres Engagement für die Entscheidung und ständige Überwachung ihrer Durchführung	Aufgabe wird gemeinsam überwacht	Lernorientierte Normen	Häufiges öffentliches Überprüfen der Theorien	
	Selbstschutz ist ein gemeinsames Vorhaben und am Wachstum orientiert	Weitgehend freie Wahl, inneres Engagement und Risikobereitschaft		
	Bilateraler Schutz anderer			

delnden erreicht werden. Das Modell II verwirft die Fähigkeit oder Kompetenz, sich für die eigenen Ziele einzusetzen, nicht. Abgelehnt wird allerdings die einseitige Kontrolle, die normalerweise mit diesem Einsatz einhergeht, weil das Ziel des Einsatzes üblicherweise ist zu gewinnen. Das Modell II verbindet Artikulationsfähigkeit und Einsatz mit einer Aufforderung an andere, sich den eigenen Ansichten und Empfindungen und denen anderer zu stellen. Es versucht, die Ansichten zu ändern, um sie auf möglichst vollständige und gültige Informationen zu gründen und Positionen zu schaffen, für die sich beteiligte Personen innerlich engagieren können. Das heißt, der Akteur im Modell II ist geschickt darin, andere Personen zum Doppelschleifen-Lernen zu ermuntern.

Jede signifikante Modell-II-Aktion wird danach beurteilt, inwieweit sie den beteiligten Personen hilft, gültige und brauchbare Informationen zu schaffen (einschließlich relevanter Gefühle), das Problem gemeinsam so zu bewältigen, daß es zu einer produktiven Untersuchung führt, und das Problem so zu lösen, daß die Lösung von Dauer ist – und das alles, ohne das aktuelle Effektivitätsniveau bei der Lösung des Problems zu senken.

Zu den Verhaltensstrategien des Modells II gehört es, die Macht mit jedem zu teilen, der Sachkunde und Zuständigkeit besitzt, über die Durchführung der fraglichen Aktion zu entscheiden. Die Definition der Aufgabe und die Kontrolle des Umfeldes werden gemeinsam mit allen maßgeblichen Akteuren getragen. Das eigene Gesicht oder das anderer zu wahren wird abgelehnt, weil das als eine defensive, lernfeindliche Aktivität gilt. Falls doch einmal Aktionen unternommen werden müssen, das Gesicht zu wahren, werden sie gemeinsam mit den Betroffenen geplant. Eine Ausnahme gäbe es bei Personen, die noch anfällig gegenüber derart offenen und gemeinsamen Lösungen zur Wahrung des Gesichts sind und die vor anderen und (da es einseitig geschieht) auch vor sich selbst geschützt werden müssen.

Unter diesen Bedingungen werden sich die Individuen nicht darum reißen, Entscheidungen für andere zu treffen, anderen voraus zu sein oder andere in den Schatten zu stellen, um sich selbst zu belohnen. Die Personen in der Welt des Modells II bemühen sich, die für die anfallende Entscheidung oder das zu lösende Problem kompetentesten Personen zu finden. Sie versuchen, brauchbare Vernetzungen zur Entscheidungsfindung aufzubauen, in denen die Hauptfunktion der Gruppe darin besteht, den Beitrag jedes Mitglieds zu maximieren, damit, wenn eine Synthese entwickelt wird, sie eine Erklärung möglichst vielfältiger maßgeblicher Ansichten verkörpert.

Wenn schließlich unter Modell II-Bedingungen neue Vorstellungen entstehen, sind die Bedeutung, die ihnen ihr Urheber gab, und die Schlußfolgerungsprozesse, mit deren Hilfe sie entwickelt wurden, offen für eine genaue Prüfung durch die, die sie vermutlich gebrauchen. Bewertungen und Zuschreibungen werden auf ein Minimum reduziert. Wenn sie allerdings benutzt werden, werden sie mit den direkt beobachtbaren Daten und den Überlegungen gekoppelt, die zu ihrem Entstehen führten. Ihr Urheber fühlt sich verantwortlich, sie so darzustellen, daß die offene und konstruktive Auseinandersetzung mit ihnen gefördert wird.

Wenn diese Leitwerte und Verhaltensstrategien des Modells II verwendet werden, nimmt die Abwehr bei Individuen sowie in und zwischen Gruppen im allgemeinen ab. Die freie Entscheidung nimmt meistens zu, ebenso das innere Engagement und das Gefühl für das Wesentliche.

Die Verhaltensstrategien und Werte des Modells II sollten eine Betonung des Doppelschleifen-Lernens zur Folge haben, mit dem Individuen den Grundannahmen hinter den gegenwärtigen Ansichten anderer entgegentreten und zur Auseinandersetzung mit den eigenen Grundannahmen einladen und mit dem sie nach einer öffentlichen Überprüfung ihrer grundlegenden Hypothesen suchen, um sie widerlegbar zu machen, nicht sich selbst isolierend. Wo Individuen als Agenten des organisationalen Lernens auftreten, sollten die Folgen des Modells II in einer Verbesserung der Bedingungen für das Doppelschleifen-Lernen bei organisationalen Untersuchungen bestehen, wobei Annahmen und Normen, die für die handlungsleitende Organisationstheorie wesentlich sind, zutage gefördert, öffentlich angegangen, überprüft und neu strukturiert werden können.

Gesellschaftliche Tugenden

Der Einsatz des Modells II der handlungsleitenden Theorien zur Schaffung von O-II-Verhaltenswelten hat noch eine weitere Folge. Die Bedeutung der sozialen Tugenden, die früh im Leben vermittelt werden, wird entscheidend verändert. Die allgemein anerkannten gesellschaftlichen Tugenden stehen in Einklang mit den Modellen I und O-I. Richtig angewandt, können sie dem einzelnen ein gutes und rechtschaffenes Gefühl vermitteln, sie können allerdings auch die Bedingungen für Irrtümer verschärfen und die Wahrscheinlichkeit für eine gute Organisationsdialektik und eine produktive Organisationsuntersuchung verringern.

Wir verdeutlichen unsere Position dadurch, daß wir die Bedeutungen der sozialen Tugenden „Hilfe und Unterstützung", „Achtung vor anderen", „Stärke", „Ehrlichkeit" und „Integrität" im Modell I und II einander gegenüberstellen.

Soziale Tugenden Modell I	**Soziale Tugenden Modell II**
Hilfe und Unterstützung	
Anderen Anerkennung und Lob zollen. Anderen etwas sagen, was Ihrer Meinung nach dazu beiträgt, daß es ihnen gut geht. Bei ihnen das Gefühl der Kränkung abbauen, indem man ihnen sagt, wie sehr einem an ihnen liegt, und ihnen, wenn möglich, zustimmen, daß die anderen nicht richtig gehandelt haben.	Die Fähigkeit des anderen steigern, sich den eigenen Gedanken zu stellen, sich Einsicht in die eigene geistige Verfassung zu verschaffen und den noch verborgenen Annahmen, Vorurteilen und Ängsten ins Auge zu sehen, die das Handeln gegenüber anderen geprägt haben.

Achtung vor anderen	
Anderen nachgeben; sich ihrem Denken oder Handeln nicht entgegenstellen.	Anderen ein hohes Maß an Selbstreflexion und -prüfung zugestehen, ohne sich so zu ereifern, daß sie ihre Effektivität und ihren Sinn für Eigenverantwortung und Entscheidung verlieren. Das Zugestandene ständig prüfen.
Stärke	
Die eigene Position verteidigen, um zu gewinnen. Die eigene Position angesichts der Verteidigung halten. Sich verwundbar zu fühlen ist ein Zeichen von Schwäche.	Die eigene Position vertreten und mit Untersuchung und Selbstreflexion verbinden. Sich verwundbar zu fühlen, wenn man zu einer Untersuchung einlädt, ist ein Zeichen von Stärke.
Ehrlichkeit	
Andere nicht belügen oder ihnen alles sagen, was man denkt und fühlt.	Sich selbst und andere ermuntern, öffentlich ihre Fähigkeit darin zu testen, zu sagen was sie wissen, aber zu sagen fürchten. Auf ein Minimum reduzieren, was andernfalls der Entstellung und der Verschleierung der Entstellung anheimfiele.
Integrität	
Zu den eigenen Grundsätzen, Wertvorstellungen und Überzeugungen stehen.	Für die eigenen Grundsätze, Wertvorstellungen und Überzeugungen so eintreten, daß deren Untersuchung gefördert wird und andere Personen angehalten werden, das gleiche zu tun.

Wir wenden uns nun einigen Beispielen zu, wie die Modelle II und O-II dazu verwendet werden können, Bedingungen für das Doppelschleifen-Lernen bei organisationalen Untersuchungen zu gestalten und durchzuführen.

Das erste Beispiel ist ein Seminar, in dem wir versuchen, eine Gruppe Führungskräfte den Strategien und Wertvorstellungen des Modell II-Denkens auszusetzen. Unsere Aufgabe besteht zunächst darin, ihnen dabei zu helfen, sich allmählich des Ausmaßes bewußt zu werden, in dem sie das Modell I der handlungsleitenden Theorie und defensives Denken einsetzen. Gleichzeitig versuchen wir, ihnen deutlich zu machen, inwieweit ihnen nicht bewußt ist, wodurch ihr Nichtbewußtsein verursacht wird. In diesem

Beispiel zeigen wir, wie eine Seminarsituation zu einem ersten Test für die Hypothese werden kann, daß die Teilnehmer das Modell I verwenden und daß diese handlungsleitende Theorie des Modells I sie wahrscheinlich veranlaßt, die Bedingungen für eine Verhaltenswelt des Modells O-I zu schaffen.

Das zweite Beispiel ist eine umfassendere Intervention in einer Organisation, das mit dem Besitzer und Geschäftsführer eines führenden Beratungsunternehmens beginnt, das vor zehn Jahren gegründet wurde.

6. Das Seminar: Intervention zum Lernen und Forschen

Dieses Kapitel soll zeigen, wie Interventionen geplant werden können, die den Teilnehmern Merkmale der aktionstheoretischen Perspektive beibringen und das Lernerlebnis gleichzeitig zu einer Gelegenheit machen, Merkmale der Theorie zu testen. Wir wollen veranschaulichen, wie das in relativ großen Gruppen mit 30 bis 100 Teilnehmern geschehen kann.
Wir legen Auszüge aus den Protokollen zweier Seminare mit jeweils 75 Führungskräften, darunter 19 Frauen, aus insgesamt 35 Ländern vor. Wir möchten zeigen, wie die Aktivitäten, etwas über die Theorie zu lernen und sie zu prüfen, sich gegenseitig durchdringen und bereichern können.

Das Schwergewicht des Testens

In diesem Kapitel führen wir mehrere Testtypen vor. Erstens überprüfen wir die Behauptung, daß die Teilnehmer, die in ihren Fallbeispielen das Modell I benutzen (und das haben alle getan), es auch bei den Fallbesprechungen im Seminar benutzen werden. Dieser Zusammenhang sollte, der Behauptung entsprechend, für jeden Teilnehmer gelten, unabhängig von Alter, Geschlecht, Kultur, Bildung und Stellung in seiner Organisation. Wir sollten darauf achten, ob die Teilnehmer etwas in solcher Weise vertreten, beurteilen und unterstellen, daß sie eine Untersuchung oder Überprüfung ihrer Handlungen erschweren. Daß sie etwas vertreten, beurteilen und unterstellen, sollte dann auf einer „Leiter der Schlußfolgerungen“ weit oben stehen. Die Teilnehmer sollten sich nicht bewußt sein, wie sehr sie sich auf hohe Abstraktionen verlassen, und man sollte auch nicht feststellen, daß sie ihre Abstraktionen mit wirklichem Verhalten verbinden. (Die Handlungen der Teilnehmer sollten Whiteheads berühmter Vorstellung der „deplazierten Konkretheit“ entsprechen.)
Zweitens wird beim Seminar darauf geachtet, ob die Teilnehmer linke Spalten über die anderen Seminarteilnehmer anlegen; eigentlich sollten sie sich so verhalten, als täten sie es nicht. Wenn sie auf die Frage, ob sie es tun, mit „Ja“ antworten, erwarten wir, daß sie ihre Handlungsstrategie rechtfertigen und damit erklären, verhindern zu wollen, daß Individuen defensiv werden. Falls die Teilnehmer abstreiten, etwas zu verschleiern, und der Seminarleiter andere Teilnehmer fragt, welche Zuschreibungen erstere vornehmen, sollten letztere erklären, daß sie den Antwortenden eine Verschleierung der Gedanken und Gefühle in der linken Spalte sowie eine Verschleierung dieser Verschleierung unterstellen. Die dabei entstehenden Differenzen in den Ansichten können

selbst zu einem Gesprächsthema werden. Eine solche Diskussion macht normalerweise die sich isolierenden, begrenzten Lernprozesse deutlich, die auftreten, wenn Personen, die das Modell I verwenden, sich bemühen, mit ihren Differenzen fertig zu werden.

Drittens behaupten wir, daß die Teilnehmer diese Handlungsweise damit rechtfertigen werden, daß sie Konflikte umgehe, diese Umgehung verschleiere und den Auslegungen des Modells I über soziale Tugenden wie Mitgefühl und Fürsorge entspreche. Oder sie sollten die Direktheit ihres Modells I als übereinstimmend mit den sozialen Tugenden des Modells I wie Ehrlichkeit und Integrität verteidigen. Wenn der Seminarleiter den Einsatz der sozialen Tugenden des Modells II – Mitgefühl, Fürsorge, Ehrlichkeit und Integrität – darstellt, werden die Teilnehmer sie entweder ablehnen, weil sie sie wahrscheinlich in Schwierigkeiten bringen, oder sie werden behaupten, die Darstellung als hilfreich zu empfinden. In beiden Fällen werden die Teilnehmer erklären, keine derartigen Bedeutungen erzeugen zu wollen, weil sie kulturell nicht akzeptabel sind. Bei den ersten Sitzungen wird jeder Versuch des Seminarleiters, den Teilnehmern zu empfehlen, die Aktionen als in Einklang mit dem Modell II zu betrachten, als bestenfalls blauäugig und unrealistisch zurückgewiesen.

Viertens testen wir das Ausmaß des eingeübten Nicht-Bewußtseins, das die Personen an den Tag legen, wenn sie ihre Gespräche im Seminar planen und führen, ferner ihre Aufgeschlossenheit dafür, zu lernen, wie sie ihre Aktionen überwachen bzw. kontrollieren können, damit sie sich ihrer handlungsleitenden Theorien bewußter werden können.

Fünftens prüfen wir, inwieweit sich die Teilnehmer der kontraproduktiven Merkmale einer Modell I- und Modell O-I-Welt bewußt sind, aber leugnen, persönlich verantwortlich dafür zu sein, diese Welt allmählich zu verändern. Dabei werden sie behaupten, hilflose Opfer dieser Welt zu sein, wie sie gegenwärtig existiert.

Wir versuchen, diese Tests so zu gestalten, daß die Teilnehmer frei sind, selbst alternative Interventionen zu entwickeln. Falls sie das tun, sagen wir voraus, daß sie in Übereinstimmung mit dem Modell I (zum Beispiel einseitiges Eintreten für eine Position oder andere so beurteilen, daß eine Untersuchung nicht begünstigt wird) oder dem Gegenteil von Modell I (zum Beispiel die anderen Ansichten dominieren lassen oder die eigenen Ansichten unterdrücken, ebenfalls ohne Untersuchung) bleiben werden. Von niemandem, dessen Fallbeispiel mit Modell I übereinstimmt, sollte man erwarten, daß er in den ersten Seminarsitzungen Modell-II-Gespräche und -Meinungen entwickelt, selbst wenn die Betreffenden erklären, es zu wollen. Ihre Seminarkollegen, die vielleicht möchten, daß dies den Teilnehmer gelingt, liefern Daten, die die Teilnehmer selbst nicht geliefert haben.

Solche Erfahrungen führen häufig dazu, daß die Teilnehmer meinen festzusitzen, weil nichts, was sie tun, in den Augen ihrer Seminarkollegen, des Seminarleiters und auch in den eigenen erfolgreich zu sein scheint. Wie sie mit ihrer verfahrenen Lage umgehen, liefert einen Hinweis darauf, wie wahrscheinlich es ist, daß sie das Modell II erlernen. Einige Leute werden beispielsweise wütend auf sich oder beschuldigen andere (einschließlich des Seminarleiters), ihnen nicht zu helfen, und sie kommen zu dem Schluß, daß ein Wandel nicht möglich ist. Bis jetzt haben wir festgestellt, daß die meisten Teilnehmer, auch wenn sie enttäuscht und wütend sind, den Seminarleiter und andere doch meistens auffordern, ihnen auf dem Weg zum Modell II behilflich zu sein. Wie schnell sie auf diesem Weg vorankommen, ist von Fall zu Fall verschieden.

Das Seminar als Umfeld für relevante Tests

Wir haben die Erfahrung gemacht, daß ein Seminar einen besseren Test der Merkmale unserer Theorie darstellt als Fragebogen und Interviews. Das hat verschiedene Gründe. Erstens können die Teilnehmer dem Lehrer im Seminarraum Verhaltensdaten liefern, mit denen man die handlungtheoretische Perspektive untersuchen kann. Weil die Teilnehmer den alltäglichen Berufsstreß hinter sich gelassen und erhebliche Seminar- und Reisekosten auf sich genommen haben, um neue, praktisch anwendbare Vorstellungen kennenzulernen, zögern sie zweitens nicht, bei den Behauptungen der Fakultätsangehörigen einzuhaken, daß sie Konzepte anböten, die stichhaltig und aktionsorientiert wären.

Drittens kann ein Seminar ein harter Test für die Mermale unserer Theorie sein, weil wir den Teilnehmern Ideen „vorsetzen“, die sie oft eher abzulehnen als anzunehmen geneigt sind. Wir weisen zum Beispiel nach, daß ihre handlungsleitenden Theorien dem Doppelschleifen-Lernen abträglich sind und daß sie sich ihrer eingeübten Inkompetenz systematisch unbewußt sind. Wir zeigen außerdem, daß sie eine systematische Haßliebe für das Abwehrverhalten in Organisationen entwickeln. Einerseits äußern sie offenes Mißfallen über die vermehrte Abwehr und Starrheit, die durch das gewohnte Verhalten erzeugt werden. Andererseits verteidigen sie, sobald sie erkennen, was das organisationale Doppelschleifen-Lernen alles erfordert, ihr eingeübtes Verhalten als realistisch und von den täglichen Zwängen und Normen gefordert.

Das führt zum vierten Grund, warum der Seminarraum zu einem Umfeld für harte Tests der Merkmale unserer Theorie werden kann. Wie wir festgestellt haben, bekommen die Teilnehmer bei Seminaren häufig das Gefühl festzusitzen. Sie erkennen zwar die dysfunktionalen Grundlagen ihres Modells I der handlungsleitenden Theorie, sehen aber auch, daß die meisten ihrer Versuche, neue und produktive Verhaltensweisen zu entwikkeln, nach dem Urteil der anderen Teilnehmer kontraproduktiv sind. Viele berichten, niemals zuvor dieses Gefühl des Festsitzens erlebt zu haben, ein Gefühl, für das sie andere nicht verantwortlich machen können. Das fordert ihren Sinn für die eigene Eignung und ihr Selbstvertrauen heraus, was sie wiederum dazu bringt, sich eingehender mit Fragen zu beschäftigen, die mit dem organisationalen Lernen zu tun haben. Mit „eingehender“

meinen wir, daß sie sich nicht nur um das Erlernen neuer Fähigkeiten bemühen, sondern dabei auch ihre eigentlichen Werte und die Schwierigkeiten erkennen, die aus der Übernahme von Moden und schnellen Lösungen herrühren, die sie oft genug verwünschen, nach denen sie aber trotzdem greifen, sobald sie das Gefühl haben festzusitzen.
Die in diesem Buch verwendete Fallmethode stützt sich stark auf die Aktionsforschung, enthält aber auch einige vertraute Elemente aus der allgemeinen Sozialwissenschaft. Wie jedes andere auf Papier und Bleistift angewiesene, von Forschern benutzte Instrument können auch die Fälle und Protokolle der Seminardialoge bewertet werden, und man kann die Zuverlässigkeit der einzelnen Zwischenbewerter und -beobachter prüfen. Die Seminardialoge, die von in den Fällen entdeckten Mustern angeregt werden, und die Versuche der Teilnehmer, die Ansichten des Seminarleiters anzugreifen, können eine reichhaltige Quelle für das Lernen und Überprüfen vor Ort sein. Wenn die Teilnehmer zum Beispiel ihrer Meinung nach stichhaltige Behauptungen aufstellen, nur um dann festzustellen, daß andere sie ablehnen, bieten die dabei entstehenden unterschiedlichen Meinungen Gelegenheit, die Denkprozesse und handlungsleitenden Theorien für den Umgang mit potentiell unangenehmen oder bedrohlichen Fragen zu erforschen.
Wir stellen fest, daß die wesentlichste Ursache für etwas Unangenehmes oder Bedrohliches nicht die unterschiedlichen Auffassungen der Seminarteilnehmer sind (Unterricht ist schließlich ein Rahmen, in dem Meinungsverschiedenheiten besprochen werden), sondern die Entdeckung, daß ihre automatischen Reaktionen entweder die von ihnen vertretenen Theorien verletzen oder sich als kontraproduktiv erweisen. Vor allem die Erkenntnis ihrer eingeübten Inkompetenz ärgert sie.
Diese Konsequenz wird zur Grundlage dafür, etwas über Probleme zu erfahren, die normalerweise umgangen werden. Das gilt für die Fakultätsangehörigen ebenso wie für die Teilnehmer. Wenn die Fakultätsangehörigen nicht in der Lage sind, bei einer Konfrontation Reaktionstypen des Modells II zu präsentieren, wird die Übung wohl kaum als ernsthaft angesehen und eines emotionalen Engagements für wert befunden werden, das sie offenbar erfordert.

Aufzeichnungen von Seminargesprächen: Die linke Spalte

Wir beschäftigen uns nun mit Auszügen aus der Aufzeichnung des ersten unserer Seminargespräche. Die Auszüge dokumentieren, was sich bisher in den Seminaren ereignet hat. Die Daten veranschaulichen begrenzte Lernsysteme der Modelle I und O-I, die die Teilnehmer in den Seminaren entwickelt haben. Keine der Aufzeichnungen enthält Episoden von Modell-II-Verhalten, so daß sie hier auch nicht aufgeführt sind.
Am Anfang steht folgende Liste mit den nicht preisgegebenen Gedanken und Gefühlen aus der linken Spalte der Teilnehmerfälle (in der Anordnung ähnlich wie bei den im Teil II erörterten Gedanken und Gefühlen).

Auszüge aus Fallbeispielen der Teilnehmer: Linke Spalte

1. Ich muß aufpassen, die Neuigkeiten nicht zu früh zu verkünden, damit er sich nicht aufregt.
2. Es liegt doch auf der Hand. Warum sieht er es nicht so wie ich?
3. Versuche, ihn zu beruhigen. Wie konntest du die Moral in deiner Abteilung in so kurzer Zeit ruinieren?
4. Ganz ruhig. Werde nicht zu abwehrend. (Später) Ich habe damit gerechnet, daß Sie sich bei der Diskussion unwohl fühlen würden, und wie ich sehe, hatte ich recht.
5. Er wird zuhören, aber ohne bei der Sache zu sein.
6. Gib ihm das Gefühl, alles im Griff zu haben.
7. Schlechter Start! Bemüh dich um mehr Objektivität, ohne negativ zu klingen.
8. Sei konkret und direkt. Sag, wie es ist, damit er es hört. Sei mutig.
9. Fange positiv an.
10. Bleib positiv und dränge nicht zu sehr, sonst werden wir nicht einer Meinung.
11. Fange positiv an. Komm so bald wie möglich zur Sache.
12. Sage „wir“, damit er das Gefühl hat, an der Entscheidung beteiligt zu sein. (Später) Das ist der harte Teil. Laß ihn nicht unterbrechen.
13. Du kannst nichts einwenden. Das ist eine Tatsache.
14. Wahrscheinlich denkst du, ich übertreibe maßlos.
15. Wenn wir es nicht tun, wird der Präsident deinen und meinen Kopf fordern.
16. Die denken wohl, ich wäre völlig verblödet. Sie erzählen mir, was ich ihrer Meinung nach hören will.

Danach fand folgendes Gespräch statt:
CA (Chris Argyris): *Wie sind Ihre Reaktionen auf die Liste mit den Aussagen der linken Spalte?*
Teilnehmer A: *Es liegt doch auf der Hand. Warum sieht er es nicht so wie ich? Warum ist der (andere) derart blind? Derart abwehrend?*
CA: *Sie erkennen also eins, nämlich daß sich Personen selbst Anweisungen geben. Paß auf, ganz ruhig, usw. Offenbar geben wir uns Ratschläge wie „werde nicht zu abwehrend“.*
A: *Ich habe sie irgendwie alle in der einen oder anderen Hinsicht als Ausdruck der Abwehr gesehen und zusammengefaßt. So ist das nun mal im Leben.*
Anmerkung des Leiters: Die Reaktion steht auf der „Leiter der Schlußfolgerungen“ weit oben. Es ist notwendig, mehr direkt beobachtbare Daten zu bekommen. Die Intervention hätte konkreter ausfallen können. Zum Beispiel: „Ich möchte gern wissen, was Sie mit ‚So ist das nun mal im Leben‘ meinen. Könnten Sie etwas konkreter werden?“
Die Reaktionen deuten auf Modell-I-Regeln hin: wenn du Herr der Lage sein willst, zeige keine Emotionen oder Abwehr. Wenn du eins von beiden empfindest, verbirg es und tu so, als würdest du es nicht verbergen.

Teilnehmer B: *Hier gibt es offenbar drei Parteien: ich, Sie und wir. „Ich und Sie" sind ausgeglichen, 50 zu 50, und „Wir" scheint hinterherzuhinken. Vielleicht verstehen die meisten Menschen gar nicht, daß die beiden anwesenden Personen eine Einheit bilden.*
CA: *Wenn ich B so höre, möchte ich doch eins festhalten. B, Sie sagen, glaube ich: „Wenn ich mir die meisten hier so ansehe, oder viele davon, geht es offenbar um ‚mich' oder ‚Sie', von ‚Wir' ist nicht so viel zu spüren. Es herrscht nicht viel Einheit. Wie viele Menschen in diesem Raum ziehen Ihrer Meinung nach den gleichen Schluß auf einen Mangel an Einheit?"*
B: *Fragen Sie sie. (Lachen)*
CA: *Wollen Sie damit sagen, „Das ist eine unerlaubte Frage?" Oder sagen Sie: „Die Frage ist erlaubt"? Oder: „Möchten Sie lieber nicht antworten?"*
B: *Nein, es macht mir nichts aus, eine Antwort auszuprobieren, aber ich glaube, beide Seiten haben ihre Vorstellungen. Lassen Sie mich eine Antwort versuchen. Ich würde sagen, die meisten Menschen begeben sich in eine solche Situation und versuchen, sie mit brauchbaren Begriffen zu definieren. Oftmals möchte man sie vereinfachen und auf das Wesentliche reduzieren. Hier besteht das Wesentliche offenbar in zwei Parteien, nicht in einer kleinen komplexen Vorstellung von der Einheit. Je nach dem jeweiligen Problem vermute ich, daß hier eine Situationsvariable im Spiel ist: Man ist hinsichtlich der eigenen Position entweder defensiv eingestellt oder, wenn man erkennt, daß es eine überzeugende Situation ist, konzentriert man seine Energie sofort auf die andere Partei und denkt über den „Er" oder die „Sie" nach.*
Anmerkung: Der Leiter unterstellt etwas hinsichtlich der Meinung, die B zu vermitteln suchte, und überprüft es. B deutet die Anmerkungen als solche über den Verfasser (der Fälle) oder als die Ansicht des Verfassers über die andere Person. Es macht für den Verfasser wenig Sinn, einen Dialog mit den anderen beginnen zu wollen. Der Leiter fragt danach, inwieweit andere Seminarteilnehmer die Diagnose von B bestätigen würden.
Dies ist der erste Versuch des Leiters, bei einigen der Mitglieder einen Dialog über andere Mitglieder in Gang zu bringen. Ein solches Ansinnen erscheint unter Umständen unangebracht, und der Leiter prüft, was er ihnen zutraut.
CA: *Ich möchte Ihnen eine Frage stellen. Ist es richtig zu sagen, Sie haben nicht erwartet, daß ich Ihnen die Frage stelle, die ich Ihnen gestellt habe?*
B: *Das ist wahrscheinlich ein guter Weg.*
CA: *Gut. Ihre Behauptung lautete also: Ich lege Ihnen jetzt Worte in den Mund, und Sie helfen mir, wenn ich falsch liege. Es ist wirklich kein guter Gedanke, dieses „wir gegen sie"; es sollte „uns" heißen, soweit wie möglich. Es besteht eine Einheit.*
B: *Ja.*
CA: *Also, wieviel Einheit haben Sie geschaffen? Wie weit sind Sie Ihrem eigenen Rat gefolgt, als Sie Ihre Anmerkungen gemacht haben?*
B: *Nicht viel.*

CA: *Wann ist Ihnen in den Sinn gekommen, daß Sie es nicht getan haben?*
B: *Nach dieser Diskussion.*
CA: *Gut, es ist Ihnen also in den Sinn gekommen, nachdem Sie es getan haben, richtig? Das, womit wir uns befassen, ist sehr wichtig. Eine Sache ist die, daß die Leute tatsächlich unsicher sind, wie jemand gesagt hat. Eine andere ist, daß sie vielleicht zu stark vereinfachen und die Möglichkeit zur Einheit verpassen. Behalten wir das im Auge, einverstanden?*
Anmerkung: Der Leiter wollte die Unterstellung, daß B die Intervention als unerwartet empfand, direkter prüfen. Er wollte sodann zeigen, daß Bs ursprüngliche Bewertungen von der Kategorie „wir–sie" waren. Deshalb schuf er im Seminar gerade den Zustand, den er kritisierte.
Der Leiter fragte, wieweit sich B dessen bewußt sei, daß er so kontraproduktiv handle, in der Absicht, nach und nach Daten über eingeübtes Nicht-Bewußtsein zu schaffen. Er wollte außerdem zeigen, daß es einige andere mögliche Erklärungen gab, über die man im Seminar später sprechen würde.
A: *Wenn ich dieses Papier durchlese (unsere Anmerkungen aus der linken Spalte), scheint es mir keinen zentralen, einheitlichen Punkt zu geben. Einige Gedanken haben mit unserem Verhalten zu tun. Einige haben mit dem zu tun, was die anderen unserer Meinung nach über uns denken. Einige Gedanken verrät man nicht, weil es offenbar besser ist, den anderen nichts zu erzählen.*
CA: *Gut, Sie sagen also, daß diese Gespräche mehrere Bedeutungsebenen haben, und Sie haben drei genannt. Ich möchte Sie jetzt fragen, ob es richtig wäre zu sagen, daß alle drei relevant und wichtig für das Lernen sein könnten.*
Teilnehmer C: *Ich glaube, alle drei können wichtig sein.*
CA: *Was veranlaßt die Leute Ihrer Meinung nach, diese Ansichten in die linke Spalte zu setzen, statt darüber zu reden?*
C: *Sie glauben, wenn sie reden, ist das gefährlicher.*
CA: *Richtig. Und wie sollen sie jemals erfahren, ob es gefährlich ist, wenn sie die Gedanken für sich behalten?*
Teilnehmer D: *Ich glaube, es läuft auf Erfahrung hinaus. Man bringt all das, was man an Vorgeschichte angesammelt hat, in jede Diskussions-, Gesprächs- oder Lernrunde ein, die man bestreitet. Und wenn man vor einiger Zeit irgendeine Erfahrung gemacht hat, und man verfehlte sein Ziel und mußte zurück und einiges an internem Feedback leisten, hat man das beim nächsten Mal parat. Sie sagen, gut, das ist eine der Möglichkeiten, die ich nicht ergreifen werde, ich werde etwas anderes probieren.*
CA: *Ja, und unsere Forschung würde es als Erfahrung bestätigen. Interessant ist auch eins: wenn man beide Gruppen nimmt (in diesem Programm), gibt es fast 150, die aus verschiedenen Ländern kommen, einen unterschiedlichen Werdegang haben, ein unterschiedliches Geschlecht usw. Interessant ist nun, wie es kommt, daß Menschen mit unterschiedlichem Hintergrund, Geschlecht und Alter offenbar die gleichen Erfahrun-*

gen haben und ähnlich mit ihnen umgehen? Und weiter, wie wirkt sich das auf Organisationen aus?

Anmerkung: Dies war eine Gelegenheit, die Teilnehmer daran zu erinnern, daß ihre linken Spalten Informationen enthalten, die die Führungskräfte im Seminar als wichtig für das Lernen betrachten.

Sobald die Teilnehmer diese Aussage bestätigten, konnte der Leiter die nächste Frage stellen, nämlich die Frage danach, was den einzelnen veranlassen würde, Informationen, die er als wichtig für das Lernen erachtete, bewußt nicht preiszugeben.

Die gegebenen Antworten entsprachen direkt dem Modell I der handlungsleitenden Theorie. Dann löste der Lehrer das Rätsel auf. Die Reaktion war insofern lehrreich, als sie bestätigte, daß der Betreffende gelernt hat, sich aufgrund der Gefahren, die er durch langjährige Interaktionen in Organisationen erlebt hat, nicht zu offenbaren.

Der Leiter nutzt die Gelegenheit, um anzumerken, daß ähnliche Ängste in allen Fällen anzutreffen waren, die vorgetragen wurden. Außerdem stehen die Führungskräfte für die unterschiedlichsten Kulturen, Hintergründe, Organisationen und Unternehmenspositionen.

CA: *Lassen Sie mich dem, wenn ich darf, etwas hinzufügen. Ich meine, daß es in dem Ausdruck (Ihrer Anmerkungen), den ich Ihnen gegeben habe, drei Kategorien gibt. Eine Art von Anmerkungen geht dahin, daß der Betreffende sich für etwas einsetzt, wie die Anmerkung, die (Name)... schon erwähnte, als er sagte, „Sei vorsichtig, werde nicht zu defensiv bzw. abwehrend", oder „Sei positiv, sei direkt und konkret". Das sind gewissermaßen Befehle an sich selbst.*

Bei der nächsten Art von Anmerkungen handelt es sich um Unterstellungen. Beispiele sind: „Sie erzählen mir, was ich Ihrer Meinung nach hören möchte", „Er wird ohne Engagement zuhören", „Sag ‚wir', damit er das Gefühl hat, an der Entscheidung beteiligt zu sein". Schließlich gibt es noch Beurteilungen wie, „Er ist nicht in der Lage zu erkennen, was offensichtlich ist", „Was ist los mit ihr?" usw.

Inwieweit, meinen Sie, prüfen die Verfasser der Fallbeispiele, ob ihre Unterstellungen oder Beurteilungen zutreffen? (Niemand)

Gut. Hat jemand eine andere Antwort? (Schweigen)

Jetzt stellt sich die Frage: wenn wir uns für das Lernen interessieren, wie hilfreich ist es, eine linke Spalte zu haben, die in der einen oder anderen Form rät, die eigenen Ansichten nicht einmal zu überprüfen? Wenn Sie eine Aussage machen, und sie wird nicht überprüft: wie wird dann Ihrer Meinung nach die wahrscheinliche Reaktion des Empfängers aussehen, wenn er eine Unterstellung oder Beurteilung hört, die nicht überprüft wurde?

Teilnehmer E: *Ablehnung.*

CA: *Ablehnung. Noch jemand?*

Teilnehmer F: *Herausforderung, eigensinnig.*

CA: *Herausforderungen. Eigensinnig. Wir haben also Ablehnung, Herausforderung, eigensinnig. Was, wenn der Empfänger so wie wir hier im Seminar ist? Wie würde er reagieren? Ich glaube, er würde seine Reaktionen in die linke Seite der Spalte einordnen. Achten wir darauf, was allmählich zutage tritt. Hinsichtlich der Informationen, die wir, wie wir meinen, verschleiern, beginnt irgend jemand, tatsächlich Schlußfolgerungen zu ziehen wie „Oh, er fordert mich heraus" oder „Oh, er nimmt Bewertungen vor; er ist eigensinnig, oder sie ist eigensinnig oder was immer".*

A: *Argwohn, was da in seinem Kopf vorgeht.*

CA: *Richtig.*

Anmerkung: Interventionen wie diese erlauben dem Leiter darzustellen, wie Handlungsstrategien des Modells I zu sich selbst verstärkendem, begrenztem Lernen führen und dies seinerseits zu sich selbst erfüllenden Voraussagen, die man übereinander macht. Der Leiter greift zum Beispiel ein und legt dar, daß gerade die Informationen, die von den Verfassern der Fallbeispiele bewußt zurückgehalten wurden, von den anderen oftmals durch Rückschlüsse hergeleitet werden. Die Informationen, die vermeintlich verborgen werden, sind es demnach oft gar nicht.

Dies ist eine Gelegenheit zu zeigen, daß ein Grund, warum Personen Rückschlüsse wie die weiter oben geschilderten ziehen, der ist, daß sie selbst schon solche Rückschlüsse gezogen und derartige Verschleierungsmanöver durchgeführt haben.

F: *Was übrigens sehr wichtig ist, wenn man Rückschlüsse zieht. Nachdem ich mich mit einem so großen Abschnitt befaßt habe, wurde ich an die Worte Jean-Paul Sartres erinnert: „Die Hölle, das sind die anderen". Zwischen den beiden klafft offenbar eine Lücke. Ich selbst frage zum Beispiel zunächst immer: „Ist das richtig, was ich mit dem anderen da mache? Ist meine Botschaft korrekt?" Es muß eine gewisse Einheitlichkeit haben; es ist ein gemeinsames Lernen, wenn man etwas miteinander teilt.*

Wenn man den Prozeß einleitet, sollte man auch darauf achten, die Reaktion zu deuten. Ich sehe es als einen Lernprozeß an, bei dem beide Seiten lernen sollen, sich verschiedenen Prozessen anzupassen. Dieser Prozeß ist sehr wichtig.

Anmerkung: Die Anmerkungen von F deuten insofern auf eine Lernorientierung hin, als er Fragen stellt wie „Ist es richtig? Ist meine Botschaft korrekt?" usw. Diese Beschreibungen sind oft vertretene Theorien, die, sogar vor dem Sprecher, die Modell I-Merkmale der handlungsleitenden Theorien verbergen sollen, die genutzt werden, wenn der Sprecher es mit einem potentiell unangenehmen oder bedrohlichen Dialog zu tun hat.

Um die Wahrscheinlichkeit zu prüfen, daß dies passiert, schlägt der Leiter ein Rollenspiel vor, bei dem der andere Teilnehmer die Ideen von F als falsch beurteilt.

CA: *Nehmen wir einen Augenblick an, daß ich nicht Ihrer Meinung bin (bei einem Thema Ihrer Wahl).*

F: *In Ordnung.*

CA (im Rollenspiel): *Ich glaube, Sie haben unrecht, ich glaube, die Zahlen stimmen nicht, ich glaube, die Daten sind falsch.*

F: *Dann habe ich vielleicht tatsächlich unrecht und will versuchen, mich der neuen Realität anzupassen, die Sie mir eröffnen.*
CA: *Einverstanden, aber was ist, wenn Sie nicht unrecht haben? Was ist, wenn Sie meinen, recht zu haben?*
F: *Ich versuche, meine Vorstellungen zu ordnen, und werde sie dann erneut mit Ihnen gemeinsam durchgehen.*
CA: *Aber was würden Sie sagen?*
F: *Sehen wir uns die Sache gemeinsam an.*
CA (an das Seminar gewandt): *Was steht auf der linken Seite Ihrer Spalte, wenn Sie hören, „Sehen wir uns die Sache gemeinsam an"?*
Irgend jemand: *Dummes Zeug. (Lachen)*
F: *Vergessen Sie nicht, ich leite den Prozeß. Ich werde den Prozeß leiten, und ich werde darauf achten, daß er am Ende mit mir marschiert... (Lachen)*
Anmerkung: Der Leiter bittet die Seminarteilnehmer nun um ihre Reaktionen. Von den vier Teilnehmern, die gesprochen haben, glaubte F keiner.
Man beachte, daß F, wenn er direkt nach Art des Modells I beurteilt wird, den Seminarteilnehmern versichert, die Absicht gehabt zu haben, einseitige Kontrolle auszuüben (Modell-I-Wert).
CA: *Ich sage, unter solchen Bedingungen bezweifle ich, ob es zum Lernen kommt. Zum Begrüßen vielleicht, aber nicht zum Lernen, nicht dazu zu lernen, wie man Fehler aufspürt. Was meinen Sie?*
F: *Ich will nur noch einen Satz sagen. Ich wollte lediglich betonen, daß ich begierig bin zu lernen.*
CA: *Ich glaube Ihnen. Ich würde Ihre Aussage gern als Teil der von Ihnen vertretenen Handlungstheorie einordnen. Ich denke, das Rollenspiel macht deutlich, daß Sie dort, wo es irgendwelche negativen Reaktionen von anderen gibt, anders handeln als bei der von Ihnen vertretenen Theorie. Ihre handlungsleitende Theorie verhindert Lernen sowohl bei Ihnen als auch beim anderen.*
Anmerkung: F erklärt, er bemühe sich, sich so zu verhalten, daß der Lernprozeß gefördert wird. Der Fakultätsangehörige konzentriert sich auf die Möglichkeit, daß er sich nicht so verhält, wenn der Zusammenhang unangenehm oder bedrohlich ist. (Wenn er es täte, würde er unsere Theorie widerlegen, denn sein schriftlich festgehaltener Fall entsprach dem Modell I.)
Man beachte: Wenn Seminarteilnehmer erklären, das Gefühl zu haben, von F „für dumm verkauft zu werden", erinnerte F die Gruppe unverzüglich daran, daß er die Leitung innehätte! Das veranschaulicht die Leitwerte des Modells I und auch Unterschiede zwischen der vertretenen und der handlungsleitenden Theorie. Der Fakultätsangehörige wendet sich dann der Untersuchung der Beziehung zwischen dem Nachdruck auf „positiv sein" und dem Leitwert zu, das Hervorbringen und Erleben negativer Gefühle auf ein Minimum zu reduzieren. Dann kann er „positiv sein" mit dem

Verursachen begrenzten Lernens verbinden. Später könnte er diese Reaktionen mit sozialen Tugenden des Modells I verbinden.
CA: *Der häufigste Befehl, den Sie sich bei der Niederschrift Ihres Falles im Zwiegespräch mit sich selbst in der einen oder anderen Form gegeben haben, lautete, „Sei positiv". Inzwischen fange ich an zu glauben, daß „positiv sein" bedeutet, so zu handeln, daß man niemanden stört, auch wenn das vielleicht erfordert, daß Sie die Informationen zurückhalten, die, wie Sie eben sagten, wichtig für das Lernen sind. Wieso wäre das eine positive Vorstellung?*
Teilnehmer G: *Wir haben mit der Zeit erfahren, daß es bestimmte Dinge gibt, die man sagt, und bestimmte Dinge, die man nicht sagt. Es gibt gute Gründe, warum wir vieles von diesen Dingen nicht sagen.*
CA: *Ich stimme zu, es gibt sehr gute Gründe. Und ich sage, das ist das menschliche Dilemma, daß man aus guten Gründen lernt, darauf zu achten, keine Dinge zu sagen, die den Menschen lernen helfen, und dann behauptet man, das zu ihrem Vorteil zu tun, was auch stimmt. Viele von Ihnen treten vielleicht für das Lernen ein, aber wie wir sehen, ist dieses Lernen bestenfalls begrenzt. Man befindet sich also teilweise in einer ausweglosen Situation.*
Teilnehmer H: *Es kommt mir dabei fast so vor, daß man, wenn man sich diese Anmerkungen der linken Spalte im Kopf zurechtlegt, eine Hülle um diese Diskussion legt. Das, so glaubt man, schützt dann die eigene Flanke.*
CA: *Richtig, ja.*
H: *Aber Sie kommen nicht damit heraus und sagen es. Und mit Ihrem Gespräch wollen Sie erreichen, daß der andere das, was Sie wahrnehmen, entweder bestätigt oder ändert, in gewisser Weise machen Sie also einen Test, wenn Sie mit dem anderen sprechen. Sie wollen nicht herauskommen und Dinge sagen, die Sie, wie Sie wissen, wahrscheinlich selbst verletzen, aber Sie suchen nach einem Zeichen, daß Sie vielleicht unrecht haben, daß diese Anmerkungen vielleicht nicht richtig sind. Und wenn Sie das empfinden, werden Sie das Gespräch in eine andere Richtung lenken und vielleicht anfangen, in Ihrem Gespräch direkter zu werden.*
Anmerkung: Die Seminarteilnehmer erklären ihre Handlungen, indem sie behaupten, ihre Handlungsweise schon früh im Leben gelernt zu haben. Sie machen solche Leitwerte des Modells I deutlich wie Verlustminimierung (zum Beispiel die eigene Flanke schützen) oder Minimierung der Selbstverletzung.
Der Leiter stimmt zu, daß ihre Erklärungen wahrscheinlich stichhaltig sind und gleichzeitig eine Grundlage für Widersprüche und eingeübte Unfähigkeit sein können.
CA: *Und was würde Sie davon abhalten, das dem anderen zu sagen?*
H: *Was?*
CA: *Machen wir wieder ein Rollenspiel. Wenn ich Ihrem Rat folge, könnte es etwa so ablaufen: „So und so, wenn wir unseren Dialog führen, achte ich auf die Art Ihrer Re-*

aktionen. Aus diesen Reaktionen ziehe ich meine Schlüsse über den Grad der Zustimmung, Abwehr usw." Würden Sie das sagen?
H: *Nein.*
CA: *Gut. Also, warum nicht? Alles, was Sie tun, ist, daß Sie öffentlich sagen, was Sie bei sich denken. Ich denke an geplante Verschleierung. Jedesmal, wenn Sie verschleiern, müssen Sie verschleiern, daß Sie etwas verschleiern; deshalb haben Sie mit Recht „Nein" gesagt. Und es ist ein Rätsel. Ich möchte zuhören; ich möchte lernen; ich möchte prüfen, zuhören, lernen, prüfen. Ein paar Sätze später fügen Sie hinzu: „Und das würde ich nie zu demjenigen sagen, mit dem ich zuhöre, lerne und prüfe".*
H: *Ich verstehe, worauf Sie hinauswollen. Mir scheint es einfach so, daß beide Personen in dem Gespräch aus der gleichen Richtung darauf kommen müssen.*
CA: *Ja, genau, das ist richtig. Und glauben Sie, daß sie es tun?*
H: *Die Erfahrung würde „Nein" sagen.*
CA: *Richtig, und ich möchte betonen, daß Sie recht haben – die Erfahrung würde „Nein" sagen. Ich bin hier, um herauszufinden, ob wir diese Erfahrung ändern können.*
Anmerkung: H gibt eine einsichtige Schilderung der Verschleierungsstrategien, die umgehen und darauf abzielen, andere nicht zu verärgern und H gleichzeitig die Kontrolle zu belassen.
Der Leiter ergreift die Gelegenheit zu einer weiteren Darstellung der Verschleierung wichtiger Informationen, die aber nützlich wären, wenn ein echtes Lernen stattfinden soll. H handelt auch in Einklang mit den sozialen Tugenden „Fürsorge" und „Hilfsbereitschaft" des Modells I.
Teilnehmer J: *H sagt zum Teil, daß es manchmal so scheint, als ob du nicht zugeben würdest, daß du das, was über Körpersprache ausgedrückt wird, beobachtest, weil du vielleicht spürst, daß die andere Person nicht auf dem gleichen geistigen Niveau handelt, auf das du kommen möchtest. Du erfährst etwas aus ihrer Körpersprache ... Du verstehst besser, wie andere sich fühlen, weil sie es dir nicht sagen – wenn du mitteilst, daß sie nicht der nächste Vizepräsident werden. Wenn sie einfach fast zusammenbrechen. Der Grund, aus dem du anderen nicht sagst, warum ... wäre dann der, daß du dir einige Mitteilungen verbaust, an die du herankommen möchtest, wobei du die Fehler daran erkennst, wie mit den Mitteilungen umgegangen wird.*
CA: *Ich bin einer Meinung mit Ihnen, J, aber um einen Punkt zu verdeutlichen, werde ich das umformulieren, was Sie gerade gesagt haben. „Chris, wenn wir in der Welt leben, wie wir sie in diesem Seminar darstellen, dann ist es wichtig, darauf zu achten, wie man testet – zum Beispiel die Körpersprache beachten –, und deshalb müssen wir es etwas verdeckt tun."*
Ich möchte fragen, wie es kommt, daß Sie diese Welt haben müssen? Ich leugne nicht die Gültigkeit dessen, was Sie sagen. Ich meine, Sie liegen absolut richtig, aber noch einmal: Ich möchte mich auf das menschliche Dilemma konzentrieren, das wir schaffen, denn es hat enorme Auswirkungen auf all Ihre Organisationen.

Sie werden zunehmend in Situationen kommen, in denen Sie Daten mittels Informationstechnologie erhalten; noch vor ein paar Jahren hätte eine Führungskraft sie überhaupt nicht erhalten. Eine Technologie zu haben, deren grundlegende Idee die Wahrheit ist, ist folglich eine gute Sache. Die Computerspezialisten sagen Ihnen: wenn man Schrott in einen Computer eingibt, kommt auch Schrott heraus. Die einzige Schwierigkeit mit den Menschen ist die, daß sie eine andere Theorie haben. Ihre Theorie lautet, Wahrheit ist eine gute Sache, wenn sie niemanden bedroht. Wenn sie es doch tut, dann manipuliere sie, entstelle sie, vertusche sie.

Anmerkung: Der Leiter beginnt den Gedanken aufzuwerfen, das Modell I der handlungsleitenden Theorie und die sozialen Tugenden sollten nicht als selbstverständlich und unveränderbar hingenommen werden. Der Leiter versucht, die Vorstellung von einer anderen Welt zu eröffnen, einer Welt, die das Doppelschleifen-Lernen fördern würde.

Teilnehmer K: *Ich glaube, wenn ich lerne, dabei Selbstdisziplin zu üben, wäre das der Gipfel dessen, was ich leisten kann.*

CA: *Was bedeutet das, „Selbstdisziplin"?*

K: *„Selbstdisziplin" bedeutet, daß ich – wenn mich das, was man mir sagt, wütend macht – zu mir sage: bleib ruhig, sag gar nichts, höre zu, versuche zu verstehen, vielleicht steckt etwas dahinter. Vielleicht hast du unrecht, wenn du wütend bist. Verbirg deine Emotionen und bring diese Selbstbeherrschung und Selbsteinschätzung auf, dann wird dir schon irgendeine Erkenntnis helfen, es zu verstehen.*

Anmerkung: Man beachte die Aktionsstrategien des Modells I, die seine Gefühle und Gedanken unterdrücken sollen.

CA: *Das ist eine Hypothese, und ich bitte Sie, noch eine andere zu bedenken. Das ist es, was das Lernen begrenzt. Sie sitzen ruhig da, beherrscht, vielleicht sogar mit einem Lächeln, um ganz sicherzugehen, daß Sie verbergen, daß er Sie aufgebracht hat. Der andere denkt dagegen, daß es ihm hier eigentlich ganz gut geht. (Lachen) Das ist eine andere Hypothese, die zu bedenken wäre.*

Anmerkung: Zeigen Sie die negativen Konsequenzen der Umgehungen und Vertuschungen des Modells I auf.

Teilnehmer L: *Diese Frage wollte ich stellen. Ist es etwa so, daß das, was gesagt wird, in Beziehung zum Kontext und dem Risiko steht, es zu sagen? Ich meine damit folgendes: Wenn ich der Boß bin, der jemanden beurteilt, und wir beschließen, eine bestimmte Richtung einzuschlagen, sage ich all das, was auf der linken Seite steht, wenn mich das dorthin bringt, wohin ich kommen will. Aber wir haben hier darüber gesprochen, das Risiko und die Reaktion von jemandem zu beurteilen, den man in die eigene Richtung bringen will, wobei man nicht diese totale Kontrolle hat, dorthin zu kommen, und man versucht, ihn dazu zu bringen, es einem abzukaufen. Und es gibt kulturelle und andere Hintergründe, die damit zusammenhängen, wie man das einordnet und wie wichtig es für einen ist, den Betreffenden zur eigenen Denkweise zu bringen, ohne Mauern und Barrieren zu errichten.*

CA: *Ja, und ich sage, in allen Fällen, die ich lese, wurden Mauern und Barrieren errichtet. Vielleicht liege ich völlig falsch; und es ist natürlich überflüssig zu sagen: Sollte irgend jemand seine Deckung aufgeben wollen, könnten wir einen Blick auf einige jener Fälle werfen. Aber ich sage, Sie haben vollkommen recht. Es kommt darauf an, ich habe damit keine Schwierigkeiten. Aber der entscheidende Punkt in diesem Seminar ist, sich anzusehen, in welchem Maß wir eine ursächliche Verantwortung dafür haben, daß eine Welt geschaffen wird, von der wir uns wünschen, daß sie gar nicht existierte.*
Anmerkung: Die Seminarteilnehmer gehen den kulturell anerkannten Normen des Umgehens und Verschleierns allmählich etwas mehr auf den Grund. Dabei decken sie die Tiefe der Strategien und Wertvorstellungen ihres Modells I auf. Langsam werden sie auch offen kritischer gegenüber den Ansichten, die der Fakultätsangehörige vertritt und empfiehlt.
Teilnehmer M: *Bleiben wir noch etwas bei der Frage der Wahrheit. Sie sagten, glaube ich, die Wahrheit sei in Ordnung, solange sie niemanden bedroht.*
CA: *Das finden wir, ja.*
M: *Es ist doch stillschweigend so: Wenn sie jemanden bedroht, ist das nicht in Ordnung. Darüber würde ich gerne sprechen. Ich meine, es liegt an der Art, in der man mit der Wahrheit umgeht, nicht an der Wahrheit an sich. Und es gibt Augenblicke, da ist es besser, die Wahrheit unausgesprochen zu lassen, sie aber nicht zu verleugnen.*
CA: *Ja. Das trifft wahrscheinlich auf die Welt zu, so wie sie ist.*
M: *Wenn wir es unter uns nicht ausdrücklich feststellen, heißt das nicht, daß wir es nicht beide erkennen. Es besteht immer ein Gespräch auf mehreren Ebenen. Und eine der Ebenen, die oft ziemlich oberflächlich ist, ist diejenige, auf der wir das, was wir sagen, ausdrücklich sagen. Wir erkennen jedoch häufig sehr gut, was nicht gesagt wird.*
CA: *Und verbergen Sie das? In Ihrer Welt, wie Sie sie gesehen haben: drücken die Leute es da aus, dieses Zweite?*
A: *Das käme auf den Zusammenhang an.*
CA: *Alles, was ich sage, ist: In all den Fällen, die aufgeschrieben wurden, haben sie es nicht getan.*
M: *Aber das heißt nicht, daß sie sich dessen nicht bewußt sind, daß sie es nicht akzeptieren. Die Wahrheit ist da, aber weil es bedrohlich ist, wenn wir sie ganz offen gemeinsam haben, gehen wir verschwiegen mit ihr um.*
CA: *Stimmt. Wir können also folgern: Wenn die Bedingungen bedrohlich sind, sollte man verschwiegen mit der Wahrheit umgehen. Besagt die Regel auch, daß man offen über diese Regel spricht?*
M: *Die Gesellschaft tut es nicht. Nein.*
CA: *Nicht nur die Gesellschaft, auch die Teilnehmer dieses Seminars tun es nicht. Sie haben recht, die Regel besagt es nicht. Ich bitte Sie festzuhalten, daß genau dies das Doppelschleifen-Lernen beeinträchtigt. Es stellt sich nun die Frage, was wir da tun wollen.*

Anmerkung: Der Leiter hätte nach Erläuterungen fragen können. Aber über das Thema hatten schon andere diskutiert. Er beschloß also hervorzuheben, daß die Behauptung von M durch die Forschung gestützt werde, die die Welt beschreibt, wie sie ist, und die Möglichkeit aufzuzeigen, die Welt zu verändern. Der Leiter äußert Zweifel an der Behauptung von M, die Informationen letztlich nicht verbergen zu können, und weist darauf hin, daß alle Verfasser der Fälle diese Informationen zurückgehalten haben. Man beachte, daß M sich sozialer Tugenden bedient, um diese Behauptung aufzustellen. Der Leiter kann sie mit den sozialen Tugenden des Modells I verbinden.
L: *Chris, ich glaube, M will sagen, daß es unter dem offenkundigen Gespräch noch ein stillschweigendes oder latentes Gespräch gibt, und er sagt noch etwas. Er sagt im Grunde, daß das Gespräch eine Form des Lernens ist. Er hat es zwar nicht so gesagt, aber ich glaube, er würde es so sagen. In diesem Gespräch findet ein Lernen statt, das implizit ist; es ist stillschweigend, aber es geht weiter.*
CA: *Das ist das, was ich gehört habe; und ich sage:Was würde die Menschen veranlassen, das nicht zum Ausdruck zu bringen?*
L: *Ich glaube, er sagt: Warum es offen aussprechen? Das Lernen geht ohnehin weiter. Vielleicht ist er anderer Meinung.*
Teilnehmer N: *Ich bin nicht ganz mit Ihrer Behauptung einverstanden, daß die Weigerung, die Dinge offen auszudrücken, zwangsläufig das Doppelschleifen-Lernen beeinträchtigt. Ich glaube auch, daß es das kann. Aber manchmal glaube ich, das Doppelschleifen-Lernen wird tatsächlich erleichtert, wenn man in einer anderen Form mit ihm umgeht, auf der verborgenen Ebene.*
CA: *Könnten Sie ein Beispiel für das nennen, was Sie sagen – wo es gut wäre, es verborgen zu halten?*
N: *Selbstverständlich. Die Normen verschiedener Gesellschaften, wenn zum Beispiel eine bestimmte Gesellschaft nicht zu offener Kommunikation auf einer aggressiven Ebene ermuntert. Man kommt in diese Gesellschaft, und man wird aggressiv; man ist tot. Man kann auf einer anderen Ebene mit diesen Dingen umgehen, und die Leute verstehen, daß man nach Standardregeln handelt, mit denen man spielt. Und nach einiger Zeit funktioniert das.*
Anmerkung: Diese Aufzeichnung stammt aus der ersten Sitzung dieses Seminars. In einer der folgenden Stunden könnte der Leiter die Gelegenheit nutzen, die Analyse von N aufzugreifen und sie dem Seminar vorzulegen. Zum Beispiel: Wie frei sind die Teilnehmer dieses Seminars, sich konstruktiv gegenüberzutreten? Was N über verschiedene Kulturen behauptet, könnte in diesem Seminar geschehen, das sich aus Führungskräften vieler Kulturkreise zusammensetzt.
CA: *Also, N, dort, wo Sie behaupten, daß es funktioniert, tun Sie exakt das, was ich versuche, nicht zu tun, wenn ich etwas behaupte. Ich versuche, einige Daten einzubringen. Vielleicht haben Sie recht, aber ich glaube es nicht. Und ich will Ihnen auch sagen, warum, und bitte Sie um Ihre Reaktion. Wenn wir uns mit Führungskräften in verschie-*

denen Kulturen befassen, stellen wir fest, daß Malaysia sich von Tokio unterscheidet, und Tokio von New York. Aber wir stellen in Unternehmen in Japan, in Malaysia und in New York auch fest, daß dort ebenso viele Unterschiede existieren wie zwischen den Ländern. Ihre Verallgemeinerung trifft also nicht nur auf verschiedene Kulturen zu, sondern auch auf verschiedene Unternehmen innerhalb ein und derselben Kultur. Wenn es also auf verschiedene Unternehmen zutrifft, dann kann es nicht Kultur sein, denn es gibt in New York genauso viele Unterschiede wie zwischen Malaysia und New York.
Und nun zum zweiten Problem. Ich verfüge nicht über Daten, daß Sie unrecht haben, aber Sie liefern mir auch keine Daten, mit denen ich entscheiden könnte, ob Sie unrecht haben. Und jetzt höre ich Sie förmlich sagen: „Vertrauen Sie mir, Chris, ich weiß, es gibt Zeiten, da funktioniert es, und ich kann nicht ...“ Das ist so, als würden Sie sagen: „Chris, wenn Sie einfach so denken könnten, wie ich, dann wäre alles bestens.“ Mit dieser Regel möchte ich nicht einverstanden sein. Einverstanden sein möchte ich damit, mit Daten konfrontiert zu werden, und mit Daten meine ich die Art, die ich hier vorlege, oder irgendeine andere Art.
Teilnehmer P: *Das verstehe ich nicht. Gibt es nun eine eindeutige Regel oder nicht? Wenn ich mir diese Fallbeispiele ansehe, kann das meiner Meinung nach bedeuten, daß einige Gedanken und Gefühle, wenn sie offengelegt werden, der Zusammenkunft manchmal nützen können, manchmal nicht. Manchmal könnten diese Gefühle helfen, aber nicht bei anderen Personen.*
CA: *Die Regel, die ich empfehle, lautet, diese Unterstellung zunächst in einer bestimmten Situation zu prüfen.*
P: *Was prüfen wir? Alles?*
CA: *Wenn es damit zu tun hat, in wichtigen Fragen Beurteilungen und Unterstellungen bezüglich anderer Personen vorzunehmen – ja. Da würde ich alles prüfen.*
Teilnehmer Q: *Ich glaube, P will wissen, aufgrund welcher Regeln man weiß, wann zu prüfen ist und wann nicht. Und ich glaube, eine zweite stillschweigende Aussage ist, wie man prüft. Erstens bin ich sicher, daß es keine eindeutige Regel gibt, daß man alles offenlegen und alles prüfen muß. Ich bin sicher, meine Anmerkung hat das Gespräch in diesem Fall nicht weitergebracht; (Lachen) manchmal bringt es das Gespräch nicht weiter, ich weiß. Und es hängt auch von den Menschen ab, da einige einem gedanklich besser folgen können als andere. Außerdem muß man klug genug sein zu begreifen, wen man vor sich hat.*
CA: *Ich verstehe Sie, Q, und bitte Sie, die Möglichkeit zu berücksichtigen ... Sie sollen hier neben den Fähigkeiten, die Sie offenbar besitzen, lernen, wann Sie es tun sollen und wann nicht. Untersuchen wir, wenn Sie beschließen, es zu tun, wie sie beschließen, es zu tun. Und zwar so, daß es tatsächlich zu weniger Abwehr führen könnte, nicht wie beim Zurückhalten.*
Anmerkung: N greift den Gedanken auf, daß Doppelschleifen-Lernen durch implizite

Gespräche hervorgerufen werden kann. Der Leiter bittet um eine Erläuterung. Dann konzentriert sich der Leiter auf zwei Dinge bei der Antwort von N. Erstens auf die Behauptung, daß es wichtige kulturelle Unterschiede gibt. Zweitens widmet er sich der selbstreferentiellen Logik, der N sich bedient. Beide Reaktionen stellen das Modell I dar. Sie bieten den Teilnehmern auch einige Einblicke in die Herausforderung, von Modell I zu Modell II zu gelangen. Daß der Leiter die Frage des Prüfens aufwirft, hilft ihm, einige Regeln zum Modell II wie die „Prüfeigenschaften" zu bestimmen. Das führt wiederum zu einem Dialog darüber, wann und wie geprüft werden soll. Wieder sind beide Fragen entscheidend für den Übergang von Modell I zu Modell II.

A: *Vielleicht geht es nur mir so, aber hier besteht ein Maß an Abstraktion, das ich nicht verstehe. Nehmen wir das Beispiel, das Sie gerade angeführt haben (von einer gemischten Botschaft). Sei kreativ, sei vorsichtig. Wie hätten Sie das anders ausgedrückt, damit ich aus dem, was Sie hier zu vermitteln suchen, etwas lernen kann?*

CA: *Ich will es versuchen. Sie haben den mittleren Teil herausgesucht. Ich möchte mit dem ersten Teil beginnen und die Frage stellen: „Warum müßte ich das überhaupt sagen?"*

A: *Was sagen?*

CA: *„Sei vorsichtig; sei kreativ, aber vorsichtig." Ich möchte nicht in einer Welt leben, in der ich so etwas sagen muß, aber wenn ich schon in einer solchen Welt leben müßte, würde ich M, glaube ich, sagen: „M, ich richte Ihnen eine Botschaft aus, die zugegebenermaßen gemischt ist. Die Mischung besteht darin, einerseits kreativ zu sein, andererseits vorsichtig. Der Grund, warum ich Ihnen diese gemischte Botschaft ausrichte, ist folgende Besorgnis." Dann würde ich fragen, ob mein Gesprächspartner diese Besorgnis teilt oder ob er sie für realistisch oder unrealistisch hält usw. Was steht jetzt in Ihrer linken Spalte?*

Teilnehmer R: *In meiner linken Spalte steht die Vermutung, daß er verwirrt ist durch das, was Sie ihm eben gesagt haben. (Lachen)*

CA: *Wie verwirrend fanden Sie es, M?*

M: *Als Sie es erstmals ausgesprochen haben, fand ich es verwirrend; die Information danach war besser.*

CA: *Merken Sie, was passiert ist? Ich habe ihn gefragt, „Wie reagieren Sie?" Er hat, wie ich meine, sehr hilfreich und angemessen geantwortet: „Chris, die ersten paar Sätze von Ihnen waren nicht hilfreich; die anderen waren es." Ich habe begriffen, daß es gut ist, wenn ich das lernen kann.*

Anmerkung: Modell-II-Antworten zu formulieren ist, selbst wenn das gut gemacht wird (und hier wurde es nicht so gut gemacht, wie es hätte sein können), oft verwirrend für diejenigen, die die meiste Zeit ihres Lebens mit einem Modell I der handlungsleitenden Theorie arbeiten. Wenn R beklagt, daß die Anmerkungen des Leiters verwirrend sind, dann legt der Leiter dar, daß die Antwort von M hilfreich ist, weil sie dem Leiter erlaubt, eine fundiertere Änderung vorzunehmen.

Teilnehmer S: *Meine linke Seite... (Lachen) Wenn Sie sagen, „Sei kreativ und sei vorsichtig", so kommt mir das als Empfänger dieser Botschaft, daß es hier etwas gibt, über das ich mir Sorgen machen muß, wie Rundfunk vor.*
CA: *Oh, ich habe das, glaube ich, falsch verstanden. Sie haben recht, das ist genau das, was eine gemischte Botschaft meiner Meinung nach tut. Ich mag keine gemischten Botschaften. Ich habe nichts für sie übrig, aber sie sind überall in den Organisationen, die ich untersucht habe, und deshalb habe ich Sie vielleicht mißverstanden. Ich halte gemischte Botschaften für keine gute Sache; und deshalb habe ich, als Sie mich gefragt haben...*
S: *Das habe ich verstanden; das hat mich nicht beunruhigt.*
CA: *Ich möchte es anders ausdrücken. Oft, wenn jemand eine gemischte Botschaft ausrichtet, ... – am besten, ich mache ein Rollenspiel. Häufig finden wir folgendes vor. Wir fragen, „Ist alles klar?" – „Oh ja, Chris, absolut klar, vielen Dank". Der Betreffende, der denkt, es sei eine gemischte Botschaft – sogar die Art, wie ich sie ausgerichtet habe –, umgeht das und sagt, „Oh ja, ich verstehe das. Ich komme auf Sie zurück." Und jetzt fangen sie an, Informationen zurückzuhalten, die ich unbedingt brauchte, Informationen, wie M sie mir gegeben hat, daß nämlich der erste Teil unklar war und der zweite Teil klar.*

Intervention zum Testen und Lernen: Seminar II

Diese erste Sitzung begann mit einem Dialog, der dem obigen ähnelte. Er machte deutlich, daß die Teilnehmer so handelten, daß sie einseitige Kontrolle erlangten, aber so taten, als handelten sie nicht so, und daß sie anderen Gefühle und Ansichten unterstellten und davon absahen, diese zu überprüfen (veranschaulicht Modell I).
In diesem Seminar konnten wir tiefer und früher als gewöhnlich in die Fragen zum Übergang vom Modell I zum Modell II eindringen. Wir untersuchten zuerst die Anmerkung in der linken Spalte, daß „die Verfasser die Karten offenbar in ihrem Sinn mischen". Dem Fakultätsangehörigen war bei dieser Formulierung einiges rätselhaft. Daß die Formulierung mit der Bedeutung des Positivseins kombiniert wird, macht deutlich, daß die Führungskräfte einseitige Kontrolle als etwas Positives sehen. In den Fällen, die sie aufgeschrieben hatten, beschwerten sie sich jedoch darüber, daß es kontraproduktiv sei, wenn andere ihnen gegenüber einseitig handelten.
Das zweite Rätsel ist: Nach Aussage der Führungskräfte müßten sie, wenn sie diese Strategie erfolgreich durchführen wollten, diese vor den anderen geheimhalten. Warum, fragt der Fakultätsangehörige, ist es notwendig, eine Strategie geheimzuhalten, die für alle Beteiligten positiv sein soll?
Anmerkung: Der Leiter hätte einen anderen Kurs einschlagen können. Er hätte die Seminarteilnehmer bitten können, die Bedeutung des Begriffs „positiv" zu definieren, in-

dem er sie gebeten hätte, konkrete Beispiele zu nennen. Das führt meistens zu Beispielen, deren „positive Seiten“ von anderen Teilnehmern in Frage gestellt werden. Der Lehrer ging so vor, wie er es tat, weil dieses Vorgehen Möglichkeiten zum Lernen bot. Die Gruppe konnte zum Beispiel eingehender und konkreter die Widersprüche (in der Effektivität beim Lernen) untersuchen, die aufkommen, wenn einzelne ihre Versuche zum Doppelschleifen-Gespräch in die Form einseitigen Handelns packen. Der Leiter stellte das zweite Rätsel vor, um ein Gespräch in Gang zu bringen, das schließlich die Kosten einer solchen Strategie zutage fördert.

A: *Sie wollen die Sache vollkommen im Griff haben. Sie bemühen sich, ihm das Gefühl zu vermitteln, alles im Griff zu haben, obwohl sie gar nicht wollen, daß er es im Griff hat.*

CA: *Bitte merken Sie sich die Regel: „Ihm das Gefühl lassen, die Sache im Griff zu haben, obwohl ich gar nicht möchte, daß er sie im Griff hat.“ Haben Sie irgendeine Ahnung, was ihn oder sie dazu veranlaßt hat, das in die linke Spalte zu schreiben?*

A: *Weil er etwas Schlechtes zu sagen hatte, wollte er vielleicht nicht damit herausrücken.*

Anmerkung: Die von A gestellte Diagnose entspricht den Handlungsstrategien des Modells I.

B: *Mir scheint, die Leute, die die Fälle aufgeschrieben haben, wollen herrschen. Sie wollen anderen nicht erlauben dazwischenzugehen. Sie wollen die Situation beherrschen, um sie als positiv hinstellen zu können.*

Ich betrachte diese Personen nicht als risikofreudig. Sie benutzen eine ziemlich konservative, Übereinstimmung fördernde Strategie, um Übereinstimmung herzustellen, um positiv zu bleiben; sie gestatten anderen aber nicht, sich einzumischen. Das ist die Strategie, die ich sehe.

CA: *Wie empfinden oder reagieren andere?*

A: *Bei diesen Fällen versuchen wir offenbar, die Gefühle des anderen zu erraten, statt sie offenzulegen. Wir raten und richten unsere Strategien vielleicht nach dem aus, was wir zu erraten versuchen.*

CA: *Um es mit meinen Worten auszudrücken: Wir unterstellen dem anderen etwas, aber wir prüfen es offenbar nicht, wenn ich Sie richtig verstehe.*

D: *Die Leute kommen offenbar mit vorgefaßten Begriffen über das, was geschieht, daher, und ich muß sagen, wahrscheinlich sind diese angemessen. Angesichts der Umstände ist dies ein Dialog mit Menschen, die sich kennen und miteinander arbeiten. Ich glaube, es ist irgendwie eine gute Entscheidung, mit Blick auf das Ergebnis, das man erreichen möchte, irgendwie zu versuchen, die Karten im eigenen Sinn zu mischen.*

CA: *Helfen Sie mir: Woher wissen Sie, daß Sie die Karten in Ihrem Sinn mischen?*

D: *Ich würde das nicht mit abwertenden Eigenschaften belegen, aber man tut doch alles in seiner Macht Stehende, um Umstände zu vermitteln oder darzustellen, die günstig für die Ziele sind, die man zu erreichen sucht. „Die Karten entsprechend zu*

mischen" würde die Idee oder den Punkt, glaube ich, seiner Sichtweise wohl so genau oder zumindest so weit wie möglich näherbringen.
CA: *Wenn Sie die Karten mischen würden, um positiv zu sein, würden Sie sagen, Sie tun das für den anderen?*
D: *Natürlich nicht.*
CA: *Das ist ein Problem, das wir hoffentlich lösen. Wieso ist es richtig, eine Strategie geheimzuhalten, deren Absichten positiv sein sollen?*
D: *Ich meine, das ist nichts, was zum ersten Mal passiert. Das beruht auch auf Erfahrung und vorangegangenen Erfolgen – mit dieser speziellen Person oder anderen Menschen –, denn es hat schon vorher Verhandlungen gegeben, um diese Dinge voranzubringen.*
CA (später): *Wenn ich kurz zusammenfassen darf: Die Leute schließen auf eine Notwendigkeit der Kontrolle, eine Notwendigkeit, so zu handeln, als würden sie nicht versuchen, Kontrolle auszuüben. Zweitens gibt es nach Ihren Erfahrungen ein Gespür dafür – ich glaube, der Ausdruck wurde noch nicht gebraucht, aber wenn Sie ihn für ungerecht halten, sagen Sie es –, „dogmatisch" zu erscheinen, und sie versuchen nicht zu prüfen. Wie jemand sagte, ist das vielleicht am Ende realistisch.*
E: *Ich halte das irgendwie für einen Mangel an Offenheit und Aufrichtigkeit untereinander.*
CA: *Wie könnten Sie diese Aussage mit der Position zusammenbringen, daß dies realistisch ist?*
E: *Ich glaube, es paßt in gewisser Weise, denn was sie gesagt haben, ist eine Fortsetzung von Praktiken und Abwehrverhalten, die aufgebaut worden sind. Die Worte, die gebraucht werden, bedeuten, daß ein Mangel an Aufrichtigkeit besteht, und welche Mauer zwischen den beiden errichtet wird, wird durch diese Aussagen deutlich, die nur durch aufrichtigere gemeinsame Annäherungen aus der Welt geschafft werden können.*
F: *Ich glaube nicht, daß all diese Anmerkungen auf Unaufrichtigkeit hindeuten, vielleicht nur ein oder zwei.*
CA: *Zeigen Sie mir eine, die auf Aufrichtigkeit schließen läßt.*
F: *„Beginne positiv" legt Aufrichtigkeit nahe.*
CA: *Wenn es positiv ist, warum sollte „beginne positiv" dann verborgen werden? (Es steht in der linken Spalte.)*
F: *Ich hatte nicht gedacht, daß es verborgen ist. Ich glaube, dieses Wort wäre eine Aufforderung an einen selbst, dafür zu sorgen, daß man auch wirklich weiterhin positiv dasteht. Es ist nur eine Aufforderung, aber eine stille. Man geht nicht hin und sagt: „In dieser Sache werde ich jetzt positiv sein."*
CA: *Einen Moment; was ist daran so lustig? Einige haben gelacht. Die häufigste Aussage, die ich in den Fällen gelesen habe, ist „Sei positiv". Aber wie wir sehen, ist die Konsequenz überwiegend negativ. Darf ich fragen, was das über uns aussagt?*
G: *Ich glaube, das ist normal. Einerseits weiß man, daß man sich an dieser Diskussion*

beteiligen wird und daß das Ergebnis der Diskussion für die andere Seite am Ende nicht positiv sein wird. Andererseits möchte man die andere Seite gar nicht unaufrichtig oder mit einem Mangel an Würde behandeln. Wie F sagte, möchte man das Gespräch beginnen mit: „Ich muß positiv sein. Ich muß nicht um die Sache herumreden." Aber da wir Menschen sind, wissen wir im Grunde, daß wir die Person auf der anderen Seite verletzen werden. Ich stimme F daher zu; das ist eine Art stille Aufforderung, die einem sagt: „Ich habe nicht die Absicht, diesen Menschen zu erniedrigen". Ich werde positiv bis zu den Tatsachen vordringen und muß mich den Konsequenzen stellen, die nicht angenehm sind.

Anmerkung: Die Ausführungen von G stellen Denkprozesse des Modells I dar, die defensiv sind, aber die Führungskräfte halten sie für menschlich. G erklärt letztlich:

1. Es ist ganz normal, sich auf eine Diskussion einzulassen, von der wir wissen, daß sie für einen anderen nicht positiv sein wird.
2. Wir bemühen uns, den einzelnen mit Würde zu behandeln.
3. Obwohl wir lieber nicht „um die Sache herumreden", müssen wir es tun, um den anderen nicht zu verletzen.
4. Ermahne dich immer wieder, nicht zu vergessen, positiv zu sein. Er betont, daß diese Sicht als selbstverständlich angesehen wird. All das veranschaulicht die sozialen Tugenden der Fürsorge und Hilfe des Modells I.

H: *Es hört sich so an, als ob das ein Mangel an Aufrichtigkeit wäre, aber in Wirklichkeit ist es so selbstverständlich, daß man es gar nicht ausspricht. Wenn ich mit jemandem ein Gespräch beginne, muß ich nicht positiv beginnen. Das steckt in dem, was ich sagen werde; es wird positiv. Und wenn man mit diesem Gedanken im Hinterkopf beginnt und es dem anderen nicht sagt, dann deshalb, weil man handelt. Wenn man also positiv beginnt, hört sich das hier eher wie eine Bühnenrolle als wie wirkliches Leben an.*

CA: *Es ist also eine Art Vorsatz dabei, wie Sie es sehen?*

H: *Ja, es ist unecht.*

J (später): *Warum kann ich dann nicht einfach hingehen und sagen, Sie haben wahrscheinlich das echte Bedürfnis, dies zu kontrollieren oder in dieser Sache tatsächlich nachzugeben?*

CA: *Es kann durchaus sein, daß wir, wenn wir die Freiheit hätten, aufrichtiger zu sein, tatsächlich ziemlich destruktiv wären. Viele von Ihnen beschreiben zum Beispiel, daß die linke Spalte ärgerliche Informationen enthält. Wenn wir ehrlich wären und diese Ansichten äußerten, würden wir wahrscheinlich andere verärgern.*

K: *Ich bin mir nicht sicher, ob ich den Punkt richtig verstanden habe. Zivilisiertes Verhalten erfordert eine gewisse Übereinkunft darüber, wie man etwas tut. Ich sehe nichts davon hier als zwangsläufig falsch an. Wenn man mit anderen Menschen verhandelt, muß man die Voraussetzungen schaffen. Und hier werden die Voraussetzungen geschaffen. Ansonsten bekommt man nur Ärger. Wenn man ohne Umschweife erklärt,*

„Sie haben unrecht, ich möchte dies", oder „Wir machen das, oder Sie fliegen raus", dann macht man sich damit nicht unbedingt Freunde.
CA: *Es kommt darauf an, was man unter „zivilisiert" versteht. Wenn „zivilisiert" zum Beispiel bedeutet, das Gesicht zu wahren, weiß ich nicht, wie man jemals zivilisiert sein könnte (wie Sie es meiner Meinung nach verstehen), ohne zu lügen. Lassen Sie mich das genauer erklären. Wenn ich zu Ihnen sage: „K, ich bin im Begriff, Ihr Gesicht zu wahren", habe ich es vermasselt. Die einzige Möglichkeit, wie ich geschickt zivilisiert sein kann, ist die, so zu handeln, als würde ich nicht versuchen, geschickt zivilisiert zu sein. Vielleicht, K, passiert das in unserer Welt alle Tage. Vielleicht ist es an der Zeit, daß wir dieses Vorgehen unterbrechen. Das ist der Teil, um den ich Sie bitte. Wir haben in dieser Gruppe Beispiele für zivilisierte Strategien, die, soweit ich das sehe, unzivilisierte Konsequenzen haben; aber wahrscheinlich wird der andere das nicht aussprechen, vor allem dann nicht, wenn Sie sein Boß sind.*
Anmerkung: Im vorangegangenen Seminar machte das Fakultätsmitglied anhand dieser Anmerkungen ein Dilemma der Modell-I-Führungskräfte deutlich. Einerseits führen sie Selbstgespräche, die Bewertungen und Unterstellungen enthalten, die schwer zu überprüfen sind. Andererseits würde eine Offenlegung dieser Anmerkungen nur die nicht überprüfbaren und defensiven Merkmale ins öffentliche Licht rücken. Es ergibt wenig Sinn, Aufrichtigkeit oder Offenheit als die Offenlegung seiner Gedanken und Gefühle aus der linken Spalte zu definieren, weil sie so geartet sind, daß sie eine Abwehr hervorrufen würden. *Das grundlegende Problem besteht darin, warum die Führungskräfte beim Umgang mit solchen Fragen so denken, wie sie denken.*
Neben diesen Punkten merkte das Fakultätsmitglied noch an, daß das obige Dilemma durch bestimmte Eigenschaften hervorgerufen wird, die die Führungskräfte besitzen und nutzen. Ihr eingeübtes Handeln, das Fürsorge und Umsicht demonstrieren soll, kann negative Folgen haben. Das Fakultätsmitglied konnte anhand des Seminargesprächs eine solche unbeabsichtigte Folge nachweisen.
CA: *Ich möchte Sie etwas fragen. Sie haben zu Beginn etwas in der Richtung wie „Ich bin mir nicht sicher, ob ich dieses Gespräch verstehe" gesagt. Dann haben Sie Dinge gesagt, die mir zeigten, daß Sie dem Gespräch problemlos gefolgt sind. Sind Sie also jetzt zivilisiert? Ich möchte die Gruppe fragen: „Hat irgend jemand bei sich gesagt, ‚Gütiger Himmel, der hat das gar nicht kapiert!'?"*
M: *Natürlich.*
CA: *Hat das jemand auch zu ihm gesagt?*
M: *Nein, wir sind zivilisiert.*
CA: *Kann man sagen: Die Frage, die ich gestellt habe, um zu sehen, ob Sie Ihr Zivilisiertsein ausspielen, war Ihnen währenddessen gar nicht bewußt? Sie haben nicht gesagt: „Ich werde es diesem Seminar klarmachen", und so weiter und so fort. Ist das richtig?*
K: *Mir war das nicht bewußt.*

CA: *Wir müssen uns das einmal ansehen, wenn wir weitermachen, weil ich nicht glaube, zumindest wenn unsere Daten stimmen, daß K uns etwas vormacht. Sein Verhalten ist so eingeübt, daß es als selbstverständlich betrachtet wird. Das führt dazu, daß wir uns dessen nicht bewußt werden. Das Nicht-bewußt-Werden wird also durch Übung hervorgerufen. Auf diese Frage möchte ich später noch einmal zurückkommen. Sobald etwas als selbstverständlich betrachtet wird, wird es automatisch.*
N: *Ich stimme K zu. Um ganz ehrlich zu sein, was K gesagt hat, war nicht die Botschaft, die ich sonst im Raum gehört habe. Ich hätte nicht unbedingt das Wort „zivilisiert" gebraucht, aber man braucht ein solides Fundament, von dem man ausgeht, wenn man sich auf eine schwierige Diskussion einläßt. Wichtig ist, daß man auf das zurückkommen kann, was kein Streitpunkt war, falls die Dinge total den Bach runtergehen. Aber ich habe hier Worte wie „Unaufrichtigkeit" gehört. K hat gesagt, es sei nicht unaufrichtig. Man braucht das als Bezugspunkt, auf den man zurückkommt, und daher glaube ich, es hatte eine andere Bedeutung als das, was ich sonst hier gehört habe.*
CA: *Wie würden Sie es denen erklären, die eine andere Ansicht hatten als Sie?*
N: *Ich glaube, man müßte sie fragen.*
CA: *Darf ich Sie einen Moment unterbrechen, N, weil ich Ihnen den Grund nennen möchte, warum ich Ihnen diese Frage gestellt habe? Was ist, wenn Sie und K recht hätten und die anderen nicht, wie würden Sie ihnen helfen zu lernen? Daran habe ich gedacht, als mir das durch den Kopf ging. Und dann habe ich gesagt: „N, wie würden Sie erklären ...?"*
O: *Ich glaube, vielleicht besagt das, was einige der Leute tun, daß die Absicht der Diskussion in Wirklichkeit die ist, diesen Kerl abzukanzeln, ihn zu korrigieren oder was immer. Vielleicht merken sie nicht, daß die Leute mit einigen der Worte, die hier gefallen sind, zum Ausdruck bringen, daß sie, um bis ans Ende zu kommen, eigentlich in verschiedene Richtungen gehen müßten; sie gehen nur nicht einfach ganz bis zum Ende. Ich glaube, die Leute sagen, daß sie unaufrichtig und zu vorsichtig und was sonst noch sind, und nehmen an, daß man tatsächlich bis ganz zum Ende gehen muß. Wir schreiten ein, Sie setzen sich, Sie werden gefeuert.*
CA: *Sehen wir uns das mal an, M. Ist das Ihre Meinung? Bis jetzt sagt er nein, er ist nicht einverstanden. Machen Sie weiter.*
O: *Ich empfinde es so, daß man in den meisten Fällen erklären sollte, was man wirklich denkt oder glaubt. Wenn ich dies lese, empfinde ich, daß es, wenn einige der Fragen hier ausgesprochen würden, sehr viel schneller zu einer Verständigung und Übereinstimmung käme, als wenn nichts gesagt wird. Aufrichtigkeit ist in diesem Fall nicht unbedingt eine Beurteilung, ein moralisches Urteil, denn das, was verborgen wird, ist nichts besonders Schlimmes.*
CA: *Es kann eine universale Fertigkeit sein. O, kann ich bis jetzt mit Recht sagen, daß Sie immer noch nicht mit dem einverstanden sind, was M sagt?*
O: *Nicht unbedingt. Es kommt auf den Fall an; es kommt auf die tatsächlichen Einzel-*

heiten der Diskussion an, die Sie geführt haben, auf die Art des Gesprächs und natürlich auf Ihre Bewertung des Charakters und des Verhaltens der Person, mit der Sie gesprochen haben.

CA: *O, wenn Sie sich Ihre Bandaufnahme von ganz am Anfang anhören würden, würden Sie, glaube ich, feststellen, daß Sie mit „Es gab kein ‚es kommt darauf an' oder irgend etwas" angefangen haben. Jetzt kommen Sie in das Stadium, wo es darauf ankommt, in welcher Situation Sie sich befinden. Achten Sie darauf, was mit Ihrer Argumentation geschieht. An einer Stelle wirken Sie relativ klar, was eine mögliche Erklärung betrifft. Sie haben nicht gesagt, daß es die Erklärung war. Dann sagte M, „Ich glaube nicht". Jetzt machen Sie Vorbehalte. Kann ich diesem Sprechen in Vorbehalten noch trauen, oder ist es Teil des Zivilisiertseins?*

O: *Ich glaube, es ist ein Bestandteil des Zivilisiertseins.*

P: *Chris, ich weiß nicht, ob ich das verstanden habe. Wenn ich mehrere Verhaltensweisen übernehme, mit denen ich arbeiten kann, warum sollte ich sie dann ändern wollen?*

Anmerkung: Das ist eine sehr wichtige Frage. Normalerweise wird sie nach einiger Zeit von verschiedenen Personen offen gestellt. Nachdem sich ein Trend entwickelt, erklärt der Leiter den Trend und fragt die Seminarteilnehmer, inwieweit sie das Gefühl haben, daß sie, wenn sie verschiedene Verhaltensweisen übernehmen, die offenbar funktionieren, diese wahrscheinlich nicht ändern wollen.

CA: *Der Grund, warum ich möchte, daß Sie darüber nachdenken, sie zu ändern, ist der, daß Sie auf den höheren Ebenen sich so verhalten sollten, daß das Doppelschleifen-Lernen gefördert wird. Das Doppelschleifen-Lernen können Sie dadurch fördern, daß Sie es prägen.*

O: *Chris, darf ich einen hypothetischen Fall schildern? Sie unterrichten sicher schon sehr lange, und bestimmt haben Sie schon einmal die Situation erlebt, daß ein Teilnehmer etwas absolut Lächerliches und Dummes gesagt hat, und Sie haben bei sich gedacht, „Gott, war das dämlich!" Sind Sie unaufrichtig, wenn Sie nicht sagen, „Was Sie da gerade gesagt haben, ist wirklich dummes Zeug"?*

CA: *Zunächst einmal: Sie machen Annahmen über das, was ich denke. Ich will Ihnen sagen, was mir, glaube ich, durch den Kopf geht, weil es erklärt, wie ich gern hätte, daß Sie vorzugehen gedenken. Wenn dieser Teilnehmer etwas Abwegiges sagt, müßte es nicht einmal wirklich abwegig sein, damit ich ihm sagen würde: „Ich möchte gern den Gedankengang hinter der Schlußfolgerung verstehen, die Sie soeben gezogen haben." Ich würde mit dem Teilnehmer das machen, was ich mit anderen hier auch gemacht habe.*

Ich bitte Sie, folgendes zu bedenken: Wenn Sie einen Gedanken automatisch und für sich als dumm bewerten, schaffen Sie den Rahmen, in dem Sie um der Rücksicht willen unaufrichtig sein müssen. Ich bitte Sie, in Erwägung zu ziehen, eine automatische Reaktion zu entwickeln, daß Sie Ihre Beurteilungen verstehen und prüfen.

Ich würde also in ihr Denken eindringen. Ich glaube, der Gedanke, Handlungen auto-

matisch als dumm o. ä. zu bezeichnen, ist an sich schon die Grundlage oder der Anfang schlechter Kommunikation. Wenn mir jemand eine Pistole vorhält oder ein Terrorist auftaucht, werde ich wahrscheinlich nicht insistieren; aber ich betrachte das, was wir hier tun, nicht als Leben und Arbeiten mit Terroristen. Wir versuchen ernsthaft, Doppelschleifen-Lernen zu schaffen. Denken Sie daran: das ist es, worum es hier geht.

Anmerkung: Das Gespräch nahm durch Anmerkungen von O eine andere Richtung. Er ging auf das Bild des Leiters mit den Terroristen ein und sagte, viele von ihnen arbeiteten in einem Umfeld, das einige starke Merkmale des Gewinnens/Nicht-Verlierens und des Konkurrierens enthalte, was seiner Meinung nach dazu führt, Verhalten zu verkaufen, wenn sie Erfolg haben sollen.

Q: *Was ich sagen will, ist absolut ehrlich; es ist keine Herausforderung. Es ist in Wirklichkeit eine Beobachtung. Bleiben wir bei der terroristischen Bedrohung. Viele von uns arbeiten in hierarchischen Organisationen. Wir können arbeiten, wir sind Männer oder Frauen, wir stehen am Ende der Karriere, wir haben in unserer Stellung andere Ziele als sie in ihrer. Als Angehörige des mittleren Managements ging es, wie ich glaube, bei den meisten von uns häufig steil nach oben. Ich denke, das trifft zu, und wir waren nicht nur durch Geld motiviert, sondern durch Leistung, dadurch daß etwas gut lief. Und weil das unsere Motivation war, waren wir meistens Vertreter des Wandels [„change agents"]. Diese Verteter des Wandels stecken, wenn sie sich nicht in einer sehr aufgeschlossenen Umgebung befinden, in einer Art Verkaufssituation, in Situationen, in denen sie nur auf eins hoffen: vorne zu sein. Darauf, vorne zu sein für die Organisation, aber auch auf ein Gefühl der Erfüllung, daß sie ihre Sache gut gemacht haben.*

CA: *Absolut.*

Q: *Zurück zur Situation mit den Terroristen. In hierarchischen Organisationen ist es nichts Ungewöhnliches, an der Wurzel zu entdecken, daß es solche Führungskräfte bei IBM und Sears und General Motors natürlich gegeben hat, ohne daß sie „echte" Terroristen waren. Sie sind keine Zuhörer. Wenn wir uns folglich die Aufzeichnung dieser Gespräche mit linken und rechten Spalten durchlesen, scheint es sich um Verkaufssituationen zu handeln, in denen Vertreter des Wandels versuchen, daß etwas Konstruktives für die Organisation geschieht, aber Zuhören existiert dort nicht. Der „terroristische" Teil dessen, was hier nicht existiert, ist die Folgerung, daß dieses und jenes Teil des Gesprächs ist, was wir nicht sehen können, daß dies die andere Seite ist, daß dies das ältere Individuum ist, daß Ihre Karriere, wenn Sie mich wegen dieser Änderung bedrängen, gefährdet ist. Das ist eine Situation, die der Aufrichtigkeit nicht förderlicher ist als der Terrorist, der Ihnen eine Pistole an die Schläfe hält.*

CA: *Weiter.*

Q: *Das fördert die Unaufrichtigkeit. Ich glaube, das ist die Frage, die hier wirklich untersucht werden muß, weil wir ihr irgendwie ausweichen.*

Schlußfolgerungen

Das Kapitel erläutert den Gebrauch der Fallmethode mit linker und rechter Spalte als Forschungs- und Unterrichtsinstrument.
Man kann diese Aufzeichnungen analysieren und dabei folgendes feststellen:

1. Die Häufigkeit der Handlungsstrategien des Modells I, wie jemandem etwas zu unterstellen, ohne es zu überprüfen.
2. Die Häufigkeit (und Art) des defensiven Denkens, wie die selbstreferentielle Logik.
3. Die Häufigkeit, mit der die linke Spalte mit Anmerkungen gefüllt wird, die der betreffende Verfasser zwar als wahr und wichtig für das Lernen erachtet, die er jedoch für sich behält und verbirgt. Auch die Tatsache, daß er sie für sich behält und verbirgt, wird geheimgehalten.
4. Die Häufigkeit, mit der Personen Abstraktionen benutzen, als ob sie ganz konkret wären, zum Beispiel „positiv sein".
5. Die Häufigkeit, mit der die Teilnehmer Widersprüche produzieren. Die Häufigkeit, mit der andere die Widersprüche erkennen, und die Häufigkeit, mit der die Urheber der Widersprüche sich nicht dessen bewußt sind, was sie hervorbringen.
   Die Häufigkeit, mit der die Verantwortung für die Widersprüche der Akkulturation der eigenen Kultur zugeschoben wird.
6. Die Häufigkeit, mit der Personen Annahmen über kulturelle Unterschiede machen, sie in einem Seminar aber nicht testen, in dem fast 45 Prozent der Teilnehmer verschiedenen Kulturen entstammten.
7. Die Häufigkeit, mit der die Führungskräfte im Seminar sich entsprechend einem Verhalten verhalten, das sie selbst kritisieren, und das Ausmaß, in dem sie sich dieses Widerspruchs nicht bewußt waren.

Auch Analysen zweiter oder dritter Ordnung sind möglich, zum Beispiel:

1. Die Häufigkeit sich selbst erhaltender Prozesse und das Ausmaß ihrer Komplexität sowie das Ausmaß, in dem sie die Individuen vom Lernen ausschließen.
2. Das Ausmaß, in dem die Personen bereit sind, Rätsel und Widersprüche zu erforschen, um zu lernen.
3. Die Prozesse, die zuerst hervorgeholt und dann geändert werden müssen, damit die einzelnen zugeben, das Gefühl zu haben festzusitzen. Anfangen zu lernen, wie sie sich eine Blöße geben können, ohne sich schwach zu fühlen.
4. Ein Beispiel für Analysen der dritten Ordnung wäre die Entwicklung organisationalen Abwehrverhaltens im Seminar. Dies würde erfordern, daß das Seminar eine bestimmte Zeit zusammenbleibt (mindestens sechs Stunden). Wenn die Teilnehmer aus ein und derselben Organisation kommen, könnten sie ein Diagramm mit ihrem Abwehrverhalten im Seminar erarbeiten und dieses Verhalten mit einem Diagramm vergleichen, das sie von ihrer Organisation zu Hause erstellen.

Nimmt man das Seminar als Rahmen für das Lernen, insbesondere für das Doppelschleifen-Lernen, dann kann jeder der früher beschriebenen Bereiche als Grundlage für ein derartiges Lernen benutzt werden. Der erste Schritt zum Doppelschleifen-Lernen auf zwischenmenschlicher Ebene besteht zum Beispiel darin, sich der eigenen Handlungsstrategien des Modells I bewußt zu werden, als da sind:

1. Annahmen und Unterstellungen so vornehmen, daß das Lernen beeinträchtigt wird;
2. sich eines defensiven Denkens bedienen;
3. sich der persönlichen Verantwortung entziehen, wenn sie gefordert wird, und
4. lernfeindliche sich selbst erhaltende Prozesse schaffen.

Wenn die Teilnehmer sich ihrer Fehler bewußt werden, können sie die Richtigkeit der Position ihres Lehrers vergleichen und hinterfragen oder ihn auffordern, konkrete brauchbare Alternativen aufzuzeigen. Der entsprechende Dialog bietet in beiden Fällen zahlreiche Gelegenheiten zu lernen, wie man eine Modell-II-Untersuchung aufzieht. Das Seminar kann auch als Umfeld genutzt werden, die neuen Fertigkeiten auszuprobieren und über die Anforderungen des Übergangs vom Modell I zum Modell II nachzudenken.

Schließlich ist das Seminar auch als Rahmen zu nutzen, in dem die Teilnehmer auf die Schwierigkeiten aufmerksam gemacht werden können, die auf sie warten, wenn sie ihre neuerlernten Fähigkeiten auszuüben suchen. Das Seminar kann genutzt werden, um Ideen über Organisationsanordnungen hervorzubringen, die das Doppelschleifen-Lernen unter den Teilnehmern fördern und verstärken.

7. Eine umfassende Modell-II-Intervention

Im vorigen Kapitel haben wir Merkmale eines Lern- und Forschungsprozesses erläutert, mit dem Gruppen von Einzelpersonen geholfen wurde, den Übergang vom Modell I zum Modell II zu erkunden. In diesem Kapitel konzentrieren wir uns auf eine *umfassende Intervention* – eine Intervention, die darauf abzielt, einer ganzen Organisation beim Schritt von einem O-I- zu einem O-II-Lernsystem behilflich zu sein. Diese von Argyris betriebene Intervention wurde 1993, sechs Jahre nach ihrer Einführung, erstmals veröffentlicht. Sie wird nicht nur fortgesetzt, sondern in ihrem Umfang auch erweitert.

Die Untersuchung erfolgte, weil die Führungskräfte, die auch die Gründer und Eigentümer einer Unternehmensberatungsfirma waren, zu dem Schluß kamen, ihr Unternehmen könnte die negativen betriebsinternen Eigenschaften entwickeln, die ihnen in den Beratungsfirmen, die sie verlassen hatten, so mißfallen hatten. Sie waren außerdem der Meinung, gerade diese Eigenschaften könnten die Qualität ihrer Beratung für die Kunden mindern, vor allem bei Fragen im Bereich des Doppelschleifen-Lernens. Die Manager glaubten, daß Doppelschleifen-Lernen immer wichtiger werde, wenn sie auch künftig Wertschöpfung für ihre Kunden betreiben sollten. Sie kamen außerdem zu dem Schluß, eine solche Hilfe wahrscheinlich nicht leisten zu können, wenn sie diese Lernkompetenz nicht deutlich machten, bei der Erledigung sowohl der eigenen internen Aktivitäten als auch derjenigen, die auf die Kundenorganisation durchschlugen.

Argyris veranstaltete zunächst mehrere Treffen mit den Firmenmanagern, um die Bedingungen festzulegen und die Interventionsrichtung abzustecken. Dabei zeigten die Manager ein äußerst starkes inneres Engagement für das Lernen. Sie unternahmen keine Versuche, dem Intervenienten die alleinige Verantwortung aufzuladen, ihre Änderungsbestrebungen abzuschwächen oder das, was untersucht werden sollte, direkt oder indirekt einzugrenzen. Die Manager sprachen sich für eine Veröffentlichung der Untersuchungsergebnisse aus, weil sie glaubten, daß eine derartige Forderung der Qualität der Intervention nur guttun konnte.

Entwurf der Forschungs-/Interventionsaktivitäten

Der Entwurf für die umfassende Intervention wurde unserem theoretischen System entnommen. Es gab fünf Anfangsziele:

1. Feststellen, inwieweit die handlungsleitenden Theorien der leitenden Manager dem Modell I entsprechen.

2. Feststellen, inwieweit die Manager defensiv denken, sobald sie mit unangenehmen oder bedrohlichen Fragen zu tun haben.
3. Die Entwürfe (Regeln) feststellen, die die Manager im Kopf haben, um sich nicht der Unterschiede zwischen den von ihnen vertretenen Werten, ihren Handlungen und ihren handlungsleitenden Theorien bewußt zu werden.
4. Feststellen, inwieweit die Manager ein wirksames Nachdenken über ihr Handeln verhindern, wenn sie handeln. Um es anders auszudrücken: feststellen, wie die Manager Handlungsentwürfe schaffen, die sie nicht befolgen, aber zu befolgen glauben, sich gleichzeitig aber dieser Diskrepanz regelmäßig nicht bewußt werden und sich so verhalten, daß sie es auch nicht merken oder die Ursachen für ihr Nicht-Bewußtsein erkennen.
5. Das Abwehrverhalten feststellen, das bei den Organisationen besteht und das Doppelschleifen-Lernen hemmt. Diagramme über diese Verhaltensweisen in den Organisationen erstellen, die das Handeln bestimmen, das begrenztes Lernen zur Folge hat und es perpetuiert, obwohl die Manager sich von diesem Handeln lossagen möchten.

Um diese Ziele zu erreichen, müßte man nicht nur Diagnoseprogramme, sondern auch Umbildungs- und Veränderungsprogramme durchführen. Sie müßten

- vergleichsweise direkt beobachtbare Daten über das Denken und Handeln der Manager hervorbringen; die Manager müßten die Verantwortung für die Schaffung dieser Daten in einer Form übernehmen (zum Beispiel ein aufgenommenes Gespräch), von der die handlungsleitenden Theorien der Manager abgeleitet werden könnten;
- die Manager veranlassen, Widersprüche und Lücken im Denken zu untersuchen, das ihren Handlungen zugrunde liegt;
- die Regeln hervorholen und deutlich machen, die in den Köpfen der Manager stekken „müssen", falls sie darauf beharren, daß eine Beziehung zwischen ihren Handlungsentwürfen und den Handlungen selbst besteht;
- jeden auf der Intervention beruhenden Widerstand, jede Verwirrung oder Enttäuschung als weiter beobachtbare Daten betrachten, mit deren Hilfe man die Richtigkeit dessen prüfen könnte, was gelernt wird;
- Möglichkeiten schaffen, wie man gemäß dem Modell II Handlungen vornimmt, die negative Konsequenzen verringern.

Das Problem darstellen

Die sieben leitenden Manager des Unternehmens in dieser Fallstudie stellten ihr Anfangsproblem auf unterschiedliche Art dar. Nach ihren Aussagen wollten sie ein Unternehmen schaffen, das sowohl firmenintern als auch gegenüber den eigenen Kunden zu dauerhaftem Doppelschleifen-Lernen in der Lage war. Sie wollten auch wissen, wie sie die bestehende „Politik" abbauen konnten, die ihrer Meinung nach ihr Ziel behinderte, eine echte „lernende Organisation" aufzubauen. Und sie wollten feststellen, wie man eine Organisation aufbaut, in der Doppelschleifen-Lernen nicht nur dauerhaft erfolgte, sondern auch dann, wenn Streß, Unannehmlichkeiten oder Bedrohungen herrschten.

Bei den ersten Befragungen versuchte der Intervenient festzustellen, inwieweit die Manager an das Vorhandensein negativer Aktivitäten glaubten und wie sie die Folgen dieser Aktivitäten für das Unternehmen einschätzten. Er versuchte auch, die Ursachenerklärung der Manager für diese Erscheinungen zu ergründen. Wie wir noch sehen werden, waren die meisten ihrer Erklärungen auf der „Leiter der Schlußfolgerungen" sehr hoch angesiedelt – auf verschiedenen Ebenen, die von den direkt beobachtbaren Daten abgekoppelt waren. Ihre Erklärungen konnten nicht überprüft werden, weil sie nicht streng mit diesen Daten verbunden waren. Die Erklärungen der Manager enthielten beispielsweise nicht näher erläuterte Unterstellungen wie „Die Leute sind nicht offen", „Die Entscheidungsfindung der Gruppe an der Spitze ist schlecht" oder „Es bestehen Gruppierungen, die Rivalitäten schüren".

Der Intervenient stand vor zwei großen Aufgaben. Zum einen mußte eine kausale Erklärung geliefert werden, die eine zusammenhängende, ganzheitliche und überprüfbare Darstellung der zahlreichen vielschichtigen und unzusammenhängenden Erklärungen der Manager bot. Diese ganzheitliche Erklärung mußte auch für den Entwurf und die Durchführung des Interventionsprogramms brauchbar sein. Das Interventionsprogramm und seine Folgen boten ihrerseits möglicherweise Gelegenheiten für eine weitere Überprüfung der Erklärung.

Die zweite Aufgabe bestand darin, Verallgemeinerungen darüber zu entwickeln, wie man das Abwehrverhalten und die eingeübte Unfähigkeit im Unternehmen unterbrechen und abbauen und dann den Managern helfen konnte (später auch Beratern auf allen Unternehmensebenen), die Qualifikationen zu erwerben, die erforderlich waren, das Lernen im Unternehmen so zu verbreiten, daß es sich nicht nur behauptete, sondern auch erweiterte und vertiefte.

Mit Hilfe des in Teil II beschriebenen theoretischen Systems befragte Argyris die Manager, um ihre Erklärungen für die Ursachen der Probleme zu erfahren, die sie für wichtig hielten. Diese Erklärungen stellten im wesentlichen die von den Managern *vertretenen* Theorien dar. Diese Theorien und Beobachtungen des tatsächlichen Verhaltens wurden dann in Beschreibungen individueller und organisationaler Handlungstheorien übertragen, sowohl auf der Ebene der vertretenen als auch der handlungsleitenden Theorie. Als nächstes wurde ein Organisationsdiagramm erarbeitet, das die handlungsleitende Theorie der Organisation für den Umgang mit der Frage der Unternehmenspolitik darstellte. Dieses Diagramm macht das Abwehrmuster des Unternehmens in dieser Frage deutlich: ein Muster, das teilweise das Vorhandensein von Aktivitäten erklärt, die das Lernen beeinträchtigen.

Das Diagramm wurde an die Manager zurückgeleitet. Dieses Feedback hatte u. a. den Zweck zu prüfen, wie weit die Manager die Merkmale des Diagramms oder sogar das

Diagramm insgesamt bestätigten oder widerlegten. Der Intervenient ermunterte mit besonderem Nachdruck zu Versuchen, das Diagramm zu widerlegen, und zwar aus zwei Gründen. Als Forscher wollte er zur strengstmöglichen Überprüfung seiner Ideen anregen; als Intervenient wußte er, daß der Entwurf und die Durchführung des Änderungsprogramms wesentlich vom Erklärungsdiagramm abhängen würden. Wenn das Diagramm fehlerhaft war, wollte er es frühzeitig wissen, um es korrigieren zu können; er wollte nicht, daß die Manager ihre Bedenken zurückhielten, nur um sie dann nach dem Anlaufen der Änderungsaktivitäten vorzubringen.

Ziele der Rückkoppelungssitzung

Die erste Rückkoppelungssitzung hatte sechs Ziele:

1. Den Managern darzulegen, was man aus den Befragungen und frühen Beobachtungen ihrer Treffen gelernt hatte;
2. zur Widerlegung oder Bestätigung der Erkenntnisse anzuregen;
3. mit dem Aufbau einer wachsenden Vertrauensbeziehung unter den Managern sowie zwischen den Managern und dem Intervenienten zu beginnen;
4. Handlungen zu planen, die alle negativen Aktivitäten korrigierten, die die Manager zu korrigieren wünschten;
5. die Interventionsschritte zu planen, die notwendig waren, diese Korrekturen durchzuführen, und
6. die Planung so durchzuführen, daß das innere Engagement der Manager für weitere Interventionsschritte gefördert wurde. Dieses innere Engagement bedeutete, daß die Manager zur Durchführung der Veränderungen motiviert waren, weil das eine wirklich lohnende Aufgabe war.

Der Rückkoppelungsprozeß

Welche Methoden zur Diagnose der Situation einer Organisation man immer verwendet und welche Daten immer gesammelt werden, für einen wirksamen Rückkoppelungsprozeß sind vier Punkte von Bedeutung:

1. Das Material sollte geordnet sein, damit die Variablen beschrieben werden können, die die funktionalen und dysfunktionalen Aktivitäten der untersuchten Gruppe verursachen. Das Hauptkriterium für die Unterscheidung zwischen funktionalen und dysfunktionalen Aktivitäten ist, inwieweit eine Aktivität das Auffinden und Korrigieren eines gravierenden Irrtums oder das Hervorbringen von Innovationen innerhalb der Gruppe fördert oder behindert.
2. Die Variablen sollten zu einem Muster geordnet sein, das deutlich zeigt, wie die Variablen entstanden sind und wie ihre wechselseitige Verstärkung zum Beharren des

Musters führt. Die Beschreibung des Musters sollte die Voraussage seiner Konsequenzen ermöglichen.

3. Das Muster sollte die wahrscheinliche persönliche Verantwortung jedes Managers für das Verursachen und Aufrechterhalten des Musters deutlich machen.
4. Das Muster sollte in Form eines Handlungsdiagramms dargestellt sein, das die Daten so zeigt, daß die Teilnehmer die Schlußfolgerungen ableiten können, die ein *umfassendes* Verständnis erlauben, aber auch die, die jeden *einzelnen* Fall erhellen. Die Daten müssen auch der Verallgemeinerung über die Gegenwart und die Zukunft förderlich sein. Das Diagramm sollte nicht nur die Informationen für all diese Analysen liefern, sondern auch über die Gruppe hinaus verallgemeinerbar sein (durch gedankliche Übertragung) und andere Teile der Organisation einschließen, bis hin zu anderen Individuen in anderen Organisationen.

Der Rückkoppelungsprozeß sollte helfen, ein ganzheitlicheres und systemischeres Bild der Realität in Organisationen zu liefern. Dieses Bild sollte in dem Sinne *ganzheitlich* sein, daß es einen größeren Ausschnitt der Wirklichkeit abdeckt als die bestehenden Ansichten einzelner Personen oder Untergruppen. *Systemischer* sollte es in dem Sinne sein, daß es die wechselseitigen Abhängigkeiten deutlich macht, die sich in einem sich selbst erhaltenden Muster niederschlagen.

Validitätstests

Ein für eine Feedbacksitzung angefertigtes Aktionsdiagramm zeigt in erster Linie Handlungen, Strategien, Auswirkungen, Leitbedingungen sowie die Rückkoppelungs- und Durchführungsmechanismen, die diese Erscheinungen in einem beständigen Muster zueinander in Beziehung setzen. Aktionsdiagramme sind letztlich Hypothesen über das, was die Lern- und Antilern-Aktivitäten innerhalb der Organisation antreibt. Deshalb müssen alle Aktionsdiagramme so oft und so umfassend wie möglich getestet werden.

Es gibt mehrere Strategien, mit denen man die Richtigkeit eines Diagramms prüfen kann. Die erste besteht darin, das Diagramm den Teilnehmern zu zeigen, um zu sehen, welche Eigenschaften sie bestätigen oder widerlegen. Der Forscher sollte jedoch wissen, daß bestimmte Umstände den einzelnen empfänglich dafür machen, etwas zu schnell zu bestätigen. Wir haben festgestellt, daß Teilnehmer zu schnell bereit sind, ein Diagramm zu bestätigen, wenn sie glauben, das Endergebnis sei nur Forschungswissen. Sie sind nicht bereit, sich, ihre Partner und ihre Organisation zur Disposition zu stellen, damit für Wissenschaftler Diagramme erstellt werden, die dann in Fachzeitschriften erscheinen. Das heißt nicht, daß sie eklatante Irrtümer bestätigen; wenn der Irrtum eklatant ist, riskieren sie wahrscheinlich kaum etwas, wenn sie ihn widerlegen. Aber nach unserer Erfahrung widerlegen sie ungern, wenn die Meinungen weit auseinandergehen, wenn Themen „heiß“ und in altes organisationales Abwehrverhalten eingeschlossen sind – genau die Bedingungen, unter denen Wissenschaftler eine erfrischende Diskussion suchen würden.

Wenn die Teilnehmer dagegen schon am Anfang zugestimmt haben, daß die Untersuchung eine Intervention einschließt, um den Status quo zu ändern, die „Büchse der Pandora" zu öffnen, die sie gefürchtet haben, und auch das Abwehrverhalten zu ändern, das sie zu ihrem Schutz entwickelt haben, dann gestehen sie ihre Zweifel über das Diagramm eher ein.

Eine zweite Strategie zur Überprüfung der Richtigkeit eines Diagramms besteht darin, Voraussagen zu machen, die auf ihm beruhen. Besonders fundiert wird der Test, wenn die Voraussagen des Forschers den Teilnehmern bekanntgemacht werden, die Teilnehmer mit den Voraussagen nicht einverstanden sind und der Forscher am Ende doch recht behält. Das Diagramm zum Beispiel, das den Managern vorgelegt wurde (abgedruckt in diesem Kapitel), stellte dar, wie Unternehmenspolitik gemacht und beibehalten wurde. Die Manager diskutierten das Diagramm in einer lebhaften Besprechung; einige fanden die Besprechung so erfolgreich, daß sie bereit gewesen wären, ihre Aktionen sofort zu ändern. Der Intervenient und seine Assistenten prophezeiten, daß sie dazu nicht in der Lage wären. Sie konnten diese Voraussage prüfen, weil sie mehrere Besprechungen der Geschäftsleitung beobachtet und aufgenommen hatten, die nach der Rückkoppelungssitzung, aber vor den ersten zweitägigen Änderungsbesprechungen stattfanden. Eine Analyse der Tonbandaufnahmen bestätigte, daß das im Diagramm beschriebene Abwehrverhalten lebendig und intakt war.

Solche Erfahrungen werfen Fragen über die oft erhobene Behauptung auf, daß jede Intervention, auch die Bitte, etwas auszufüllen oder sich beobachten zu lassen, zu Veränderungen führt. Nach unseren Erfahrungen trifft diese Behauptung nur dann zu, wenn die Veränderungen Veränderungen bei Handlungsstrategien sind, nicht bei Wertvorstellungen, das heißt, wenn sie sich nur auf das Doppelschleifen-Lernen beziehen. Man kann zum Beispiel einem autoritären, aggressiven Chef zu einem weniger aggressiven Verhalten verhelfen, das allerdings häufig wieder verschwindet, sobald der Betreffende unangenehmen oder bedrohlichen Bedingungen ausgesetzt ist. In dem Augenblick, wo er normalen bis hohen Streß erlebt, kehrt er zur handlungsleitenden Theorie des Modells I und zum defensiven Denken zurück, die er nie aufgegeben hat. Unternehmerische Mätzchen und Launen beruhen häufig auf Verhaltensänderungen, die nicht mit Veränderungen bei den Leitwerten einhergehen.

Eine dritte Teststrategie ist die, die wahrscheinlichen Folgen vorauszusagen, die Versuche zur Veränderung des Status quo haben werden. Diese Tests sind noch fundierter, wenn die Veränderung verlangt, daß das, was für selbstverständlich gehalten wird, geändert werden soll. Je besser man die Änderungsbedingungen, die Handlungsabläufe, die zu Veränderungen führen und nicht führen, die Individuen oder Gruppen, die schneller lernen, und die Bedingungen, unter denen dieses Lernen stattfindet, im voraus spezifizieren kann, desto fundierter wird der Test.

Diese Spezifikationen lassen sich dadurch erstellen, daß man direkt aus dem im Diagramm verankerten Wissen Umschulungserfahrungen entwirft. Der Intervenient und seine Assistenten könnten zum Beispiel voraussagen, daß das Diagramm, das sie für die Manager erstellt haben, sich nicht ändern wird, solange die Manager ihre handlungsleitenden Theorien des Modells I nicht dahingehend ändern, daß sie sich den Merkmalen des Modells II annähern. Beim Übergang zum Modell II müßten die Individuen das Modell I „auftauen". Die Forscher könnten abschätzen, inwieweit jeder Manager (und später andere) das Modell I lockert und das Modell II praktiziert. Sie könnten auch Voraussagen über die Wahrscheinlichkeit machen, daß die Manager in der Lage wären, bedeutsame Veränderungen in der Unternehmenspolitik zu bewirken. Dies bedeutet jedoch nicht, daß Personen in dieser Situation sich von ihren Fertigkeiten des Modells I trennen müssen. Diese Fertigkeiten können immer noch für Routinefragen von Belang sein, die lediglich Einschleifen-Lernen erfordern. Es bedeutet auch nicht, daß das gesamte neue Verhalten einem Modell II in Reinkultur entspricht. Es wird viele Beispiele für Mischformen zwischen den Modellen I und II und auch für reines Modell-I-Verhalten geben. Was die Forscher beobachten, wenn es zu einem echten Übergang zum Modell II kommt, ist, daß die Individuen ihr Handeln nach dem Modell I erkennen und darüber nachdenken oder Unbehagen über ein solches Handeln äußern, ohne ihr Lernen zu behindern.

Erstellen des Aktionsdiagramms

Der erste Schritt beim Erstellen eines Aktionsdiagramms besteht im Bestimmen seiner Bestandteile, der zweite darin, jede Komponente gemäß der Rolle einzuordnen, die sie im vom Diagramm beschriebenen Lernsystem spielt. Welchen Beitrag leisten die einzelnen Komponenten zu den Werten, die das Muster insgesamt bietet, zum Wirken anderer Komponenten und zum eigenen Wirken?

Diese Kriterien entstammen einer operationalen Definition der *Interdependenz der Komponenten*: dem Maß, in dem jede Komponente von den anderen gestützt wird bzw. diese stützt, sowie dem Maß, in dem jede Komponente die Werte fördert oder hemmt, denen das Muster insgesamt dient.

Um die Komponenten eines Diagramms und ihre wahrscheinlichen Folgen zu bestimmen, sind wir auf unsere Theorie angewiesen. Modell I und Modell II machen uns darauf aufmerksam, die Handlungsstrategien und ihre Folgen, aber auch die Leitwerte zu beachten. Jedes Modell benennt außerdem Besonderheiten der Handlungsstrategien. Zu den Handlungsstrategien des Modells I gehört es, Handlungen so zu beurteilen oder Unterstellungen so vorzunehmen, daß nicht zu Untersuchungen oder öffentlichen Prüfungen ermuntert wird. Das Modell II der Handlungsstrategien zum Beurteilen und Unterstellen verlangt, die Strategien so zu gestalten, daß Untersuchungen und öffentliche Prüfungen begünstigt werden.

Unsere Theorie führt aus, daß Verhalten gemäß dem Modell I zu defensiven Folgen führt (zum Beispiel sich selbst erfüllenden und isolierenden Prozessen sowie einer zunehmenden Fehlerquote). Die Theorie legt außerdem das Wesen des defensiven und produktiven Denkens dar. Man kann den Forschern beibringen, Aufzeichnungen und Beobachtungen mit Hilfe dieser Gedanken zu bewerten.

Kausales Denken

Wir nehmen an, daß alle Individuen Entwürfe zum Handeln ausarbeiten und daß sie handeln, um die Welt, in der sie leben, zu erhalten. Erfolgreiche Handlungen sind in diesem Zusammenhang diejenigen, die ständig beabsichtigte Folgen hervorbringen. In dieser Anforderung enthalten ist auch die folgende Art kausalen Denkens: „Wenn ich so und so handle, wird dies geschehen und das nicht." Die so vorausgesagten kausalen Muster haben unter bestimmten Bedingungen Bestand. Das Modell I der handlungsleitenden Theorie verlangt vom kausalen Denken jedoch immer ein ganz anderes Ergebnis, als Modell II es tut. Weil das Modell I schützende Ergebnisse verlangt, verlangt es auch defensives Denken, während Modell II produktives Denken erfordert, um produktive Lernergebnisse hervorzubringen.

Wenn Handlungen durch das kausale Denken der Handelnden erklärt werden und unser Diagramm ein Muster von Handlungen, Konsequenzen und Werten ist, sollte es ein bestimmbares kausales Denken enthalten. Wir sollten zum Beispiel imstande sein festzulegen, inwieweit defensives oder produktives Denken beim Entstehen und Aufrechterhalten des durch das Diagramm enthüllten Musters verwendet worden ist.

Leitbedingungen

Wie wir bereits dargelegt haben, erfordert erfolgreiches menschliches Handeln, ob von Individuen oder Organisationen, eine gewisse Ordnung, innerhalb deren On-line-Handeln in einer besonderen Situation möglich ist. Entscheidende Variable in dieser Ordnung sind die Hauptwerte, die nicht verletzt werden dürfen. Hauptwerte fungieren als Kriterien dafür, den Erfolg einer Aktion abzuschätzen. Sie bestimmen außerdem die Handlungsabsicht. In der vorliegenden Fallstudie zum Beispiel war einer der Leitwerte für organisationales Handeln, den die Manager vertraten, „hohe Wertsteigerung für die Kunden erbringen". Folglich konnte jeder Gedanke der Manager und jede ihrer Empfehlungen anhand ihrer Auffassung von der Wertsteigerung einwandfrei bewertet werden. Darüber hinaus konnte man mit dieser Auffassung auch bestimmen, was nicht annehmbar war, wie etwa Analysen und Empfehlungen, die so gestaltet waren, daß wichtige Bereiche dessen, was man gelernt hatte, verborgen wurden.

Das Aktionsdiagramm der Manager

Aus Befragungen der Manager und der Beobachtung mehrerer ihrer Besprechungen (vgl. die Darstellung im Diagramm) wurde ein Aktionsdiagramm erstellt. Das Diagramm zeigt ein Muster wechselseitiger Abhängigkeit zwischen Leitbedingungen, allgemeinen Handlungsstrategien und einigen Anordnungen mit negativen Auswirkungen. Es zeigt außerdem die Rückkoppelungs- und Durchführungsprozesse, durch die das Muster aufrechterhalten wird.

Die Leitbedingungen der Manager

Alle Manager waren sich darin einig, daß die in der ersten Rubrik genannten Leitwerte existierten. Diese Werte bestimmten das Handeln in dem Sinn, daß jedwedes Handeln sie auf jeden Fall berücksichtigte. Die Handlungen verstießen nicht gegen die Wertvorstellungen; wenn doch, dann wurden zusätzliche Aktionen entworfen, um diese Verstöße auszubügeln. Die Verstöße wurden zum Beispiel vertuscht, wenn nicht die Absicht bestand, einen oder mehrere davon zu ändern.
Der zweite Leitwert, geringe Achtung und Vertrauen in zwischenmenschliche Angelegenheiten, verlangt ein klärendes Wort. Das Diagramm zeigt Leitvariablen der handlungsleitenden Theorie der Manager. Im Fall der anderen fünf Leitwerte bestand hohe Übereinstimmung zwischen den von den Managern vertretenen Werten und denen, an denen sie ihr Handeln ausrichteten. Es bestand jedoch eine relativ große Kluft zwischen den Werten, die die Manager hinsichtlich des Vertrauens vertraten, und denen, die ihr tatsächliches Verhalten bestimmten. Die Variable der handlungsleitenden Theorie war folglich geringe Achtung und Vertrauen.
In der nächsten Rubrik wurde gefragt, wie die Manager mit „mißlichen Problemen" umgingen, also unangenehmen oder bedrohlichen Situationen, im Gegensatz zu harmlosen Problemen.[1] Wie gingen sie mit „heiklen" Situationen um?

Allgemeine Handlungsstrategien der Manager

Die im Diagramm aufgeführten sieben allgemeinen Handlungsstrategien beschreiben typische Arten des Umgangs mit mißlichen, vertrackten Problemen, die bei den Managern festgestellt wurden. Um nur ein Beispiel zu nennen: Die Manager unterstellten sich gegenseitig Absichten und Motive. Sie sagten etwa, „Der und der ist kontrollorientiert", „Denken und Handeln von dem und dem werden vom Geld bestimmt" oder „Der und der manipuliert, um das zu erreichen, was er will".

---

[1] Wir verwenden den Begriff „mißliche Probleme" anders als ursprünglich Rittel und Webber, auch wenn eine Überschneidung existiert; er bezieht sich auf schlecht definierte und offene Probleme (vgl. Rittel, Hurst und Webber, Melvin, in „Dilemmas in a General Theory of Planning", Policy Sciences 4: 155-169).

Aktionsdiagramm der Manager: Ein organisationales Abwehrmuster

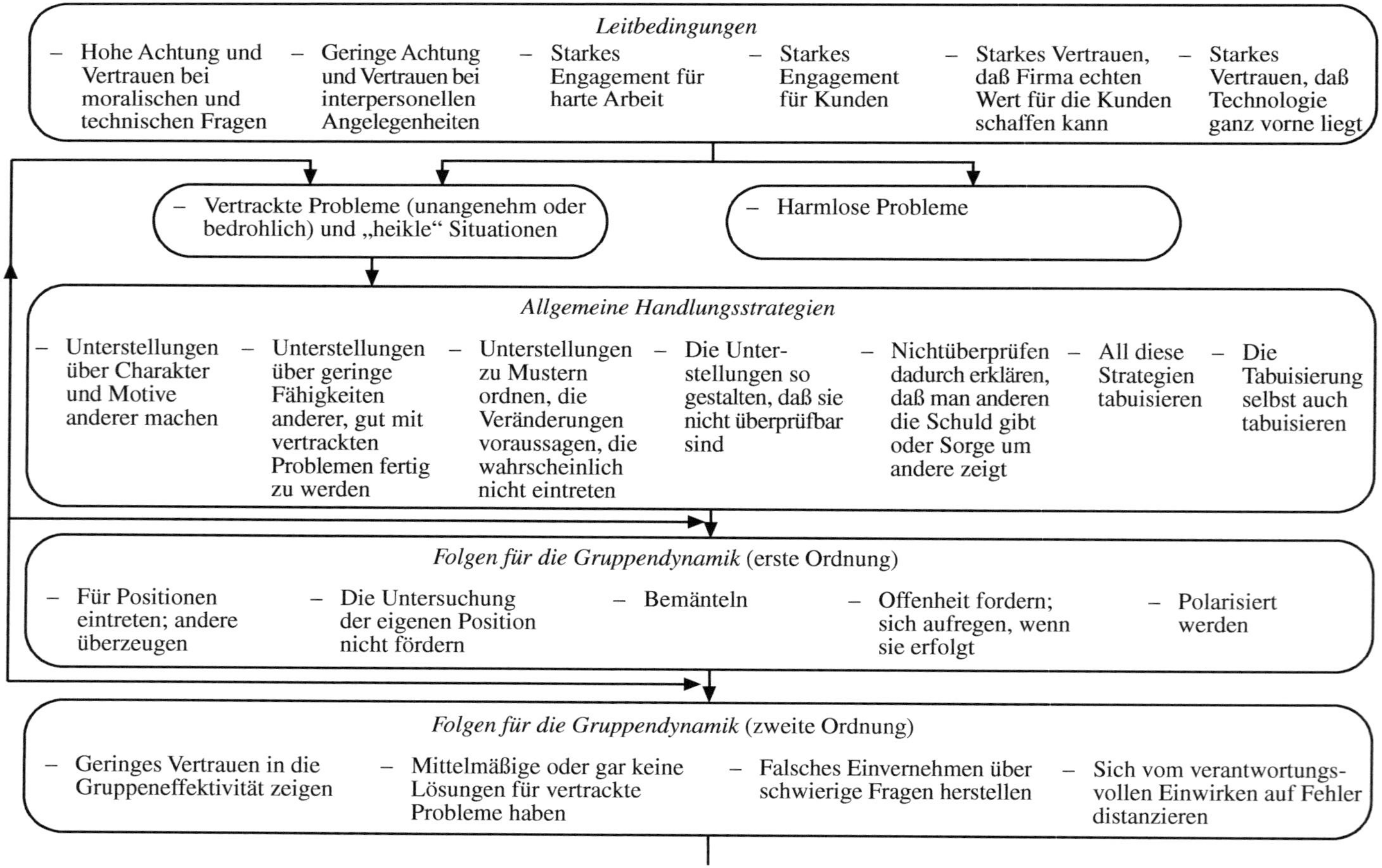

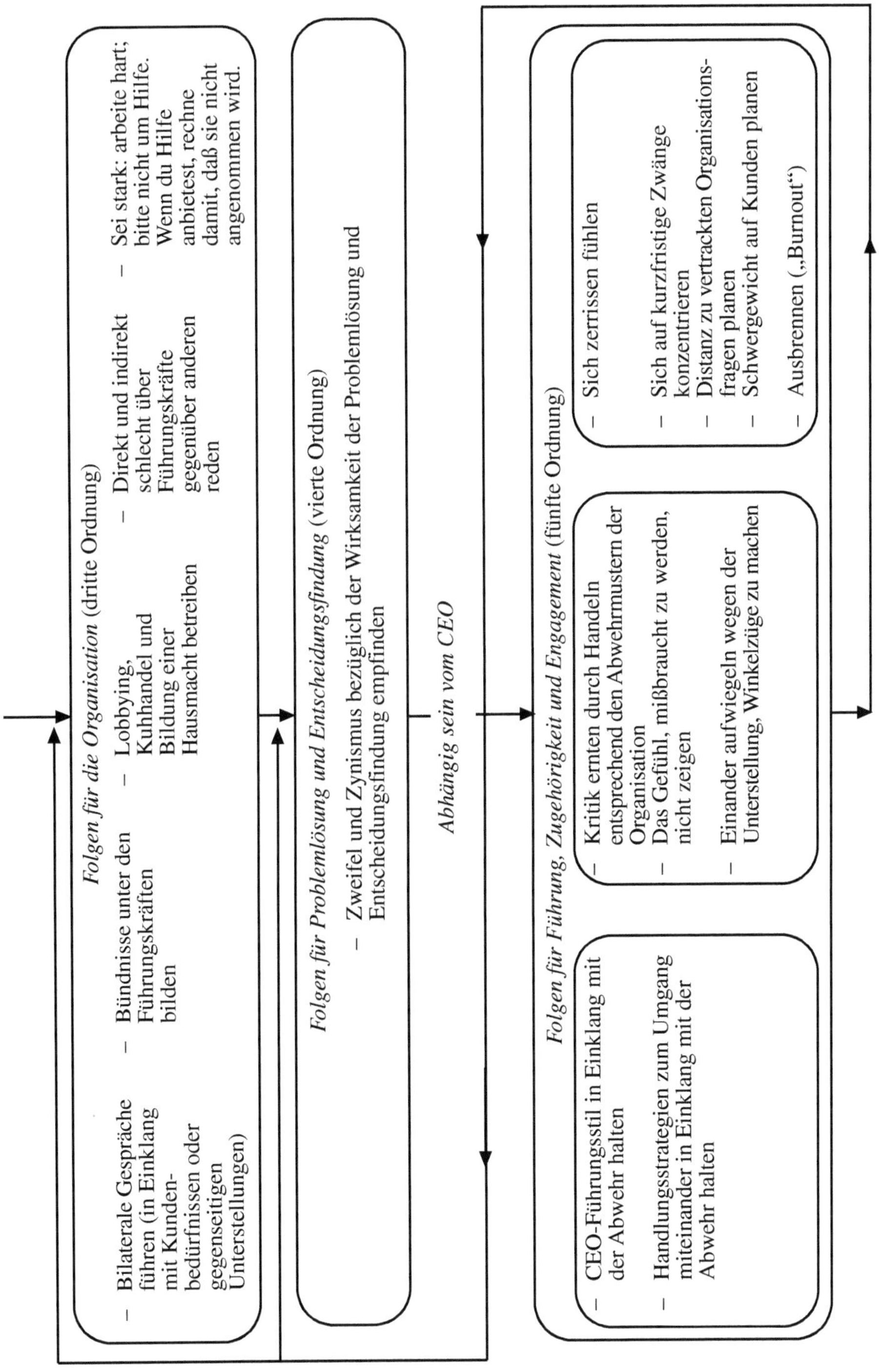
Folgen für die Organisation (dritte Ordnung)
– Bilaterale Gespräche führen (in Einklang mit Kundenbedürfnissen oder gegenseitigen Unterstellungen)
– Bündnisse unter den Führungskräften bilden
– Lobbying, Kuhhandel und Bildung einer Hausmacht betreiben
– Direkt und indirekt schlecht über Führungskräfte gegenüber anderen reden
– Sei stark: arbeite hart; bitte nicht um Hilfe. Wenn du Hilfe anbietest, rechne damit, daß sie nicht angenommen wird.
Folgen für Problemlösung und Entscheidungsfindung (vierte Ordnung)
– Zweifel und Zynismus bezüglich der Wirksamkeit der Problemlösung und Entscheidungsfindung empfinden
Abhängig sein vom CEO
Folgen für Führung, Zugehörigkeit und Engagement (fünfte Ordnung)
– CEO-Führungsstil in Einklang mit der Abwehr halten
– Handlungsstrategien zum Umgang miteinander in Einklang mit der Abwehr halten
– Kritik ernten durch Handeln entsprechend den Abwehrmustern der Organisation
– Das Gefühl, mißbraucht zu werden, nicht zeigen
– Einander aufwiegeln wegen der Unterstellung, Winkelzüge zu machen
– Sich zerrissen fühlen
– Sich auf kurzfristige Zwänge konzentrieren
– Distanz zu vertrackten Organisationsfragen planen
– Schwergewicht auf Kunden planen
– Ausbrennen („Burnout“)

Die Manager unterstellten einander auch eine geringe Fähigkeit, richtig mit mißlichen Problemen umzugehen. Darüber hinaus gestalteten sie ihre Unterstellungen entsprechend den Voraussagen, denen zufolge Veränderungen unwahrscheinlich waren, und erklärten zum Beispiel, „Ich kenne A doch, der ändert sich nicht“ oder „Glauben Sie mir, das ist Bs zweite Natur. Der ändert sich nie“. Das wurde alles so vorgebracht, daß die Voraussagen schwer zu überprüfen waren. Die Manager glaubten fest zu wissen, daß die anderen sich nicht änderten, daß diese Voraussage zuträfe und keine weitere Überprüfung erforderte.

Auf die Frage, ob sie ihre Behauptungen jemals öffentlich überprüft hätten, verneinten sie. Auf die Frage, warum sie es nicht getan hätten, antworteten sie, sie hätten den anderen nicht aufbringen, keine schlafenden Hunde wecken oder keine unguten Gefühle hervorrufen wollen. Als Grund dafür, ihre Unterstellungen nicht öffentlich überprüft zu haben, gaben sie tatsächlich an (Designkausalität), das sei aus Sorge um die anderen und die Gruppe geschehen.

Auf diese Weise tabuisierten die Manager ihre Unterstellungen und Hintergedanken. Sie tabuisierten auch die Tabuisierung. Diese Handlungsstrategie war notwendig, denn hätten sie diesen Fall der Tabuisierung öffentlich zugegeben, hätten sie auch alle anderen Unterstellungen und Vertuschungen öffentlich einräumen müssen.

Die sieben allgemeinen Handlungsstrategien verhinderten wahrscheinlich das Aufspüren und die Korrektur der Irrtümer. Darüber hinaus verstärkten sich die Strategien gegenseitig und trugen so zum Aufbau einer sozialen Wirklichkeit bei, die lernfeindlich und übertrieben fürsorglich war. Dies bedeutete, daß die Vorstellungen der Lernfeindlichkeit und übertriebenen Fürsorge ebenfalls geschützt wurden.

Folgen für die Gruppendynamik (erste Ordnung)

Jedesmal, wenn die Manager zusammenkamen, um über mißliche Probleme zu diskutieren, traten sie so überzeugend wie möglich für ihre Positionen ein in der Absicht, die anderen von ihren Ansichten zu überzeugen. Da sie ihre Ansichten auf der Grundlage tabuisierter und nicht überprüfbarer allgemeiner Handlungsstrategien aufbauten und verteidigten, war dies wenig Ermunterung für andere, die Positionen zu hinterfragen, die sie vertraten.

Sie handelten so, weil sie glaubten, als Manager verantwortlich dafür zu sein, ihre Ansichten zum Ausdruck zu bringen. Und wie die Daten im Diagramm zeigen, wußten die Manager, daß ihre Organisationsnormen lernfeindliche und übertrieben fürsorgliche Handlungen und die Vertuschungen dieser Handlungen förderten. Unter diesen Umständen liefen Manager, die ihre Vorstellungen einer Untersuchung zugänglich machten, Gefahr, zu verlieren und von anderen beherrscht zu werden. Deshalb umgingen die Manager diese Fragen und vertuschten das Umgehen. Das Umgehen und Vertuschen wurden aus den Bemäntelungsaktionen abgeleitet, die während der Befragungen gemeldet und bei den Besprechungen beobachtet wurden. Die Manager berichteten beispielsweise, daß sie jedesmal, wenn sie andere zur Offenheit aufgefordert hatten, sich entweder „blutige Nasen“ geholt oder verlegenes Schweigen erlebt hatten. Beide Reaktionen waren ärgerlich; keine regte zu weiterer Diskussion an.

Folgen für die Gruppendynamik (zweite Ordnung)

Die allgemeinen Handlungsstrategien der Manager zogen, zusammen mit der Gruppendynamik der ersten Ordnung, mindestens vier Folgen der zweiten Ordnung nach sich.

Erstens gingen die Manager mit geringem Zutrauen in die erfolgreiche Bewältigung der mißlichen, vertrackten Fragen durch ihre Gruppe in die Besprechungen. Über ihr geringes Zutrauen sprachen sie nicht, weil das selbst ein mißliches Problem war.

Zweitens hielten sie die in den Besprechungen gefundenen Lösungen der Fragen bestenfalls für mittelmäßig. Diese Einschätzung wurde bei den Besprechungen ebenfalls nicht erörtert, weil auch sie ein mißliches Problem darstellte. Nach Besprechungen trafen sich die Manager unter Umständen privat zu zweit und unterhielten sich mit den Kollegen, die vermutlich ähnliche Ansichten vertraten, über ihre Einschätzungen und Unterstellungen.

Drittens wurde eine falsche Übereinstimmung geschaffen. So konnte zum Beispiel der CEO fragen: „Sind wir uns alle einig?“ Oder er sagte, „Ich glaube, wir haben das ausreichend besprochen und sind zu folgender Entscheidung gelangt“, oder „Es ist Zeit zu handeln. Wer will was unternehmen?“ Dann meldeten sich einige oder bekamen bestimmte Aufgaben zugewiesen. Der CEO gab seiner Freude über die gemeinsamen Bemühungen Ausdruck, und man wandte sich der nächsten Frage zu. Wochen später waren die meisten Verpflichtungen noch nicht eingelöst.

Viertens berichtete bei den Befragungen jeder von Szenarios, wie wir sie gerade beschrieben haben. Jeder erklärte, das Gefühl zu haben, daß die Gruppenmitglieder sich davon distanzierten, mißliche Probleme aufzuspüren, zu besprechen und zu korrigieren.

Auch hier wurden sämtliche Folgen tabuisiert, aber über die Tabuisierung wurde wieder nicht gesprochen; die Folgen verstärkten sich ebenso wie die früheren Werte, Handlungen und Konsequenzen.

Folgen für die Organisation (dritte Ordnung)

In dieser Rubrik des Handlungsdiagramms standen die organisationalen Folgen der Positionen aus den vorigen Rubriken – Folgen, die auch im Umfeld außerhalb der Managergruppe zu beobachten waren.

Die Manager bildeten intern Koalitionen, die darauf beruhten, was sie einander persön-

lich unterstellten. Sie berichteten oder unterhielten sich unter vier Augen über die mißlichen Probleme, die sie bei Kunden oder in der eigenen Organisation sahen. Die Manager nutzten diese Koalitionen, um kontroverse Ansichten zu fördern, Gefälligkeiten zu gewähren („Ich schulde Ihnen noch was“) und „Imperien“ aufzubauen, die ihnen angemessen erschienen. Der Intervenient erlebte nicht einen einzigen Manager, der sich das Revier eines anderen anzueignen suchte, und er erfuhr auch nichts dergleichen. Der Aufbau von Imperien glich eher dem Errichten von Schutzwällen gegen das Eindringen anderer als einer Erweiterung des Herrschaftsbereichs. Ein besonders strittiger Punkt für einige Manager war, wie der CEO neuen Kunden Tips gab. Einige meinten, der CEO habe Favoriten. Dieser erklärte, er verteile die Tips nach seinem gerechten Urteil darüber, was dem Kunden den größten Nutzen bringe.
Manager berichteten in ihren Koalitionen, daß über Kollegen hergezogen werde, beteiligten sich aber selbst daran. Gegenüber Beratern verhielten sie sich ähnlich, wenn diese von anderen Managern gedrängt wurden, mit letzteren zusammenzuarbeiten.
Schließlich existierte auch eine Norm dafür, was es hieß, stark zu sein. Ein starker Manager bat nicht um Hilfe (dann hätten die Schutzwälle brechen können). Und wenn ein Manager sich entschloß, einem anderen Hilfe anzubieten, erwartete er nicht, daß sie angenommen würde.

Folgen für die Problemlösung und Entscheidungsfindung (vierte Ordnung)

Die Handlungsstrategien, die Gruppendynamik und die Folgen in den Organisationen weckten bei den Managern starke Zweifel an der wirksamen Problemlösung und Entscheidungsfindung der Gruppe bei mißlichen Problemen. Außerdem fielen einige zynische Äußerungen bei jeder Bemerkung, daß es auch ohne Hilfe von außen zu Veränderungen kommen könne.
Die Zweifel und der Zynismus schienen spürbar. Jede Handlung und jede Konsequenz daraus brachte und verstärkte Ausweich- und Vertuschungsmanöver. Diese hatten die übertriebene Fürsorge der Manager zur Folge und verringerten die Wahrscheinlichkeit, daß sie schwere Irrtümer aufspüren und beheben oder neue Maßnahmen schaffen konnten, die eine Erörterung schwieriger Fragen verlangten.

Folgen für Führung, Mitglieder und Engagement (fünfte Ordnung)

Aus den bisher beschriebenen Wertvorstellungen, Handlungen und Folgen erwachsen auch Folgen fünfter Ordnung. Erstens entsteht eine Abhängigkeit vom CEO. Wenn eine Gruppe kein zuverlässiges Organ für Problemlösungen und die Entscheidungsfindung ist, suchen ihre Mitglieder vielleicht nach einem starken Mann. Von diesem Führer erwartet man ein Verhalten, welches das im Aktionsdiagramm beschriebene Abwehrmuster der Gruppe nicht verletzt. Das bringt die Führer in eine ausweglose Situation. Wenn ihr Handeln dem Abwehrmuster entspricht, wird es zu übertriebener Fürsorge und begrenztem Lernen anregen. Die direkten Untergebenen des Führers können dann unterstellen, daß er ihre Abhängigkeit vorzieht, weil er die Gruppe einseitig lenken kann. Entspricht das Handeln des Führers dagegen nicht dem Muster, hat es abträgliche Folgen. Entschlösse sich der CEO in unserem Fall zum Beispiel, das, was tabu war, zu enttabuisieren, hätte er das im Rahmen einer Gruppe getan, in der das gegenseitige Vertrauen bei diesen Fragen gering war. Im übrigen waren die Qualitäten, die die Manager entwickelt hatten, diejenigen, die das Ausweichen und Vertuschen förderten. Hätte man die Manager aufgefordert, offen zu sein, hätte das wahrscheinlich zu abträglichen Handlungen geführt, weil sie nicht über die Qualitäten verfügt hätten, mißliche Probleme offen zu besprechen, ohne weitere mißliche Bedingungen zu schaffen.

Das gleiche hätte für jeden Manager gegolten. Hätte irgend jemand versucht, das Tabu anzusprechen, wäre er ähnlich Gefahr gelaufen, negative Folgen auszulösen und angeklagt zu werden, den Status quo zu verletzen. Wenn er in Einklang mit den Abwehrmustern handelte, konnte er beschuldigt werden, sein Revier und sich selbst zu schützen. Unter diesen Bedingungen fühlten sich die Manager mißbraucht, und der Mißbrauch wurde vertuscht, weil er ein mißliches Problem war. Der CEO und die Manager schienen sich auf Unterstellungen einzurichten, sie würden sich politisch verhalten.

Diese verworrenen, ausweglosen Situationen führten ihrerseits dazu, daß die Manager sich hin- und hergerissen fühlten. Sie wurden getadelt, wenn sie sich so verhielten, aber auch getadelt, wenn sie es nicht taten. Es war unter diesen Umständen vernünftig, sich von den mißlichen organisationalen Fragen fernzuhalten und sich statt dessen kurzfristigen Zwängen zu widmen. Vernünftig war es auch, sich ganz auf Kunden zu konzentrieren, nicht nur weil erstklassige Wertschöpfung ein Leitwert war, sondern auch weil Kundenorientierung die Rechtfertigung bot, sich von organisationsinternen Problemen fernzuhalten.

Die ausweglose Situation schlechthin bestand für diese Manager darin zu wissen, daß jede Abwehraktion, die sie unternahmen, die Entwicklung der Art von „lernender Organisation" behinderte, die die von ihnen vertretenen Leitwerte bestärkte.

Diskussionen bei der Rückkoppelungssitzung

Der Intervenient begann die Sitzung mit der Beschreibung der Leitwerte aus der ersten Rubrik des Diagramms. Die Manager konnten ohne große Schwierigkeiten zustimmen, daß dies ihre Werte waren. Auf die Frage, ob sie sich andere Leitwerte vorstellen könnten, verneinten einige. Sie behielten sich jedoch das Recht vor, die Auflistung zu hinterfragen und später zu ergänzen.

Als nächstes kamen einige Fragen zu den Ursachen dafür, etwas nicht zu überprüfen

und andere zu beschuldigen. Der Intervenient konzentrierte sich auf das Zwingende des Systems, aber auch auf die geschickten Ausweich- und Vertuschungsmanöver der Manager. Das tat er, weil er darauf hinweisen wollte, daß die Handlungen der Manager aufgrund dieser Faktoren vorhersehbar waren, nicht aufgrund der ungeprüften Unterstellungen, die sie vorgenommen hatten, etwa der Behauptung, jemand sei machtbesessen oder aggressiv. Ihre Unterstellungen hätten zutreffen können, aber die Daten stützten sie zu diesem Zeitpunkt nicht unmittelbar.
Auf diese Weise erläuterte der Intervenient Handlungen und Regeln, die die Manager lernen sollten. Zum Beispiel: Immer wenn es konkurrierende kausale Erklärungen gibt, sollte man sich die heraussuchen, die den direkt beobachtbaren Daten am nächsten kommen. Außerdem sollte man nach Möglichkeit kausale Erklärungen wählen, die die wenigsten Schlußfolgerungen aus den verfügbaren, relativ direkt beobachtbaren Daten erfordern. Schlußfolgerungen über Umgehungs- und Vertuschungsaktionen zum Beispiel kann man anhand von Bandaufzeichnungen des tatsächlichen Verhaltens wie auch der Managerberichte über derartige Vorkommnisse überprüfen. Schlüsse über Machtbesessenheit oder Aggressivität erfordern jedoch Folgerungsprozesse, die sehr viel komplizierter und anhand solcher Aufzeichnungen schwieriger öffentlich zu überprüfen sind.
Das heißt nicht, daß letztere Schlüsse keine Gültigkeit besitzen. Es heißt nur, daß es wünschenswerter ist, wenn mit Hilfe einer einfachen Folgerungsstruktur Erklärungen gegeben, Voraussagen überprüft, Interventionen entworfen und Veränderungen vorgenommen werden können. Wünschenswerter ist es in dem Sinn, daß es, je einfacher die gültigen Erklärungen sind, desto wahrscheinlicher ist, daß man strenge Tests machen kann, daß Interventionsstrategien zuverlässig und vollständig sein können und daß das für Veränderungen erforderliche Lernen relativ leicht zu erbringen ist.
Diese Regeln haben einen weiteren praktischen Nutzen. Je kürzer die Kette der Schlüsse aus den direkt beobachtbaren Daten ist, desto leichter wird es für die Praktiker, ihre Hypothesen unter Alltagsbedingungen zu überprüfen. Sie können die „Leiter der Schlußfolgerungen" benutzen, sich zuerst auf das tatsächliche Verhalten konzentrieren, dann auf die Bedeutung dieses Verhaltens und am Ende auf ihre Erklärung dafür. Sich zum Beispiel auf die Überprüfung der Unterstellungen oder die Bestimmung zu konzentrieren, ob sie überprüfbar sind, führt wahrscheinlich seltener zu Kommunikationsschwierigkeiten, wie sie entstehen, wenn Unterstellungen wie „machthungrig sein" oder „ein geringes oder übersteigertes Selbstwertgefühl besitzen" öffentlich festgelegt und erklärt werden.
Schlüsse, die mit dem zusammenhängen, was gesagt und getan wurde, machen es dem Intervenienten leichter, die Kunden zu erziehen. Wenn zum Beispiel Fragen nach alternativen Erklärungen aufkommen, kann der Intervenient seine Ansichten kundtun und darstellen und gleichzeitig die Argumente und Fähigkeiten herausarbeiten, die die Kunden hoffentlich beachten werden. Der Intervenient betreibt nicht einfach ein Da-

tenfeedback, sondern schafft allmählich die Bedingungen, unter denen die Kunden, wenn sie wollen, lernen können, wie sie neue kausale Darstellungen bekannter Zusammenhänge entwickeln.

Rückblickend können wir einen Trend erkennen, der sich in den meisten Gruppen einstellt, in denen die Mitglieder echtes Interesse am Lernen haben, einen Trend, der auch in diesem Fall eintrat. Die Gespräche begannen mit Bedenken der Manager zu Ideen und Fragen, die mit theoretischen Positionen des Intervenienten zusammenhingen. Es ging darum, wie Fähigkeiten einen Menschen in eine Falle locken können, wie es möglich ist, fürsorglich sein zu wollen, sich aber dennoch als das Gegenteil zu erweisen, wie nicht überprüfbare Unterstellungen zu sich isolierenden Konsequenzen führen und wie diese Konsequenzen in den Systemen funktional werden, in denen die Manager arbeiten.

Der Intervenient hob hervor, daß die Manager ursächlich verantwortlich dafür waren, ein defensives, lernfeindliches System geschaffen zu haben, und das, obwohl sie andere oder die Organisation als Ganzes nicht hatten schädigen wollen.

Das Gespräch wandte sich dann einem Versuch der Manager zu, Ursachen ihrer negativen Handlungen zu bestimmen, Ursachen, die extern waren, also außerhalb ihrer Kontrolle lagen. Sie dachten offenbar, wenn sie solche Ursachen entdecken könnten, wären sie vielleicht in der Lage, ihre problematische Situation in den Griff zu bekommen, ohne sich auf interne Faktoren wie ihre handlungsleitenden Theorien und die persönliche kausale Verantwortung konzentrieren zu müssen. Als der Intervenient erklärte, daß diese internen Faktoren ganz wesentlich seien, rief er echten Widerstand gegen seine Ansicht hervor. Vielleicht war das, was er für erstrebenswert hielt, gar nicht erstrebenswert? Vielleicht isolierte sich seine Denkweise? Wer sagte, daß seine normative Position richtig war? Vielleicht waren die Manager nicht imstande, die Faktoren zu ändern, die nach Meinung des Intervenienten hätten geändert werden sollen? Konnte der Fehler nicht auch in ihrem schwachen Fachwissen liegen? Und wie stand es um die Belagerungsmentalität, die sich unter dem Druck der Kunden entwickelte?

Das Gespräch trat in ein drittes Stadium ein, als die Manager darauf zurückkamen, das zu untersuchen, was sie selbst verursacht hatten. Das führte zu der Episode, die wir als nächstes betrachten und in der die Manager sich mit ihrer internen Politik beschäftigen.

Die Episode beginnt mit den freimütigen Überlegungen des CEO dazu, wie er Koalitionen schafft und wie er auf bestimmte Aktionen der Manager reagiert. Das führt zu einer eingehenderen Analyse dessen, was er und die anderen Manager einander antun. Der CEO beschreibt die ausweglose Situation, die er erlebt. Wenn er auf viele Klagen der Manager eingeht, könnte er zu dem Schluß kommen, daß das Unternehmen in ernsthaften Schwierigkeiten steckt und daß *er* verantwortlich dafür ist, das Problem zu lösen. Geht er nicht auf die Manager ein, wird er eventuell beschuldigt, ihnen gegenüber gleichgültig zu sein oder sie abzulehnen. Das bringt andere Manager dazu, ihre Gefühle gegenüber dem CEO zu erforschen.

Das Gespräch wendet sich dann den Problemen zu, die den meisten Beratungsorganisationen zu schaffen machen, auch dem, wie die Leistung von Beratern zu beurteilen ist und wie Führungspositionen gerecht zuzuweisen sind.
Dieser Teil des Gesprächs regt den CEO an, über Handlungen der Manager zu sprechen, die ihm das Gefühl geben, ein Opfer zu sein. Der Intervenient ergänzt, daß die Manager sich eventuell ebenfalls als Opfer des Systems fühlen, das sie und der CEO geschaffen haben. Falls das Diagramm richtig ist und das System sich isoliert und lernfeindlich ist, könnten sich am Ende alle in der Organisation als Opfer fühlen. Die Manager teilen diese Ansicht.
CEO: *Auch ich möchte darüber sprechen [über interne Politik und Koalitionsbildung]. Ich bekenne mich schuldig, in einigen Fällen wegen eines wichtigen Ergebnisses Koalitionen gebildet zu haben. Es gibt auch Koalitionsbildungen, wo Sie sich Hilfe und Aussprache wünschen. Aber ich habe festgestellt, daß einige Leute ineffiziente Teilnehmer sind. Obwohl ich mir echte Teilnahme wünsche, habe ich gelernt, mich einigen von Ihnen stärker zuzuwenden als anderen. Diejenigen, die ich mir ausgesucht habe, geben mir keine ellenlangen Antworten, und ich habe auch nicht das Gefühl, daß sie persönliche Schwierigkeiten abarbeiten.*
Jim: *Aber heißt das nicht, etwas zu unterstellen?*
CEO: *Ich stimme zu. Ich würde das alles am liebsten ändern. Alles, was ich mache, ist, noch mehr Daten zu bringen und darum zu bitten, sie auf die Tagesordnung zu setzen... Alles, was einmal galt, zählt nicht mehr, denn sobald man jemandem dankt, rennt er los und posaunt aus, wie er einem aus der Patsche geholfen hat. Erinnern Sie sich noch an den Slogan, den wir uns ausgedacht haben: „Halt die Klappe und geh an die Arbeit"? Das könnte man auch so auslegen: „Komm mir nicht mit deinen Problemen; erledige das gefälligst selbst."*
David: *Ein Grund, warum wir Gewinn machen, ist der, daß wir hart arbeiten. Eine Arbeitsauffassung, die aus der Angst erwächst, ist schlecht. Eine Arbeitsauffassung, die aus einem Sinn für Gemeinschaftsarbeit erwächst, daraus, daß man etwas leistet, wofür es sich lohnt, sein Leben einzusetzen, das ist etwas Positives.*
CEO: *Aus meiner Sicht ist es kein Problem, wenn Leute hart arbeiten, denn sie lieben das, was sie tun. Wenn wir die Klappe halten und uns gegenseitig nicht helfen oder voneinander lernen können, das wäre ein Problem. Wie können wir die lernende Organisation werden, die wir nach unseren Worten werden wollen? Wie können wir Kunden helfen, die lernende Organisation zu werden, zu der wir ihnen nach unserer Aussage verhelfen können?*

Zusammenfassung des ersten Seminars

Die in der Rückkoppelungssitzung diskutierten Themen lassen sich in zwei große Kategorien unterteilen. Die erste betrifft die Eigenschaften des defensiven Organisationsmusters für das begrenzte Lernen und ihre wechselseitigen Beziehungen. Dazu gehören u. a.:

Tabuisierte Unterstellungen

- Einfach Angst vor Konfrontationen haben.
- Es für in Ordnung halten, über begrenzte Lernsysteme und die Maßnahmen zu verfügen, die dazugehören.
- Belagerungsmentalität als Selbstschutz.
- Kunden schlechtmachen.
- Fachwissen zur Einschüchterung einsetzen.
- Prüfen, was es heißt, eine Führungskraft zu sein.
- Koalitionen bilden, Sich-Distanzieren durch den CEO und beides vertuschen.
- Das gegenseitige Distanzieren beschreiben.
- Darum schachern, wer die Anerkennung erhält.
- Erkennen, daß Tips an die Kunden nach geheimen Regeln und aufgrund freundschaftlicher Beziehungen gegeben werden.
- Stärke zeigen müssen dadurch, daß man nie um Hilfe bittet.

Sich selbst erfüllende und isolierende Auswirkungen

- Der CEO empfindet die Situation als ausweglos, weicht aus, vertuscht und regt sich auf, woraufhin er „in die Luft" geht. Die anderen Manager verbergen ihre Gefühle; damit werden diese Prozesse tabuisiert.
- Manager führen Diskussionen, die nicht hilfreich sind, und weisen dem CEO dann die Verantwortung zu, etwas zu unternehmen. Sie verurteilen ihn, einseitig zu handeln.
- Manager distanzieren sich, was zu weiteren Rückzügen führt und immer wahrscheinlicher macht, daß Rückzüge tabuisiert werden und damit in einer Sackgasse enden.
- Alle Manager fühlen sich als Opfer eines Systems, das sie selbst geschaffen haben.

Systemwidersprüche

- Umgehungen und Vertuschungen sind abhängig vom Muster, das die Manager geschaffen haben, aber unabhängig davon, wie sie die Firma sehen.
- Beteiligung kann zu einer gewaltigen Zeitverschwendung führen und den Wert der Beteiligung mindern.

Die zweite Kategorie umfaßt Themen, die zeigen, wie die Manager über das Gesamtmuster und seine Auswirkungen denken:

Mehrfachkausalität und Zirkularität

- Jeder einzelne vertuscht, und das Muster belohnt solche Aktionen. Es besteht eine zirkuläre Beziehung zwischen der Verantwortung der einzelnen für dysfunktionales Verhalten und dem Muster, das ein solches Verhalten belohnt.
- Die Spannung wird durch mißliche Probleme und die Unfähigkeit verursacht, mit Angst, Unannehmlichkeiten oder dem Gefühl fertig zu werden, von diesen Problemen bedroht zu werden.

Schlußfolgerungen auf hoher Ebene

- Die Manager unterstellen einander unehrenhafte Motive, Machtbesessenheit, Aggression und Geldgier.

Testfragen für Hypothesen

- Inwieweit gelten dysfunktionale Folgen für alle Organisationen?
- Inwieweit können Manager ihre handlungsleitenden Theorien und ihre Denkweisen ändern?
- Inwieweit möchten sie dies tun?
- Inwieweit können Manager ihre Effektivität als Individuen und als Gruppe beurteilen?
- Inwieweit können Manager die normativen Ansichten und Wertvorstellungen des Intervenienten beurteilen?

Die Manager machten vielfach deutlich, wie das ganze Muster und seine Bestandteile funktionierten und wie es sich möglicherweise auf die unteren Ebenen der Organisation auswirkte. Diese Darstellungen wurden in vielen Fällen mit erklärenden Kommentaren angereichert. So verwandte man zum Beispiel viel Zeit darauf, über den Einfluß der Aktionen des CEO auf einzelne Manager und die Gruppe zu reden.

Die Rückkoppelungsdiskussion veranlaßte die Teilnehmer auch zu schildern, wie sie sich als Opfer des Musters fühlten. Alle, insbesonder der CEO, sprachen von einem fortwährenden Dilemma und erläuterten, wie es entstand.

Im Verlauf der Diskussion der Teilnehmer über das Muster ereignete sich einiges, das wichtige Grundlagen für Veränderungen bot. Erstens gaben die Manager zu, daß sie einander negative Dinge unterstellten, die sie selbst nicht überprüften und deren Überprüfung sie auch von anderen nicht anforderten. Die offensichtliche Erleichterung und Offenheit, mit der sie Unterstellungen einräumten, bewiesen, daß ihre Absichten gar nicht so bösartig waren, wie sie selbst glaubten. Außerdem waren die Manager offenbar besser imstande, die tabuisierten Themen zu diskutieren, als sie ursprünglich angenommen hatten.

Schon die gründliche und lebhafte Untersuchung des Aktionsdiagramms im Verlauf einer vom Intervenienten geleiteten Rückkoppelungssitzung lieferte den Anfangsbeweis, daß die übertrieben fürsorglichen Merkmale aus dem Diagramm zwar gültig, aber ver-

änderbar waren. Daher wurden die Manager zuversichtlich, das ändern zu können, was sie für unveränderbar gehalten hatten. Diese veränderten Erwartungen erwuchsen, wie wir meinen, aus der Tatsache, daß die Manager Fehler eingestanden, die ihnen unterstellt wurden, um die weitere Unterstellung zu widerlegen, daß über derartige Fehler nicht gesprochen werden könne. Im übrigen waren, als alle Manager Gründe für ihr Handeln nannten, diese Gründe auch den anderen einsichtig.
Am Ende der Sitzung äußerten sich alle Manager begeistert über die Diskussion und vorsichtig optimistisch hinsichtlich künftiger Veränderungen. Ihr Optimismus war aus mindestens zwei Gründen gedämpft. Erstens fragten sich viele Manager, was geschehen würde, wenn sie den Raum verließen, vor allem aber, was geschehen würde, wenn sie zu den Zwängen des Alltagslebens zurückkehrten.
Damit der Optimismus glaubwürdig wurde, mußten sich, wie der Intervenient darlegte, zweitens neue Aktionen entwickeln und Bestand haben. Seiner Meinung nach besaßen die Manager nicht die Fähigkeiten, die neuen Aktionen einzuführen, auch wenn sie es wollten.
Der Intervenient empfahl ein zweites Seminar, um die allgemeinen Handlungsstrategien und handlungsleitenden Theorien zu untersuchen, die sie hervorbrachten, um Handlungstheorien kennenzulernen, die zu produktiveren Aktionen führen konnten, um die Einführung dieser vertretenen Theorien einzuüben, damit sie zu einer neuen handlungsleitenden Theorie wurden, und um die Veränderungen in der Organisation zu erkunden, die die neue handlungsleitende Theorie bewirken konnte. Die Manager einigten sich darauf, ein solches Seminar abzuhalten.

Das zweite Seminar

Jeder Manager erstellte einen Fall mit linker und rechter Spalte, wie im Kapitel 4. Jeder Fall wurde von den Managern in der Gruppe besprochen. Sie fungierten als Berater füreinander. Alle Fälle stellten Merkmale des Modells I dar, das wir an mehreren Stellen beschrieben haben. Wir wollen hier zusammenfassen, wie die Fälle und die Diskussion darüber Merkmale des bereits vorgestellten Aktionsdiagramms bestätigten.

Handlungsstrategien

Die Handlungsstrategien der Fälle entsprachen dem Modell I. Wenn die Verfasser zum Beispiel die Absichten einer anderen Person zu erklären versuchten, wurden folgende Aktionen sichtbar:
- Es gab negative Unterstellungen bezüglich der Absichten und Abwehr des anderen.
- Unterstellungen wurden nicht öffentlich überprüft.
- Die Leistung des anderen wurde negativ beurteilt.

- Beurteilungen wurden nicht öffentlich überprüft.
- Als Grund für das Umgehen der Überprüfung gab der Verfasser an, um den anderen besorgt zu sein.

Vertuschungen

Die linken Spalten enthielten jeweils die Unterstellungen und Beurteilungen der Verfasser über den CEO, die anderen Manager und Kunden. Sie wurden gegenüber dem anderen im Gespräch nicht geäußert, diese Gedanken und Gefühle waren jedoch entscheidend dafür, wie die einzelnen Verfasser ihre Strategien entwickelten und ihr Gespräch aufzogen.

Begrenztes Lernen

Über die entscheidenden Fragen, die vertuscht wurden, wurde weder nachgedacht noch diskutiert. Darüber hinaus zeigte jeder Fall, daß sein Verfasser sich schützte, daß er glaubte, der CEO schütze sich ebenfalls, und daß grundlegende Belange im System der Zuteilung der Mittel nie erörtert wurden.

Sich selbst erfüllende und isolierende Prozesse

Die Verfasser der Fälle stellten beim Zuteilungssystem und dem Verhalten des CEO schwerwiegende Fehler fest. Sie begannen den Dialog, bezweifelten jedoch von Anfang an, daß die grundlegenden Probleme gelöst würden. So wie sie ihre Gespräche gestalteten und zensierten, um ihre Gedanken und Gefühle zu vertuschen, würden die in den Fällen angesprochenen Probleme bei diesen Gesprächen wahrscheinlich nicht gelöst werden. Außerdem war es angesichts der Tabuisierung der linken Spalten und der Gestaltung des Gesprächs nach dem Modell I unwahrscheinlich, daß die Gesprächspartner ihre Verantwortung dafür einsehen würden, die sich selbst erfüllenden Prozesse und Bedingungen, unter denen diese Prozesse tabuisiert würden, selbst geschaffen zu haben. Somit führten ihre Handlungsstrategien zu Prozessen, die die dysfunktionalen Prozesse isolierten, und über diese sich selbst isolierenden Prozesse wurde nicht gesprochen.

Analyse der Diskussion der Fälle

Alle in den Fällen vorhandenen Dysfunktionen hätten eigentlich zu jener Hilflosigkeit und Distanzierung führen müssen, die im Diagramm genannt sind. Tatsächlich traten all diese Konsequenzen bei der zweitägigen Diskussion der Fälle auch ein. Hier einige aufschlußreiche Episoden aus diesen Seminargesprächen:

Larry: *Ich habe 35mal in den beiden letzten Jahren über dieses Problem gesprochen, und ich hatte nicht den Eindruck, daß der CEO die Lösung blockiert. Es gibt praktisch keine Lösung.*

CEO: *Ja, der Meinung bin ich auch. Ich dachte und empfand immer wieder: „Warum müssen wir hier eigentlich ein Gespräch über etwas führen, für das es keine vernünftige Antwort gibt? Wir können 50 Prozent dieses Problems lösen, aber ich möchte wissen, ob wir über die 50 Prozent reden, für die es keine Lösung gibt."*

Mehrere Manager räumten offen ein Gefühl der Hilflosigkeit ein. Sie gaben auch zu, daß ihnen nur die eine Strategie bleibe, mit dem CEO allein zu sprechen und ihn für die Lösung des Problems verantwortlich zu machen. Sie erklärten, mehr Mittel zu verlangen, als sie wirklich zu bekommen hofften, und so zu tun, als ob das nicht der Fall wäre. Der CEO seinerseits erkannte das, ließ sich jedoch nichts anmerken.

CEO: *In meiner linken Spalte steht, daß ich wahrscheinlich gebeten werde, jedem von Ihnen die achtzehn Mitarbeiter zu geben, deren Namen Sie aufgeschrieben haben.*

(Später) Ich habe das Gefühl, daß unsere Diskussionen sinnlos sind, weil auf Ihrer Seite keinerlei Flexibilität herrscht.

(Später) Alle neigen zu völlig überzogenen Behauptungen; deshalb muß ich das, was Sie sagen, relativieren und natürlich so tun, als täte ich es nicht.

David: *(Sagt dem CEO, daß der nicht erkennt, daß er gerade die Probleme verursacht, die er lösen möchte.)*

CEO: *(Widerspricht, daß er die Probleme verursache) Wenn Sie alle der Meinung sind, daß wir zu wenig Leute haben, dann werden die meisten der Probleme von euch Jungs geschaffen. Warum könnt ihr euch nicht selbst helfen?*

David: *Das Problem ist, daß jeder von uns die Regeln anders sieht.*

CEO: *Das glaube ich nicht. Ich habe mich geweigert, Ihnen mit Zwangsmaßnahmen zu kommen. Sie sind angeblich erwachsen und meine Partner. Ich werde Ihnen nie befehlen, so etwas zu tun. Wenn Sie das von mir verlangen [daß ich Zwang ausübe], haben Sie morgen mein Rücktrittsgesuch auf dem Tisch.*

Larry: *Wie sieht das Vergütungssystem aus? Auf welcher Basis werden wir entlohnt?*

CEO: *Ich begreife das Vergütungssystem als einen politischen Prozeß, um die Koalition zusammenzuhalten. Ich war der Überzeugung, daß einige dieser tabuisierten Fragen für so viel Unruhe sorgen würden, daß ich die Dinge mit Absicht vage gehalten habe. Die Alternative wäre, gemeinsam darüber zu sprechen, aber das habe ich immer für zu störend gehalten.*

Jim: *Vergütung in Form von Geld ist zweitrangig. Entscheidend sind das Selbstwertgefühl und der relative Wert. Wir sollten uns nichts vormachen.*

Mehrere Manager: *(Sie sprechen über Jim, der der Firma mehr Aufträge bringt als andere. Einige halten ihn für arrogant und egoistisch; andere sind verärgert, weil sie glauben, er bekomme das meiste Personal und habe auch die besten Kunden. Die Diskussion wird allseits sehr freimütig geführt.)*

Jim: *(Sagt, er habe das Gefühl, in der Klemme zu sitzen) Wenn ich den Auftrag kriege, werde ich angemacht; bekäme ich ihn nicht, würde ich angemacht. Ich reiße mir für die Firma den Hintern auf [und niemand erkennt es an].*
John: *Ich vermute, wir alle beneiden Sie, und diese Gefühle sind dann im Weg.*

Anzeichen fürs Lernen

Im Verlauf des zweitägigen Seminars waren scheinbar widersprüchliche Aktionen zu beobachten. Während die meisten Aktionen vom Modell I der handlungsleitenden Theorie bestimmt wurden, ließen andere, oft kleinere Aktionen vermuten, daß das Modell II gelernt wurde. (Dieses Ungleichgewicht zwischen den Modellen I und II ist typisch für die meisten Sitzungen in den frühen Interventionsphasen.)
Den Rahmen der Episode, aus der die oben wiedergegebenen Anmerkungen stammten, bot die Erörterung eines Falles, bei dem es um die Beurteilung eines leitenden Beraters durch einen Manager ging. Einige Manager waren der Meinung, daß sie aus diesem Fall nichts lernen könnten. Sie unterstellten dem Verfasser, den Fall gewählt zu haben, um von schwierigen Fragen zu seiner Leistung abzulenken und gut dazustehen. Das Gespräch soll zeigen, welche Aktionen charakteristisch für das Modell I sind.

Was gesagt wurde:	**Skizzierung des Gesprächs:**
Jim: *Ich finde den Fall zwar interessant, aber nicht sehr lehrreich für uns.*	Befürwortung: Keine Darstellung, keine Untersuchung, keine Überprüfung.
Bill: *Ich habe es mit Chris überprüft [dem Intervenienten].*	
Jim: *Bei mir steht auf der linken Seite (also seine unzensierten Gedanken), daß Sie sich eine „Beule" geholt haben.*	Bewertung: Keine Darstellung, keine Überprüfung.
Ted: *Ich habe genauso reagiert. Ich dachte, es wäre eine absolut sichere Sache.*	Bewertung: Keine Untersuchung, keine Darstellung, keine Überprüfung.
David: *Ich bin völlig anderer Meinung.*	Befürwortung: Keine Darstellung, keine Untersuchung, keine Überprüfung.
Jim: *Eine andere Unterstellung aus der linken Spalte lautet, daß Sie nicht mögen, als sentimental oder unentschlossen oder feige hingestellt zu werden, und daß Sie den Fall aufgeschrieben haben, um das Gegenteil zu beweisen.*	Unterstellung: Keine Darstellung, keine Untersuchung, keine Überprüfung.

David: *Mich überrascht überhaupt nicht, daß er diesen Fall aufgeschrieben hat, weil der in der Firma politisch sehr heikel ist und weil der, über den er geschrieben hat, sein Freund ist.*	Unterstellung: Keine Untersuchung, teilweise Darstellung, keine Überprüfung.
Larry: *Ich glaube, Bill will lernen, nicht sentimental zu sein.*	Unterstellung und Bewertung: Keine Untersuchung, keine Darstellung, keine Überprüfung.
Bill: *Was für einen Fall hätte ich denn Ihrer Meinung nach aufschreiben sollen?*	
Jim: *(Antwortet mit einem Beispiel.)*	
Bill: *An diesen Vorfall erinnere ich mich gar nicht.*	
Jim: *Ich unterstelle [wenn Sie diese Fragen anschneiden], daß es etwa so läuft: „Doktor, ich habe einen Freund, der hat ein Problem." Ich interpretiere Ihre Haltung so [daß Sie dem Betreffenden in dem Fall sagen]: „Ich habe ein Problem mit Ihrem Verhalten. Ich mache mir einige Sorgen um Sie." Wie ich es sehe, schrie meine linke Spalte: „Das ist ein Vorwand".*	Bewertung: Keine Darstellung, keine Untersuchung, keine Überprüfung. Bewertung: Keine Darstellung, keine Untersuchung, keine Überprüfung. Bewertung: Keine Darstellung, keine Untersuchung, keine Überprüfung.
Bill: *Ich stimme mit dem ersten Teil überein, aber nicht mit dem zweiten. Ich glaube, Sie haben unrecht.*	Bewertung: Keine Darstellung keine Untersuchung, keine Überprüfung.
Larry: *Ich habe bei dieser Diskussion den Eindruck, daß wir wieder Geister austreiben. Das ist nicht die heutige Wirklichkeit. Wir starren auf alte Sorgen.*	

In diesem Dialog, überwiegend nach Modell I, gab es Anzeichen fürs Lernen. So äußerte Jim beispielsweise Zweifel am Wert, den der Fall für das Lernen hatte, und mehrere Manager mokierten sich über die Verwendung von „Beulen"-Fällen, weil es zur Regel wurde, daß derartige Fälle nicht viel für das Lernen hergaben.

Die Teilnehmer gaben ihre unzensierten oder „linken" Gedanken preis und merkten an, daß die Gedanken vor diesem Seminar der Zensur zum Opfer gefallen seien. Bill schien nach einem Beispiel für eine Unterstellung zu suchen, als er die anderen fragte, welcher Fall ihrer Meinung nach passend gewesen wäre. Jim benutzte später den Begriff der Unterstellung und offenbarte auch seine Gefühle über Bills Haltung in dem Fall sowie seine Sorge, daß Bill einen Rückzieher mache.

Larry stellte schließlich fest, daß die Diskussion sich auf „alte Sorgen" konzentrierte. Das führte dann zu einer Diskussion darüber, wie der Fall aktuelle Fragen darstellen könnte. Die Sitzung endete mit einer positiven Bilanz der Manager. Sie räumten ein, noch einen langen Weg vor sich zu haben, wenn sie die Fähigkeiten entwickeln wollten, die sie sich wünschten. Einige erklärten sogar, jetzt erkannt zu haben, daß dieses Programm wirklich von Dauer sei und wahrscheinlich niemals ende. Zum Schluß verpflichteten sie sich, Energie, Zeit und Mittel einzusetzen, um das Programm fortzusetzen.

Lernexperimente durchführen

In der nächsten Phase plante jeder Manager seine eigenen Anschlußsitzungen. Jeder wählte ein Problem aus, das ihm nicht nur wichtig erschien, sondern auch Fähigkeiten erforderte, die, falls er sie entwickeln konnte, auch auf viele künftige Probleme anwendbar sein würden. Diese Sitzungen wurden ebenfalls für Forschungs- und Ausbildungszwecke aufgezeichnet. Mit Hilfe der Bandaufzeichnungen wurde untersucht, welche Fortschritte die Manager machten. Die Manager verwendeten die Aufzeichnungen, um über ihr Lernen nachzudenken und ihre Fähigkeiten auszubauen.

Die Probleme, die die Manager auswählten, waren eine entscheidende Herausforderung an ihre Qualifikation und sorgten dafür, daß sie weiter lernten. Zwei Manager untersuchten zum Beispiel ihr Mißtrauen gegeneinander. Ein Manager stellte das grundlegende Engagement des CEO für seine Rolle im Unternehmen in Frage. Die Manager befaßten sich damit, was es heißt, Eigentümer zu sein, und der CEO entwarf einen neuen Eigentumsplan, dem die Manager zustimmten. Dann bewerteten die Manager in der Gruppe die Leistung des CEO. Zwei Manager lösten das Problem, daß beide glaubten, vom jeweils anderen hintergangen zu werden.

Eine Analyse der Aufzeichnungen dieser Experimente läßt darauf schließen, daß die Manager ihren Kompetenzbereich weiter ausgebaut haben, um Gespräche nach dem Modell II zu führen, wenngleich das Modell I keineswegs verschwunden ist.

Die Intervention wird jetzt in mehrere Richtungen ausgeweitet. Erstens werden überall in der Organisation Sitzungen angeboten, die den ersten Sitzungen ähneln, an denen die Manager teilnahmen. Zweitens werden Vorstellungen vom Modell II der Untersuchungen und des Lernens in die Ausbildung leitender Berater und Gruppenmanager integriert. Drittens wird eine Gruppe von Beratern gebildet, die die Agenten und Ausbilder für interne Veränderungen im Unternehmen werden können. Und schließlich hat es eine Ausweitung der Intervention auf die Kundenbeziehungen des Unternehmens gegeben. Das Unternehmen verwendet zum Beispiel Aktionsdiagramme zur Beschreibung wichtiger Merkmale der Verhaltenswelten der Kundenorganisationen. Das Unternehmen entwickelt außerdem Methoden zum Erstellen von Diagrammen, die Verhaltens- und betriebstechnische Merkmale wirklich integrieren. Einige der leitenden Manager haben bei wichtigen Kunden Änderungsprogramme entworfen und eingeführt, die dem ähneln, das sie selbst kennengelernt haben.

TEIL IV

STÄRKEN UND SCHWÄCHEN DER BERATUNG UND FORSCHUNG BEIM ORGANISATIONALEN LERNEN

8. Der sich entwickelnde Bereich des organisationalen Lernens

Wir unterteilen die Literatur, die sich ernsthaft mit dem organisationalen Lernen befaßt, in zwei große Gruppen: in die praxisorientierte, normative Literatur über die „lernende Organisation“, die in erster Linie von Beratern und Praktikern verfaßt wird, und in die hauptsächlich skeptische Fachliteratur der Wissenschaftler über das „organisationale Lernen“. Die beiden Gruppen haben unterschiedliche Stoßrichtungen, wenden sich an unterschiedliche Leser und bedienen sich einer unterschiedlichen Sprache. Trotzdem überschneiden sie sich in wichtigen Punkten:

- in ihren Vorstellungen darüber, was das organisationale Lernen „wünschenswert“ oder „produktiv“ macht;
- in ihren Ansichten über das Wesen der Bedrohungen für ein produktives Lernen in Organisationen;
- in ihrer Haltung dazu, ob – und wenn ja, wie – solche Bedrohungen überwunden werden können.

In den folgenden Abschnitten beschreiben wir die gedanklichen Hauptströmungen der beiden Zweige der Literatur über das organisationale Lernen und bestimmen einige der kontroversen Fragen, die in Kapitel 9 untersucht werden.

Die Literatur über die „lernende Organisation“

Trotz der vielen Formen, die diese Literatur annimmt, wird der ihr zugrundeliegende Gedanke eines zentralen Ideals weitgehend geteilt. Dieses Ideal umfaßt Begriffe wie organisationale Anpassungsfähigkeit, Flexibilität, Vermeidung von Stabilitätsfallen, Experimentierneigung, Bereitschaft zum Überdenken von Mittel und Zweck, Untersuchungsorientierung, Verwirklichung der Möglichkeiten des Menschen zum Lernen im Dienste von Organisationszielen und die Schaffung von Organisationsumfeldern als Rahmen für die menschliche Entwicklung. Die einzelnen Autoren beschreiben das Ideal unterschiedlich und heben unterschiedliche Punkte als wesentlich für seine Umsetzung hervor.

David Garvin zum Beispiel widmet sich bei seinen Überlegungen zur Literatur über die lernende Organisation (1993) besonders den Gedanken des systematischen Experimentierens, dem Schritt vom „oberflächlichen Wissen zum tiefen Verständnis“, „umfassenden Systemen“ zur Bewertung von Fortschritt und der „Öffnung von Grenzen, um den Austausch von Ideen anzuregen“. In ihrem Rezensionsbeitrag betonen Ulrich, Jick und von Glinow (1993) ebenfalls – im Gegensatz zu Vorzeigeprojekten, die allzuoft zu „einsamen Schaukästen“ werden – die Bedeutung der „Fähigkeit, aus Erfahrung und Experimenten Gelerntes über Grenzen zu bewegen“ – damit meinen sie auch zeitliche und geographische Grenzen, hierarchische Ebenen, Funktionseinheiten und Verbindungsglieder in der Wertkette Zulieferer-Unternehmen-Kunde. Diese Autoren konzentrieren sich auf beständige Verbesserungen, die Aneignung von Fähigkeiten, Experimente und das Überschreiten von Grenzen. Sie heben die Notwendigkeit hervor, daß Manager sich sichtbar für die Hervorbringung und Verallgemeinerung organisationalen Lernens einsetzen, indem sie es in strategischer Absicht einbeziehen, messen, überwachen, darin investieren, öffentlich darüber reden und ihm symbolischen Ausdruck verleihen.

Vor einem so weithin anerkannten Hintergrund von Annahmen und Wertvorstellungen unterscheiden sich die Ansichten über die lernende Organisation entsprechend den Organisationsfunktionen, denen die Autoren besondere Beachtung schenken. In jedem Untergebiet neigen die Verfasser dazu, unterschiedliche Merkmale des Ideals hervorzuheben und sich auf verschiedene günstige Vorschriften für sein Zustandekommen zu konzentrieren.

Soziotechnische Systeme

Soziotechnische Systeme – auch bekannt als Quality of Work Life oder Industrial Democracy Movement – entstanden aus den Nachkriegsaktivitäten des Tavistock Institute in England. Der Ansatz wurde in den 60er und 70er Jahren durch die Arbeit von Einar Thorsrud, David Philip Herbst und ihren Kollegen in Norwegen sowie Fred Emery in Australien und vielen anderen erweitert. Der Status der soziotechnischen Systeme hat sich von einer Randbewegung hin zu einer etablierten Profession verlagert.

Seine Vorstellung von einer lernenden Organisation kreist um den Gedanken gemeinsamer Beteiligung von Teams aus Einzelpersonen, insbesondere Arbeitern, an der Entwicklung neuer Arbeitsmuster, Berufswege und Anordnungen zur Verbindung von Familien- und Arbeitsleben. Nach dieser Auffassung können und müssen Individuen, Arbeiter und ihre Vorgesetzten lernen, ihre Arbeit neu zu gestalten, und die Führungskräfte müssen lernen, das Umfeld zu schaffen, in dem sie das praktizieren können.

Organisationsstrategie

Dieses Gebiet, etwa fünfundzwanzig Jahre alt und von Unternehmensberatern und Lehrern an Wirtschafts- und Führungsakademien geschaffen, bezieht seine zentrale Metapher aus dem militärischen Bereich: Organisationen betreiben ebenso wie Staaten kriegsähnliche Wettbewerbsspiele um Märkte. Die Organisationsstrategie wurde ursprünglich als eine Art Planung konzipiert, die allgemeine Maßnahmen formulieren sollte, die auf dem Verständnis der Position eines Unternehmens im Verhältnis zu seinen

Märkten, Wettbewerbern, Technologien, Werkstoffen und Fähigkeiten beruhten. Als das Gebiet sich entwickelte und die Idee der Strategie in staatliche und gemeinnützige Bereiche vordrang, wurden die Vorstellungen vom strategischen Spiel dynamisch. Eine wirksame Strategie erfordert heute nach allgemeiner Ansicht die ständige Entwicklung neuer Erkenntnisse, Modelle und Praktiken. Die Aufmerksamkeit hat sich von der Planung hin zur Durchführung von Plänen verlagert und dann zur Interaktion von Planung und Durchführung in einem Prozeß, der ausdrücklich als organisationales Lernen beschrieben wurde.

In einer neueren Besprechung der Literatur über Unternehmensstrategie verfolgt Edward Bowman (1995) die geistige Entwicklung des Gebietes und fragt, „wie Menschen in Organisationen ... Entscheidungsprozesse verstehen und/oder anordnen können". Bowman unterscheidet grob zwischen „rationalen" und „natürlichen" Annäherungen an die Analyse der strategischen Entscheidungsfindung (eine Unterscheidung, die auch Overmeer als zentral für seine Erörterung der Strategie und des Lernens in Kapitel 10 hält). Bei Bowman nimmt die rationale Annäherung, die er hauptsächlich mit Nationalökonomen und Management-Wissenschaftlern verbindet, die Form einer „Reiseansicht" der Planung an, bei der alles im voraus berechnet ist. Die „natürliche" Annäherung verwendet die erzählenden, fallbasierten Methoden der Verhaltenstheorie, um eine Sicht der Planung zu beschreiben, die dem „gewohnheitsmäßigen, sich entfaltenden, empirischen, erlernten, isomorphen Muster der Entscheidungsprozesse" folgt. Bowman plädiert für eine Integration des Natürlichen und Rationalen durch eine Synthese von Wirtschafts- und Verhaltenstheorie.

Produktion

In den 70er und 80er Jahren des 20. Jahrhunderts, als die Vereinigten Staaten sich langsam, aber schmerzlich des aggressiven Wettbewerbs durch Japan, Deutschland, Korea und andere Länder bewußt wurden und die ganze Aufmerksamkeit der Notwendigkeit ständiger Verbesserungen bei der Produktqualität und den Produktionsverfahren galt, fingen Autoren auf diesem Gebiet an, vom Lernen zu reden.

Das Buch *Dynamic Manufacturing* (1988) von Hayes, Wheelwright und Clark hat zum Beispiel den Untertitel „Der Aufbau der lernenden Organisation" („Creating the Learning Organization"), den die Verfasser nicht nur auf den Produktionsprozeß anwenden, sondern auch auf die Leistung der Organisation als Ganzes. Die Verfasser erklären:

> „Unternehmen, die schnell etwas Neues lernen und Bekanntes perfektionieren, die sich einfallsreich und wirksam dem Wandel anpassen und zu denen die Konkurrenten aufblicken, weil sie die Fähigkeit besitzen, den Weg zu neuen Gebieten zu weisen, haben oft bestimmte Eigenschaften gemeinsam. Darüber hinaus sind Unternehmen mit diesen Eigenschaften häufig insgesamt hervorragend." (S. 25)

Wirtschaftsentwicklung

Nach dem Zweiten Weltkrieg kam – in engem Zusammenhang mit dem Aufstieg internationaler Entwicklungseinrichtungen wie der Weltbank – der thematische Bereich der Wirtschaftsentwicklung auf. Dieses Gebiet wurde von Wirtschaftlern, insbesondere Makroökonomen, beherrscht, aber einige seiner einflußreichen Praktiker haben die Entwicklung von Einrichtungen hervorgehoben, von denen die nationale Wirtschaftsentwicklung abhängt.

Albert Hirschmans *Exit, Voice and Loyalty* (1970) hat den Untertitel „Reaktionen auf den Niedergang in Unternehmen, Organisationen und Staaten“ („Responses to Decline in Firms, Organizations and States“). Für Hirschman unterliegen all diese Institutionen von Hause aus dem Verfall in der Form von „Mangel an effizientem, rationalem, gesetzestreuem, rechtschaffenem oder anderweitig funktionalem Verhalten“ (S. 1). Er beschäftigt sich mit zwei grundsätzlichen Erholungsmechanismen: der „Ausstiegs“-Option, bei der „einige Kunden aufhören, die Produkte der Firma zu kaufen, oder einige Mitglieder die Organisation verlassen“, und der „Stimmen“-Option, bei der „die Firmenkunden oder die Organisationsmitglieder ihre Unzufriedenheit direkt gegenüber dem Management oder einer anderen Stelle zum Ausdruck bringen, der das Management unterstellt ist, oder durch allgemeines Reklamieren bei irgend jemandem, der sich die Mühe macht zuzuhören“.

In beiden Fällen gilt das Grundschema von Signal und Reaktion: Kunden oder Organisationsmitglieder signalisieren ihre Unzufriedenheit durch Ausstieg oder per Stimme, und die Manager reagieren.

Die Erholungsprozesse, mit denen Hirschman sich befaßt, besitzen viele Eigenschaften der oben beschriebenen organisationalen Lernprozesse: sie berühren die Organisation als Ganzes, sie sind aktiv, solange die Organisation besteht, und sie beinhalten das Aufspüren und Beheben von Niedergang, Verschlechterung oder Funktionsstörungen. Hirschmans Sicht der Entwicklung – von Organisationen, Regionen oder Gesellschaften – enthält eine schwer faßbare Theorie über soziales Lernen, die am deutlichsten in den drei Büchern zum Ausdruck kommt, die aus seiner Erfahrung als Berater für Wirtschaftsentwicklung erwuchsen (vgl. Rodwin und Schön, 1994). In Hirschmans normativer, praxisbezogener Entwicklungstheorie hängen die Diagnosen und Vorschriften von etwas ab, das man heute „strukturelle Initiatoren“ nennen würde – institutionelle Strukturanreize, die den einzelnen zwingen oder verlocken, das Hervorbringen von Verhalten zu lernen, das der Entwicklung förderlich ist.

Systemdynamik

Der Bereich der Systemgestaltung, in den 60er Jahren des 20. Jahrhunderts von Jay Forrester auf der Grundlage des Servomechanismus und der Kontrolltheorie entwickelt – und in großartiger Folge zunächst auf die Industrie, dann auf Städte und schließlich

auf die ganze Welt angewandt –, hat sich in den letzten Jahren dem organisationalen Lernen zugewandt. Peter Senge, einer der bekanntesten Schüler Forresters, hat 1993 *The Fifth Discipline* (deutsch 1996 *Die Fünfte Disziplin*) herausgebracht, das den Untertitel „Kunst und Praxis der lernenden Organisation" trägt. Senges Behandlung des Themas vereint Systemdenken mit organisationaler Anpassung und mit der Verwirklichung der menschlichen Möglichkeiten zu einer Mischung, die einen deutlich utopischen Anstrich hat. Er erklärt einerseits, daß die Geschwindigkeit, mit der Organisationen lernen, „vielleicht der einzig wirklich dauerhafte Wettbewerbsvorteil" (S. 11) werden kann. Andererseits hält er lernende Organisationen für möglich, in denen „Menschen kontinuierlich die Fähigkeit entfalten, ihre wahren Ziele zu verwirklichen, in denen neue Denkformen gefördert und gemeinsame Hoffnungen freigesetzt werden und in denen Menschen lernen, miteinander zu lernen" (S. 11).
Senges präskriptiver Ansatz verbindet die Methodologie der Systemdynamik mit bestimmten Ideen, die von unserer aktionstheoretischen Perspektive übernommen wurden, insbesondere einem Bewußtsein der Bedeutung der „mentalen Modelle", wie es Organisationspraktiker haben, einschließlich derjenigen, die eine zuverlässige Untersuchung von Organisationsprozessen behindern oder erleichtern.

Humankapital

Autoren auf dem Gebiet des Humankapitals haben in den letzten Jahren die Sprache der lernenden Organisation aufgegriffen, die die Entwicklung der menschlichen Fähigkeiten zum Hinterfragen, Experimentieren, Übernehmen und Erneuern zugunsten der Organisation hervorhebt. Schriften aus diesem Untergebiet betonen normalerweise die sich gegenseitig verstärkenden Interaktionen zwischen der verbesserten Gelegenheit zur individuellen Entwicklung in Organisationen und der verbesserten organisationalen Fähigkeit zu wettbewerbsfähigen Leistungen.
Jones und Hendry (1992) zum Beispiel, Forscher an der englischen Warwick University, gründen ihre Besprechung der Literatur auf einen zentralen Unterschied zwischen „einer zunehmenden Annäherung" an die Ausbildung und Entwicklung und einem „grundlegenden Geisteswandel". Sie denken an ein Stadium der „Transformation" zu letzterem, wo „das Lernen sich darauf konzentriert, die persönliche Veränderung und Selbstbeurteilung zu handhaben", wo Führungsstrukturen verflachen, Manager eher wie Trainer werden, Denker und Macher zusammenkommen, wo jeder lernt, den Problemursachen auf den Grund zu gehen, statt anderen die Schuld zuzuweisen, und wo „die gesamte Organisation durch persönliche Einbeziehung verpflichtet wird". Jenseits dieses Stadiums beschreiben die Verfasser ein noch nicht verwirklichtes Ideal der „Transfiguration", bei dem die Menschen der Sorge um das allgemeine Wohl und die Verbesserung der Gesellschaft den Vorrang einräumen. Sie hinterfragen, warum Organisationen in ihrer gegenwärtigen Form bestehen, und be-

handeln ihre Organisationen wie Repräsentanten „einer Lebensart, die wegen ihrer Werte zu achten ist“.

Organisationskultur

„Organisationskultur“ ist ein Begriff, der unter Praktikern in heutigen Organisationen fast ebenso gebräuchlich ist wie „organisationales Lernen“. Die Manager haben gelernt, ebenso selbstverständlich und mit genausowenig Gespür für die Problematik von „unserer Kultur“ zu sprechen, wie sie von „Leuten wie uns“ sprechen. Edgar Scheins *Organizational Culture and Leadership* (1985; dt. 1995) bietet den sorgfältigsten Versuch, die Bedeutung der Organisationskultur klar zu analysieren, und die zweite Auflage (1992) verbindet die Organisationskultur mit dem Ideal einer lernenden Organisation. Schein führt an, daß Organisationen in einer Welt rasenden Wandels immer schneller lernen müssen, was nach einer Lernkultur verlangt, die wie „ein ständig lernendes System“ (S. 306) funktioniert. Die Hauptaufgabe einer Führungspersönlichkeit in Organisationen unserer Zeit besteht darin, eine solche Kultur zu schaffen und zu erhalten, die dann, vor allem in entwickelten Organisationen, ein Feedback bietet und die Annahmen der Führungspersönlichkeit prägt.

Schein definiert Führung als „die Einstellung und Motivation zur Überprüfung und zum Management der Kultur“ (S. 308). Er betrachtet die Organisation als Gruppe und analysiert Organisationskultur als ein Muster von der Gruppe geteilter, grundlegender Annahmen, die erworben wurden durch das Lösen von Anpassungs- und Integrationsproblemen und sich so gut bewähren, daß sie als tauglich gelten und deshalb neuen Mitgliedern als die richtige Art beigebracht werden können, in bezug auf diese Probleme wahrzunehmen, zu denken und zu fühlen. Beim organisationalen Lernen verschieben sich die Grundannahmen im Kopf der Gruppenmitglieder. Die lernende Führungspersönlichkeit hat die Aufgabe, solche Verschiebungen zu fördern, indem sie den Organisationsmitgliedern hilft, „zu einem bestimmten Grad von Einsicht [zu] gelangen und eine Motivation zum Wandel [zu] entwickeln“ (S. 324).

Eine lernende Führungspersönlichkeit muß die Angemessenheit ihrer Organisationskultur prüfen, deren Dysfunktionalität ermitteln und ihre Umwandlung fördern, indem sie erstens die eigenen Grundannahmen zu „Lernannahmen“ macht und diese Annahmen dann in der Kultur ihrer Organisation pflegt. Zu den wichtigsten Lernannahmen gehören: Die Menschen wollen einen Beitrag leisten, und man kann ihnen das zutrauen; man sollte sich dazu bekennen, wenn man nichts weiß, ein Lernender werden und versuchen, andere ebenfalls dazu zu bringen, und so die Verantwortung für das Lernen verbreiten; der Lernprozeß muß letztlich Teil der Kultur werden. Führungspersönlichkeiten können eine Lernkultur dadurch fördern, daß sie sich diese vorstellen und diese Vorstellung dann vermitteln, indem sie die Gruppen in einer Organisation belohnen, die die gewünschten Annahmen vertreten, und deren Entstehung durch kulturelle Vielfalt anregen.

Dieses Handeln ist zu einem großen Teil das, was Schein mit ‚Management der Kultur' meint. Er glaubt daran, daß kulturelle Veränderungen gemanagt werden können, wenngleich er sich bewußt ist, daß das auch von veränderten Annahmen abhängt, die bei der erfolgreichen Anpassung an das äußere Umfeld und der Schaffung von „Trost" im inneren wirksam sind. Schein spricht den möglichen Konflikt dieser Führungsstrategien nicht an (zum Beispiel die Verbreitung einer Vision einerseits und die Akzeptanz des eigenen Nichtwissens andererseits), und sagt auch nicht, was geschieht, wenn die veränderten Annahmen nicht greifen.

Schein weiß offenbar, daß das Managen einer Kultur den Anflug eines inneren Widerspruchs in sich birgt (Kultur gilt gemeinhin als etwas, das wächst und sich entwickelt, nicht als ein Gegenstand direkter Einflußnahme), und er versucht, parallel zu argumentieren, daß die Kultur einer Organisation von ihrer Führung geprägt werden kann, sich als Reaktion auf gezielte Zwänge äußerer und innerer Umfelder entfaltet und auch bestehen kann, wenn die Organisation nicht richtig arbeitet. Bis zu einem gewissen Grad versucht Schein, diese Behauptungen durch Hinweis auf unterschiedliche Stadien im Lebenszyklus einer Organisation in Einklang zu bringen. Er erkennt insbesondere an, daß die Kultur einer entwickelten Organisation dysfunktionale, für selbstverständlich gehaltene Annahmen enthalten kann, Produkte vergangener Erfolge, die sich „als ‚stille' Filter auf die Wahrnehmungen und Denkweisen" auswirken (S. 316). Er beobachtet zum Beispiel, daß die offen vertretenen Wertvorstellungen, die als Lösungen [in Organisationen] angeboten werden (zum Beispiel TQM), häufig Annahmen verbergen, die der Art des Lernens, wie ich es beschrieben habe, wirklich nicht förderlich sind.

Wenn eine Kultur dysfunktional wird, müssen lernende Führungspersönlichkeiten sehr genau „mit sich selbst zu Rate gehen, um ihre eigenen Denkmodelle und Prämissen zu erkennen, bevor sie sich für ein bestimmtes Vorgehen entscheiden" (S. 307). Damit sie nicht „unwissentlich ihre eigene Schöpfung sabotieren" (S. 311), müssen Führungspersönlichkeiten Einsichten in ihre unbewußten Konflikte, aber auch in die bewußten Absichten pflegen. Berater können derartige Einsichten fördern, indem sie „die Führungspersönlichkeit in ihrem eigenen Erkenntnisprozeß... unterstützen" und dabei als „Kulturtherapeuten" fungieren, „die die Führungspersönlichkeit bei ihrer Suche nach einem Verständnis der Kultur und ihrer mehr oder minder anpassungsfähigen Elemente unterstützt" (S. 321).

Schein erfaßt jedoch nicht die ganze Bedeutung der Widersprüche, die in dem Gedanken enthalten ist, eine Kultur hin zum Ideal einer lernenden Organisation zu führen. Er konzentriert sich auf die Gefahr, daß die Organisationskultur von Hause aus die Stabilität sucht. Er beschäftigt sich nicht direkt und kritisch mit der Frage der Beherrschbarkeit einer Kultur – das Maß, in dem sie Gegenstand der Designkausalität sein kann – und erklärt auch nicht näher, wie Lernannahmen wie Nichtwissen, Vertrauen in andere und „Annahmen der Theorie Y über das Wesen des Menschen" dem Menschen tatsächlich vermittelt werden können. Er widmet sich den Grenzen des Kulturmanagements hauptsächlich über den Begriff der „kulturellen Bescheidenheit“, das heißt der Erkenntnis, daß die Kultur zum Teil von starken Kräften tangiert wird, die außerhalb der direkten Kontrolle einer Führungspersönlichkeit liegen können.

Einige Schriften über die lernende Organisation – etwa die von Schein, Senge und den soziotechnischen Theoretikern – liefern einen wichtigen Beitrag. Sie beschreiben vielfältige Typen des organisationalen Lernens. Sie bieten Vorschriften, die als Anhalt zumindest für die Organisationsstrukturen, -prozesse und -bedingungen nützlich sind, die das produktive Lernen bei Organisationen möglich machen – zum Beispiel:

- „flache“, dezentrale Organisationsstrukturen;
- Informationssysteme, die schnelles, öffentliches Feedback auf die Leistung der Organisation sowohl als Ganzes als auch ihrer verschiedenen Teile liefern;
- Mechanismen, um implizite organisationale Aktionstheorien hervorzuholen und zu kritisieren, die systematische Programme zur experimentellen Forschung fördern;
- organisationale Leistungsmaßnahmen;
- Anreizsysteme zur Förderung des organisationalen Lernens;
- Ideologien, die mit Maßnahmen verknüpft sind wie Total Quality, lebenslanges Lernen, besondere Leistung, Offenheit und Grenzüberschreitung.

Andererseits beachtet die Literatur über die lernende Organisation nicht die Lücken, die die Lernskeptiker in ihrer Argumentation hervorheben. Sie übersieht die analytischen Schwierigkeiten, die gerade die Vorstellung vom organisationalen Lernen aufwirft. Sie nimmt die Wohltat des organisationalen Lernens als Axiom. Sie denkt nicht ernsthaft über Prozesse nach, die die Gültigkeit oder Nützlichkeit des organisationalen Lernens bedrohen. Und sie macht kurzen Prozeß mit den Durchführungsschwierigkeiten, den Phänomenen, die die Versuche zum Erreichen des Ideals untergraben oder diesen Versuchen nur ein kurzes Leben gewähren.

Diese Lücken und Schwierigkeiten hängen grundlegend von den Verhaltenswelten der Organisationen ab, die zu den begrenzten Lernprozessen beitragen. Wer über die lernende Organisation schreibt, konzentriert sich gern auf Irrtümer erster Ordnung, was auf falsch verstandene oder unvollständige Handlungsstrategien und Annahmen der Art zurückgeht, die Praktiker normalerweise aufspüren und zu korrigieren suchen. Oft beachtet er gezielt keine Irrtümer zweiter Ordnung, die auf die Organisationsentwürfe zurückgehen, die systematisch bewirken, daß sich die Leute nicht der Verhaltensphänomene bewußt werden, die der Produktion und Reproduktion von Irrtümern erster Ordnung zugrunde liegen. Wir denken hier beispielsweise an Abwehrmaßnahmen, gemischte Botschaften, Tabus über die Erörterbarkeit wichtiger Fragen, „Spiele“ zum Beherrschen und Täuschen sowie die Verschleierung in Organisationen. Wie wir in diesem Buch immer wieder angeführt haben, sind das Nachdenken über derartige Phänomene und die ihnen zugrundeliegenden handlungsleitenden Theorien unentbehrlich sowohl für die Aufgabe, die Beschränkungen des organisationalen Lernens zu erklären, als auch für den Entwurf von Interventionen, die diese Beschränkungen überwinden können.

Die wissenschaftliche Literatur über das organisationale Lernen

Diese Literatur – absichtlich praxisfern, nicht präskriptiv und wertneutral – beschäftigt sich nur mit den Fragen, die die erste Gruppe übergeht: Was heißt „organisationales Lernen"? Wie ist organisationales Lernen überhaupt machbar? Welche Arten des organisationalen Lernens sind wünschenswert, für wen und mit welcher Chance auf tatsächliche Verwirklichung? Die Erforscher des organisationalen Lernens nehmen generell eine skeptische Haltung zu diesen Fragen ein. Ihre Skepsis gilt zumeist drei Hauptkriterien.

1. Die einen argumentieren, daß allein der Gedanke des organisationalen Lernens widersprüchlich, paradox oder schlicht unsinnig ist.
2. Ein zweiter Einwand gegen das organisationale Lernen gesteht ihm zwar Sinn zu, bestreitet jedoch, daß organisationales Lernen immer oder überhaupt nützlich ist.
3. Ein dritter Einwand gegen das organisationale Lernen stellt in Frage, ob wirkliche Organisationen tatsächlich produktiv lernen und ob sie grundsätzlich und tatsächlich dazu kommen können, das zu tun.

Organisationales Lernen ist paradox

Wir haben in Kapitel 1 bereits festgestellt: Wenn wir zunächst annehmen, daß Individuen die einzigen zum Lernen befähigten Subjekte sind und daß wir wissen, was wir meinen, wenn wir sagen, daß Individuen lernen, dann verwirrt uns wahrscheinlich die Vorstellung, daß Lernen auch Organisationen zugestanden wird. Einige Forscher, wie etwa Geoffrey Vickers, haben argumentiert: wenn der Begriff „organisationales Lernen" etwas bedeutet, dann bedeutet er das Lernen von Individuen, die zufällig im Rahmen einer Organisation tätig sind. So gesehen kommt die Behauptung, eine Organisation lerne, einem „Kategorienfehler" gleich, wie der Philosoph Gilbert Ryle es genannt hat.

Aber selbst ein rasches Überfliegen der neueren Literatur legt nahe, daß die Neigung, das organisationale Lernen als einen widersprüchlichen Gedanken zu betrachten, vor zwanzig Jahren weit ausgeprägter war als heute. Wirtschaftswissenschaftler wie Marin (1993), Herrnstein (1991) sowie Holland und Miller (1991) haben angefangen, das Lernen in den wirtschaftlichen Diskurs einzuführen und die Hinweise auf das Lernen nun deutlich zu machen, die in bestimmten Wirtschaftsbereichen schon lange impliziert sind, etwa in der Unternehmenstheorie, die das Unternehmen als Entscheidungsfinder behandelt, der eine Nutzenfunktion optimiert, und in Theorien über den Wettbewerb am freien Markt, die den durch Marktkräfte angeregten Verbesserungen an Leistungsfähigkeit und Produktivität einen wichtigen Platz einräumen. Die heutigen Forscher auf den Gebieten der Organisationstheorie und -strategie beschäftigen sich mit hoch angesiedelten, innerorganisationalen Bereichen wie dem Management oder der Forschung und Entwicklung und sind offenbar wenig beeindruckt von Sätzen, in denen „Organisationen“ das Subjekt ist und „Lernen“ das Prädikat. Fiol und Lyles (1985) definieren Lernen, gleichgültig ob von Individuen oder Organisationsvertretern, zum Beispiel als „den Prozeß, Handlungen durch besseres Wissen und Verständnis zu verbessern“ (S. 803). Nach dem Vorschlag von Leavitt und March (1988) lernen Organisationen, wenn sie „Schlußfolgerungen aus der Geschichte zu Routinen verschlüsseln, die das Verhalten lenken“ (S. 319). Huber (1989) meint, daß „eine Organisation gelernt hat, wenn *all ihre Bestandteile* sich Informationen angeeignet und diese Informationen zugunsten der Organisation griffbereit haben, entweder durch andere Bestandteile oder durch sich selbst“ (S. 3).

Eine immer einflußreicher werdende Forschungstradition, die sich aus den Arbeiten von Campbell (1969) sowie Nelson und Winter (1982) herleitet, greift auf Darwin, seine Evolution, Anpassung und natürliche Auslese zurück. Die in dieser Tradition stehenden Forscher sehen das organisationale Lernen als einen Prozeß, bei dem sich ganze Organisationen oder deren Bestandteile der sich wandelnden Umwelt anpassen, indem sie organisationale Routineabläufe erzeugen und gezielt übernehmen. Robert Burgelman (1994) zum Beispiel, dessen Arbeit wir im nächsten Kapitel eingehender betrachten, beschreibt Geschäftsunternehmen als „Ökologien strategischer Initiativen“, die „in Mustern auftauchen und um begrenzte Organisationsressourcen streiten, um ihre relative Bedeutung innerhalb der Organisation zu erhöhen. Strategie resultiert zum Teil aus Auswahl und Bewahren, die auf interne Veränderungen einwirken, die mit strategischen Initiativen zusammenhängen“ (S. 240).

Nach Burgelmans Beschreibung sind die Agenten, die interne Veränderungen erzeugen und auswählen, kollektive Gebilde mit der Bezeichnung Manager, Abteilungen oder Topmanagement.

Selbstverständlich ist es in Burgelmans Theorie, aber auch in anderen oben erwähnten Theorien, von erheblicher Bedeutung, ob relativ hoch angesiedelte soziale Gebilde als einzig geeignet oder zumindest ausreichend angesehen werden, Anpassung und Lernen bei Organisationen zu untersuchen, oder ob man meint, sie durch eine Sichtweise ergänzen zu müssen, die enthüllt, wie Individuen in diese Prozesse eintreten. Viele soziologisch ausgerichtete Forscher, die das organisationale Lernen als innerorganisationales Phänomen sehen, weichen den Schwierigkeiten, zwischen individuellen und organisationalen Phänomenen eine Brücke zu schlagen, dadurch aus, daß sie Agenten und Lernprozesse beständig auf einer relativ hohen Ebene sozialer Aggregation behandeln.

Wir bestehen sogar darauf, daß eine Theorie des organisationalen Lernens das Wechselspiel zwischen den Aktionen und Interaktionen von Individuen und den Aktionen und Interaktionen höherrangiger Organisationsgebilde wie Abteilungen, Sparten oder Managergruppen berücksichtigen muß. Solange eine Theorie des organisationalen Lernens dieses Kriterium nicht erfüllt, kann sie keinen für die Praktiker des organisationalen Lernens brauchbaren Beitrag zum Wissen liefern, und sie kann auch nicht die Phänomene erklären, die festgestellten Begrenzungen des organisationalen Lernens unterliegen. Einige Forscher teilen unsere Ansicht. So hat zum Beispiel Daniel Kim (1993) beobachtet:

> „Auch wenn die Bedeutung des Begriffs ‚Lernen' im wesentlichen so bleibt wie im individuellen Fall, ist der Lernprozeß auf der Organisationsebene doch grundlegend anders. Ein Modell für organisationales Lernen muß irgendwie das Dilemma lösen, Intelligenz und Lernvermögen an ein nicht menschliches Gebilde zu vermitteln, ohne es mit menschlichen Eigenschaften auszustatten" (S. 12).

Jeder, der eine solche Position einnimmt, steht vor der ziemlich schwierigen Aufgabe zu erklären, wie die von Individuen und auf höheren Ebenen angesiedelten Gebilden durchgeführten „grundlegend unterschiedlichen" Prozesse aufeinander einwirken und die Phänomene hervorbringen können, die wir bereit sind, als organisationales Lernen anzuerkennen. Obwohl organisationales Lernen längst zu einer allgemein anerkannten Vorstellung geworden ist, ist es für Organisationstheoretiker doch nicht weniger problematisch, als wenn es irgendwo am Rand des Gebietes dahinsiechte. Tatsächlich ist es für uns gerade deshalb von besonderem Interesse, weil es die Grenzen unseres normalen Verständnisses von Individuum und Organisation erweitert.

Welche möglichen Arten gibt es nun, das Wechselspiel zwischen Individuen und auf höheren Ebenen angesiedelten Gebilden zu erklären, welches das organisationale Lernen ausmacht? Sollten wir es uns so vorstellen, daß Individuen mit bestimmten Rollen (vielleicht jene, die am meisten Macht oder Kontrolle über das Handeln haben) aus ihren Erfahrungen lernen können und daß man, wenn hinreichend viele es tun, sagen kann, die Organisation als Ganzes lerne? Sollten wir uns Organisationen als Gruppen von Individuen denken und dabei anerkennen, daß Gruppen reale Gebilde sind, die sich nicht auf die Individuen zurückführen lassen, aus denen sie bestehen? Sollten wir diesen Gruppen dann eine Fähigkeit zum Denken, Untersuchen, Experimentieren und Lernen zugestehen? Sollten wir uns Organisationen als Kulturen denken, die aus Glaubens-, Wert-, Technologie- und Sprachsystemen sowie Systemen allgemeiner Verhaltensmuster und gemeinsamer Darstellungen der Realität bestehen? Und sollten wir das Lernen dann nutzen, um bestimmte Prozesse kultureller Veränderungen festzulegen? Sollten wir uns Organisationen als kognitive Konstrukte – vielleicht eigenständige Theorien – denken, so daß man von Organisationen sagen könnte, sie lernten, wenn ihre Mitglieder zur kumulativen Zunahme oder Abänderung dieser Konstrukte beitragen?

Wir haben in Kapitel 1 unseren eigenen Ansatz zum Paradox des organisationalen Lernens vorgestellt. Ein Schlüsselbegriff ist für uns die Untersuchung, die Verzahnung von Denken und Handeln, die Individuen bei der Interaktion zugunsten oder im Namen der Organisation praktizieren, der sie angehören, und zwar so, daß sich die Handlungstheorien der Organisation ändern und in Artefakten der Organisation wie Diagrammen,

Speichern und Programmen niederschlagen. Eine Schlüsselfrage ist für uns dann die Bedeutung der Formulierung „zugunsten der Organisation". Wir erklären, daß es Individuen möglich ist, „zugunsten" oder „im Namen" einer Organisation zu denken und zu handeln, weil Organisationen in einem ganz grundlegenden Wortsinn politische Gebilde sind. Gesamtheiten werden zu Organisationen, wenn sie drei konstitutive Fähigkeiten haben: gemeinschaftliche Entscheidungen zu treffen (so daß Gruppen von Individuen als „wir" von sich sprechen können), Handlungsbefugnisse im Namen der Gesamtheit an einen einzelnen zu delegieren und erklären zu können, wer Mitglied der Gesamtheit ist und wer nicht. Unter diesen Bedingungen macht es begrifflich Sinn zu sagen, daß Individuen zugunsten einer Organisation handeln können. Es ergibt begrifflich auch einen Sinn zu erklären, daß Individuen *für* eine Organisation Lernprozesse (organisationale Untersuchung) durchführen können, die ihrerseits Lernergebnisse zeitigen können, wie sie in Veränderungen organisationaler Handlungstheorien und der sie verschlüsselnden Artefakte zum Ausdruck kommen.

Aber der Nachdruck, den wir auf die organisationale Untersuchung als Bindeglied zwischen interpersonellen und organisationalen Erscheinungen beim organisationalen Lernen gelegt haben, und unser Beharren auf der Bedeutung der Verhaltenswelten, die organisationale Untersuchungen behindern oder erleichtern, haben einige Kritiker der Ansichten, die wir erstmals in unserem Buch von 1978 geäußert haben, dazu veranlaßt, diese als einen Ansatz abzutun, der sich ausschließlich mit dem interpersonellen oder sozialpsychologischen Bereich des Organisationslebens befasse. Für einige Kritiker geht es bei unserem Ansatz zum organisationalen Lernen um Individuen, aber nicht um Organisationen.

Natürlich hängt die Frage, die der Kontroverse über unseren Ansatz zum organisationalen Lernen oder über jeden Versuch zugrunde liegt, das organisationale Lernen im Sinne der Interaktion zwischen Individuen und Organisationen zu behandeln, erstens davon ab, welche Aggregationsebenen man als eindeutig organisational behandeln will, und zweitens von den Merkmalen, die man als entscheidend für das Lernen auf der fraglichen Aggregationsebene auswählt. Wie wir angemerkt haben, konzentrieren sich einige Forscher auf Organisations„ansammlungen", die in größeren Systemen wie Märkten oder „Ökologien" zusammengefaßt sind, in denen Lernen ganzen Organisationen (dem Unternehmen oder dem Staat) oder sogar den größeren Verbünden zugestanden wird, zu denen sie gehören. Bei anderen Beobachtern wie Nelson und Winter sowie Burgelman richtet sich die Aufmerksamkeit auf die Interaktionen größerer Einheiten (Abteilungen, Sparten, Topmanagement) innerhalb von Organisationen. Für einige Organisationstheoretiker wie Crozier (1964) oder Theoretiker der Politikimplementierung (Pressman und Wildavsky, 1973; Bardach, 1980) liegt das Hauptschwergewicht auf Freiheits-, Interessen- und Machtspielen, die sich unter Gruppen von Individuen entfalten, die in Organisationen bestimmte Rollen bekleiden. Andere Theoretiker wie Hirschman richten ihr Augenmerk auf Anreizstrukturen, die zum Teil durch die Be-

triebsmechanismen „Ausstieg“ und „Stimme“ entstehen, die Veränderungen bei der Organisationsarbeit bewirken.
Bei sozialpsychologisch orientierten Theoretikern wie Schein (1992) konzentriert sich die Aufmerksamkeit auf Individuen, die in dem Umfeld interagieren, das die Organisationen bieten. Einige Forscher, die der in Marvin Minskys *Society of Mind* (1987) eingeschlagenen Richtung folgen, behandeln die Individuen selbst als Organisationen, deren Denken und Handeln im Sinne des Wechselspiels innerpsychischer „Mikroagenten“ in direkter Analogie zum Betrieb komplexer Computerprogramme gesehen werden muß.
Die Frage der Wahl der Aggregationsebene(n) und die eng damit zusammenhängende Frage der gezielten Beachtung von Merkmalen auf einer bestimmten Ebene nehmen im Bereich der Organisationsphänomene offenbar einen Platz ein, der dem entspricht, den sie im Bereich der Theorien materieller Objekte haben. Physiker, Maschinenbauingenieure, Materialwissenschaftler und Vertreter der physikalischen Chemie beschäftigen sich mit überraschend unterschiedlichen Aggregationsebenen (zum Beispiel Galaxien, Brücken, Verbundwerkstoffe, Moleküle) und räumen den verschiedenen Beschreibungen der auf diesen Ebenen entdeckten Phänomene einen besonderen Stand ein. Zum Teil spiegeln die verschiedenen Brennpunkte wider, wofür die Forscher sich gerade interessieren, zum Teil lassen sie den Zweck erkennen, dem ihre Untersuchungen gewidmet sind. An bestimmten zentralen Stellen überschneiden sich ihre Interessen allerdings, vor allem wenn die Forscher sich mit Fragen der voraussichtlichen Führung im technologischen Bereich befassen. Bauingenieure zum Beispiel, die sich für die Verhaltenseigenschaften großangelegter Gebäudekonstruktionen interessieren, beraten sich unter Umständen mit Materialwissenschaftlern oder gar Vertretern der physikalischen Chemie, wenn sie sich bei ihrer Arbeit mit Materialermüdung oder den Ausgangspunkten der Ausbreitung von Rissen in Beton beschäftigen müssen. Es ist nach wie vor umstritten und geistig anregend, ob Beschreibungen des Verhaltens von Gebilden auf höheren Ebenen, wie Maschinen, sich auf Beschreibungen des Verhaltens von Gebilden auf niedrigerer Ebene reduzieren lassen, etwa Materialien oder Moleküle (Polanyi, 1967), oder ob bzw. wie es sowohl machbar als auch nützlich ist, Theorien vom Verhalten von Gebilden auf höherer Ebene zu entwickeln, ohne sich groß um Phänomene auf den niedrigeren Ebenen zu kümmern, die zur Erklärung dieses Verhaltens angeführt werden könnten.
Auf dem weiten und vielgestaltigen Feld der Forschung über organisationales Lernen veranlassen unterschiedliche Interessen und Ziele die Forscher auch dazu, sich auf unterschiedliche Aggregationsebenen und Merkmale der dort entdeckten Phänomene zu konzentrieren. Wir haben erklärt, daß Überschneidungen zwischen individuellen, interpersonellen und höheren Aggregationsebenen entscheidende Bedeutung erlangen, wenn wir die Praktiken des Organisationslebens verstehen und vor allem neu gestalten wollen, wie sie von den Individuen vorgenommen werden, die Organisationen bewohnen und Verantwortung für den Beitrag zur Organisationsleistung tragen, einschließlich insbesondere der Ergebnisse des organisationalen Lernens. Aber diejenigen, die

das organisationale Lernen erforschen, sind in diesem Punkt weit von einer Einigung entfernt. Uneinigkeit herrscht nicht nur über das Wesen der verschiedenen Arten von Interaktionen zwischen individuellen, interpersonellen und höherrangigen Gebilden, die vielleicht mit dem organisationalen Lernen zu tun haben, sondern auch darüber, ob eine angemessene Theorie des organisationalen Lernens eine Darstellung derartiger Interaktionen verlangt.

Das organisationale Lernen ist ein bedeutsamer Gedanke, aber nicht immer nützlich

Sobald man das organisationale Lernen als neutralen Begriff nimmt, nicht als ein normatives Ideal, wird uns und anderen klar, daß es sich nicht unbedingt zum Guten hin auswirken muß (vorausgesetzt, man hat ein Bild vom Guten). Unter der Herrschaft der Nationalsozialisten bewältigte Eichmanns bürokratischer Apparat seine unsägliche Aufgabe zweifellos immer effizienter, so daß man mit einem gewissen Recht sagen kann, er habe „dazugelernt". Aber die moralische Kritik am organisationalen Lernen ändert sich mit den Arten des Übels, zu dem Organisationen nach Meinung dieser Kritik besonders prädestiniert sind.

Einige Autoren behandeln das Ideal der lernenden Organisation wie ein Beispiel zeitgenössischer Rhetorik von „Hochleistungsorganisationen" (vgl. Kunda, 1992, der sich begrifflich auf Bendix, 1956, bezieht; van Maanen, 1988). Sie behaupten, die Machteliten in den Organisationen benutzten das Ideal der lernenden Organisation so, wie sie andere rhetorische Ideale als geschickte normative Kontrollwerkzeuge benutzen, um die Einwilligung, ja die Selbstverpflichtung der Untergebenen zu erlangen, und das auf Arten, die zwar vielleicht gut für die sind, die die Kontrolle ausüben, aber schlecht für diejenigen, die ihnen unterstellt sind. Kunda schreibt:

> „Normative Kontrolle ist der Versuch, Mitgliedern die erforderlichen Anstrengungen zu entlocken und letztere dadurch zu lenken, daß die zugrundeliegenden Erfahrungen, Gedanken und Gefühle, die ihre Handlungen leiten, kontrolliert werden. Unter normativer Kontrolle handeln Mitglieder zum Besten des Unternehmens ..., [weil] sie von innerer Verpflichtung, starker Identifizierung mit den Unternehmenszielen und innerer Befriedigung aus der Arbeit angetrieben werden ..., die ihnen durch die verschiedensten unternehmerischen Appelle, Ermahnungen und Aktionen entlockt werden ... Kurz gesagt, unter normativer Kontrolle wird das Selbst des Angestellten ... im Namen des Firmeninteresses in Anspruch genommen." (S. 11)

Schließlich kritisieren einige Autoren das organisationale Lernen auch und behaupten, ein großer, wenn nicht sogar sein größerer Teil stehe im Dienst der Stabilität, nicht der Veränderung. Nach dieser Ansicht lernen Organisationen, den Status quo zu wahren, und Lernen dieser Art ist der Feind aller Organisationsveränderungen und -reformen (Fiol und Lyles, 1985; Leavitt und March, 1988).

Alle derartigen Kritiken beruhen auf dem Gedanken, daß organisationales Lernen keine wertneutrale Tätigkeit ist, sondern von Werten ausgeht, sich auf Werte auswirkt und von der Vorstellung dessen her, was gut oder richtig ist, und für wen, einer Kritik unterliegt. Diese Folgerungen, die offensichtlich scheinen, sobald sie einmal ausgesprochen sind, treten nur dann zutage, wenn das organisationale Lernen seiner normativen Aura entkleidet und auf der Grundlage bestimmter Kriterien von Gut und Richtig als Gegenstand der Beurteilung in bestimmten Zusammenhängen betrachtet wird. Wir kommen, mit anderen Worten, nicht darum herum zu erklären, welche Arten des organisationalen Lernens wir für erstrebenswert oder nicht halten und warum.

Lernen reale Organisationen produktiv?

Um von einer Organisation sprechen zu können, die lernt, müssen wir sie als einen mehr oder weniger einheitlichen Agenten sehen. Und wir müssen sie auch für fähig halten, rational zu handeln, zumindest in dem Sinn, daß sie sich vergangener Ereignisse erinnern, Alternativen analysieren, Experimente durchführen und die Ergebnisse von Handlungen beurteilen kann. Aber einige Autoren erklären, diese Zuschreibungen besäßen wenig oder gar keine Gültigkeit für Organisationen, wie wir sie in der Welt antreffen. Wir unterteilen ihre Zweifel nach Gefährdungen für einheitliches Handeln, gültige Rückschlüsse und Effektivität.

Gefährdungen für das einheitliche Handeln. Einige Theoretiker haben erklärt, Organisationen seien in Wirklichkeit pluralistische Systeme, kaum mehr als ein Bühnenbild für Aufführungen von Agenten wie Berufsstände, Disziplinen oder soziale Gruppierungen, die schon durch ihr Wesen über Organisationsgrenzen hinausgehen. Einige Verfasser sehen Organisationen als politische Systeme, die aus Untergruppen bestehen, die alle ihre eigenen Interessen, Freiheiten und Stärken haben, verstrickt sind in Kämpfe um Kontrolle oder die Vermeidung von Kontrolle und unfähig, ganzheitlich als Agenten des Lernens aufzutreten (Crozier, 1964; Bardach, 1980). In seiner mittleren Arbeitsphase erklärte March gemeinsam mit mehreren Co-Autoren (Cohen und March, 1974; March und Olsen, 1976), Organisationen seien von Hause aus chaotisch, bestenfalls organisierter Anarchismus. Seine „Mülleimer-Theorie" stellt die Entscheidungsfindung anhand von Gedanken, Interessen, Bildern und Werten auf der Suche nach Problemen dar, weniger anhand von Problemlösern, die aktiv nach Ideen, Bildern und Wertvorstellungen suchen. Wo der Mülleimer in Betrieb ist, kann man kaum erkennen, wie Organisationen als zu einheitlichen Handlungen oder Untersuchungen in der Lage betrachtet werden können.

Wieder einmal hat diese Argumentationsrichtung vor zwanzig Jahren im Hochgefühl der Reaktion gegen unüberlegte Theorien organisationaler Vernunft (zum Beispiel Perrow, 1979) offenbar mehr Gewicht gehabt als heute. Auch wenn Zuschreibungen organisationaler Zusammenhanglosigkeit sich noch immer als Quellen des Zweifels an Behauptungen präsentieren, die im Namen des organisationalen Lernens erhoben werden, gelten sie doch meistens nicht mehr von vornherein als Gründe für die direkte Ablehnung des Gedankens. Es scheint vielmehr zunehmend die Haltung vorzuherrschen, daß der Grad der Einheitlichkeit, der in organisationalen Handlungen oder Untersuchungen zum Ausdruck kommt, eine empirische Frage ist, die an bestimmten Orten und zu bestimmten Zeiten zu klären ist. Ein typischer Fall ist Marchs Wandel von der Sicht der Organisationen als „organisiertem Anarchismus" zur weit gemäßigteren Position, die er in seinen neueren Schriften eingenommen hat, wo er erklärt, daß es Zeiten gibt, in denen die Reform von Institutionen durch „Integrationsprozesse [betrieben werden kann]..., die den Interessenkonflikt als die Grundlage für Überlegungen und autoritative Entscheidungen nehmen, nicht das Aushandeln" (March u. Olsen, 1989, S. 142).

Gefährdungen für gültige Rückschlüsse. Unter den vielen Beschreibungen organisationaler Lernprozesse in der wissenschaftlichen Literatur gibt es eine konsequente Betonung der rationalen Schlußfolgerung: der Schlußfolgerung in der Form des Lehren-Ziehens aus Beobachtungen vergangener Erfahrungen, der Schlußfolgerung hinsichtlich der kausalen Verbindungen zwischen Handlungen und Ergebnissen und der Schlußfolgerung aus Zyklen, in denen herumprobiert wird. Mehrere Autoren, darunter auch einige der oben genannten, stützen ihre Skepsis auf „Gefährdungen des gültigen Rückschlusses", die ihnen offenbar das wirkliche organisationale Lernen zu einem dubiosen Vorhaben machen.

March, der organisationales Lernen definiert als „Schlußfolgerungen aus der Geschichte zu Routinen verschlüsseln, die das Verhalten lenken" (Leavitt und March, 1988, S. 319), war beim Erkennen von Gefährdungen für die Gültigkeit solcher Rückschlüsse sehr produktiv. So unterstreicht er zum Beispiel (ebd., S. 322f.) die Bedeutung der „Kompetenzfallen", mit denen Organisationen irrtümlich die Handlungsstrategien in die Zukunft projizieren, die in der Vergangenheit bei ihnen funktioniert haben. Er lenkt die Aufmerksamkeit auf verschiedene Ursachen von Mehrdeutigkeit, die die Einschätzung von Erfolg oder Mißerfolg in Organisationen untergraben:

> „Die Lehren der Erfahrung wurden aus einer relativ kleinen Zahl an Beobachtungen in einer komplexen, sich verändernden Ökologie lernender Organisationen gezogen. Was geschehen ist, ist nicht immer offenkundig, und die Kausalität der Ereignisse ist schwer zu entwirren. Was eine Organisation zu erreichen hoffen sollte, und damit der Unterschied zwischen Erfolg und Mißerfolg, ist nicht immer klar." (S. 323)

Er beschreibt Beispiele von „abergläubischem Lernen", zu denen „es kommt, wenn die subjektive Erfahrung des Lernens zwingend ist, aber die Verbindungen zwischen Handlungen und Ergebnissen falsch bestimmt werden" (S. 325).

March erkennt auch ein „Lerndilemma", das eine ganze Gruppe von Gefährdungen für gültige Rückschlüsse mit sich bringt. Wenn Lernen schrittweise erfolgt, durch „kleine, häufige Veränderungen und Schlußfolgerungen, die aus der Erfahrung mit ihnen entstehen", dann ist *ein* Ergebnis wahrscheinlich die Verstärkung oder marginale Veränderung bestehender Routinen. Ein solches Verhalten „führt wahrscheinlich eher zu einer zufälligen Abweichung als zu einer Verbesserung" (Lounamaa und March, 1987). Wenn Organisationen dagegen aus „wenig wahrscheinlichen Ereignissen mit starken Auswirkungen" lernen, sind Schlußfolgerungen darüber häufig „mit Konflikten über formale Verantwortung, Zurechenbarkeit und Verpflichtung belastet" (Leavitt und March, 1988, S. 334). Das Fazit lautet, daß „Lernen nicht immer zu intelligentem Verhalten führt. Die gleichen Prozesse, die auf Erfahrung beruhendes Wissen bewirken, bringen abergläubisches Lernen, Kompetenzfallen und irrige Schlußfolgerungen hervor" (S. 335).

Auf dieser Argumentationslinie behandelt March Lernen in der engen Bedeutung des *Lehren-Ziehen aus der Geschichte* als Alternative zu anderen Modellen der Entscheidungsfindung wie rationale Entscheidung, Aushandeln und die Auswahl aus verschiedenen Möglichkeiten. Er erklärt, Lernen könne sich seinen Alternativen unter bestimmten Umständen als unterlegen erweisen, fügt jedoch den Einspruch an, daß auch den Alternativen Fehler unterlaufen könnten, und es deshalb „möglich [sei], eine Rolle für das auf Routinen basierende, geschichtsabhängige, zielgerichtete Lernen bei Organisationen zu sehen" (S. 336). (Aus unserer Sicht können alle alternierenden Strategien von March in die *Untersuchungs*prozesse eingehen, um die herum wir unseren breiteren Ansatz zum organisationalen Lernen konstruieren. Die relative Anfälligkeit des „Lehren-Ziehens aus der Geschichte" wäre für die allgemeine Frage der kognitiven Fähigkeit zum Lernen bei real bestehenden Organisationen nicht relevant, wohl aber für das Problem der Auswahl, welche Untersuchungsstrategie in einem beliebigen Zusammenhang verfolgt werden soll.)

Eine ganz andere Art der Gefährdung der Gültigkeit von Schlußfolgerungen bei der organisationalen Untersuchung ergibt sich aus der Beobachtung, daß organisationales Lernen von der Auslegung der Ereignisse abhängt, was wiederum von Systemen abhängig ist, den großen Handlungslinien, mit denen die organisationalen Ermittler Aufgaben stellen und der Erfahrung einen Sinn abgewinnen. Systematisieren ist für auslegende Bewertungen unentbehrlich, aber da Systeme selbst nicht falsifizierbar sind, verfangen sich Ermittler unter Umständen in selbstreferentiellen Systemen. Padgett (1992) schreibt, daß „das gemeinsam erbaute System oder die ‚Membran', durch die Informationen und Sanktionen gesammelt und empfangen werden", eine „axiomatische Errichtung der Welt" ist, die „wechselseitig an die Beschaffenheit des Beobachters gebunden" ist. Der Austausch zwischen divergierenden, selbstreferentiellen Systemen ist zwangsläufig problematisch.

Schön und Rein (1994) untersuchen dann die Systemkonflikte, die den ständigen politischen Kontroversen zugrunde liegen, zum Beispiel solche, bei denen es um Sozialhilfe, Obdachlosigkeit oder Kosten und Nutzen der modernen Technologie geht. Sie argumentieren, daß Ermittler in der wirklichen Politik unter Umständen zu einer überlegten Untersuchung der Systeme imstande sind, die ihren divergierenden Positionen zugrunde liegen, und in bestimmten Situationen manchmal eine pragmatische Lösung ihrer widersprüchlichen Systeme ausarbeiten können.

Gefährdungen für das effektive Handeln. Selbst wenn organisationale Ermittler gelegentlich in der Lage sind, gültige Rückschlüsse aus geschichtlicher Erfahrung oder laufenden Beobachtungen zu ziehen, werden ihre Schlüsse unter Umständen doch nicht in effektives Handeln umgesetzt. Mehrere heutige Forscher (Fiol und Lyles, 1985; Kim, 1993) machen darauf aufmerksam, daß Lernergebnisse bruchstückhaft oder situationsbedingt sein können und womöglich niemals in den Mainstream der Organisationen eingehen. In früheren Untersuchungen beschrieben Verfechter der „Verhaltenstheorie des Unternehmens" (Cyert und March, 1963; Simon, 1976) dysfunktionale Verhaltensmuster von Organisationen, die ein produktives Lernen bei Organisationen untergraben. Sie merkten an, daß Organisationen auf Kontrollsysteme angewiesen sind, die Konflikte zwischen denen, die Regeln aufstellen, und denen, die sie befolgen, hervorrufen, was zu Täuschungen führt, und daß in einer solchen Organisationswelt „jeder vernünftig ist und man keinem trauen kann".

„Bruchstückhafte" Lernergebnisse sind eng mit den „Bedingungen für Irrtümer" verwandt, die wir in Teil II beschrieben haben. Und die dysfunktionalen, defensiven Verhaltensmuster, die Simon, Cyert und der frühe March beschrieben haben, sind eng mit den Mustern verwandt, die wir den begrenzten Lernsystemen zugeschrieben haben. Die Frage lautet, wie wir diese Phänomene betrachten sollten. Sollten wir sie im Sinne der Verhaltenstheorie des Unternehmens betrachten, als beherrschende und von Natur aus vorhandene Merkmale des Organisationslebens, die zu „entdecken", nicht zu ändern, die Aufgabe der Organisationsforscher ist? Oder sollten wir sie wie äußerst wichtige Behinderungen des produktiven Lernens behandeln, die nach einer Doppelschleifen-Untersuchung verlangen und als Folge davon vielleicht veränderbar sind?

Schlußfolgerung

Unsere Betrachtung der zweigeteilten Literatur über das organisationale Lernen hinterläßt uns Einwände gegen seinen Nutzen, seine Machbarkeit und seine Bedeutung. Verfechter der lernenden Organisation machen sich wegen der Bedeutung des organisationalen Lernens keine Sorgen und betrachten seine Erwünschtheit als axiomatisch. Sie schreiben mehrere Initiatoren vor, mit deren Hilfe die Organisationen ihre Fähigkeit zum produktiven Lernen angeblich steigern können, aber sie untersuchen nicht die Lücken, die eine vernünftige Vorschrift von der erfolgreichen Durchsetzung trennen.

Skeptische Erforscher des organisationalen Lernens bieten, aus verschiedenen Warten, wichtige Gründe zum Zweifeln. Einige von ihnen haben Fragen zum inneren Paradox der Behauptung aufgeworfen, daß Organisationen lernen – einer Behauptung, die von Annahmen über Beziehungen zwischen individuellen, interpersonellen und höheren Ebenen sozialer Aggregation abhängt. Andere Autoren haben die Erwünschtheit des organisationalen Lernens angegriffen und argumentiert, daß Organisationen unter Umständen auf eine Art und Weise lernen, die schlechte Ziele fördert oder den Status quo verfestigt, oder sie erklären, daß das Ideal der lernenden Organisation vielleicht dazu mißbraucht wird, eine indirektere und undurchsichtigere Form der unternehmerischen Kontrolle zu unterstützen. Wieder andere Forscher beobachten und kategorisieren Phänomene, die gültige Schlußfolgerungen und effektives Handeln behindern.

Die Probleme, die die beiden Literaturrichtungen aufwerfen, ergänzen sich weitgehend: Was der eine Zweig als von zentraler Bedeutung betrachtet, übergeht der andere meistens. Beide Richtungen befassen sich allerdings mit der Fähigkeit real bestehender Organisationen, gültige und brauchbare Schlüsse aus der Erfahrung und Beobachtung zu ziehen und diese Schlüsse in effektives Handeln umzusetzen. Aber präskriptiv ausgerichtete Autoren nehmen häufig unkritisch an, daß derartige Fähigkeiten durch geeignete Initiatoren mobilisiert werden können, während Lernskeptiker dazu neigen, festgestellte Hindernisse als unveränderbare Tatsachen des Organisationslebens hinzunehmen.

Im nächsten Kapitel befassen wir uns mit diesen Herausforderungen im Licht der aktionstheoretischen Perspektive.

9. Das begrenzte Lernen verstehen

Umstrittene Fragen zum organisationalen Lernen

Nach der Beschäftigung mit der Literatur über das organisationale Lernen greifen wir die folgenden Fragen auf, die nach unserer Meinung die wichtigsten aktuellen Themen des Gebiets wiedergeben.

Bei der ersten Frage geht es um das Problem der *Aggregationsebenen.* Auf welchen Aggregationsebenen – der individuellen, interpersonellen Ebene, der Ebene von Gruppen, zwischen Gruppen oder der ganzer Organisationen – ist es sinnvoll, von produktivem organisationalem Lernen zu sprechen? Oder genauer: Wie sollten wir über die Rolle der interpersonellen Interaktion und ihrer Beziehung zu Aktivitätsmustern auf höheren Aggregationsebenen denken? Wie wir schon in Kapitel 1 und 8 angemerkt haben, beziehen sich einige der bekanntesten Forscher des wissenschaftlichen Zweiges beim organisationalen Lernen hauptsächlich auf die Aktionen oder Interaktionen von Abteilungen oder Gruppen in der Welt einer Organisation oder von ganzen Organisationen in größeren „Ökologien". Wir heben dagegen die Bedeutung der interpersonellen Untersuchung hervor, die im beengenden oder befreienden Zusammenhang eines organisationalen Lernsystems durchgeführt wird, und konzentrieren uns darauf, wie eine solche Untersuchung mit Prozessen interagiert, die sich der Beschreibung nach auf höheren Aggregationsebenen abspielen. Wir machen uns diese Hervorhebung zu eigen, um sowohl das für Praktiker nützliche Wissen als auch solide Erklärungen der Phänomene des organisationalen Lernens und Nichtlernens zu bieten.

Eine zweite Frage befaßt sich mit der *Bedeutung des „produktiven Lernens".* Unsere Beschäftigung mit dieser Frage kreist um den Unterschied zwischen Einschleifen- und Doppelschleifen-Lernen, eine Unterscheidung, die in der einen oder anderen Form von Autoren beider Richtungen der Literatur über das organisationale Lernen weitgehend übernommen wurde. Einige Autoren, insbesondere Wirtschaftswissenschaftler und Vertreter der lernenden Organisation, konzentrieren sich auf die Bedeutung des instrumentalen Einschleifen-Lernens. Andere Verfasser, vor allem unter den wissenschaftlichen Skeptikern, stellen die Werte in Frage, die von Initiativen im Namen der lernenden Organisation angeboten werden. Wieder andere Autoren sprechen von der Bedeutung des Doppelschleifen-Lernens, ohne aber die Verhaltensbedingungen für sein Erreichen ernsthaft zu beachten. Bei der Beschäftigung mit der Frage nach dem Sinn des produktiven Lernens bei Organisationen unterstreichen wir den wichtigen Unterschied zwischen zwei Arten des organisationalen Doppelschleifen-Lernens. Bei der ersten Art geht es um Veränderungen bei Organisationsergebnissen, insbesondere bei den Wertvorstellungen, die die instrumentale Handlungstheorie einer Organisation enthält. Bei

der zweiten geht es um Veränderungen bei den Wertvorstellungen der handlungsleitenden Theorie einer Organisation für den Prozeß der organisationalen Untersuchung. Wie hängen diese beiden Arten des Doppelschleifen-Lernens zusammen? Kann eine Organisation die erste Art erreichen, ohne die zweite zu erreichen?
Eine dritte Frage hat mit dem Wesen der *Hindernisse für das produktive Lernen bei Organisationen* zu tun, *die in real bestehenden Organisationen auftreten.* Lernskeptiker haben kognitive Beschränkungen erörtert, die Zugkraft vergangener Erfolge und die subversiven Auswirkungen der Organisationspolitik. Wie groß ist die Wahrscheinlichkeit, daß real bestehende Organisationen angesichts derartiger Hindernisse produktives organisationales Lernen erreichen können, insbesondere die Doppelschleifen-Spielart?
Eine vierte und letzte Frage hat zu tun mit den *Interventionsarten, die wahrscheinlich wirksam sind,* wenn es um die Erweiterung der Fähigkeit der Organisation zum produktiven Lernen geht. Was können wir von Interventionen erwarten, die auf der Einführung verschiedener *organisationaler Initiatoren* beruhen: von formalen Rollen- und Befugnisstrukturen (zum Beispiel Dezentralisation), Informationssystemen (zum Beispiel tätigkeitsbasierte Kostenberechnung), von Anreizsystemen (zum Beispiel Hochleistungsorganisationen), Verfahren und Systemen für die Organisationsuntersuchung (zum Beispiel TQM und Umstrukturierung)? Was können wir von Versuchen erwarten, neue Kulturen samt den damit verbundenen Überzeugungen und Annahmen einzuführen? All diese Initiatoren sind zum einen oder anderen Zeitpunkt von irgendwelchen Verfechtern der lernenden Organisation befürwortet worden.
Die vier Fragen sind unterschieden, doch wenn sie in bestimmten Fällen auftauchen, hängen sie logisch und empirisch zusammen. In diesem Kapitel betrachten wir sie durch die Brille zweier Untersuchungsgruppen. Wir beginnen mit zwei Untersuchungen natürlich vorkommender Innovationen oder Anpassungen: der Untersuchung technologischer Innovationen auf dem Gebiet der Medizin von Van de Ven und Polley sowie Burgelmans Untersuchung der Prozesse, die zu Intels „strategischem Ausstieg“ aus dem DRAM-Geschäft führten. In diesen Fällen konzentrieren wir uns weitgehend auf Interaktionen zwischen interpersoneller Untersuchung in einem begrenzten Lernsystem und Lern- oder Nichtlernprozessen auf höheren Aggregationsebenen. Sodann wenden wir uns Untersuchungen von Versuchen zu, produktives Lernen bei Organisationen durch die Einführung von Organisationsinitiatoren zu fördern: einer Betrachtung von Cordiners Dezentralisierung der General Electric Company, einer Untersuchung der Einführung aktivitätsbezogener Kostenberechnung durch Argyris und Kaplan, zwei rückblickenden Analysen von TQM-Programmen (Total Quality Management) von Schneiderman und Mallinger, George Roths Untersuchung zweier Fälle einer Umstrukturierung von Unternehmensprozessen und Michael Beers Analyse seiner Strategischen Personalmanagements(SPM)-Intervention.

Forschungsstudien über Anpassung und Lernen bei Organisationen

Van de Ven und Polley: „Beim Innovieren lernen“

In einer bemerkenswerten Untersuchung über technologische Innovationen auf dem Gebiet der Medizin testeten Van de Ven und Polley (1992) das bekannte Anpassungsmodell des Lernens durch Versuch und Irrtum. In seiner einfachsten Form besagt dieses Modell, daß wir bei einem einmal eingeschlagenen Handlungsablauf bleiben, wenn wir seine Ergebnisse als positiv empfinden, und von diesem Ablauf abweichen, wenn wir seine Ergebnisse als negativ empfinden. Die Autoren schlagen vor, dieses Modell, das zuvor in „unrealistischen Labor- oder Simulationsversuchen“ erforscht worden war, auf das „extrem unsichere Organisationsumfeld“ von Unternehmern in einer Innovationseinheit anzuwenden (S. 113). In bestimmter Hinsicht versuchen sie, das Modell einem strengen Test zu unterziehen; in anderer, mindestens genauso wichtiger Hinsicht halten wir ihren Umgang mit Innovationen und organisationalem Lernen jedoch für begrenzt und nicht rigoros.

Die Autoren erzählen zwei sich ergänzende Geschichten über technologische Innovationen. Die erste, auf relativ hoher Aggregationsebene angesiedelt und in der Sprache der statistischen Analyse abgefaßt, untersucht vom Anpassungsmodell des Lernens abgeleitete Hypothesen im Vergleich mit dem Verhalten zweier Organisationseinheiten, dem „internen Team für Innovationsmanagement“ und den „externen Mittelcontrollern“. Die zweite Geschichte, eine fortlaufende Erzählung (aber ohne echte Dialoge), berichtet, wie Personen sich bei Schlüsselfragen im Innovationsumfeld verhalten haben. Die Autoren nennen zwar einige mögliche Ursachen für das Verhalten, das zum begrenzten Lernen bei Organisationen führte, bieten jedoch keine einheitliche Theorie zu dessen Erklärung an, und auch ihre abschließenden Vorschläge zur Abhilfe sind kaum eine Grundlage für eine Verbesserung. Ihr Beitrag zeigt die Grenzen sowohl einer Analyse des organisationalen Lernens auf hoher Ebene als auch des Vertrauens in eine quantitative statistische Methodologie auf. Man bekommt den Eindruck, daß die Autoren die Bedeutung ihrer Verhaltensgeschichte zwar intuitiv erkennen, aber keine Möglichkeit haben, sie zu erklären oder ihr auf den Grund zu kommen.

Das Anpassungsmodell des Lernens testen. Gegenstand der Langzeitstudie von Van de Ven und Polley ist „ein Joint Venture dreier Unternehmen zum Aufbau eines Projekts durch die Entwicklung einer neuen Technologie, der therapeutischen Aphärese, … die Krankheiten durch das Entfernen pathogener Blutbestandteile heilt“ (S. 98).

Die Aphärese gab es schon seit einiger Zeit, aber sie hatte sich nicht durchsetzen können, weil sie bestimmte Blutbestandteile nur begrenzt entfernen konnte. Das therapeutische Aphärese-Programm (TAP) stützte sich auf ein Gerät aus Filtern, Pumpen und einer Computersteuerung, das eine speziellere Trennung ermöglichen sollte. Die Gesellschafter des Joint Ventures wollten ihre jeweiligen Fähigkeiten auf den Gebieten der Trenntechnik, der Pumpentechnologie und des Marketings zusammenbringen. Sie planten einen dreistufigen Entwicklungsprozeß:

1. ein Produkt, das mit der vorhandenen Aphärese-Technologie konkurrieren konnte;
2. ein weiterentwickeltes Produkt zur Behandlung spezieller Krankheiten mit Hilfe moderner Filtrationsmodule;
3. die Entwicklung zukunftsweisender Aphärese-Technologien.

Van de Ven und Polley führten eine „Echtzeit-Feldstudie der TAP-Entwicklung von Oktober 1983 bis Juli 1988" durch (S. 99). Sie unterteilten die achtjährige Innovationsphase in drei Stufen, und zwar in:

1. einen dreijährigen Reifeprozeß, der in dem förmlichen Beschluß gipfelte, die TAP-Innovation als ein organisationsinternes Joint Venture anzukurbeln und zu finanzieren;
2. eine dreijährige Expansionsphase mit dem Ziel, ein kommerzielles TAP-Gerät herzustellen, das Entwicklungsprogramm auszubauen und die Anforderungen der amerikanischen Arzneimittelbehörde zu erfüllen;
3. eine zweijährige Schrumpfungsphase, in der das TAP-Gerät auf den Markt kam, Produktwiderstände erlebte und gestoppt wurde.

Als die Autoren ihr Anpassungsmodell des Lernens gegenüber den Daten der TAP-Geschichte testen, weichen die Ergebnisse der drei Entwicklungsphasen voneinander ab. In der Reifezeit stellen sie keine Beziehung zwischen Handlungen und Ergebnissen fest; in der Expansionsphase sind beide negativ korreliert und in der Schrumpfungsphase positiv.[1]

In der Expansionsphase entdecken die Autoren „kaum oder kein Lernen durch Versuch und Irrtum". Eher führten negative Ergebnisse „direkt zur Fortsetzung der vorangegangenen Handlungsabläufe", die „keine Auswirkungen auf nachfolgende Bewertungen positiver oder negativer Ergebnisse oder auf Veränderungen bei Zielen oder Kriterien" hatten (S. 104). Die Autoren deuten diese „direkte negative Beziehung" zwischen Er-

[1] Zur Überprüfung ihrer Hypothesen zergliedern die Autoren ihren Fall in „Ereignisse", die sie definieren als „kritische Vorfälle, wenn Veränderungen beobachtet wurden bei der Innovationsidee und den -aktivitäten, bei persönlichen Terminen und Rollen, bei Beziehungen der Innovationseinheiten zu anderen, dem Umwelt- und Organisationskontext sowie bei den Ergebnissen" (S. 99). Sie sammeln die Ereignisse in monatlichen Abständen, im Lauf von fünf Jahren insgesamt 325. Sie verschlüsseln die Ereignisresultate als positiv, negativ oder gemischt, je nachdem ob sie gute Nachrichten oder erfolgreiche Abschlüsse darstellen, schlechte Nachrichten oder Augenblicke des Scheiterns oder Fehler, oder Kombinationen dieser beiden. Sie versuchen, ihre Hypothesen zu überprüfen, indem sie Korrelationen oder deren Fehlen feststellen, Korrelationen zwischen positiven, negativen und gemischten Ereignissen einerseits sowie andererseits der Fortsetzung oder Veränderung eines früheren Handlungsablaufs, Interventionen der Mittelkontrolleure, Verschiebungen bei den Ergebniskriterien oder (als wichtig eingestufte) Ereignisse im äußeren Kontext.

gebnissen und nachfolgenden Handlungen als Hinweis darauf, daß „die frühe Entwicklung des TAP vielleicht weitgehend aus eskalierenden Bindungen an scheiternde Handlungsabläufe bestand (wie Argyris und Schön sowie Ross und Staw [1986] beobachteten)."

In der Schrumpfungsphase erkennen die Autoren Beweise für adaptives Lernen durch Versuch und Irrtum. Sie beobachten, daß Unternehmer einen Hang „zur Auswahl des Handlungsablaufs [zeigten], der belohnt wurde", wohingegen negative Ergebnisse „Interventionen durch Mittelcontroller auslösten, die zu Veränderungen beim Handlungsablauf der Innovationseinheit führten" (S. 104). Diese Veränderungen bewirkten ihrerseits Verlagerungen bei den Ergebniskriterien, was die Autoren zu der Annahme verleitete, daß „die Ergebniskriterien sich vielleicht vor allem deshalb verlagert haben, um Veränderungen [im Handlungsablauf] zu rechtfertigen".

Diese Erkenntnisse veranlassen die Autoren, drei die Probleme benennende Fragen zu stellen:

1. Warum kam es in der Expansionsphase des TAP nicht zum Lernen durch Versuch und Irrtum?
2. Wie erklärt sich die dramatische Verlagerung vom geringen oder nicht vorhandenen Lernen in der Expansionsphase zum Lernen durch Versuch und Irrtum in der Schrumpfungsphase des TAP?
3. Als es schließlich zum Lernen kam, erfolgte es zu spät. Warum wurde die Entwicklung des TAP beendet (S. 106)?

Die Verhaltensgeschichte. Bei der Erforschung dieser Fragen wenden sich die Autoren den von ihnen so genannten „Verhaltens"-Phänomenen zu. Sie beobachten, daß die innovativen Unternehmer in der Expansionsphase dafür verantwortlich gemacht bzw. darauf festgelegt wurden, die allzu optimistischen Pläne umzusetzen, die sie vorgelegt hatten, um die Finanzierung zu sichern. Das führte wiederum zu „administrativen Überprüfungen ‚mit Zuckerguß'" (S. 106). Keiner der von den Autoren befragten Manager des Innovationsteams war bereit, „Unsicherheiten einzuräumen oder einen längeren Zeitplan für die Anlaufphase vorzuschlagen, weil sie befürchteten, dadurch ihre Chancen zu schmälern, Gelder für den Start aufzutreiben". Die Spitzenmanager der Muttergesellschaften, die das TAP finanzierten, übernahmen die von den Unternehmern vorgelegten allzu optimistischen Planungsziele, obwohl sie hinter vorgehaltener Hand einräumten, „bestimmte Entwürfe als ‚Schaumschlägerei' abzubuchen und eine Änderung der Pläne zu erwarten". Trotzdem standen sie öffentlich zu der Überzeugung, die TAP-Manager auf ihre Pläne festzulegen. Das wiederum „beschwor [wie wir betont haben] *den Beginn eines Teufelskreises aus Imponiergehabe* zwischen den Innovationsmanagern und den Mittelcontrollern herauf" (S. 106).

Waren die Entwicklungsbemühungen in diesem Zeitraum noch weitgehend erfolgreich, so stießen sie dann auf größere Schwierigkeiten – zum Beispiel Herstellungsmängel und Probleme bei der Ausweitung der Produktion des Filtrationsmoduls –, die sich in geplatzten Zeitplänen für die Markteinführung, verspäteten Umsatzerlösen und einer Entwicklungsverzögerung in der Phase II niederschlugen (S. 106). Bei den Besprechungen der Geschäftsführung, die etwa alle sechs Monate stattfanden, berichteten die TAP-Manager den Mittelcontrollern zwar von diesen Problemen, jedoch so, daß Problemlösungen und Lernen voraussichtlich erschwert wurden. Van de Ven und Polley berichten, daß die TAP-Manager vor jeder dieser Besprechungen einen ganzen Tag darauf verwandten,

> „... ihren Vortrag einzuüben, Taktiken und Texte darüber auszuarbeiten, wie eventuelle Fragen der Unternehmensführung zu beantworten waren,... Hochglanzbroschüren vorzubereiten... und negative Informationen positiv darzustellen mit der Zusicherung, die Probleme im Griff zu haben und Aktionspläne zu ihrer Lösung vorzulegen... Die Mittelcontroller... verließen sich bei der Bewertung der Fortschritte von TAP auf diese indirekten Informationen... und neigten dazu, sich die TAP-Erfolgskriterien und -Bedenken anzueignen, die ihnen die Innovationsmanager auftischten“ (S. 107).

In der Expansionsphase kam es zu zahlreichen Rückschlägen, und immer häufiger leuchteten die Warnlampen auf, und zwar wegen der TAP-Entwicklung, des Zeitplans, der Leitung oder der Finanzierung. Trotzdem beobachteten die Autoren relativ wenige Versuche, „diese Warnsignale als Irrtümer einzustufen und die erkannten Irrtümer zu beheben“. Einige Warnsignale riefen zwar Diskussionen hervor, aber die meisten „kamen einfach so ohne Reaktionen zur Sprache oder wurden als unmaßgeblich abgetan“. Zu keinem Zeitpunkt der Expansionsphase „hinterfragten [die TAP-Manager] ernsthaft die Voraussetzungen oder die Gültigkeit des technologischen Weges, den sie einschlugen“ (S. 108).

Die Verfasser erklären diese bemerkenswerten (wenngleich klassischen) Ergebnisse mit Hinweis auf zwei Hauptfaktoren, die zu den Teufelskreisen des Imponiermanagements hinzukamen. Erstens stellen sie fest, daß ein hohes Maß an Unregelmäßigkeit im TAP-Personalbereich infolge der normalen Fluktuation in den Muttergesellschaften die Kontinuität der für das adaptive Lernen notwendigen Aufmerksamkeit störte. Zweitens beobachten sie, daß die ausufernden „parallelen und unabhängigen Ströme der Forschungsaktivitäten“ offenbar die Wirkung hatten, „die Aufmerksamkeit für die eigentliche Innovationsidee [zu verschleiern]: nur ein einziges zuverlässiges Filtrationsgerät herzustellen“ (S. 107). Sie meinen, daß dieser Lärm, der die individuelle Fähigkeit zur Verarbeitung von Informationen weit überschritt, es leicht verständlich macht, „warum so wenige Mitteilungen als Irrtümer entlarvt wurden“ und „warum kaum Versuche zu beobachten waren, entdeckte Irrtümer zu korrigieren“ (S. 110).

In der Schrumpfungsphase änderte sich die Lage. Zunächst geriet TAP einmal in große Schwierigkeiten, als seine Manager versuchten, die Geräte der Phase I auf dem europäischen Markt einzuführen und sie dazu zu benutzen, klinische Versuche des Filtrationsmoduls der Phase II durchzuführen. Dennoch, berichten die Autoren, wurde die negative Beurteilung des TAP-Ergebnisses erst ruchbar, als bei einer Besprechung der Unternehmensleitung offenbar wurde, daß Entwicklungsziele für das Gerät der Phase II mehr als ein Jahr überfällig waren und die Verkaufserlöse des Geräts der Phase I 10 Prozent unter den Erwartungen lagen. Erst da stellten die Mittelcontroller die ersten wirklichen Fragen zur Entwicklung von TAP und schalteten sich ein, um das Muster des Festhaltens an unzulänglichen Handlungsabläufen zu durchbrechen. Jetzt übertrugen die Mittelcontroller die Verantwortung für die Herstellung neuen TAP-Managern. Diese Manager setzten sämtliche Lieferungen der Geräte der Phase I aus und führten eine umfassende interne Prüfung der Produktionsschwierigkeiten durch, die die Entlassung mehrerer TAP-Mitarbeiter zur Folge hatte. Eines der Mitglieder der TAP-Gruppe bemerkte dazu damals: „Die Flitterwochen sind vorbei!“ (S. 112)

Diese Ereignisse riefen in den Augen der Autoren eine weitere Ursache für erhöhtes adaptives Lernen hervor, das heißt eine Konzentration der Aufmerksamkeit auf drängende betriebliche Probleme, was bewirkte, daß „die Komplexität abnahm und die Aufmerksamkeit sich auf eine einzige Frage richtete“, was wiederum „das Lernen durch Versuch und Irrtum förderte“ (S. 110). Es erfolgten differenzierte technologische und technische Versuche und Anpassungen, und seit langer Zeit bestehende Produktionsmängel wurden endlich abgestellt. Das TAP-Gerät erreichte in der Folgezeit schließlich „einen Zuverlässigkeitsgrad, der mit dem anderer Aphärese-Geräte auf dem Markt vergleichbar war“ (S. 112).

Trotzdem erschütterten die in dieser Phase erlebten Schwierigkeiten das Vertrauen der Mittelcontroller. Sie widmeten sich verstärkt den steigenden Entwicklungskosten, die anderen Projekten Mittel entzogen. Die Innovationsmanager dagegen hielten die aktuellen Rückschläge für vorübergehend und blieben bei ihrem langfristigen Engagement für das Programm (S. 112). Beide Seiten entwickelten „alternative Geschichten, die ein und dieselbe Erfahrung ganz unterschiedlich auslegten“. Unterdessen sammelten sich im äußeren Umfeld „latente Einflußfaktoren“. Bei den Muttergesellschaften wurden Budgets angesichts rückläufiger Unternehmenserträge gekürzt. Ein CEO, der einer der Hauptbefürworter des TAP gewesen war, verstarb unerwartet. Es gab Berichte über technologische Fortschritte bei den japanischen Konkurrenten von TAP, und man munkelte, daß ein neues Medikament die Aphärese-Hardware überflüssig machen könnte. Als dann offenkundig wurde, daß die Entwicklungsziele mehr als ein Jahr überfällig waren und Marktversuche schwerwiegende Herstellungsmängel offenbarten, kamen diese latenten Faktoren zum Tragen: Im November 1988 wurde TAP eingestellt.

In der Schrumpfungsphase gab es, wie die Verfasser aufzeigen, zwar weniger bedrohliche Ereignisse als in der Expansionsphase, aber TAP hatte seinen Kredit verspielt. Die Controller starteten eine Suche nach einem neuen Investor, erklärten TAP jedoch, als sie keinen fanden, zum Fehlschlag. War es ein Fehlschlag? Die Verfasser schließen ihre Geschichte mit der Aussage einer Führungskraft einer der Muttergesellschaften von TAP: hätte man das Programm weiterlaufen lassen, so meinte er, wäre es vielleicht ein Erfolg geworden.

Analyse der TAP-Analyse. Als Bericht über eine technologische Innovation kommt einem die TAP-Geschichte irgendwie bekannt vor (vgl. zum Beispiel Schön, 1967). In den frühen Prozeßphasen betreiben Forscher und Manager ein Spiel gegenseitiger Täuschung und versuchter einseitiger Kontrolle: Die Forscher beschönigen negative Informationen, die Manager schieben die Beachtung der negativen Signale auf die lange Bank. Das geht so weiter, bis es zur Krise kommt und die Forscher die negativen Informationen nicht länger vertuschen, die Manager sie nicht länger übergehen können und überreagieren.
Ganz zum Schluß ihrer Version dieser klassischen Geschichte regen die Verfasser einiges an, was Organisationen u. a. unternehmen können, um die Erfolgsaussichten für das adaptive Lernen zu erhöhen:

1. Planung und Finanzierung eines neuen Vorhabens trennen, um optimistische Schätzungen zu vermeiden, die nur die Finanzierung sichern sollen (S. 114);
2. Wege finden, das hohe Maß an Imponiergehabe abzubauen, das zwischen Innovationsteams und Investoren abläuft und die Informationen verzerrt, die für das Lernen durch Versuch und Irrtum notwendig sind;
3. den Kern des Innovationsteams in der Entwicklungsphase der Innovation intakt halten;
4. Innovationsentwicklung und Geschäftsgründung trennen, um eine Übersättigung mit Informationen zu vermeiden;
5. „Tagesordnung und Struktur der … Besprechungen der Unternehmensleitung ändern, um den offenen Informationsaustausch und das Lernen zu erhöhen“ (S. 115).

Das Verblüffende daran, wie Van de Ven und Polley die TAP-Geschichte behandeln, ist, daß sie das Anpassungsmodell des Lernens so rigoros testen, von ihren Verhaltensdaten aber so wenig erklärenden Gebrauch machen. Die zwiespältigen Ergebnisse ihres Tests vom Anpassungsmodell des Lernens führen zu wichtigen Fragen:

- Warum wurde das adaptive Lernen so lange hinausgeschoben?
- Warum kam es in der Schrumpfungsphase zu einer so dramatischen Verlagerung zum adaptiven Lernen?
- Warum haben die Controller, als es schließlich zum adaptiven Lernen kam, das Projekt sterben lassen?

Wenn sie ihre Verhaltensgeschichte zur Erläuterung dieser Fragen anwenden, nennen die Autoren die mehrdeutigen Informationen, die sich verschiebenden Ziele, die Unsicherheit im Umfeld der Entwicklung, Komplexität und „Lärm“ im Bereich der Informationen und die mangelnde personelle Kontinuität. Für sie sind diese Erklärungen Teilursachen für das Fehlen des adaptiven Lernens in der Expansionsphase.
Aber solche Phänomene sind die gegebenen Tatsachen der Forschungs- und Entwick-

lungsprogramme. Alle derartigen Programme begegnen ihnen in größerem oder kleinerem Umfang. Die entscheidende Frage lautet, wie und mit welcher Art der interpersonellen Untersuchung die an einer Entwicklung Beteiligten mit solchen Phänomenen umgehen. Versuchen die Beteiligten angesichts der Unsicherheiten, die jedem Entwicklungsprojekt eigen sind, ihre Zweifel, aber auch ihre Ansichten offen auszusprechen? Ermutigen sie zu einer Herausforderung ihrer Position, oder legen sie die Schwierigkeiten offen, mit denen sie zu kämpfen haben? Wählen und ermutigen sie bei begrenzt auftretendem Lärm, bei Mehrdeutigkeit und Ungewißheit die öffentliche Überprüfung von Annahmen, die der eigentlichen Innovationsidee zugrunde liegen? Oder begeben sie sich in einen Teufelskreis aus Imponiergehabe, wie in der TAP-Geschichte, wo Innovationsmanager Unsicherheiten unterdrücken und negative Informationen beschönigen, damit die Controller Rückschläge nicht ernst nehmen, und wo Controller mit Forschern gemeinsame Sache machen, indem sie sie öffentlich auf zu optimistische Ziele festlegen, deren „windigen" Charakter sie privat einräumen?

Die Verfasser vermerken diese Merkmale der organisationalen Untersuchung, die sie auf relativ hoher Ebene der „Leiter der Schloßfolgerungen" darstellen („mit Zuckerguß", „Imponiergehabe"), aber sie bieten keine einheitliche Theorie zu ihrer Erklärung an. Aus unserer Sicht sind die Teufelskreise aus dem Imponiergehabe der Beteiligten berechenbare Varianten primärer Hindernisschleifen, ausgelöst durch die Bedrohung oder Unannehmlichkeit im Gefolge unsicherer und mehrdeutiger Situationen. Bei diesen abgekarteten Prozessen bedienen sich beide Seiten einer Modell I-Strategie von „Mystery und Mastery" (Geheimnis und Beherrschung). Sie halten geheim, was sie als wahr erkannt haben (die windigen Einschätzungen, die Wahrscheinlichkeit, daß Pläne sich ändern), und versuchen nach außen hin gleichzeitig, die Reaktionen der anderen Seite zu beherrschen. Unter diesen Bedingungen können Irrtümer und Rückschläge im Ablauf der Entwicklung und Unsicherheiten hinsichtlich ihrer Zukunft nicht an die Öffentlichkeit gegeben werden; das würde die Täuschungsmanöver beider Seiten offenbaren. Daher werden die besonders schweren Irrtümer und Unsicherheiten samt ihrer Tabuisierung tabuisiert, bis ein entscheidendes Ereignis (der verpatzte Einstieg in den europäischen Markt zum Beispiel) die Irrtümer endgültig sichtbar macht und eine Krise heraufbeschwört, die die überstürzte Einstellung des Projekts durch die Controller auslöst.

Aus unserer Sicht ist ein solcher Teufelskreis aufgrund handlungsleitender Theorien des Modells I, die die interpersonelle Untersuchung unter bedrohlichen oder unangenehmen Bedingungen prägen, erklärlich, ja sogar vorhersehbar. Diese handlungsleitenden Theorien verstärken O-I-Lernsysteme, durch die sie wiederum selbst verstärkt werden. So wie wir es sehen, ist das die systematische Erklärung der Muster einer unzuverlässigen organisationalen Untersuchung, mit der die Akteure in der TAP-Geschichte auf Unsicherheit, Komplexität, Mehrdeutigkeit und Diskontinuität reagieren – die gegebenen Tatsachen technologischen Unternehmertums. Aus dieser Sicht erkennt man, wie dürftig die Vorschläge der Verfasser für eine Erweiterung des adaptiven Lernens sind. Wie soll die Trennung der Planungs- und Finanzierungsentscheidungen das adaptive Lernen fördern, wenn das Innovationsteam nach der Gewährung der Mittel auf seinen Kontrollstrategien durch Täuschung beharrt und die Mittelcontroller mitspielen und diese Täuschungen scheinbar schlucken, um die Forscher kontrollieren zu können, indem sie sie öffentlich für ihre formalen Ziele verantwortlich machen? Wie sollen die Beteiligten das hohe Maß an Imponiergehabe abbauen, wenn ihre handlungsleitenden Theorien sie veranlassen, dieses Gehabe hervorzubringen und zu akzeptieren? Wie sollen sich ändernde Tagesordnungen und Strukturen zu einem Mehr an offenem Informationsaustausch und Lernen führen, wenn diese Offenheit Daten ans Tageslicht zu fördern droht, die beide Seiten aktiv zu tabuisieren suchen?

Die im Teufelskreis des Imponiergehabes implizierten Verhaltensmuster ändern sich wahrscheinlich erst, wenn die Beteiligten zu einer Intervention ermuntern, die die Bedingungen für jenes „offene, auf Fakten beruhende Gespräch“ schafft, das Van de Ven und Polley empfehlen, oder wenn die Beteiligten lernen, handlungsleitende Theorien vom Modell II zu entwickeln, wie wir weiter oben dargestellt haben, um für sich selbst solche Bedingungen zu schaffen. Handlungsstrategien des Modells II – zum Beispiel die öffentliche Überprüfung privat vertretener Annahmen und Unterstellungen – erfordern nicht die vorherige Beseitigung problematischer und unsicherer Bedingungen. Ganz im Gegenteil wird die Modell-II-Untersuchung gerade bei starker Unsicherheit und Mehrdeutigkeit, wenn man nicht weiß, was wahr ist, am dringendsten gebraucht und schafft am ehesten die Bedingungen für gute Dialektik.

Ob die Leser unseren Ansatz zur Analyse der in der TAP-Geschichte beschriebenen Verhaltensphänomene akzeptieren oder nicht: wir hoffen, daß nun klar ist, warum derartige Phänomene als typisch organisational und als entscheidend mit dem organisationalen Lernen verbunden angesehen werden müssen. Betrachten wir die folgenden Aussagen, die in absteigender Reihenfolge auf einer Aggregationsleiter angeordnet sind:

1. In der Expansionsphase des TAP-Projekts gab es ein organisationales Versagen des adaptiven Lernens.
2. Bei den Besprechungen auf Führungsebene in dieser Phase beteiligten sich Innovationsmanager und Mittelcontroller an einem Teufelskreis aus Imponiergehabe.
3. Irgendwann bei einer solchen Besprechung legte ein Innovationsmanager A einen „geschönten“ Bericht über die erzielten Fortschritte vor, was ihm zwar bewußt war, was er aber dennoch für sich behielt; und ein Controller B relativierte diese Aussage privat als „Schaumschlägerei“, behielt das aber ebenfalls für sich.

Wenn wir nach Van de Ven und Polley Punkt 1 als eine Aussage über Organisationsphänomene betrachten und Punkt 2 als eine Teilerklärung von Punkt 1, warum können wir dann nicht auch Punkt 2 als Aussage über Organisationsphänomene behandeln? Und wenn wir Punkt 3 als eine Spezifikation und Teilerklärung von Punkt 2 ansehen, wie können wir ihn dann rechtmäßig von den Aussagen über Organisationsphänomene ausschließen? Wir können aus den Aussagen über Organisationen rechtmäßig nicht diejenigen ausschließen, die Phänomene erklären, die wir bereits als organisationsbezogen behandeln. Oder noch genauer: Wir können aus den Aussagen über organisationales Lernen rechtemäßig nicht die Aussagen über interpersonelle organisationale Untersuchungen ausschließen, die zur Erklärung beobachteter Muster organisationalen Lernens angeführt werden.

Wenn diese Argumentation für die Erklärung von organisationalem Lernen gilt, gilt sie erst recht für Vorschläge, die auf dessen Erweiterung abzielen. Praktiker werden mit solchen Rezepten nichts anfangen können, sofern sie nicht schon über die Qualifikation verfügen, die für die Ausführung der angegebenen Handlungen erforderlich ist. Sie können eine Maßgabe wie „das hohe Maß an Imponiergehabe abbauen“ oder „offene, auf Fakten basierende Gespräche führen“ nicht umsetzen, wenn sie nicht in Begriffe gefaßt ist, die es ihnen ermöglichen, sich die für ihre Durchführung erforderlichen Handlungen vorzustellen.

Burgelman: „Verblassende Erinnerungen“

In seinem Beitrag „Fading Memories“ berichtet Robert Burgelman (1994) von seiner etwa 20 Jahre währenden Untersuchung der Reaktionen von Intel auf das sich wandelnde Wettbewerbsumfeld beim DRAM-Geschäft (Dynamic Random Access Memory) und geht ausführlich auf die Prozesse ein, die Intel zum Ausstieg aus diesem Geschäft bewogen. Wie Van de Ven und Polley erzählt Burgelman eine Geschichte von Erfolg und Mißerfolg beim organisationalen Lernen und hebt besonders das „Trägheitsmoment“ der formalen Unternehmensstrategie in bezug auf sich verändernde Bedingungen im Wettbewerbsumfeld hervor. Er unterscheidet sich von Van de Ven und Polley allerdings in seinem Begriffssystem, das nicht das des adaptiven Lernens ist, sondern eine Theorie über die Rolle der Strategie in der Unternehmensentwicklung. Burgelman liefert uns

> „Einblicke darein, wie das interne Auswahlumfeld die gemeinsame Entwicklung der Quellen des Wettbewerbsvorteils auf Branchenebene und der Quellen des spezifischen Wettbewerbs auf Unternehmensebene vermittelt, sowie in die Verbindung zwischen Unternehmensstrategie und strategischem Handeln“ (S. 24).

Burgelman erzählt die Geschichte eines sich über 20 Jahre hinziehenden Wandels in der strategischen Praxis von Intel und verfolgt diesen Weg durch drei Stadien:

1. einen Gleichgewichtszustand, die Übereinstimmung von dominierenden Ansichten und strategischem Kontext, in dem Intel sich als eine „Memory-Company“ sah (noch spezieller als eine DRAM-Company);
2. eine unharmonische Übergangszeit, in der sich die Grundlage für den Wettbewerbsvorteil im Speichergeschäft änderte, während Intels formale Strategie lustlos blieb

und sich intern Impulse für die Erschließung neuer geschäftlicher Möglichkeiten entwickelten;
3. einen späteren harmonischen Zustand, in dem Intel sich als ein Mikroprozessor-Unternehmen sah.

Am Ende lernt Intel, wie Burgelman zeigt. Es lernt zu erkennen, daß es sich durch seine verstärkten Reaktionen auf Herausforderungen insbesondere japanischer Wettbewerber selbst aus dem DRAM-Geschäft manövriert hat und nicht versuchen sollte, die alte Position in diesem Geschäft mit viel Geld zurückzuerlangen. Es lernt, die technologischen Möglichkeiten zu nutzen, die als Nebenprodukt beim DRAM-Geschäft abfielen (die Entwicklung der EPROMS vor allem durch Dov Frohman, die sich aus der Beschäftigung mit Zuverlässigkeitsproblemen bei der MOS-Technologie ergab; und die neue Chip-Architektur, die aus einer Kundenanfrage nach einem neuen Chipsatz entstand). Diese Möglichkeiten, von der Unternehmensführung zunächst erkannt oder toleriert, waren nach Aussage von Burgelman interne Spielarten. Sie wurden am Ende von Intels internem Umfeld ausgewählt und trugen schließlich zum technologischen Fundament des Mikroprozessorgeschäfts bei. Intel lernt auch, seine knappe Produktionskapazität von DRAM zur Mikroprozessortechnologie umzuschichten, und die Firmenleitung lernt schließlich auch, Intel als Mikroprozessorunternehmen neu zu definieren.

Aber die Geschichte von Intel ist, wie Burgelman berichtet, auch eine Geschichte der Fehlschläge oder trägheitsbedingten Verzögerungen im Bereich des Lernens. Burgelman stellt diese Seite der Geschichte anhand von sechs nachdenklich stimmenden Fragen dar, um die herum er seine Analyse anordnet. Wir betrachten hier vier davon:

1. Warum gelang es Intel, dem erfolgreichen Vorreiter bei DRAM, nicht, seine frühe Führungsposition zu nutzen und zu verteidigen?
2. Wie kam es, daß sich bei Intel der Großteil des Geschäfts von DRAM weg verlagerte und man es zuließ, daß der Marktanteil von DRAM schrumpfte, wo doch die Firmenleitung DRAM noch 1984 als ein strategisches Geschäft für das Unternehmen betrachtete?
3. Wie war es möglich, daß Angehörige des mittleren Managements Maßnahmen ergreifen konnten, die nicht im Einklang mit der offiziellen Unternehmensstrategie standen?
4. Warum brauchte die Firmenleitung von Intel fast ein Jahr, um den Ausstieg aus dem DRAM-Geschäft zu vollziehen, nachdem man im November 1984 beschlossen hatte, keine 1-Meg-DRAMs auf den Markt zu bringen? (S. 29–30)

Diese Fragen deuten auf einige strategische Fehler hin, die Intel offensichtlich unterliefen, und auf Verzögerungen bei seinen Versuchen, die formale Strategie wieder mit den sich ändernden Wettbewerbsbedingungen in Einklang zu bringen und die neuen strategischen Absichten umzusetzen. Diese Fehler und Verzögerungen sind als Mängel bei der zeitlichen Erfassung und Korrektur gravierender Irrtümer zu verstehen (Überraschungen oder nicht mit den Erwartungen übereinstimmende Ergebnisse). Burgelmans Behandlung dieser Fragen birgt jedoch einige mehrdeutige oder zwiespältige Elemente. Er hängt sie zweifellos am offensichtlichen Versagen von Intel auf, wirksam und rechtzeitig einzugreifen oder das Denken einer sich wandelnden Wirklichkeit anzupassen. Er erklärt aber auch, daß Intels verzögerte Reaktionen in mancher Hinsicht funktional waren. So vermutet er zum Beispiel, daß Intel

> „wahrscheinlich schlechter gefahren wäre, wenn es das DRAM-Geschäft einfach aufgegeben hätte und durch Übernahme in das neue Geschäft eingestiegen wäre... [weil es dann] nicht das ganze Potential der DRAM-Erfahrung hätte nutzen können, [das zum Teil] erfolgreich im Mikroprozessorbereich eingesetzt werden konnte" (S. 52).

Diese Mehrdeutigkeit spielt in der folgenden Diskussion eine wichtige Rolle:

Burgelmans Vorgehensweise bei diesen Fragen hat eine historische, aber auch eine systembezogene Dimension. Er führt an, daß Intel in den Anfängen des DRAM-Geschäfts einen erheblichen Wettbewerbsvorteil besaß, der auf den eindeutigen technischen Fähigkeiten im Entwerfen, Aufbauen und Herstellen der DRAM-Technologie beruhte. Er führt weiter an, die frühen Erfolge von DRAM hätten bewirkt, daß die Unternehmensstrategie bei Intel von der DRAM-Technologie beherrscht wurde. Er postuliert eine Mikrotheorie des Erfolgs und Mißerfolgs nach dem Prinzip der *Kompetenzfalle* von March: Wenn ein Muster von Faktoren eindeutig mit dem Erfolgsverständnis einer Firma zusammenhängt, verstärkt sich dieses Muster meistens und hält sich demzufolge, selbst wenn seine Wirkung im Wettbewerbsumfeld des Unternehmens allmählich nachläßt.

Burgelman nennt einige Phänomene, die bestehende Muster verstärkten, die mit dem früheren Erfolg von Intel zusammenhingen:

- der Eigennutz von Spartenleitern, die beachtliche Entscheidungsfreiheit hatten, aber kein Interesse, sich aus dem Geschäft zu manövrieren,
- die „begrenzte Vernunft", die das mittlere Management oder die Unternehmensspitze davon abhielt, die aggressive Marktdynamik der Produkt- und Herstellungstechnologie vorwegzunehmen, die Intels Anteil am DRAM-Markt erschöpfte;
- die „emotionale Bindung" der Unternehmensspitze an das DRAM-Geschäft, die ihre Abneigung hervorrief, aus dem Geschäft auszusteigen, so wie Ford abgeneigt war gegenüber der „Entscheidung, daß man sich aus dem Autogeschäft zurückziehen sollte" (S. 41).

Im Gegensatz zu den Faktoren, die die Unternehmensspitze von Intel davon abhielten, sich vom DRAM-Geschäft zu trennen und auf den Ruf als „Memory Company" zu verzichten, postuliert Burgelman auf seiten des mittleren Managements ein „internes Auswahlumfeld" aus „strukturellen und strategischen Zusammenhängen, die das strategische Handeln prägen". Im Fall Intel nutzte das mittlere Management seine unumschränkten Freiheiten zu Handlungen, die neue geschäftliche Möglichkeiten eröffneten. So verfolgte es zum Beispiel die Entwicklung technologischer Ableger aus dem DRAM-Geschäft, die den Grundstock für die Mikroprozessoren legten. Und es lenkte die knappen Produktionskapazitäten vom DRAM-Bereich zu den Mikroprozessoren um, wobei es sich die alte Firmenregel zunutze machte, nach der die Produktionskapazität so zuzuteilen war, daß die „Spanne pro neuer Waferproduktion maximiert“ (S. 43) wurde, obwohl die Firmenspitze weiterhin die Ansicht vertrat, daß Intel im DRAM-Geschäft bleiben sollte. Auf diese und andere Art untergrub das mittlere Management allmählich das DRAM-Geschäft und trug mit dazu bei, den alten strategischen Firmenkontext „aufzulösen“, wie Burgelman schrieb.

Burgelman nennt seine Sicht „das Innere nach außen kehren“. Er berichtet, wie das externe Umfeld von Intel Bedingungen schuf – Veränderungen auf dem Markt und die Umwandlung des DRAM zur Ware –, auf die Intel mit nachlassender Effektivität reagierte. Aber für ihn war das „Innere“ entscheidend. Im Gegensatz zu anderen Autoren, insbesondere Wirtschaftswissenschaftlern, die innere Aktivitäten weitgehend in eine Black box verbannen, öffnet Burgelman diese Box. Er sieht, daß Intel bei dem Versuch, seinen Wettbewerbsvorteil durch ein Handeln zu wahren, das sich mit dem Bewußtsein des eigenen Könnens deckte, Dinge tat und versäumte, die tatsächlich zu einem Wettbewerbsnachteil wurden. Ein Beispiel: Obwohl die Führungskräfte von Intel erkannten, daß DRAM von einem Hochpreis- zu einem Gebrauchsartikel geworden war (die Preissignale waren eigentlich unmißverständlich), glaubten sie weiterhin, die Führung dadurch zurückgewinnen zu können, daß sie ihre traditionellen Stärken in der Fertigungstechnologie einsetzten, um mit innovativen Produkten auf den Markt zu kommen, zunächst mit hochpreisigen Nischenprodukten, die aber schließlich vom gesamten Markt übernommen werden sollten. Als DRAM zu einem Gebrauchsartikel wurde, veraltete die Strategie von Intel, als erster hochpreisige Produkte auf den Markt zu bringen. Aber die Firmenspitze tat so, als ob das alles gar nicht so wäre.

Außerdem meint Burgelman, daß das mittlere Management die Unternehmensspitze einer konstruktiven Auseinandersetzung über ihre emotionale Bindung an das DRAM-Geschäft für nicht zugänglich gehalten habe. Aus unserer Sicht unterstellte das mittlere Management der Firmenspitze mangelnde Offenheit gegenüber dem Lernen. Aufgrund der Falldaten schließen wir, daß es diese Unterstellungen nie überprüft hat. In einem Gespräch mit Argyris bestätigte Burgelman diesen Schluß. Er sagte:

> „In Anbetracht des Standes und der Macht der Leute von der Verfahrensentwicklung hätte wahrscheinlich niemand, der auf einer Sitzung eine andere Meinung als die ihre vertreten hätte, eine Chance gehabt. Außerdem glaubte die Firmenspitze nach Ansicht des mittleren Managements, daß Intel keine Veränderungen weg von DRAM vornehmen könne. Die Firmenspitze galt als unsicher.“

Dieses Verhalten erklärt zum Teil die „Blindheit“ der Firmenspitze: Ihr wurden nie Daten vorgelegt, die ihr ermöglicht hätten, die Wirkung ihres Verhaltens zu erkennen. Burgelmans Erklärung konzentriert sich auf die Unsicherheit der Unternehmensspitze

und angesichts dieser Unsicherheit auf ihren Widerstand gegen Veränderungen. Wir würden uns darüber hinaus auch auf die Handlungen des mittleren Managements konzentrieren, die mit dazu beitrugen, daß die Firmenleitung die volle Tragweite der Verlagerung beim DRAM-Geschäft nicht erkannte, was die Führungskräfte wiederum auf eine Art handeln ließ, die das mittlere Management als Widerstand gegen Veränderungen auslegte. Burgelman konzentriert sich auf die Abkapselungsprozesse der Führungskräfte, nicht auf die, die das mittlere Management schuf. Hätte man eine Intervention geplant, um den durch den Intel-Fall offenkundig gewordenen *begrenzten* Lernprozeß zu unterbrechen, wäre sie gescheitert, wenn sie einseitig gewesen wäre.
Burgelman berichtet, die Firmenspitze von Intel habe zu einer konstruktiven Auseinandersetzung angeregt. Andy Grove (damals COO, heute CEO) predigte den Managern auf allen Ebenen, daß Entscheidungen durch Daten initiiert werden sollten und Macht sowie emotionale Vorurteile bei der Entscheidungsfindung keine Rolle spielen dürften. Wir vermuten dennoch, daß die Unterstellungen des mittleren Managements gegenüber der Firmenspitze nicht so offen diskutiert und analysiert wurden, daß ihre Stichhaltigkeit hätte überprüft und sie selbst hätten korrigiert werden können, falls sie sich als falsch erwiesen hätten.

Burgelman beschreibt einen weiteren Tabubereich. Er merkt an: Als DRAM zu einem Gebrauchsartikel wurde, wurde die Herstellungskapazität zum beherrschenden Erfolgsfaktor. Doch die Leute von der Verfahrensentwicklung (TD) machten die Herstellung weiter schlecht und distanzierten sich von ihr. Die TD-Leute formulierten Probleme weiterhin überwiegend in wissenschaftlicher Sprache und bezeichneten die Leute von der Herstellung als „Bastler“. Die Mitarbeiter aus der Herstellung reagierten darauf mit dem Herausbilden eines „Nicht-hier-entwickelt“-Syndroms. Gordon Moore, damals CEO, reagierte auf diese Kabbeleien zwischen den beiden Abteilungen damit, daß er sie räumlich nebeneinander unterbrachte, um so die Kooperation zu fördern. Moore hatte ähnliche Schwierigkeiten bei Fairchild erlebt und wollte sie jetzt bei Intel vermeiden, ein Versuch, aus seiner früheren Erfahrung zu lernen. Burgelman berichtet, daß diese Strategie zunächst aufging, aber dann stark an Wirkung verlor, als der Wettbewerbsdruck die Differenzen zwischen TD und der Herstellung wieder aufbrechen ließ.

Burgelman stellt auch organisationales Abwehrverhalten in der Beziehung zwischen den oberen Chargen des mittleren Managements und der Unternehmensspitze fest. Als der Unternehmensanteil am Gesamtmarkt für DRAM 1980 unter 3 Prozent fiel, war das für diese Manager das Menetekel an der Wand. Aber bei Sitzungen der Unternehmensleitung erlebten sie, daß Moore, damals CEO, und der Marketingchef Gelbach weitere Ausgaben für DRAM befürworteten – Moore, weil er DRAM für den „technologischen Motor“ des Unternehmens hielt, Gelbach, weil er der Meinung war, Intel müsse seinen Kunden eine komplette Einkaufsliste für Halbleiter bieten. Andy Grove (damals COO) sagte gar nichts. Die Folge derartiger Interaktionen auf Führungsebene war Enttäuschung beim mittleren Management.

Bei diesen Tabus auf mehreren Ebenen, und dazu dem Abwehrverhalten im Unternehmen, klang Groves Eintreten für eine „konstruktive Auseinandersetzung“ eher nach *vertretener* als nach *handlungsleitender Theorie*, vor allem seine Ansicht, daß „eine der härtesten Herausforderungen die ist, den Leuten klarzumachen, daß ihre ‚selbstverständlichen Wahrheiten‘ nicht mehr stimmen“ oder daß „Unternehmen kreative Zerstörung der Routinen betreiben sollten, die nicht mehr wirken“.

Burgelman erzählte Argyris, daß die Firmenspitze das Abwehrverhalten im Unternehmen erkannte, es aber hauptsächlich als ein Problem der mittleren Leitungsebene sah. Soweit wir wissen, untersuchte die Firmenspitze dieses Abwehrverhalten nicht direkt und vorbehaltlos mit den Angehörigen des mittleren Managements. Wenn das zutrifft, haben wir es mit Führungskräften zu tun, die so handeln, daß sich das mittlere Management seiner Wirkung auf die Männer an der Spitze nicht bewußt wird.

Die Firmenspitze versuchte, Konflikte zwischen einzelnen Abteilungen dadurch beizulegen, daß sie sie räumlich zusammenbrachte, Regeln zum Abbau des Konflikts aufstellte und Anreizsysteme lieferte, die das bewerkstelligen sollten. Langfristig fruchtete keine dieser Strategien, auch wenn einige zunächst Wirkung zeigten.

Analyse der Burgelmanschen Analyse. Wir meinen, Burgelmans Hypothese, die Unternehmenspitze habe aufgrund ihrer emotionalen Bindung an das DRAM-Geschäft und der Unsicherheit über dessen Bedeutung auf ihrem Engagement beharrt, trifft nur zum Teil zu. Was wir brauchen, ist eine Erklärung dessen, wie Untergebene mit ihren Vorgesetzten gemeinsame Sache machten, um Tabubereiche zu schaffen, die das Lernen in diesen Fragen erschwerten.

Wie Burgelman versuchen auch wir zu verstehen, wie es kommt, daß Organisationen schwerwiegende Irrtümer nicht entdecken und korrigieren, aber wir wollen noch weiter gehen. Wir möchten begreifen, warum Intel oder andere Unternehmen sich nicht bewußt werden, daß sie nicht in der Lage sind, schwerwiegende Irrtümer zu entdecken und zu korrigieren. Die Unfähigkeit, Irrtümer aufzuspüren und zu korrigieren, ist eingeübt, weil wir sie mit einer handlungsleitenden Theorie in Verbindung bringen können, ist daher *eingeübte Unfähigkeit.* Das Vorhandensein eingeübter Unfähigkeit bedeutet, sich der Unfähigkeit nicht bewußt zu sein, und Nicht-Bewußtsein ist ebenfalls mit einer handlungsleitenden Theorie verbunden – ist also *eingeübtes Nicht-Bewußtsein.*

Wir würden beispielsweise fragen: Was schließt dieser Begriff der „emotionalen Bindung“ ein? Welche handlungsleitende Theorie ruft ein solches Verhalten hervor? Will Burgelman mit diesem Begriff sagen, daß emotionale Bindung stets Blindheit bewirkt? Wenn nicht, was wäre der Unterschied zwischen den beiden Arten emotionaler Bindung?

Wir würden die Zweifel, mit denen Burgelman seinen Beitrag beginnt, um eine Frage erweitern: Wie könnten die in den vier Fragen genannten Bedingungen bestehen, wenn die Firmenspitze eine Führungstheorie verträte, die darauf abzielte, daß sie nicht eintreten?

Die Antwort auf diese Frage würde weit mehr direkt beobachtbare Daten darüber erfordern, was tatsächlich gesagt wurde, als man bei Intel diese Fragen diskutierte. Wie führten zum Beispiel die Angehörigen des mittleren Managements ihre Gespräche? Lenkten sie so stark ein, daß ihre Ansichten verschleiert wurden? Oder wurden sie so aggressiv, daß die anderen ihre Ansichten nur mit Vorbehalt aufnehmen konnten, weil sie offensichtlich emotional waren?

Verwickelten die Angehörigen des mittleren Managements die des Topmanagements in ein Gespräch über ihre Unterstellungen gegenüber letzteren? Erforschten sie ihre Unterstellungen, nach denen diese Fragen tabu waren und ihre Tabuisierung ebenfalls tabu? Erforschten sie ihre Unterstellungen, daß die Unternehmensspitze auch dann unbeeinflußt bliebe, wenn diese Fragen diskutiert würden? Erkundeten sie jemals, ob die Führungskräfte sich der „Blindheit“ bewußt waren, die die Angehörigen des mittleren Managements ihnen unterstellten?

Burgelman erklärt, daß Grove zunächst nicht glaubte, die Verzögerungszeit sei so lang, oder die Trägheit so ausgeprägt, wie Burgelman meinte. Zu Groves Ehrenrettung sei jedoch gesagt, daß er selbst eine Untersuchung durchführte, deren Ergebnisse schlechter waren als die von Burgelman. Wir könnten nun fragen, was Grove tatsächlich getan hat. Er befragte die maßgeblichen Akteure, die ihm Monate nach der Entscheidung für den Ausstieg aus dem DRAM-Geschäft Informationen gaben, die sie ihm vorenthalten hatten oder die er vorher nicht beachtet hatte.

Burgelmans Erläuterungen der problematischen Phänomene des verzögerten oder versäumten Lernens bei Organisationen erklären allerdings nicht die Phänomene, die sich in einer Organisation bilden, in der kultureller Kontext, Unterstützung durch die Firmenspitze und das bloße Können der Intel-Manager eigentlich gegen ihr Vorkommen sprechen. Wenn Intel es zum Beispiel versäumt hat, seine frühe Führung im DRAM-Geschäft zu nutzen und zu wahren, was hat dann eigentlich das Versäumnis hervorgerufen? Zu behaupten, es sei die emotionale Bindung der Unternehmensspitze an das DRAM-Geschäft gewesen, hieße, eine kleine Gruppe im Rahmen einer abstrakten Erklärung hervorzuheben. Wie hat sich die Unternehmensführung tatsächlich verhalten? Wie begegneten die Angehörigen des mittleren Managements der emotionalen Bindung der Firmenspitze, wenn überhaupt? Wie versuchten sie, diese zu ändern? Wir vermuten mit anderen Worten, daß die problematischen Phänomene Verzögerung und Trägheit sowohl durch die Emotionalität und Blindheit der Unternehmensführung als auch durch die Art verursacht wurden, wie das mittlere Management damit umgegangen ist, das heißt durch Umgehen dieser Fragen und ein Verhalten, als umginge man sie gar nicht.

Wir meinen auch, daß man eine operationale Definition einer umfassenderen Erklärung der problematischen Fragen verwenden könnte, um Handlungen zu planen, die die Ursachen der Trägheit ändern. Die Ursachen, die Burgelman nennt – die emotionale Bindung der Unternehmensspitze an das DRAM-Geschäft, Rivalitäten zwischen den Abteilungen TD und Herstellung, sich selbst verstärkende Prozesse, die veraltete strategische Systeme aufrechterhielten –, werden auf einer Abstraktionsebene festgelegt, die man nicht benutzen kann, um die Organisation zu ändern oder in die Lage zu versetzen, Irrtümer aufzudecken und korrigieren zu lernen.

Nach unserer Meinung liegt die fünfte Frage, die wir eingeführt haben – wie es dazu kam, daß das Management von Intel sich seiner Unfähigkeit, seine Irrtümer aufzudekken und zu korrigieren, nicht bewußt war –, den anderen vier Fragen zugrunde.

Burgelman beschließt seine Analyse mit der Vorlage mehrerer Aussagen, von denen wir einige angesichts unserer eigenen Analyse für irreführend halten. In seiner ersten Aussage heißt es:

> „Je stärker die klare technologische Befähigung einer Firma ist, desto mehr neigt die Firma dazu, sich angesichts von Änderungen bei der Grundlage des Wettbewerbsvorteils auf Branchenebene weiter auf sie zu verlassen." (S. 48)

Wir würden jedoch ergänzen, daß diese Aussage gilt oder eher gilt, wenn Abwehrmaßnahmen in der Spitze oder im mittleren Management eines Unternehmens oder zwischen Abteilungen das Versäumnis, sich mit Veränderungen auf Branchenebene abzufinden und das Umgehen und Verschleiern solcher Verstärkungen zu rechtfertigen, verstärken.

In Burgelmans dritter Aussage heißt es:

> „Firmen, deren interne Auswahlkriterien genau den äußeren Auswahlzwängen entsprechen, steigen eher strategisch aus einem Geschäft aus als Firmen, deren interne Auswahlkriterien nicht genau den äußeren Auswahlzwängen entsprechen." (S. 50)

Wir würden ergänzen: Firmen, deren interne Auswahlkriterien dem äußeren Auswahldruck entsprechen und darauf eingehen, sollten ein minimales Abwehrverhalten haben (von der Art, wie wir es weiter oben beschrieben haben).

In Burgelmans sechster Aussage heißt es:

> „Firmen, die strategisch aus einem Geschäft ausgestiegen sind, haben wahrscheinlich ein besseres Verständnis für die Verbindungen zwischen ihren eindeutigen Fähigkeiten und der Grundlage des Wettbewerbs in den Branchen, in denen sie aktiv bleiben, als Firmen, die nicht strategisch aus einem Geschäft ausgestiegen sind."

Wir halten diese Aussage für gültig unter der Bedingung, daß das Abwehrverhalten in Organisationen die Überprüfung von Irrtümern beherrscht, die für Schlüsselfiguren unangenehm und bedrohlich sind. Sie würde nicht für Firmen gelten, die nicht von einem derartigen Abwehrverhalten beherrscht werden; diese Firmen müßten eigentlich vor dem Ausstieg ein besseres Verständnis haben als nachher.

Alles in allem konzentriert sich Burgelmans Analyse des Falls Intel auf Fragen, die im wesentlichen aus den Versäumnissen des Unternehmens erwachsen, Irrtümer zu entdecken und zu korrigieren; zu nennen sind:

- das Versäumnis, den frühen Vorsprung im DRAM-Geschäft zu wahren;
- die Verzögerung, die strategischen Vorstellungen und das Selbstbild der sich wandelnden Realität anzupassen;

- die Trägheit bei der Durchführung des Ausstiegs aus dem DRAM-Geschäft, nachdem diesser bereits beschlossene Sache war.

Burgelmans Erklärung dieser Fragen kreist um die Phänomene der emotionalen Bindung der Firmenspitze an das DRAM-Geschäft, ihrer begrenzten Rationalität und ihrer Blindheit gegenüber der mangelnden Anpassung ihres strategischen Umfeldes an die sich ändernde Realität, der Macht und des Eigennutzes der mit dem DRAM-Geschäft befaßten Spartenmanager und der Rivalität zwischen der technologischen Entwicklungs- und der Herstellungsabteilung. Aber jede dieser Ursachen wirft Fragen auf, die mit einem anderen Problem zusammenhängen: Wie konnte es geschehen, daß die Intel-Manager sich nicht der Unfähigkeit bewußt waren, ihre Irrtümer zu erkennen und zu korrigieren? Diese Frage weist ihrerseits auf die Schicht der Organisationsphänomene, die wir als besonders wichtig erachten, sowohl für die Erklärung bestehender organisationaler Lernenmuster als auch für den Entwurf von Interventionen, die auf eine Änderung dieser Muster zielen. Wir meinen das organisationale Abwehrverhalten und die O-I-Prozesse, die die interpersonelle Untersuchung zwischen Firmenspitze und mittlerem Management sowie zwischen den Abteilungen beeinträchtigten und dadurch das mangelnde Bewußtsein bezüglich der Lücke zwischen dem strategischen Umfeld von Intel und der sich ändernden Realität verstärkten.

In einer privaten Mitteilung an die Autoren, in der er auf eine frühere Version unserer Erörterung seines Artikels reagiert, hebt Burgelman die Unsicherheit hervor, mit der die Firmenspitze von Intel zu der Zeit zu kämpfen hatte, als sie sich mit der Möglichkeit eines Ausstiegs aus dem DRAM-Geschäft befaßte. Er erklärt, daß ihre trägheitsbedingten Verzögerungen und das Abwehrverhalten, das diese Verzögerungen noch verstärkte, tatsächlich funktional waren, weil sie Intel in die Lage versetzten, bei den Mikroprozessoren bestimmte technologische Fortschritte zu nutzen, die auf das Konto der DRAM-Entwicklungsingenieure gingen, und außerdem verhinderten, daß TD/DRAM-Leute das Unternehmen verließen. Er beobachtet u. a.:

> „Ich möchte auf einen der Kernpunkte meiner Untersuchung hinweisen, daß es nämlich für das Top- und das mittlere Management sehr schwer ist, über einen längeren Zeitraum festzustellen, wie die strategische Lage ist, in der sich ein Unternehmen in einer sehr dynamischen Umwelt befindet. Es passiert so vieles gleichzeitig, daß es wahrscheinlich gar nicht möglich ist, die strategische Lage zu ‚ventilieren'. Ich halte Ihre Hypothese zwar für plausibel und meine, daß vielleicht mehr getan werden sollte, um strategische Situationen zu ventilieren, glaube aber auch, (1) daß wir noch nicht genug darüber wissen, wie ‚Abwehrverhalten' entsteht (vielleicht trägt meine Untersuchung ja gerade dazu bei!), und (2) daß es unwahrscheinlich ist, daß überhaupt keine Kosten damit verbunden sind, Abwehrverhalten abzuschaffen. Ich weiß nicht, ob der Versuch, Abwehrverhalten generell abzuschaffen, Organisationen, die in einem dynamischen Umfeld tätig sind, nicht sogar lähmen könnte."

In diesem Abschnitt erklärt Burgelman, wie er weiter bemerkt, daß „strategische Versäumnisse“ in dynamischer und unsicherer Umgebung unter Umständen von erheblichem Wert sein können.
Der Schwachpunkt dieser Behauptung ist folgender: Wir räumen zwar ein, daß trägheitsbedingte Verzögerungen bei der Reaktion einer Firma auf die mangelnde Übereinstimmung zwischen ihrer formalen Strategie und der aktuellen strategischen Lage im nachhinein betrachtet gelegentlich funktional sein mögen. Aber diese Verzögerungen können sich auch als dysfunktional erweisen. Wie sollen Manager zwischen funktionalen und dysfunktionalen strategischen Versäumnissen unterscheiden, wenn sie über ihre sich widersprechenden Ansichten in Unkenntnis bleiben und die entscheidenden und bedrohlichen Fragen tabuisieren?
Warum sollten wir außerdem annehmen, daß das Enthüllen des Abwehrverhaltens es unmöglich macht, bewußt die gleichen Vorteile zu erzielen wie die, die unbeabsichtigt erzielt wurden (durch fehlendes Bewußtsein)? Die Firmenspitze von Intel hätte sich zum Beispiel entscheiden können, ihre TD/DRAM-Kapazitäten gerade wegen ihrer Unsicherheit über deren eventuelle künftige Nutzung beizubehalten, selbst bei einer klaren Entscheidung, aus dem DRAM-Geschäft auszusteigen.
Warum sollten wir dann annehmen, daß das Ventilieren der strategischen Lage erschöpfend sein müßte (was sicher zu einer Lähmung führen kann!), wenn es nur auf die Dilemmas begrenzt werden könnte, die den Hauptstreit zwischen Firmenspitze und den höheren Rängen des mittleren Managements ausmachten? Man braucht gar nicht zu wissen, wie Abwehrverhalten entsteht (auch wenn wir glauben, daß unsere Theorie einige Einblicke in diese Frage bietet), um zu erkennen, wie es die produktive Untersuchung der besonders wichtigen strategischen Fragen behindert.[1]

Wichtige Erkenntnisse aus unserer Analyse der beiden ersten Untersuchungen

Wenn wir auf unsere Erörterung dieser beiden retrospektiven Studien über „natürlich vorkommendes“ organisationales Lernen zurückblicken, stellen wir fest:

1. Beide Studien zeigen gemischte Ergebnisse. Es gibt einige Beispiele für produktives Lernen bei Organisationen und einige erstaunliche Grenzen des produktiven Lernens bei Organisationen, die beide einer Erklärung bedürfen.
2. Beide Untersuchungen stellen *dynamischen Konservatismus* dar, das heißt ein be-

[1] Burgelmans Argumente erinnern hier an Hirschmans berühmtes „Prinzip der verbergenden Hand“. Hirschman erklärte, das Nichtkennen künftiger Gefahren könne tatsächlich den Erfolg eines Entwicklungsprojekts fördern, denn wer die Gefahren unterschätze, neige auch dazu, die Kreativität zu unterschätzen, die vielleicht zu deren Lösung führt. In seinen späteren Schriften erkannte Hirschman jedoch auch die Schwierigkeit, Augenblicke, in denen die verbergende Hand sich als nützlich erweist, von denen zu unterscheiden, in denen sie sich nicht als nützlich erweist!

harrliches Festhalten einer Organisation an vergangenen Praxismustern angesichts von Informationen, die sie zur Änderung hätten veranlassen sollen.

3. Die Forscher deuten ihre Ergebnisse des begrenzten produktiven Lernens bei Organisationen im wesentlichen auf zwei Arten:
   a. die kognitiven Begrenzungen aufgrund der „endlichen Kapazität der Informationsverarbeitung", die Organisationsakteure bei Komplexität, „Lärm", Mehrdeutigkeit und Unsicherheit erleben, und
   b. die Interessen- und Machtspiele innerhalb von Organisationen, die um die beherrschende Handlungsstrategie und das Aufgabensystem einer Organisation herum entstehen.
4. Unsere Kritik an diesen Erklärungen geht dahin, daß sie nur zum Teil die Irrtümer erster Ordnung erklären, die die Forscher zu erklären suchen, und sich überhaupt nicht mit dem zusätzlichen Problem befassen, das wir bei Irrtümern zweiter Ordnung finden: daß sich nämlich die Mitglieder nicht ihrer Unfähigkeit bewußt sind, Irrtümer erster Ordnung zu erkennen und zu korrigieren, oder ihrer begrenzten Fähigkeit, nach dem zu handeln, was sie wußten.
5. Wir deuten die Erkenntnisse der Forscher neu im Sinne organisationalen Abwehrverhaltens auf der Grundlage von handlungsleitenden Theorien des Modells I und von O-I-Lernsystemen, die vorherrschende Muster von Organisationsuntersuchungen prägen und einengen.
6. Unsere Analyse der Untersuchungen der Forscher spricht das „Aggregationsleiter"-Problem an: Der Bereich der interpersonellen Untersuchung, der die Forscher nur geringe oder zwiespältige Bedeutung beimessen, ist unentbehrlich für eine angemessene Erklärung sowohl der Irrtümer erster Ordnung, die die Forscher in ihren Fällen feststellen, als auch der Irrtümer zweiter Ordnung, die wir dort entdeckt haben.

Interventionsstudien zur Förderung des produktiven Lernens bei Organisationen

Wir wenden uns nun Studien einer anderen Art zu, nämlich der Analyse von Versuchen, *organisationale Initiatoren* unterschiedlichster Art einzuführen mit dem Ziel, die Fähigkeit der Organisationen zum produktiven Lernen zu erhöhen.

Zum zweiten: Cordiners Dezentralisierung von GE

Dezentralisieren hat den Zweck, die durch die Zentralisierung verursachte Ineffizienz und Starre abzubauen. Alfred Sloan kam in den 20er Jahren zu dem Schluß, daß General Motors wohl kaum wachsen oder erfolgreich geführt werde, wenn es, wie er es erlebte, fast ein Jahr dauerte, bis er auf einige seiner Memos eine Antwort bekam. Ralph Cordiner kam in den 50er Jahren bei General Electric (GE) zu ähnlichen Ergebnissen, als er während der Antitrustverfahren über Glühbirnen erfuhr, daß viele Führungskräfte im Unternehmen ihm Informationen vorenthielten und diese Praxis noch verschleierten.

Sloan, Cordiner und viele andere Firmenchefs weltweit versuchten, diese Situation zu ändern, indem sie fragten, welche Macht- und Weisungsbeziehungen und welche Anreizsysteme Führungskräfte dazu bringen könnten, untereinander und gegenüber Vorgesetzten offener zu sein. Sloan und Cordiner, aber auch viele andere Firmenchefs, suchten die Antwort in neuen Organisationsstrukturen und Methoden zur Belohnung und Bestrafung. Ihre gemeinsame grundlegende Annahme, die auch von vielen bekannten Organisationswissenschaftlern geteilt wird, besagte, daß Änderungen bei den Strukturen und Regeln (strukturelle „Initiatoren") den Eintritt erwünschter Verhaltensänderungen bewirken können.

Mit dieser Annahme deckt sich die Regel: Bringe die Verantwortung zum Handeln und Befugnisse zum Handeln so nah wie möglich an die Akteure heran, die über die maßgeblichen Informationen verfügen. Diesen Personen sollte die Gelegenheit gegeben werden, sachkundige Entscheidungen zu treffen. Sie sollten die Verantwortung dafür erhalten, ihre Entscheidungen umzusetzen und deren Wirksamkeit zu überwachen.

Cordiner und seine Kollegen setzten sich bei GE in den 50er Jahren für eine Theorie der Organisationsdezentralisierung auf der Grundlage von Regeln ein, die Wertvorstellungen des Modells II verkörperten – gültige Informationen, sachkundige Entscheidung und persönliche Verantwortung für deren Durchführung sowie Überwachung ihrer Wirksamkeit durch Erkennen und Korrigieren der Irrtümer. Wir belegen, daß GE imstande war, Ergebnisse begrenzten Doppelschleifen-Lernens zu erzielen, doch wurden diese Erfolge mit der Zeit hinfällig, als sich Abwehrverhalten einschlich. Der GE-Fall klärt die Beziehung zwischen dem Doppelschleifen-Lernen auf der Ebene von Ergebnissen bei der organisationalen Handlungstheorie und auf der Ebene organisationaler Untersuchungsprozesse, weil er zeigt, wie das Beharrungsvermögen der O-I-Organisationsuntersuchung das organisationale Doppelschleifen-Lernen mit der Zeit zunichte machte und einschränkte.

Cordiner erkannte, daß die Dezentralisierung eine Veränderung bei der Kultur und den mentalen Plänen erforderte, die Führungskräfte hinsichtlich erfolgreicher Führung vertreten. So gründete er eine der ersten Universitäten für Führungsschulung in Crotonville, New York. Die ersten Teilnehmer eines Seminars in Crotonville waren *general managers* eines Unternehmens. Später nahmen auch Mitarbeiter teil, die diesen Managern unterstellt waren. Die Bereichsleiter, die Vorgesetzten der General-Manager, besuchten ein Kurzseminar des normalerweise einmonatigen Kurses. Wir wollen uns auf die General-Manager und ihre Vorgesetzten konzentrieren, behaupten allerdings, daß

die Stärken und Schwierigkeiten, die in den Beziehungen zwischen diesen beiden Ebenen sichtbar wurden, auch auf allen anderen Unternehmensebenen auftraten.
Cordiners Senior Vice President Harold Schmiddy schrieb mehrere Bücher, die den Grundstock für den Lehrplan in Crotonville bildeten. In diesen Büchern ging es hauptsächlich darum, die organisationalen Merkmale der Dezentralisierung zu bestimmen. Als erstes galt das Augenmerk der Bestimmung des Berichtswesens (wer wem unterstellt ist). Dann wurden die Belohnungen und Strafen festgelegt, damit das Berichtswesen „zum Leben erweckt wurde", wie Cordiner sich ausdrückte. Cordiner und Schmiddy, aber auch die übrige Fakultät erkannten, daß „zum Leben erwecken" bedeutete, daß die handlungsleitenden Theorien der Manager sich ändern mußten. Die elementare Annahme war die, daß bei richtiger Bestimmung der Struktur und bei korrekten Belohnungs- und Bestrafungsprozessen die gewünschten Veränderungen im Denken und Handeln der Manager eintreten.
Das folgende beruht auf den Erinnerungen eines der Verfasser (Argyris), der beim Entwurf des ersten Programms für General-Manager mitwirkte, selbst unterrichtete und später Gelegenheit hatte, einige der General-Manager nach der Rückkehr in ihr Unternehmen zu beobachten. Argyris und die Koautoren erklären, daß die folgenden Aussagen sich keineswegs auf GE beschränkten, sondern auf die meisten Führungsprogramme zutreffen, an denen sie und viele ihrer Universitätskollegen beteiligt waren.
Der Lehrplan von Crotonville war insofern zentralisiert, als die Fakultät lehren und die General-Manager zuhören sollten, letztere die Fakultät jedoch jederzeit herausfordern konnten, wenn sie wollten. Der Stoff, mit dem die General-Manager sich beschäftigten, war das Beste, was die Fakultät zur Bestimmung des gewünschten Dezentralisierungsmusters und der neuen Kontrollen, die es ermöglichen sollten, zu bieten hatte. Die eigentliche Absicht war, die Dezentralisierung und ihre zahlreichen Merkmale so genau wie möglich zu spezifizieren und darzulegen, wie diese Merkmale im heimischen Unternehmen am besten einzusetzen waren. Die Fakultät erklärte den Teilnehmern, daß diese Pläne wahrscheinlich weder korrekt noch vollständig wären, und forderte sie zu aufmerksamem On-line-Lernen auf.
Beginnen wir aus Gründen der Darstellung mit den General-Managern, die die neuen Gedanken, Maßnahmen und Fähigkeiten kennenlernten. Wir beziehen uns auf diejenigen, die die neue vertretene Handlungstheorie zu einem Bestandteil ihrer handlungsleitenden Theorie des Handelns innerhalb der Organisation machten. Argyris fand ein paar Manager, die zögerten, entweder weil sie nicht glaubten, daß die Unternehmensspitze wirklich an die Dezentralisierung glaubte, oder weil sie sich nicht kompetent und sicher genug fühlten, ihre neuen Fähigkeiten auszuprobieren. Die meisten General-Manager unternahmen jedoch den ernsthaften Versuch, die Dezentralisierung so durchzuführen, wie sie ihnen beigebracht wurde. Wenn sie zum Beispiel jetzt Schecks über 200 000 Dollar ausstellen konnten, taten sie es auch. Wenn sie entscheiden konnten, ob größere Projekte gebaut oder gemietet werden sollten, taten sie es. Wenn sie be-

fugt waren, neue Funktionsmanager einzustellen, taten sie es. Argyris beobachtete viele General-Manager, die so handelten, daß es sich mit den an sie delegierten Entscheidungsbefugnissen deckte, und die ihre neuerworbene Selbständigkeit und Verantwortung auch ausübten.

Das sind Doppelschleifen-Ergebnisse, wenngleich die Manager keine Ausbildung erhielten, die ihnen half, Modell II-Fähigkeiten zu entwickeln. Man beachte allerdings die Erfolgsbedingungen. Die General-Manager hatten die Kompetenz, Schecks auszustellen, sie waren in den neuen Einkaufsverfahren ausgebildet worden und konnten Funktionsmanager einstellen. Mit anderen Worten: Wo es ein relativ hohes Maß an „Nahtlosigkeit" zwischen dem Konzept der Dezentralisierung und der Fähigkeit der General-Manager gab, sie hervorzubringen, wurden die in die Dezentralisierungstheorie von GE eingebauten Leitwerte des Modells II von der vertretenen Theorie auf die handlungsleitende Theorie übertragen. Unseres Erachtens stellt das eine Doppelschleifen-Veränderung auf der Ebene der organisationalen handlungsleitenden Theorie ohne eine Doppelschleifen-Veränderung auf der Ebene der interpersonellen Untersuchung dar.

Unsere Theorie sagt voraus, daß dieser Erfolg Bestand haben müßte, solange es keine größeren Einschränkungen oder Irrtümer gibt. Mit der Zeit kamen die Beschränkungen und Irrtümer jedoch ans Licht. Keine unternehmerische Einkaufs- oder sonstige Politik konnte zum Beispiel so vollständig sein, daß sie alle Eventualitäten abdeckte. Wenn die Lücken zwischen abstrakten Grundsätzen und tatsächlichem Verhalten keine Änderungen erforderten, die unangenehm oder bedrohlich waren, wurden sie mit Erfolg überbrückt. Erwiesen sich die Lücken oder ihre Lösungen als unangenehm oder bedrohlich, wurden sie mit Handlungsstrategien des Modells I angegangen. Diese Strategien führten dazu, daß die General-Manager einseitig handelten, die Untergebenen heimlich vorgingen und beide Gruppen so taten, als wäre dem nicht so. Die Untergebenen behaupteten zum Beispiel, die ihnen neu zugestandene Selbständigkeit reiche nicht aus, während ihre Vorgesetzten oft der Ansicht waren, daß die Untergebenen die Freiheiten nicht nutzten, die sie hatten. Das Unangenehme oder Bedrohliche an der Beschäftigung mit diesen Fragen wurde umgangen und das Umgehen verschleiert.

Argyris stellte fest, daß General-Manager viele Besprechungen zu Hause führten. Sobald unangenehme oder bedrohliche Fragen auftauchten, wurden handlungsleitende Theorien des Modells I und auch berechenbares organisationales Abwehrverhalten aktiviert. Es wurden General-Manager beobachtet, die die „schwierigen Angelegenheiten" ihrer unmittelbaren Untergebenen mit Bemerkungen wie „Also, versuchen wir's mal" oder „Ich weiß, wir würden das hinkriegen, wenn ihr eine positivere Einstellung hättet" angingen. Die Untergebenen sahen in solchen Handlungen eine Diskrepanz zwischen der unternehmerischen Dezentralisierungstheorie der Organisation, die sich mit den Leitvariablen des Modells II deckte, und dem Handeln der Vorgesetzten, insbesondere wenn die Manager vor unangenehmen oder bedrohlichen Situationen standen.

Die General-Manager waren wegen einiger wichtiger Fälle beunruhigt, in denen sie von ihren Vorgesetzten zwiespältige Botschaften empfingen. In einer mehrdeutigen, gespannten Situation, in der es um Befugnisse ging, sagte der Vorgesetzte vielleicht: „Selbstverständlich haben Sie die Befugnis, aber in diesem speziellen Fall wäre es gut, sich mit mir abzusprechen, weil Fragen der Firmenpolitik tangiert werden." Von der Fakultät kamen bei solchen Beispielen Antworten wie „Seien Sie positiv, und haben Sie Geduld" oder „Zeigen Sie Ihren Vorgesetzten, daß die neuen Regeln Ihnen wirklich Entscheidungsbefugnis geben". Ratschläge dieser Art umgingen sowohl die uneindeutigen Botschaften, die die General-Manager erhielten, als auch die eigentlichen Mehrdeutigkeiten, die sie behinderten.

Die oft beobachtete Folge war, daß solche Ratschläge gerade dann den Dezentralisierungsgedanken verletzten, wenn sie am dringendsten gebraucht wurden, nämlich bei Mehrdeutigkeiten und Konflikten, die die Dialoge unangenehm oder bedrohlich machten. Dann wurden Folgen mit dem Rat umgangen, positiv und geduldig zu sein. Derartige Ratschläge verlangten geradezu, daß die Umgehung verschleiert wurde. Die Umgehungsstrategie, derer sich die Fakultät in Crotonville bediente, ähnelte der, die die General-Manager bei sich daheim einsetzten. Das ist wohl auch der Grund, warum das Programm von Crotonville und viele ähnliche Programme „nette Seminare" getauft wurden.

Es gab noch ein Problem, das zu dem Rat animierte: „Zeigen Sie Ihren Vorgesetzten, daß die neuen Regeln Ihnen wirklich die Befugnis geben, die Sie sich wünschen". Es gab nämlich General-Manager, die diesen Rat ernst nahmen und sich gegen ihre Vorgesetzten auflehnten. Die Vorgesetzten ihrerseits sahen ein solches Verhalten meistens als problematisch an. Erreichten die General-Manager ihre finanziellen Ziele, galten sie als „Rohdiamanten". Aber die General-Manager, die aufmuckten und die ihnen gesetzten Ziele nicht erreichten, wurden versetzt, zurückgestuft oder entlassen.

Aus den weiter oben geschilderten Erfahrungen ziehen wir folgenden Schluß: Wenn Doppelschleifen-Veränderungen in organisationalen handlungsleitenden Theorien mit Denken und interpersonellen handlungsleitenden Theorien bei der organisationalen Untersuchung gekoppelt werden, die in Übereinstimmung mit dem Modell I bleiben, werden eine sich selbst erhaltende, das Lernen begrenzende Abwehr und Begleiterscheinungen wie Distanzierung und Zynismus aktiviert, sobald Fragen unangenehm oder bedrohlich werden.

Unter solchen Bedingungen erscheint es den Managern als sinnvoll, die soziale Tugend des Vertrauens zu bemühen: „Laßt mich in Ruhe und seht euch meine Ergebnisse an." Tatsächlich erklärten Vorgesetzte ihren Untergebenen oft voller Stolz, seit diese ihnen vertrauten, würden sie sie in Ruhe lassen und einfach nur ihre Ergebnisse werten. Die Untergebenen hatten eine komplementäre Vorstellung von Vertrauen, das heißt Abstand zu ihren Vorgesetzten zu halten. Das führte am Ende dazu, daß die Vorgesetzten von Gesprächen über geschäftliche Belange ausgeschlossen wurden, selbst wenn sie das entsprechende Wissen und die Qualifikation besaßen. Ähnlich schlossen die Vorgesetzten die Untergebenen aus, mit deren Leistung sie nicht zufrieden waren, und vereitelten damit deren Chancen, in die höheren Führungsränge aufzusteigen.

Interessanterweise gab es einige Gelegenheiten, bei denen Vorgesetzte und Untergebene sich über diese Idee des Vertrauens hinwegsetzten. Diese Gelegenheiten hatten mit der möglichen Aktivierung organisationalen Abwehrverhaltens zu tun. Es wurden Besprechungen darüber abgehalten, wie man dieses Verhalten umgehen könnte, aber fast gar keine Besprechungen darüber, wie es auszuschalten oder abzubauen wäre. Ein Grund dafür war, daß diese Möglichkeit bei den frühen Implementierungs- und Ausbildungsprozessen nie sanktioniert worden war. Dieses Thema war tabu, und auch seine Tabuisierung war tabu. Ein zweiter Grund war, daß keine Fähigkeiten gelehrt wurden, die zu Doppelschleifen-Veränderungen bei diesen Phänomenen hätten führen können. Ein dritter Grund war schließlich der, daß man organisationales Abwehrverhalten oft zwar als unglückliches, aber berechenbares Merkmal aller Organisationen ansah.

Unter diesen Bedingungen konnten sich Selbständigkeit und Befugnisse bei den Fragen entwickeln, die kein organisationales Abwehrverhalten auslösten. Wenn Abwehrverhalten aktiviert wurde, nutzten die Individuen häufig die ihnen übertragenen Befugnisse, ihre Umgehungsmanöver zu verschleiern. So waren zum Beispiel die leitenden Angestellten in einem großen Unternehmensbereich damit einverstanden, zwei Millionen Dollar monatlich auszugeben, weil sie das Gefühl hatten, daß dem CEO ein bestimmtes Projekt sehr am Herzen lag und daß er bei diesem Projekt nicht zu beeinflussen war. Wie einige der leitenden Angestellten erklärten, hatte es wenig Sinn, zu diesem Thema großartige Hausmitteilungen zu verfassen.

Als eine Folge des Umgehens gespannter und mehrdeutiger Situationen beim Delegieren von Befugnissen und der daraus resultierenden Hände-weg-Haltung dauerte es eine Weile, bis man in der Chefetage von GE entdeckte, daß die Manager der Profitcenter versuchten, grundlegende Ziele mit zweifelhaften Methoden zu erreichen. *Erwartete* Umsätze wurden etwa als *tatsächlich* hingestellt oder Berichte über Verluste bis ins nächste Quartal verschleppt. Die Unternehmensspitze reagierte auf solche Entdeckungen, indem sie strengere Kontrollen und Informationssysteme einführte.

Diese Folgen sind allgemeinerer Natur. Wann immer Umgehungen und Verschleierungen entdeckt werden, sind verschärfte Kontrollen eines der üblichen Gegenmittel, meistens in Form detaillierterer Bestimmungen. Die Schwierigkeit bei dieser Strategie ist, daß die Bestimmungen mit zunehmender Zahl

1. den Gedanken der Selbständigkeit und Verantwortung des Profitcenters verletzen und
2. so lästig werden, daß sie unter ihrem eigenen Gewicht zusammenbrechen.

Wir kommen somit zu dem Schluß, daß sich mit dem Übergang von den zentralen zu den dezentralen Maßnahmen und Praktiken im Laufe der Zeit eine charakteristische Abfolge entwickelt:

1. Vorgesetzte und Untergebene melden, nachdem ihnen neue Befugnisse erteilt wurden, in der Regel Zufriedenheit und Leistungssteigerungen. Einige wenige widersetzen sich vielleicht der Übernahme von Verantwortung, weil sie Zweifel haben, ob die Firmenspitze „es wirklich so meint" und/oder weil sie noch nicht genügend Zutrauen in die eigenen Fähigkeiten haben.
2. Mit der Zeit tauchen Fragen auf, an denen sich erhebliche Meinungsverschiedenheiten und Konflikte entzünden. Diese Folgen aktivieren die handlungsleitenden Theorien des Modells I der Beteiligten und das sie begleitende organisationale Abwehrverhalten. Sie bewirken, daß die Vorgesetzten die Sache in die Hand nehmen und dadurch in den Augen der Untergebenen den Gedanken der Dezentralisierung offenbar verletzen. Die Untergebenen ihrerseits distanzieren sich womöglich und verschleiern. In den Augen der Vorgesetzten verletzt das die Verantwortung, die sie übernehmen müssen, wenn die Dezentralisierung Erfolg haben soll. Wie oft haben wir Vorgesetzte ihre Untergebenen schon warnen hören, es dürfe „keine Überraschungen" geben? Diese Warnung gilt nicht nur für Leistungsergebnisse, sondern auch für den Einsatz des organisationalen Abwehrverhaltens.
3. Die sozialen Tugenden des Modells I werden gestärkt. Das stärkt wiederum das Abwehrverhalten auf allen Ebenen der Organisation. So helfen Manager zum Beispiel dadurch, daß sie anderen erzählen, was ihrer Meinung nach positiv ist, und vermindern dadurch deren verletzte Gefühle. Manager bezeugen Achtung dadurch, daß sie die Denkprozesse anderer Manager nicht angreifen.
   Personen, die danach streben, stark zu sein (ihre Position zu verteidigen, um zu gewinnen), aufrichtig zu sein (nicht zu lügen) und Integrität zu zeigen (zu den eigenen Grundsätzen zu stehen), tun das wahrscheinlich bei Fragen, die vergleichsweise objektiv sind, oder dort, wo die Kontrollverfahren ein solches Handeln transparent machen. Sobald Fragen unter den Tisch gekehrt und zum Tabu werden, führen Modell-I-Ansichten von Stärke, Aufrichtigkeit und Integrität zu polarisierten Positionen, die Doppelschleifen-Lernen auf der interpersonellen Ebene verhindern.
4. Ein falsches Gefühl von Vertrauen – nämlich Vertrauen, das mit gegenseitiger Distanzierung verbunden ist – entwickelt sich, das diese Distanzierung tabuisiert.
5. Das erzeugt einen Raum mit Bewegungsfreiheit, der Verhalten zuläßt, das aufkommende Organisationsnormen verletzt – vor allem das Erzielen von Ergebnissen, die zwar dem Buchstaben der Politik entsprechen, aber nicht ihrem Geist.
6. Wenn die Angehörigen der Firmenspitze diese Konsequenzen erkennen, verschärfen sie die Kontrollen, was wiederum den Gedanken der Dezentralisierung verletzt.

Seit den Tagen Cordiners haben die Fortschritte in der Informationstechnologie es ermöglicht, schärfere und erfolgreichere Kontrollen zu entwickeln und Handlungen ans Licht zu holen, die ansonsten verborgen bleiben. Da es immer schwerer wird, die Verkrustungen der sich selbst erhaltenden lernfeindlichen Prozesse zu verbergen, erkennen die Angehörigen der Firmenspitze allmählich, daß unternehmerische Praktiken,

wenn sie Erfolg haben sollen, eine Umschulung erfordern, die sich auch auf die individuellen handlungsleitenden Theorien des Modells I konzentriert. An dieser Stelle werden organisationale und interpersonelle handlungsleitende Theorien voneinander abhängig.
Die Feststellung entbehrt nicht einer gewissen Ironie, daß, als die Verbindung zwischen organisationalen und interpersonellen handlungsleitenden Theorien nicht erfolgte, das Umschulungsprogramm bald unter der Bezeichnung „nettes Seminar“ bekannt war. Jetzt, da die Verbindung als wichtiger denn zuvor angesehen wird, hört man häufig „Das ist zu schwer!“ oder „Ist das wirklich nötig?“ oder auch „Ist das nicht gefährlich?“ In den Anfängen führte die einer unvollständigen Annäherung an die Umschulung inhärente Oberflächlichkeit nicht nur zu begrenztem Lernen, sie wurde von Vorgesetzten und Untergebenen auch dazu benutzt, sich zu verstecken. Heute versuchen Vorgesetzte und Untergebene vielleicht sich zu schützen, indem sie das Schreckgespenst der „Gefahr“ oder die „Büchse der Pandora“ heraufbeschwören. Wir glauben: Wenn Begriffe wie „Dezentralisierung“, „Empowerment“ und „persönliche Verantwortung“ sich halten und zu ständiger Verbesserung ermuntern sollen, muß die Verbindung zwischen dem Organisationalen und dem Interpersonellen erfolgen.

Aktivitätskalkulation

Im folgenden werden die Versuche von Robert Kaplan dargestellt, Unternehmen mit der aktivitätsbezogenen Kalkulation (*activity-based costing* – ABC) bekanntzumachen, einem Informationssystem, das auf die Verbesserung des Organisationsergebnisses abzielt, indem es erlaubt, den Produktgruppen Kosten und Rentabilität genauer zuzuweisen (Argyris und Kaplan, 1993). Kaplan und seine Kollegen haben eine klare Struktur für die Förderung und Durchführung eines ABC-Projekts entwickelt. Sie beginnen normalerweise mit einem aktivitätsbezogenen Kostenmodell der Ausgaben und Rentabilität des Unternehmens, das häufig „viele Aktivitäten, Prozesse, Produkte und Kunden [offenbart], die unerwartet hohe Kosten verursachen“ (S. 7), und sich zu einer Aktionsphase entwickelt, in der „das Management aufgrund der Erkenntnisse aus dem ABC-Modell handelt, um ein verbessertes Organisationsergebnis zu erreichen“ (S. 8). Kaplan und seine Kollegen unterscheiden bei diesem Prozeß Schlüsselrollen: Befürworter von Veränderungen, Förderer, die in der Lage sind, den erforderlichen Veränderungen zuzustimmen, Change agents, die die Aufgabe übernehmen, das Konzept zu prüfen und die erforderlichen genaueren Informationen zu entwickeln, und Adressaten, „die Person oder Gruppe, deren Verhalten ... sich nach Lage der neu enthüllten Informationen vermutlich ändern wird“ (S. 8).
Kaplan und seine Kollegen erfuhren, daß sie regelmäßig auf Widerstand gegen Handlungen aufgrund verbesserter Informationen stießen, die durch ABC zur Verfügung gestellt wurden. Der erfolgreichen Einführung des Systems in einem Unternehmens-

bereich folgte oft das Versäumnis, es in der gesamten Firma zu verbreiten. Einer von Kaplans Kunden, ein Manager, berichtete ihm:

> „Ich bin noch nicht überzeugt, daß das Unternehmen darauf eingestellt ist, schwierige Entscheidungen zu treffen, die auf Informationen beruhen. Wir haben fünf Jahre gebraucht, einen Produktbereich aufzugeben, von dem wir wußten, daß er uns kein Geld bringt. Wenn wir nicht bereit sind, harte Entscheidungen durchzusetzen, brauchen wir kein ausgefallenes neues Informationssystem."

Als Reaktion auf diesen Widerstand arbeitete Kaplan mit einigen seiner Kunden an der Entwicklung von „Organisationsinitiatoren" wie auf Anreize abgestimmte Erfolgskriterien, die Bildung von Projektgruppen und die Einführung von Übungen zur Gruppenschulung. Doch diese Initiatoren konnten das innere Engagement der Manager für die Veränderungen, die für eine erfolgreiche Durchführung von ABC notwendig waren, oft nicht wecken. Es existieren immer noch unterschwellige Kräfte, die die Akzeptanz neuer Ideen behindern, sobald technische Theorien bestehende Organisationsnormen und seit langem eingespielte Geschäftspraktiken angreifen und dadurch „Menschen [bedrohen oder beunruhigen], die sich mit ihren beruflichen und privaten Gefühlen oft mit Entscheidungen, Handlungen und Organisationsstrukturen aus der Vergangenheit identifizieren" (S. 13). Die Analyse kann beispielsweise ergeben, daß „bestimmte bevorzugte Produktgruppen oder Kunden hochgradig unrentabel sind", und die für die Einführung und Beibehaltung dieser Gruppen verantwortlichen Produktmanager oder die für diese unrentablen Kunden verantwortlichen Betreuer „werden durch die zahllosen und belegbaren Beweise ihrer ruinösen Aktivitäten bedroht" (S. 16). Oder Manager kommen „durch die klare Erkenntnis, daß ihnen unterstehende Bereiche Überkapazitäten aufweisen", in Verlegenheit, oder allgemeiner durch die Erkenntnis, daß ihre herkömmlichen Systeme zur Kosten- und Leistungserfassung „zu schlechten Entscheidungen geführt haben... sowie zu mangelnder Beachtung unrentabler Aktivitäten" (S. 17). Bedrohliche oder unangenehme Erfahrungen sind der Nährboden für defensives Denken, wie das Beispiel folgender Einstellungen zeigt:

- *Es ist besser, bei bestehenden Verfahren zu scheitern als beim Versuch, etwas Neues auszuprobieren, vor allem dort, wo das Geschäft läuft und niemand mit dem Rücken zur Wand steht. Glauben Sie mir, ich kenne das.*
- *Die Menschen sind eher gewohnt, ihre Ausgaben zu steuern als das Verhalten, das die Ausgaben verursacht. Das ist der Alltag im Leben einer Organisation.*

Wenn Meister des ABC versuchen, diese Abwehr zu überwinden, greifen sie des öfteren zu Änderungsstrategien, die die Abwehr noch verstärken. In einem Beispiel überging ein Topmanager einen Bereichsleiter und wandte sich wegen der Entwicklung des ABC-Modells direkt an die Fabrikation, ohne die Zustimmung des Bereichsleiters oder die vorherige Festlegung auf die Veränderungen abzuwarten, die erforderlich würden, sobald die große Zahl unrentabler Erzeugnisse bekannt würde. Er umging eine frühe Auseinandersetzung mit diesen Managern, indem er sich auf den Aufbau eines vertretbaren Betriebsmodells konzentrierte und sich gegen den Widerstand, mit dem er rechnete, dadurch schützte, daß er den Controller und EDV-Manager um eine unabhängige Bestätigung der Analyse bat. Die Bereichsmanager lehnten die Analyse am Ende doch ab. Aber dadurch, daß er die Debatte als „einen Konflikt zwischen einem analytischen, rationalen Ansatz und der Ignoranz und dem Widerstand der Manager gegen Veränderungen [hinstellte], sicherte er sich eine Ausrede, die ihn vor dem Vorwurf bewahrte, nicht effektiv gehandelt zu haben", was er vorausgeahnt hatte (S. 17). Argyris und Kaplan beschließen ihre Analyse mit der Beobachtung:

> „Bei jeder Veränderung, die die Einführung einer neuen technischen Handlungstheorie mit sich bringt, deren richtige Durchführung unangenehm oder bedrohlich werden könnte, stehen die Befürworter, Förderer, Change agents und Zielpersonen, die sich des allgemeinen Durchführungsansatzes bedienen, immer noch vor der Herausforderung, sich mit dem defensiven Denken der Beteiligten in den Organisationen, und dem eigenen, herumschlagen zu müssen." (S. 18)

TQM-Studien

Total Quality Management (TQM), unmittelbar nach dem Zweiten Weltkrieg in Japan von W. Edwards Deming eingeführt, hat schon eine 50jährige Geschichte hinter sich. Die ernstzunehmende Verbreitung in den Vereinigten Staaten begann in den frühen 80er Jahren, nachdem die amerikanischen Wirtschaftsbosse bemerkt hatten, daß Japan die US-Wirtschaft nicht nur bei den Kosten, sondern auch bei der Qualität hinter sich ließ und daß der Erfolg Japans nicht zuletzt auf die ständigen Qualitätsverbesserungen zurückging, die auf der Theorie und den Methoden Demings aufbauten. Die ganzen 80er Jahre hindurch wuchsen die Akzeptanz und das Ansehen von TQM. Anfang der 90er Jahre war der Gipfel der Popularität jedoch erreicht, und es erschien eine „Literatur der Ernüchterung", wie Beer (1994) es nannte.[1] Wir besprechen zwei Beispiele für jüngere Beiträge, in denen die Verfasser sich mit dem gemischten Echo der TQM-Interventionen beschäftigen, dem Wesen des Widerstandes, den TQM hervorgerufen hat, und den Grenzen der TQM-Methodologie.

Schneiderman (1992) schreibt als professioneller TQM-Verfechter und -Lehrer, wobei er sich auf eine lange Erfahrung in der Unternehmensschulung zur Durchführung des TQM berufen kann. Sein Beitrag wendet sich an die Neinsager, bietet aber auch eine durchdachte Analyse der Grenzen des TQM. Er beginnt mit einer inzwischen bekannten Beschreibung des TQM, die drei Hauptelemente einschließt:

1. Bestimmung und Erstellen eines Ablaufdiagramms organisationaler Teilprozesse wie Herstellung, Produktentwicklung, Ablage und Telefonbeantwortung;

[1] Auf Seite 2 schreibt Beer: „70 Prozent aller Unternehmen berichten, daß TQM ihre Erwartungen nicht erfüllt hat."

2. Erfassung jedes einzelnen Prozesses als eine Partnerschaft von Lieferant und Kunde, dem außerdem ein klares metrisches System und Leistungsstandards beigegeben werden;
3. die Einbeziehung aller bei einem Prozeß beteiligten Arbeiter in eine ständige, unerbittliche Prozeßverbesserung durch das Erkennen und Ausschalten von Mängeln.

Als nächstes berichtet Schneiderman über seine Studie von „fast 100 Fällen exemplarischen Gebrauchs des PDCA-Zyklus (Plan-Do-Check-Act)". Hier einige seiner wichtigsten Erkenntnisse:

- Die Verbesserungsrate war konstant, was Schneiderman mit dem Begriff „Halbwertzeit" interpretiert. Eine Halbwertzeit von sechs Monaten für eine Aktivität zur Prozeßverbesserung bedeutet, daß alle sechs Monate eine 50%ige Senkung des Mängelniveaus stattfindet (S. 6).
- Mit zunehmender Prozeßkomplexität sank die Rate der ständigen Verbesserungen. Das traf insbesondere dort zu, wo die „Komplexität" „organisational" war. „Bei Mehrlinienmanagern, die nicht zum Team gehören und häufig widersprüchliche Ziele verfolgen, verlangsamt sich der Verbesserungsprozeß" (S. 11).
- Die Komplexität von Prozessen, die in Organisationen am dringendsten der Verbesserung bedürfen, nimmt mit der Organisationsebene zu. Der Erfolg der Qualitätsbewegung in Japan ließ „den natürlichen Wunsch [aufkommen], die Verbesserungsaktivitäten in den Managementrang zu erheben", aber „QC-Kreise wurden geschult, Problemen, die menschliches Verhalten betrafen, nach Möglichkeit aus dem Weg zu gehen, insbesondere wenn es um das Verhalten von Personen außerhalb des Teams ging, und sich statt dessen auf Maschinen, Material und Methoden zu konzentrieren" (S. 21).
- TQM-Werkzeuge, die auf komplexe Managementprobleme angewandt werden, können ein „falsches Gefühl für Härte" hervorrufen. Sie scheinen „die Mehrdeutigkeit, die komplexe Probleme umgibt, zu überwinden. Doch die Mehrdeutigkeit ist real; nur die erzwungene Lösung ist nicht real" (S. 27). Manager treffen, wie andere Arbeiter auch, „in schwierigen Situationen aufgrund ihrer Erfahrung oder aus dem Bauch heraus des öfteren gute Entscheidungen ... [Ihre Lösungen] sind oft besser als die Beschreibungen, die wir gewaltsam in unsere analytischen Systeme zwängen" (S. 27). Aber oft kommen Manager in eine Zwangslage, die sie als unannehmbar empfinden, wenn ihre Eingebung sie in Widerstreit mit dem einvernehmlichen Ergebnis bringt, zu dem ein TQM-Team gelangt ist.
- Eine grundlegendere Grenze des TQM, so wie es heute praktiziert wird, ist die, daß es nicht die dynamischen Interaktionen anspricht, die es in komplexen Systemen gibt: Interaktionen, die es schwermachen, auf Fragen über die relative Bedeutung mehrfacher Mängelursachen in einem Prozeß zu antworten. Die Unternehmensleitung kämpft mit kritischen Prozessen, bei denen die kausalen Verkettungen bestenfalls verschwommen sind. Betrachten wir die Aussage, daß „steigende Entschädi-

> gungen die Fluktuation unter den Arbeitskräften verringern". Was ist, wenn Zufriedenheit mit dem Arbeitsplatz und nicht die Entschädigung der springende Punkt ist und die Angestellten, da sie die Brücken nicht hinter sich abbrechen wollen, die wirklichen Ursachen des unerwünschten Verschleißes tarnen? Oder nehmen wir die Aussage „Zentralisation verbessert die Effizienz". Warum folgen dann die meisten Umstrukturierungen einem Pendel, das zwischen Zentralisation und Dezentralisation hin- und herschwingt?

Schneiderman kommt zu dem Schluß, daß das TQM, wie es gegenwärtig praktiziert wird, Grenzen hat. Er neigt sogar der Meinung von Ackoff (1981) zu, daß die „meisten aktuellen Prozesse so überholt und ungeeignet zu einer rechtzeitigen Verbesserung sind, daß sie ausrangiert und durch idealisierte Neuentwürfe ersetzt werden sollten". Dennoch glaubt er, daß „der Verbesserungsprozeß der gleiche bleibt" (S. 35). Er erklärt, daß funktionsübergreifende Probleme mittlerer Komplexität in einigen Fällen durch den Einsatz moderner TQM-Werkzeuge gelöst werden können (die „7-Managementwerkzeuge"), wenngleich „es wichtig ist, sie mit Bedacht zu benutzen", und „wir daran denken sollten, daß Übereinstimmung nicht immer die beste Antwort ergibt". Schließlich meint er noch, daß hochkomplexe, interaktive, dynamische Probleme, die „offenbar das größte Unbehagen innerhalb und außerhalb unserer Organisationen schaffen", möglicherweise zum verstärkten Gebrauch von Simulationsmodellen beitragen (S. 39).

Mallinger (1993) beschreibt seine Erfahrung als *Change agent* in einem Unternehmen, das sich bei seinen Versuchen zur Durchführung des TQM als relativ erfolglos erwies. Er verbrachte ein Jahr als Teilnehmer/Beobachter eines Fertigungsbereichs in einem der 500 größten Unternehmen der USA. Der CEO des Unternehmens kündigte als Reaktion auf finanzielle und zeitliche Zwänge eine Umstrukturierung an, die die Führungsebenen drastisch von neun auf fünf verringerte und die Verwaltung um etwa 2000 Personen schrumpfen ließ. Dann wies der CEO den Fertigungsbereich an, TQM durchzuführen.

Nach fünfmonatiger Schulung, dem Durchführungsversuch und Ausgaben von 11 Millionen Dollar wurde das TQM-Programm gestoppt, wie Mallinger berichtet, wegen „der eindeutig mangelhaften Anwendung der in der Schulung behandelten TQM-Kenntnisse auf die Probleme der Nacharbeitung und des Lieferzeitplans, vor denen das Unternehmen stand" (S. 11).

Ein Jahr später wurde die TQM-Intervention mit einem stark reduzierten Schulungsstab erneut in Angriff genommen, wobei man in gleicher Weise an die Datensammlung und den Interventionsentwurf heranging. Diesmal führte ein „Mangel an Stammwissen" bei erfahrenen Managern, das zum Teil auf die Entlassungen zurückging, zu vermehrter Skepsis gegenüber dem Prozeß. Mallinger berichtet, gestützt auf zahlreiche Diskussionen mit den Vizepräsidenten der Unternehmensbereiche, daß TQM keine Priorität besaß und tatsächlich als Hindernis empfunden wurde. „Obwohl alle die Notwendigkeit einer Änderung einsahen, widersprach ihr Verhalten eindeutig den von ihnen propagierten Zielen“ (S. 15). In einem Fall verließ ein Bereichsvizepräsident, der den Wunsch andeutete, TQM als eines seiner fünf Abteilungsziele für das Jahr aufzunehmen, eine Besprechung, nachdem er seinen Personalverbindungsstab angewiesen hatte, den Plan auszuarbeiten, um „meine Leute unterzubringen“. Anscheinend betrachtete der Vizepräsident TQM als Schulungsverfahren zur Verbesserung der Produktivität von Managern der untersten Leitungsebene, nicht als einen „Beitrag zu wechselseitiger, proaktiver Teamplanung“. Dieser Mann glaubte offenbar, seiner Verpflichtung als TQM-Abteilung, wie sie der CEO angeordnet hatte, mit einer Personalliste nachkommen zu können.

Auch die mittleren Manager äußerten Skepsis und Mißtrauen, was in Aussprüchen wie „Die Programme kommen und gehen hier, wie die Leute, die sie unterstützen“ zum Ausdruck kam. Die Leute vom Verkauf wurden immer unzufriedener, als die Entlassungen begannen und die angekündigten Änderungen nicht kamen. Sie hatten das Gefühl, ihre Gewerkschaftsvertreter machten gemeinsame Sache mit ihren Managern und „führten sie ins Verderben“. In einer Abteilung stiegen Angehörige der Unternehmensleitung, die sich als aktive Teilnehmer am Umwandlungsprozeß hatten beteiligen wollen, nach der ersten Stunde eines 24stündigen Schulungsprogramms unter dem Vorwand aus dem Kurs aus, eine wichtige Besprechung zu haben. Die Leiter der untersten Leitungsebene schlossen daraus, daß das TQM in der Führungsetage nicht sonderlich hoch angesiedelt war und sie selbst von nicht sehr großem Wert für das Unternehmen waren. Ihre Skepsis gegenüber dem TQM und ihr Mißtrauen gegenüber ihren Chefs stiegen. „In dem Unternehmensbereich gab es keine wesentlichen Veränderungen, weder zwei Wochen noch einen Monat noch fünf Monate nach der Schulung, und die Intervention wurde gekappt“ (S. 19).

Als die Unsicherheit am Arbeitsplatz stieg und weiterhin Mitarbeiter entlassen wurden, galt das TQM-Team zunehmend als „Killer, die auf der Suche nach Futter für die nächste Entlassungsrunde umherschlichen“.

Mallinger berichtet weiter, keine Beweise dafür gefunden zu haben, daß ein „risikobereites, autorisiertes Umfeld“ vorhanden war. Er stieß ganz im Gegenteil auf ein durchdringendes Klima der Angst. Das wurde bei einem Treffen deutlich, das der Leiter des TQM-Teams, der Personalchef und sein Stellvertreter mit dem Präsidenten hatten, um ihn über die Fortschritte der Phase II des TQM-Modells zu unterrichten. Das Hauptanliegen war, dem Präsidenten den TQM-Entwurf zu verkaufen, nicht Fragen des Widerstands wie die eben geschilderten anzusprechen. Mallinger schreibt:

> „Die Botschaft des Treffens lautete: ‚Wir haben die Antwort.‘ Ich beobachtete den Personalchef und seinen Stellvertreter, die beide mit der Haltung des Präsidenten übereinstimmten und jede seiner Fragen über TQM so beantworteten, daß man den Eindruck bekommen mußte, wir haben die Sache im Griff. Es war offensichtlich, daß der Projektleiter, der die Präsentation vornahm, Hemmungen hatte, wichtige Fragen anzuschneiden aus Angst, seine Chefs zu irritieren.“ (S. 23)

Auch was Mallinger über sein eigenes Verhalten auf der Sitzung schreibt, ist von Interesse. Er erklärt, „eine Verantwortung empfunden zu haben, bei diesem Spielchen nicht mitzumachen", achtete aber auch darauf, die Personalmanager nicht zu verprellen. Rückblickend war er jedoch der Meinung, er hätte direkter sein sollen. Er hatte

> „... dem Präsidenten klargemacht, daß die Kultur sich den Änderungen, für die das TQM eintritt, eventuell widersetzt. Seine Reaktion kam prompt: ‚Ändern Sie zuerst das System, die Kultur folgt auf dem Fuß.' ... Der Personalchef pflichtete dem Präsidenten lebhaft bei, und damit war die Diskussion über die Organisationskultur beendet." (S. 24)

Was in der Sitzung ablief, hatte, wie Mallinger es sah, im Grunde den Sinn, „den Präsidenten nicht mit schlechten Nachrichten zu behelligen", ein Muster, das er später auf allen Führungsebenen beobachtete.

Mallinger lernte einiges aus diesem Beispiel, etwa die Notwendigkeit, Partnerschaften zwischen der untersuchten Unternehmenseinheit und den Elementen außerhalb zu bilden, die Teilhabe der Organisationsmitglieder am TQM-Prozeß zu erweitern, indem man ihren Einfluß auf die Prozeßplanung erhöht, und die Untergebenen zu ermuntern, offen über unangenehme Fragen bei der TQM-Durchführung zu reden und ihre Ängste und Hoffnungen in bezug auf den Prozeß ohne Scheu anzusprechen. Mallinger zögert jedoch mit einem Hinweis darauf, wie solche Lehren in Unternehmenskulturen wie der, die er beobachtet hat, in die Tat umgesetzt werden könnten.

Roths Studie über die Umstrukturierung von Geschäftsprozessen in Dienstleistungsunternehmen für den gewerblichen Bereich

Die Doktorarbeit von George Roth (Roth, 1993), geschrieben an der *Sloan School of Management* des *Massachusetts Institute of Technology* (MIT) ist eine eingehende Analyse von Versuchen in zwei Dienstleistungsunternehmen des gewerblichen Bereichs, Produktivität und Qualität der Dienstleistungen durch Interventionen zu verbessern, die die Einführung einer neuen Informationstechnologie mit der *Umstrukturierung von Geschäftsprozessen* kombinierten. Roth definiert diesen Begriff als „den Gedanken der grundlegenden Veränderung der Arbeitsweise, um radikale Leistungsverbesserungen bei Geschwindigkeit, Kosten und Qualität zu erreichen".

Roth untersuchte ein Jahr lang die Einführung von Darstellungssystemen, die an die Umstrukturierung von Prozessen gekoppelt war, in den Zweigstellen zweier gewerblicher Dienstleistungsunternehmen. Das eine, das er *Dover Service Company* nennt, verwaltete Gelder eines offenen Investmentfonds für ein Finanzdienstleistungsgeschäft; das andere, *Harwick*, bot Dienstleistungen für Lebensversicherungspolicen. Beide Unternehmen hatten einen ähnlichen Anfall an Arbeiten: die Verarbeitung auf Papier festgehaltener Informationen, die Beantwortung telefonischer Kundenanfragen und die Erledigung geschäftlicher Transaktionen mittels Computer. Beide befaßten sich mit

der Umstrukturierung des Kundendienstes und der Verarbeitung der Informationen auf Papier mit Hilfe von Systemanwendungen zur Bilddarstellung, die an die Stelle der Informationsverarbeitung treten sollten und auf der gleichen Technologie beruhten.
Roth ordnet beide Studien um ein Etappenmodell des Umstrukturierungsprozesses an, der mit dem Aufstellen der Strategie beginnt und schrittweise über Systemauswahl, Vorbereitung, Ausführung und Überwachung von Einsatz und Ergebnis fortschreitet. Während Roth die Entwicklung der beiden Projekte durch alle Stufen hindurch verfolgt, beschreibt er die Rollen, Aktivitäten und Ansichten von vier Interessengruppen:

1. *Führungskräfte* (CEOs, Präsidenten und leitende Vizepräsidenten), die beim Ausarbeiten der Strategie und bei den Entscheidungen über Bilddarstellungssysteme eine Rolle gespielt haben;
2. *Manager* mit Linienverantwortung für das Tagesgeschäft;
3. *Technologen*, die für die Spezifikation, Entwicklung, Installation und den Betrieb des Systems verantwortlich waren;
4. *Mitarbeiter*, die Benutzer der Bilddarstellungstechnologie, die Dokumente verarbeiteten, Telefonanrufe beantworteten und Kundenanfragen erledigten.

Auch wenn Kontext und Muster der Systementwicklung und -implementierung bei den beiden Unternehmen leicht voneinander abweichen, sind die Erkenntnisse, die Roth in beiden Fällen gewinnt, doch sehr ähnlich.
In beiden Untersuchungen stellt er fest, daß die erwarteten Vorteile bei Service, Qualität, Geschwindigkeit und Produktivität nicht eingetreten sind. Bei Dover schreibt er:

> „Ein Jahr später, im Mai 1993, gab es zwar viele Änderungen, aber kaum Auswirkungen bei den Ergebnissen dieser technologischen Änderungen. Die neue Kundenbilddarstellung wurde nie wieder eingesetzt. Die Manager waren sich noch immer nicht sicher, wo ein Nutzen des Bilddarstellungssystems auftreten und ob er bei der Bestimmung von Veränderungen eine größere Rolle spielen würde. Die Verarbeitungsabteilung durfte nur einen Mitarbeiter einstellen und stellte halbtags einen Manager für die Arbeit an der Entwicklung des Bilddarstellungssystems ab. Ein neues Projekt zum Einscannen aller bei der Poststelle eingehenden Dokumente wurde in Angriff genommen und abgeschlossen. Diese Anwendung der Bilddarstellung lieferte zwar gute Statistik- und Managementberichte, aber keine Produktivitätsvorteile, und die Dokumente wurden weiter in Papierform verarbeitet." (S. 167)

Bei Harwick berichtet Roth über Ergebnisse von acht Unterprojekten. Generell, schreibt er, wurde das Personal in den beiden Abteilungen, auf die er sich konzentrierte (Kundendienst und Universal Life), um 23 Prozent abgebaut, und „die praktischen Auswirkungen der Bilddarstellung auf die Arbeit, die Arbeiter und die Manager waren nicht sehr vielversprechend" (S. 244).
Beim Kundendienst, berichtet Roth, stellte das Projekt „UltraFind", das den Beratern bei der telefonischen Betreuung der Kunden helfen sollte, wie man fünf Monate nach der Einführung herausfand, Leistungen bereit, die „nur bei einem von 15 Kundenanru-

fen“ benötigt wurden (S. 249), und außerdem war „UltraFind einfach zu langsam, wo es um Verbesserungen für die Arbeit der Berater ging“ (S. 251). Im Fall von TIP, einem System zur Verarbeitung schriftlicher Unterlagen für die Vertreter des Unternehmens, stellte Roth fest, daß „die Vertreter 3,3mal so lang für die Verarbeitung der Dokumente mit TIP brauchten wie beim Einsatz von Papierdokumenten und TAA (dem alten System)“ (S. 256).

Bei Universal Life ersetzte die Bildverarbeitung ULIP (Universal Life Image Processing) die Papierdokumente bei der Bearbeitung von Barposten, der Aktualisierung von Konzessionen, Darlehen u. a. Roth berichtet, daß „die ursprüngliche Begeisterung der Mitarbeiter für ULIP schwand, als sie Dokumente nicht schneller verarbeiten konnten als mit der alten Methode auf Papierbasis“ (S. 261). Die Verarbeitungszeit für Dokumente stieg um den Faktor 1,8, und die Fragebogendaten zeigten „eine Verschlechterung im Verhalten und bei der Arbeitsauffassung der Mitarbeiter“ (S. 265). Roth bezeichnet die Anwendung von CC (Correspondence Creation), mit der Textverarbeiter Formbriefe aus einem Menü auswählen konnten, als erfolgreich. Die Korrespondenzberater zeigten eine um 26 Prozent erhöhte Produktivität, und ihre Antworten auf offene Fragen waren positiver als die aller anderen Mitarbeiter (S. 275). Roth weist allerdings darauf hin, daß diese Antworten bei Mitarbeitern und Managern eher die Ausnahme als die Regel waren.

Besonders interessant ist nicht so sehr, daß Roth das Fehlen eines vorweg angenommenen Anstiegs der meßbaren Produktivität, der Qualität der Dienstleistungen sowie der Einstellung und Leistung der Mitarbeiter feststellte, also von Ergebnissen, die typisch für die Konsequenzen der meisten Umstrukturierungen von Geschäftsprozessen sein können oder nicht, sondern daß er die Interaktionen zwischen den Interessengruppen bei den Umstrukturierungsprozessen beschrieb, auf die er zum Teil die enttäuschenden Projektergebnisse zurückführt. Roth erklärt:

> „Die Unfähigkeit der beiden Organisationen, Bedingungen zu schaffen, unter denen die Interessenten miteinander kommunizieren konnten, führte zu grundlegenden Schwierigkeiten beim Umgang mit technologischen Veränderungen und zu unerwarteten negativen Konsequenzen. Die an technologischen Veränderungsprozessen Interessierten waren nicht in der Lage, grundlegende Annahmen auf einen Nenner zu bringen, mangelhafte Kommunikation zu vermeiden oder eine einheitliche Meinung zu den Bilddarstellungssystemen und ihren Auswirkungen in den Unternehmen zu schaffen. Die Folge war, daß die Ideen und Pläne der stärkeren Interessengruppen durch die Aktivitäten im Rahmen des Bilddarstellungssystems gefördert wurden. Die Technologen beherrschten den Prozeß der technologischen Veränderungen.“ (S. 299)

Roth nennt viele Beispiele für das, was er unter „fundamentalen Schwierigkeiten“ der Interaktion versteht. Bei Dover sagte zum Beispiel ein Linienmanager, „er traue den Technologen nicht, weil sie Informationen zurückhielten und nicht bereit seien, auf seine Anregungen zu hören“ (S. 157). Er stellte fest, daß die Technologen nicht zu beeinflussen waren. Er wollte seine eigenen Spezialisten haben, um die Anwendung zu verfeinern und anzupassen, konnte sich aber keine Mittel dafür beschaffen. Ein anderer Manager klagte, er verlasse sich auf die Technologen, weil sie sich für das Bilddarstellungssystem entschieden hätten und wüßten, wie man damit umgeht, aber „sie wandten [das System] im gesamten Geschäftsbereich an, egal ob es angemessen war oder wofür Änderungen gebraucht wurden“ (S. 158). Wieder ein anderer Manager sagte, daß, als Änderungsfragen auftauchten, „kein Verfahren vorhanden war, die Fragen zu entscheiden“, Besprechungen unbefriedigend waren (weil sie von Technologen beherrscht wurden) und „es außerhalb der Besprechungen kein Gespräch gab“.

Das Erstaunliche an beiden Fallbeispielen Roths ist, daß trotz der enttäuschenden Daten, die Manager und Mitarbeiter meldeten und die er unabhängig davon feststellte, die Spitzenmanager ihre Projekte zu vollen Erfolgen erklärten. Dwyer, die COO bei Harwick, die geholt worden war, um Verbesserungen im Unternehmen durchzuführen, sagte zu Roth, sie glaube – „obwohl sie sich einiger Schwierigkeiten bewußt sei“ –, die geschäftlichen Ziele seien erreicht worden, und sie verkaufte den Erfolg des Projekts als den der ganzen Branche. Bei Dover bewertete der Präsident Bryant sein Umstrukturierungsprojekt ähnlich positiv. Die Manager meinten, Bryant vertrete diese Ansicht, weil man ihm nur positive Informationen zugespielt habe; die Probleme wurden von ihm ferngehalten. Sie glaubten außerdem, daß Bryant von der Verschleierung der negativen Informationen wußte, weil „er in seinem Stab nicht für Bedingungen sorgte, die eine genaue Untersuchung und Engagement förderten“ (S. 138). Und als Manager aus den unteren Etagen versuchten, diesen Berichtsvorgang publik zu machen, wurden sie abgestraft. Eine Managerin erklärte, sie sei sprachlos gewesen, als sie einen Bericht in die Hände bekam, in dem es hieß, das System sei „zu 98 Prozent betriebsbereit“, denn sie hatte ihre Erfahrungen mit den Mängeln des Systems gemacht. Der Technologe, den sie zuerst ansprach, sagte zu ihr, wenn sie Probleme mit dem Bericht habe, solle sie sich an den Projektmanager wenden. Als sie das tat, erklärte man ihr, „es sei so berichtet worden, weil Craig (der CEO) es so gewünscht habe“. Diese Managerin kam zu dem Schluß, daß Bryant nur die Information erhalten habe, das Projekt laufe gut, daß aber die Probleme des Bilddarstellungssystems und seine tatsächliche Wirkung bei Bryants Stabbesprechungen nie zur Sprache kamen. Die Managerin „entzog dem Projekt [schließlich] ihre Beachtung, weil ... ‚wir damit doch nicht weiterkommen und ich was anderes zu tun habe‘“ (S. 138).

Roth beschließt seine Analyse folgendermaßen:

> „Die Technologen hatten in beiden Unternehmen genügend Einfluß, Mitarbeiter und Manager zur Annahme und Benutzung der Anwendungen zu zwingen, aber nicht genug Macht, den Erfolg der Anwendungen zu sichern. Die Technologen übten jedoch so viel Einfluß aus, daß trotz gegenteiliger Ergebnisse überwiegend Erfolgsmeldungen lanciert wurden.“ (S. 302)

Die Beersche Studie der SHRM-Intervention bei Alpha Medical

Michael Beers Bericht über seine Intervention in der *Alpha Medical Corporation* (Beer, 1994) ist eine ungewöhnlich umfassende und offene Darstellung eines Versuchs, nicht eine einmalige Änderung durchzuführen, sondern eine Organisation zu entwikkeln, die zu der Art von „ständigem Lernen" fähig ist, das zu „jenen strategischen Änderungen [paßt], wie sie die Wettbewerbskräfte brauchen" (S. 6). Beer strebte gezielt nach der Internalisierung eines Prozesses beständigen organisationalen Lernens, der „harte" und „weiche" Elemente der Organisation verbinden sollte. Nach seiner Ansicht mußte ein solcher Prozeß systemisch sein und sich wiederholen; er mußte eine Partnerschaft zwischen den oberen und unteren Ebenen der Organisation schaffen; und er mußte „einige Mittel und Wege finden, normalerweise verborgenes organisationales und unternehmerisches Verhalten transparent zu machen" (S. 7f.). Kurz, Beers Intervention sprach direkt jene Verhaltenswiderstände an, auf die die früher zitierten Autoren nach eigenen Angaben stießen, als sie Versuche zu Interventionen unternahmen oder beobachteten, die auf Dezentralisation und Ermächtigung des Managements, TQM oder Umstrukturierung beruhten. Sie kann auch als ein Versuch gewertet werden, das zu schaffen, was Schein (1992) eine „Lernkultur" nennt.

Mit seiner Intervention zur Strategischen Personalführung (Strategic Human Resource Management – SHRM) hoffte Beer, strategische Veränderungen an einen beständigen organisationalen Lernprozeß in dem Sinn zu binden, daß „Erfahrungen bei der Durchführung des neuen [strategischen] Entwurfs genutzt [würden], die Organisation umzugestalten, um sie nach den beschränkten menschlichen Fähigkeiten oder anderen Veränderungen im Umfeld auszurichten, die man nebenbei entdeckte" (S. 8). Beer begann mit „strategischer Profilierung" und bewertete dann „die Fähigkeit der Organisation, die neue Strategie neu zu fassen und durchzuführen, die den sich ändernden geschäftlichen Realitäten angepaßt war" (S. 9). Diese und spätere Schritte wurden von einer angestellten Projektgruppe unternommen, die aus „den besten Angestellten des Bereichs ein oder zwei Ebenen unter dem Topteam" bestand. Dieses Team arbeitete in Strukturen, die die Diskussion von Erkenntnissen und Fragen fördern sollten, die ansonsten eventuell unerörtert geblieben wären. Bei der frühen Profilierungsbesprechung

> „sitzt die [Projektgruppe] mitten im Raum und diskutiert ihre Erkenntnisse [aus Untersuchungen über die Fähigkeit der Organisation, ihre neue Strategie durchzuführen], die thematisch geordnet sind, während das Management zuhört. Diese ‚Glashaus'-Diskussion, die zum Abschluß jedes Themas unterbrochen wird, damit das Team der Topmanager klärende Fragen stellen kann, dauert normalerweise mehrere Stunden." (S. 10)

Die Organisationsdiagnose, von der Projektgruppe und dem Topmanagement gemeinsam durchgeführt, bestimmte sodann „Mittel zur Durchsetzung zentraler Entwürfe und Personalmaßnahmen in der Sparte, das Topteam inbegriffen, die den von der Projektgruppe erkannten Problemen zugrunde liegen". Anschließend arbeiteten die Beteilig-

ten eine Vision, eine Führungsphilosophie, einen Organisationsentwurf und einen Aktionsplan zur Durchführung und Handhabung der strategischen Veränderungen aus (S. 11). Unter den „Durchführungshindernissen“, die bei diesem Prozeß identifiziert wurden, waren neben unklaren oder widersprüchlichen strategischen Prioritäten auch einige Hindernisse, die nach Beers Meinung „zweifellos verantwortlich“ für das Scheitern so förderlicher Interventionen wie Total Quality Management, Umstrukturierung und Arbeitnehmermitbestimmung waren: Schwierigkeiten bei der Zusammenarbeit des Spitzenteams, hierarchischer Führungsstil, schlechte Koordination zwischen den Funktionen/Bereichen, mangelhafte Kommunikation nach oben/unten und Mängel beim Karriereaufbau und den Führungskompetenzen.
Teilnehmer der SHRM-Intervention berichteten, sie habe „uns ermöglicht, über das Tabuisierte zu sprechen ... dabei Dinge auf den Tisch [gebracht], die [uns] Jahre gekostet hätten“, und dabei ein Gefühl entstehen lassen, daß „wir nicht wußten, wohin wir da gerieten“, sowie besorgte Witze darüber, daß der Überbringer der schlechten Nachrichten erschossen wird. Weil die Projektdaten von Angestellten erarbeitet wurden, die die Manager als die besten ausgewählt hatten, akzeptierten die Manager die Daten nach Beers Meinung „als gültig und maßgeblich, obwohl vieles auf ihre eigene Effektivität als Manager verwies“ (S. 15).
Längerfristig wurden die Ergebnisse dieser Intervention jedoch als „gemischt“ betrachtet. Einige der anvisierten Ziele wurden erreicht, andere nicht. Beers Zusammenfassungen und Befragungen ergeben folgendes Bild: An der Spitze der Organisation herrschte großes Engagement für den Änderungsprozeß, an der Basis allerdings weniger (S. 16), und die Änderungen bei der Überwindung der Hindernisse und der Bewältigung der strategischen Aufgaben hielten sich in Grenzen. Die meisten Veränderungen gab es bei der Effektivität des Topteams und der funktionsübergreifenden Koordination, die wenigsten bei der Meinung der Angestellten, daß die Unternehmensführung die Mitarbeiter aufgrund ihrer Fähigkeiten zur Menschenführung und der Bereitschaft zur Erörterung schwieriger Fragen mit den Vorgesetzten belohnt und fördert.
Beer kommt zu dem Schluß, daß die Unternehmensführung fraglos „keine Partnerschaft mit den Angestellten und kein Gefühl gemeinsamer Verantwortung für das Erzielen strategischer Ergebnisse geschaffen hat“ (S. 18). SHRM blieb auf den unteren Organisationsebenen unsichtbar und begrenzt durch „hierarchische Vorstellungen darüber, wie Entscheidungen getroffen werden sollten“ (S. 17). Bis auf einige wenige Ausnahmen überprüften die Führungskräfte die SHRM-Ergebnisse nicht und verfolgten sie auch nicht weiter, vor allem, wie Beer meint, wegen „des eigenen Unbehagens und Mangels an Befähigung, schwierige Fragen mit Untergebenen zu erörtern“ (S. 19).
Beer beobachtet, daß eine solche Erörterung

> „... Zwischenmenschlichkeit und Führungswerte erfordert, die der Prozeß selbst entwickeln soll ... Auch wenn SHRM die Möglichkeit für ein offenes Gespräch er-

öffnet, entwickelt sie doch offensichtlich keine zwischenmenschlichen und organisationalen Fähigkeiten, dieses Gespräch weiterzuführen." (S. 20)

Beers Schlußwort zu seiner Intervention lautet, daß eine Wettbewerbswelt die organisationale Fähigkeit zum Selbstentwurf erfordert, was nach Führungsprozessen und der Qualifikation verlangt, „sich auf ein offenes, auf Fakten gestütztes Gespräch [über] schwierige und oft unbequeme Fragen einzulassen". Diese Fähigkeiten „sind noch nicht erfunden worden", glaubt er. Sie erfordern „zwischenmenschliches Verhalten, das viele Manager als ‚etwas Unnatürliches' betrachten" (S. 22). Man muß abwarten, schließt er, „ob diese Fähigkeiten entwickelt werden können und/oder ob Organisationen sie durch Auswahl erhalten müssen" (S. 23). Auf jeden Fall, so Beer, sind dies „für eine effektive Organisation zentrale Fähigkeiten", ob die Manager und ihre Berater das erkennen oder nicht, und „sie werden um so dringender gebraucht, je wichtiger die Anpassungsfähigkeit der Organisationen in einer vom Wettbewerb geprägten Welt wird" (S. 23).

Lehren aus zwei Untersuchungen

Die beiden Lücken

Wir haben uns mit zwei Untersuchungen beschäftigt: Die erste hat mit Episoden im Leben von Unternehmen zu tun, bei denen das organisationale Lernen oder die Anpassung „auf natürlichem Weg" erfolgte; bei der zweiten geht es um Interventionen im Umkreis verschiedener Initiatoren, die die Fähigkeit der Organisationen zum produktiven Lernen steigern sollten.

Die ersten Untersuchungen (Van de Ven und Polley; Burgelman) offenbaren eine *Erklärungslücke.* Bei beiden untersuchten Organisationen gab es zwiespältige Ergebnisse; es gab einige Hinweise auf produktives Lernen bei Organisationen, außerdem darauf, daß die Organisation nur zum Teil oder verspätet auf Daten reagiert hatte, die als Aufforderung zu einem deutlichen Kurswechsel hätten aufgefaßt werden können und müssen. Diese Organisationen, nachhaltig konservativ, beharrten zumeist auf ihren einmal eingerichteten Denk- und Handlungsmustern und versäumten deshalb, dem Wissen einiger ihrer Mitglieder entsprechend zu handeln. In kritischen Entscheidungsphasen ließen Manager einige Untersuchungsmuster erkennen, die verzerrt, übermäßig eingeschränkt und unwirksam waren. Die Forscher nehmen diese Muster zwar zur Kenntnis, zögern aber auch, sie hervorzuheben oder zu untersuchen.

Die beiden Untersuchungen bieten nur unvollständige Erklärungen ihrer „gemischten", mehrdeutigen Ergebnisse. Sie erklären Irrtümer erster Ordnung nicht restlos, etwa das Versäumnis der Firma, die Aufmerksamkeit der Manager auf Warnsignale zu richten, die Eingeweihten schon im Frühstadium des TAP-Falles bekannt waren, oder in der Untersuchung von Burgelman die säumige Reaktion von Intel auf die Veränderungen auf dem DRAM-Markt sowie auf seine Wettbewerbsposition auf diesem Markt. Überhaupt nicht erklärt werden die Irrtümer zweiter Ordnung, die denen der ersten Ordnung zugrunde liegen, nämlich wieso ranghohe Manager als Einzelperson und im Kollektiv nichts von der fehlenden Reaktion des Unternehmens auf grobe Diskrepanzen zwischen den Annahmen, die das Handeln des Unternehmens bestimmten, und den sich wandelnden Mustern der inneren oder äußeren Realität merkten und wie das Unternehmen die Fragen tabuisierte, die durch Kenntnisse aufgeworfen wurden, über die einige seiner Mitglieder privat bereits verfügten.

Die zweite Gruppe von Untersuchungen (über Dezentralisation unter Cordiner bei GE, aktivitätsbezogene Kalkulation, TQM, Umstrukturierung und SHRM) offenbart eine *Lücke in der Implementierung*. Die Untersuchungen zeigen, daß mehrdeutige Ergebnisse sich aus Versuchen zur Einführung von Initiatoren für produktives Lernen bei Organisationen ergaben: von Initiatoren wie Techniken und Informationssysteme (ABC), neue formale Strukturen (Dezentralisation und Abflachung, Schaffung von Untersuchungseinheiten wie bei SHRM), Grundsätze und Verfahren zur Entwicklung einer Lernkultur (TQM, Umstrukturierung und SHRM). Diese Interventionen erbrachten nur zum Teil oder vorübergehend bessere Organisationsergebnisse. Die Einführung der Dezentralisation durch Cordiner bei GE zum Beispiel wurde mit der Zeit ein Opfer von Machtspielchen, Täuschungen und Kontrolle im Unternehmen. Die Verbreitung der aktivitätsbezogenen Kalkulation wurde durch den Widerstand vereitelt, den sie bei den Managern weckte, die sich bedroht oder beunruhigt von den Informationen fühlten, die dieser Schritt zutage gefördert hätte. Die Untersuchung über TQM-Interventionen zeigte eine sinkende Verbesserungsrate für die Leistung dort, wo es um Verhaltensprobleme wie widersprüchliche Ziele und Interessen von Mehrbereichsmanagern ging, insbesondere auf den höheren Hierarchieebenen.

Die Untersuchungen über TQM, Umstrukturierung und SHRM belegen die Implementierungslücke. Einige (Beer, Schneiderman) weisen direkt auf die Bedeutung eingeengter und/oder verzerrter Organisationsuntersuchungen hin, bieten jedoch keine allgemeine Erklärungstheorie an. In einigen Fällen schlagen sie Hypothesen zur Erklärung der beobachteten Ergebnisse der von ihnen untersuchten Interventionen vor, aber ihre Erklärungsversuche für „gemischte“ Ergebnisse durch Hinweis auf kognitive Beschränkungen, Interessentheorie, Führungswerte und politische Spiele befriedigen nur zum Teil. Diese Hypothesen erklären die Irrtümer erster Ordnung, die die Forscher in ihren Fällen erkannt haben, nicht restlos. Und die Irrtümer zweiter Ordnung, die wir in ihren Fällen finden, erklären sie überhaupt nicht: daß sich nämlich die Organisation ihrer Fähigkeit nicht bewußt ist, danach zu handeln, was sie wußte, oder Irrtümer zu erkennen und zu korrigieren.

Wir haben erklärt, daß die mehrdeutigen Ergebnisse und die Grenzen des produktiven Lernens, die bei beiden Gruppenstudien zutage traten, dem Beharrungsvermögen der Lernsysteme vom Modell I zuzuschreiben sind und noch verstärkt werden durch die handlungsleitenden Theorien des Modells I der Personen, deren Denken und Handeln durch diese Systeme zum Teil beeinträchtigt werden. Unter bedrohlichen oder unangenehmen Bedingungen verzerren diese O-I-Systeme die organisationalen Untersuchungsprozesse. Sie lassen Abwehrverhalten entstehen, das die Untersuchung blokkiert, sie tabuisieren Fragen und Dilemmas von entscheidender Bedeutung, sie verhindern, daß Organisationen danach handeln, was einige ihrer Mitglieder wissen, und sie verstärken das Bewußtsein der Organisation von der eigenen Fähigkeit, Irrtümer zu erkennen und zu korrigieren.

Wir wenden uns jetzt den Auswirkungen unserer Analyse auf die grundlegenden Herausforderungen an eine Theorie des produktiven Lernens bei Organisationen zu. Wir erkunden, wie unser handlungstheoretischer Bericht über die Erklärungs- und Durchführungslücken sich auf die Zweifel auswirkt, die von Lernskeptikern am organisationalen Lernen geäußert werden, und zwar bezüglich:

1. seiner Bedeutungshaltigkeit,
2. seiner Wünschbarkeit,
3. der Fähigkeit realer Organisationen, sich an produktiven Versionen davon zu beteiligen, und
4. der Effektivität von Interventionen, die darauf abzielen, es zu intensivieren.

Das Paradox des „organisationalen Lernens“

Die Bedeutung des „organisationalen Lernens“ hängt, wie wir gesehen haben, ganz entscheidend von den Aggregationsebenen ab, auf denen Organisationserscheinungen beschrieben und erklärt werden und auf die die Vorschläge für das Handeln von Organisationen ausgerichtet sind. Unsere Analysen der beiden Untersuchungsgruppen zeigen, daß die eine die beobachteten, auf höheren Ebenen angesiedelten Phänomene des organisationalen Lernens nicht erklären kann, das heißt diejenigen Phänomene, die offenbar für Forscher wichtig sind, die sich mit dem Planen von Strategien oder technologischen Neuerungen beschäftigen, ohne Bezug auf individuelle und interpersonelle Untersuchungsprozesse zu nehmen. Die in unseren Ursachendiagrammen und Modellen der O-I-Lernsysteme enthaltenen Rückkoppelungsschleifen zeigen äußerst wichtige Verbindungen zwischen drei Aggregationsebenen: der interpersonellen Untersuchung, Interaktionen zwischen Untereinheiten von Organisationen und den Handlungs- und Lernmustern, die für ganze Organisationen typisch sind. Wir haben erklärt, daß wir eigentlich auch die Prozesse als organisational behandeln sollten, die die Phänomene prägen, die wir in erster Linie für organisational halten.

Wenn wir uns nicht auf die Ebene interpersoneller Untersuchung beziehen, können wir:

a. die empirisch entdeckten Phänomene des begrenzten Lernens in Organisationen nicht erklären;

b. die einleuchtenden, aber widersprüchlichen erklärenden Hypothesen über begrenztes organisationales Lernen nicht lösen;
c. keine Erklärung abgeben, die für die Umgestaltung von Praktiken brauchbar wäre, damit man Hindernisse für produktives Lernen bei Organisationen überwinden kann.

Die Bedeutung des „produktiven" Lernens in Organisationen

Was sagen uns diese Beispiele mehrdeutiger Ergebnisse über das Wesen des produktiven, vor allem des organisationalen Doppelschleifen-Lernens?

Sie belegen das Vorkommen einiger Doppelschleifen-Veränderungen bei Organisationsergebnissen auf der Ebene der Handlungstheorie. Aber diese Veränderungen sind nur vorübergehend (einmalig) oder berühren nur einen Teil der Organisation oder nur einige Schlüsselwerte und Annahmen der organisationalen Handlungstheorie, andere dagegen nicht. In beiden Beispielgruppen hat die organisationale handlungsleitende Theorie für die organisationale Untersuchung keine Doppelschleifen-Veränderung durchgemacht. Auch wenn im Fall von Beer der Intervenient Modell-II-Werte in die organisationale Untersuchung einzuführen suchte, dauerte die Einführung doch nie länger als die Interventionsphase.

Es ist somit klar, daß das begrenzte Doppelschleifen-Lernen auf der Ebene der Ergebnisse in der organisationalen Handlungstheorie ohne Doppelschleifen-Lernen bei organisationalen Untersuchungsprozessen vorkommen kann. Wir haben erklärt, daß, egal welche Werte für das organisationale Lernen man vertritt – Einschleifen-, instrumentale Verbesserung der Organisationsleistung oder Doppelschleifen-Veränderung bei den Kriterien, nach denen die organisationale Verbesserung gemessen wird –, ihr dauerhaftes Zustandekommen von der beständigen Fähigkeit der Organisation abhängt, sich an der organisationalen Doppelschleifen-Untersuchung zu beteiligen. Die Modell-II-Werte, die die organisationale Doppelschleifen-Untersuchung bestimmen, sind für das dauerhafte Zustandekommen anderer Kriterien für produktives Lernen wesentlich, zum Beispiel von Kriterien wie dauerhaftes und baldiges anpassungsfähiges Lernen bei technologischen Neuerungen (Van de Ven und Polley), rechtzeitiger Ausgleich zwischen formaler Strategie und einer sich ändernden strategischen Situation (Burgelman) oder die Aufrechterhaltung der produktiven Wirkungen von Initiatoren wie der Dezentralisation und einer Ermächtigung des Managements (wie bei Cordiner und GE) bzw. von Strukturen für eine verstärkte organisationale Untersuchung (wie bei Beers SHRM-Intervention).

Die Modell-II-Werte, die die organisationale Doppelschleifen-Untersuchung bestimmen, sind für das dauerhafte, produktive Lernen bei Organisationen unentbehrlich. Wie wir in allen erörterten Untersuchungen gezeigt haben, ist aus dem gleichen Grund eine organisationale Doppelschleifen-Untersuchung erforderlich, um das Abwehrverhalten

zu sprengen, das den Status quo der Organisation in mehrdeutigen oder unsicheren Situationen aufrechterhält, indem es bedrohliche Fragen tabuisiert und die Beteiligten im unklaren darüber läßt, wie sie zum Fortbestand dieses Verhaltens beitragen.
Unsere Betonung der Modell-II-Werte für die Doppelschleifen-Untersuchung macht die Frage nach dem Lernen zu einem schlechten Zweck nicht überflüssig. In jedem Einzelfall müssen die Ziele des organisationalen Lernens und die Werte, die diesen Zielen zugrunde liegen, geprüft werden. Wir meinen allerdings, daß eine Doppelschleifen-Untersuchung, die Fragen und Zwangslagen zu erhellen sucht, die wir sonst vielleicht unterdrücken oder derer wir uns ansonsten vielleicht nicht bewußt werden, den wahrscheinlichsten Weg zu einer solchen Überprüfung bietet.

Gefährdungen für das produktive Lernen bei Organisationen

In Kapitel 8 haben wir drei Arten der Gefährdung erörtert: Gefährdungen für ein einheitliches Handeln der Organisation, für die kognitive Lernfähigkeit und für die wirksame Implementierung von Lehren aus der Erfahrung.
Die Frage der *Einheitlichkeit* erhebt sich in einigen der Fälle, die wir in diesem Kapitel untersucht haben, am offenkundigsten in den Fällen von Van de Ven und Polley sowie Burgelman. In all diesen Fällen gab es Beweise für den fehlenden Zusammenhalt in den Beziehungen zwischen mittlerem und Topmanagement sowie zwischen einzelnen Bereichen auf der Ebene des mittleren Managements. Angehörige der Unternehmensführung und des mittleren Managements oder Unternehmensbereiche wie F&E und Fertigung entfernten sich voneinander, betrieben einander zuwiderlaufende Maßnahmen oder eine Art Parallelspiel, das eine eigenständige Politik ohne Abstimmung verfolgte. Burgelman behauptet nun, daß dieser Mangel an Zusammenhalt sich im Anfangsstadium seines Beispiels tatsächlich als nützlich erwies, da dank ihm die DRAM-Entwicklung über den Punkt hinausgehen konnte, an dem zumindest einige Leute im Unternehmen klar erkannten, daß Intel im DRAM-Geschäft keinen Wettbewerbsvorteil mehr besaß. Deshalb konnte das Unternehmen endlich die unerwarteten Vorteile dieser Entwicklung für das Mikroprozessorgeschäft nutzen, das es allmählich als zukunftsträchtig erkannte. Wenn wir uns der Analyse von Burgelman anschließen, erwies sich in diesem Fall ein Strang der technologischen Entwicklung, die zum Wohl eines einzigen Unternehmensbereichs vorgenommen wurde, unerwartet als nützlich für eine andere Sparte. So etwas kommt vor. Aber das Ergebnis hätte auch weniger vorteilhaft ausfallen können. In entscheidenden Augenblicken in Van de Vens und Polleys Geschichte von der TAP-Entwicklung sowie in Roths Geschichte von der Umstrukturierung bei Dover und Harwick entstanden entsprechende Situationen, als die TAP-Entwicklung und die Umstrukturierungsprozesse über den Punkt hinausgingen, an dem sie sehr genau hätten überprüft werden müssen. In diesen Fällen waren die Ergebnisse den Autoren zufolge negativ.

Welche Lehren sollten wir aus derartigen Vorfällen ziehen? Sicher dürfen wir nicht zu dem Schluß kommen, daß alle technologischen Entwicklungsprogramme, die wegen eines Geschäfts unternommen wurden, das inzwischen als überholt gilt, fortgesetzt werden sollten, weil sie sich vielleicht als nützlich für ein anderes Geschäft erweisen mögen. Wie sollte man dann förderungswürdige Projekte von denen unterscheiden, die nicht unterstützt werden sollten? Allein diese Frage zu stellen bedeutet schon, den Sachverhalt des Sichbewußtwerdens anzusprechen. Wenn diejenigen, die eine Organisation untersuchen, sich einer bestehenden Uneinheitlichkeit bei den Maßnahmen verschiedener Führungsebenen oder -gruppen nicht bewußt sind und wenn sie diese Uneinheitlichkeit keiner öffentlichen Untersuchung unterziehen können, wie könnte man eine solche Unterscheidung dann treffen? In beiden Fällen, dem von Van de Ven und Polley sowie dem von Burgelman, hätten das unternehmerische Sichbewußtwerden und die öffentliche Diskussion zusammenhangloser Maßnahmen eine Doppelschleifen-Untersuchung der Fragen erfordert, die bedrohliche oder unangenehme Situationen heraufbeschworen und organisationales Abwehrverhalten auslösten – eine Untersuchung, die derjenigen vergleichbar ist, wie sie der CEO und die Manager der Unternehmensberatungsfirma vorgenommen haben und über die wir in Kapitel 7 berichtet haben. Die Uneinheitlichkeit, die als Beweis für mangelnde Fähigkeit zu produktivem Lernen bei realen Organisationen genommen werden könnte und Verallgemeinerungen der Art entstehen läßt, wie March und gleichgesinnte Forscher sie vorgeschlagen haben, könnte auch als eine Gelegenheit für eine Doppelschleifen-Untersuchung gesehen werden – und wird es aus handlungstheoretischer Sicht auch.

Alle Fälle, die wir in diesem Kapitel erörtert haben, liefern Beweise, die der *begrenzten kognitiven Fähigkeit zum produktiven Lernen bei Organisationen* zugeschrieben werden könnten. Die Frage ist, wie wir diese Beweise auslegen sollen.

In einigen dieser Fälle ergab sich eine Gefährdung für die gültige Schlußfolgerung. In den meisten waren Unsicherheit und Mehrdeutigkeit mit den Ursachen einiger besonders wichtiger Auswirkungen des organisationalen Handelns verbunden. In einigen Beispielen (Intel) tappten Manager bei Unsicherheit in Kompetenzfallen oder ließen sich auf „abergläubisches Lernen“ ein. In anderen Beispielen (TAP) gelang es den Managern nicht, die gemeinsame Aufmerksamkeit auf Warnsignale zu richten, die Zweifel an den Annahmen hätten aufkommen lassen müssen, die den bestehenden organisationalen Maßnahmen zugrunde lagen. Bei den meisten dieser Versuche zur Einführung von Initiatoren, um die Fähigkeit der Organisationen zum produktiven Lernen zu verbessern, beharrten die Manager auf einer Handlungsweise, bei der einige Organisationsmitglieder erhebliche Zweifel hatten, aber die Informationen und Auslegungen dieser Manager ließen keine konzertierte öffentliche Kritik an den Annahmen aufkommen, die dem organisationalen Handeln zugrunde liegen.

Sollten wir, wie March und andere, anführen, daß derartige Beispiele von Irrtümern erster Ordnung weitere Beweise für die allgemeine Aussage liefern, daß es den Organisationen an kognitiver Fähigkeit zu produktivem Lernen aus Erfahrungen fehlt? Wir meinen, daß solche Beispiele nicht automatisch eine begrenzte kognitive Fähigkeit erkennen lassen. Eine genauere Betrachtung der von den Autoren der Fallstudien zusammengetragenen Beweise enthüllt vielmehr ein Muster organisationaler Abwehr, die eine bestehende Blindheit gegenüber Irrtümern erster Ordnung verstärkt, eine Blindheit, die solche Irrtümer unkorrigierbar und die ihnen zugrundeliegenden irrigen Annahmen unzugänglich macht. Die Frage nach der kognitiven Fähigkeit muß hypothetisch bleiben, da während der fraglichen Zeitabschnitte die Tatsache, daß die Organisationsmitglieder sich der relevanten Fragen nicht bewußt oder nicht bereit waren, sie zu diskutieren, verhinderte, daß die Organisation sich mit ihnen beschäftigte, egal welche kognitive Fähigkeit sie besaß. Es gibt tatsächlich einige Beweise aus dem Bericht der Autoren über Untersuchungsmuster aus den späteren Etappen des Intel- und TAP-Falles, daß beide Organisationen die Fähigkeit besaßen, sich auf komplexe und differenzierte Verfahren zur Irrtumserkennung, Kausalanalyse und Irrtumskorrektur einzulassen.

Es gibt selbstverständlich keine Garantie dafür, daß die Manager ihre Irrtümer erster Ordnung, wenn sie sich ihrer in diesen Fällen bewußt gewesen wären und sie einer öffentlichen Diskussion und kritischen Analyse unterzogen hätten, auch mit Erfolg hätten korrigieren können. In der Welt des Managements wie der Wissenschaft gibt es keine absolute Sicherheit gegen dauerhafte Irrtümer. Aber es gibt auch keinen von vornherein bestehenden Grund, den Grenzen kognitiver Fähigkeit dauerhafte Irrtümer erster Ordnung zuzuschreiben, *wenn es handfeste Beweise gibt, daß ein vorherrschendes Muster defensiven Verhaltens die Ausübung dieser Fähigkeit blockiert, egal welche Stärken oder Grenzen sie hat.* Der sehr viel wichtigere Punkt, den unsere Analyse des Fallmaterials aufwirft, ist die Notwendigkeit und Möglichkeit zur Doppelschleifen-Untersuchung der Muster von Irrtümern zweiter Ordnung, den Systemen begrenzten Lernens, deren Beständigkeit Irrtümer erster Ordnung unangreifbar macht. Dieser Punkt ist wesentlich für die Implementierungslücke und entscheidend für den Entwurf der Interventionen, die darauf abzielen, produktives Lernen bei Organisationen zu ermöglichen.

Aus der Sicht wissenschaftlicher Forschung über das organisationale Lernen hängt ein fundierter Test von Aussagen über die kognitive Fähigkeit von Organisationen darüber hinaus davon ab, den Organisationsakteuren das Abwehrverhalten bewußt zu machen, das sie blind für Irrtümer erster Ordnung macht, und davon, ihnen zu helfen, dieses Verhalten zu überwinden. Denn wie kann man, wenn es keine solche Intervention gibt, sagen, ob die Anfälligkeit einer Organisation für Gefährdungen gültiger Schlußfolgerungen wie Kompetenzfallen und abergläubisches Lernen auf die begrenzte kognitive Fähigkeit der Organisation zurückzuführen ist oder auf die Auswirkungen ihres Abwehrverhaltens?

Möglicherweise argumentieren Forscher nach den Grundsätzen der Verhaltenstheorie der Firma, daß defensive Verhaltensweisen unabänderliche Tatsachen im Leben einer

Organisation sind, die in die Unterstellung begrenzter kognitiver Fähigkeit „hineingepackt“ werden sollten. Wir pflichten dem bei, daß Muster organisationaler Abwehr in der Verhaltenswelt der Organisationen weit verbreitet und tief verankert sind. Aber eine Intervention der Art, wie sie in Kapitel 7 geschildert wurde, und andere ähnlich geartete Interventionen (vgl. Argyris, 1993 [dt. 1997]) stehen als Existenznachweis für die Möglichkeit der Doppelschleifen-Untersuchung, die die Einschränkungen der O-I-Verhaltenswelten durchbricht. Im gewaltigen Universum organisationalen Lebens müssen solche Episoden als seltene Ereignisse angesehen werden. Trotzdem lassen sie Zweifel an der Gültigkeit jeder allgemeinen Zuschreibung einer begrenzten kognitiven Fähigkeit aufkommen und weisen den Weg zu künftigen Interventions- und Forschungsprogrammen.

Hindernisse für das produktive Lernen bei Organisationen überwinden

Unsere Analyse des Fallmaterials, das mit Dezentralisation, TQM, aktivitätsbezogener Kalkulation, Umstrukturierung und SHRM zusammenhängt, macht deutlich, daß Organisationsinitiatoren produktives Lernen bei Organisationen herbeiführen können, das sogar zu vorübergehenden Doppelschleifen-Ergebnissen auf der Ebene der organisationalen handlungsleitenden Theorie führen kann, wenn die Probleme weder unangenehm noch bedrohlich sind. Aber unter unangenehmen oder bedrohlichen Bedingungen stellen wir fest, daß die O-I-Lernsysteme der Organisationen mit der Zeit dazu neigen, die initiierenden Interventionen zu durchkreuzen.

Wir glauben, daß unsere Analyse zur Erklärung der typischen Lebenszyklen organisationaler Lösungen wie TQM, „flache“ Organisation, Umstrukturierung und Führungsermächtigung beiträgt. In jedem dieser Beispiele erscheint eine Organisationsreform am Horizont, die durch eine einleuchtend klingende Theorie und Geschichten von der erfolgreichen Umsetzung durch frühe Verfechter gestützt wird. Im Kern birgt die Reform häufig eine bedeutsame Einsicht wie „Manager *sollten* die Freiheit erhalten, mehr Verantwortung zu übernehmen und ihr persönliches Wissen besser zu nutzen“, oder „Organisationsprozesse *sollten* im Lichte der Möglichkeiten, die die moderne Informationstechnologie eröffnet, neu überdacht werden“. Normalerweise wird die Maßgabe jedoch von ihren Befürwortern und den Beratern umgewandelt, die ihre Verbreitung innerhalb eines gut verständlichen Maßnahmenpakets vornehmen. Nicht selten wird das Paket von einer Ideologie begleitet, die quasireligiöse Untertöne annimmt. Organisationsmanager, begierig auf Lösungen für die ständige Bedrängnis, in der sie sich befinden, und voller Erwartung auf den Ruf, sich mit der schwierigen Lage oder ihrer eigenen Verwicklung darin auseinanderzusetzen, stürzen sich auf das Paket. Ein Nachahmungseffekt setzt ein, und Manager übernehmen das Paket, weil ihre Kollegen ringsum es übernehmen. Nach einiger Zeit – wenn die Erfahrung mit der Reform wächst und die guten Absichten durch organisationales Abwehrverhalten und die damit zusammenhängenden handlungsleitenden Theorien des Modells I zunichte gemacht werden – kommen allmählich ernüchternde Informationen auf. Und dann macht sich auch wieder der normale Zynismus breit. Die Manager auf den unteren Ebenen tuscheln, daß die an der Spitze es eigentlich nie wirklich ernst gemeint haben, und die Führungskräfte äußern ihre Enttäuschung über den hartnäckigen Widerstand ihrer Untergebenen gegen Veränderungen. Irgendwann sagen die Leute: „Das haben wir versucht!", und allmählich nimmt eine Bereitschaft für das nächste Reformpaket Gestalt an. Dennoch gibt es, wie wir erklärt haben, Beispiele für seltene Ereignisse, bei denen einzelne Organisationsmitglieder sich bereit und dazu in der Lage zeigen, sich auf die Komplexität der Systeme begrenzten Lernens einzulassen, in denen sie sich betätigen, um die eigenen eingeübten Beiträge zur Aufrechterhaltung dieser Systeme zu untersuchen und zu lernen, sich den Werten, Strategien und Annahmen des Modells II anzunähern, die sie in die Lage versetzen, das vorherrschende Abwehrverhalten in Organisationen zu sprengen. Vielleicht wächst, wie Beer und andere meinen, bei einigen Managern, die zwar noch nicht solche seltenen Ereignisse, wohl aber die in den ernüchternden Berichten beschriebenen Reformen erlebt haben, die Bereitschaft, sich mit dieser Komplexität auseinanderzusetzen und die Denk- und Handlungsmuster zu erkunden, durch die sie selbst zur eigenen Ernüchterung beitragen.

Diese Schlüsse haben bedeutende Auswirkungen auf Praxis und Forschung. Praktiker, die die Fähigkeit ihrer Organisation zum beständigen produktiven Lernen, insbesondere dem der Doppelschleifen-Variante, steigern möchten, sollten lernen, die Leistung der organisationalen Untersuchung zu verbessern, wozu Doppelschleifen-Lernen in den eigenen handlungsleitenden Theorien erforderlich ist. Forscher, die lediglich die Phänomene des begrenzten organisationalen Lernens erklären möchten, sollten die direkt beobachtbaren Daten der organisationalen Untersuchung beachten, die ihrerseits mit höheren Aggregationsebenen verbunden werden müssen. Diese Strategie des Beachtens eignet sich vor allem für Forscher, die anwendbares Wissen entwickeln möchten, das Praktikern beim Aufbau einer organisationalen Fähigkeit zum produktiven Lernen helfen kann. In beiden Fällen sind die Forscher gut beraten, ihre Forschung als Handlungsforschung neu zu fassen, die in Zusammenarbeit mit Praktikern erfolgt, die Fähigkeiten zur Intensivierung und Erweiterung der seltenen Ereignisse des produktiven Lernens bei Organisationen aufzubauen suchen.

10. Strategie und Lernen: Maßgaben aktionsorientiert machen

Von Wim Overmeer

Der Bruch im strategischen Management

Das strategische Management befaßt sich mit Problemen des Umgangs mit dynamischen Veränderungen in der Beziehung zwischen dem Handeln einer Firma und ihrem Umfeld. In den letzten zwei Jahrzehnten haben selbst die größten und angesehensten Unternehmen Schwierigkeiten bei der Reaktion auf Veränderungen in ihrem Umfeld gehabt. Die Autoren, die über strategisches Management schreiben und Manager bei strategischen Problemen beraten, spalten sich zunehmend in zwei Richtungen mit unterschiedlichen Ideen zur Strategie.

Die ältere Auffassung, die in der Arbeit von Kenneth Andrews und Michael Porter zum Ausdruck kommt, gibt einen *rationalen Prozeß* beim Entwerfen einer Strategie vor. Danach kann ein Unternehmen eine ausgewählte Nische seiner Umwelt beherrschen und nutzen, wenn es die maßgeblichen Faktoren beachtet, die das Verhalten der Nische bestimmen, und eine enge Übereinstimmung zwischen dem eigenen Handeln und dem Nischenumfeld sucht. Die strategische Aufgabe der Unternehmensleitung ist doppelter Art. Erstens ist eine Querschnittsanalyse des Umfeldes vorzunehmen und eine Unternehmensstrategie aufzustellen. Die zweite Aufgabe besteht darin, das Unternehmen als Ganzes richtig einzustellen, seine Handlungen zu koordinieren und seine Strategie mit Hilfe eines ordentlichen Implementierungsprozesses umzusetzen, der in einer Neuanordnung der Organisationsstrukturen und -prozesse besteht.

Die konträre Auffassung, die im Werk von Henry Mintzberg zum Ausdruck kommt, beschreibt einen *natürlichen* Prozeß beim Entwurf einer Strategie, der die Form eines Wechselspiels zwischen beabsichtigten und auftauchenden Prozessen annimmt. Er zeigt anhand von Längsstudien der sich ändernden Verhaltensmuster, mit denen das Unternehmen auf Veränderungen im Umfeld reagiert, daß Manager überall in einem Unternehmen eine neue Geschäftsstrategie aufstellen können, eine entstehende Strategie. Wird die Diskrepanz zwischen dem Umfeld und dem formell eingeführten Handlungsmuster (der beabsichtigten Strategie) zu groß, greift das Unternehmen auf seinen Bestand an entstehenden Strategien zurück und konstruiert eine neue Anordnung, wodurch eine neue Übereinstimmung mit dem Umfeld entsteht, die zu einer neuen beabsichtigten Strategie führt.

Diese beiden Sichtweisen zeigen entgegengesetzte Positionen zur Beziehung zwischen Denken und Handeln. Die erste konzentriert sich darauf, eine strategische Absicht zu formulieren und zu planen, wie sie umgesetzt werden kann. Sie beruht auf der Annahme, daß die Strategie eines Unternehmens deutlich gemacht und erwogen werden sollte, bevor gehandelt wird, damit sie bei sonst überhandnehmenden Komplikationen und Verwicklungen effektiv ist. Die zweite Sicht vertritt die Meinung, daß „Absicht billig ist“; daß die Planer zu oft blinden Alarm schlagen, was den Spürsinn der Manager für Anzeichen sprunghafter Veränderungen trübt; und daß „das Drum und Dran der Strategiebranche“ (das heißt die Empfehlungen der Strategen) dem Prozeß im Weg steht, mit dem einzelne Manager überall in der Organisation phantasievoll auf Veränderungen im Umfeld reagieren können.

Doch trotz ihrer absolut unterschiedlichen Positionen zur Erarbeitung von Strategien stimmen die Anhänger der beiden Positionen letztendlich doch in zwei Dingen überein: erstens darin, daß das Erarbeiten einer Strategie auf einem *künstlerischen Sinn* aufbaut, und zwar entweder dem des CEO, der als „der Architekt des Unternehmensziels“ fungiert (Andrews, 1980, S. 11 und 129), oder dem des kreativen Managers, der als ein „Handwerker“ der Strategie auftritt (Mintzberg, 1987). Sowohl das Bild vom Architekten als auch das vom Handwerker ist mit dem Gedanken verbunden, daß Manager „mehr tun als sagen können“ (Polany, 1958; Schön, 1983). Die zweite gemeinsame Annahme ist das Erfordernis einer klaren Unternehmensstrategie. Selbst Mintzberg erkennt an, daß die Entwicklung auftauchender Strategien von der Führung abhängt, die eine Dachstrategie oder die Formulierung einer Gesamtmission bietet. Jenseits dieser gemeinsamen Annahmen haben sich die Vertreter beider Richtungen angesichts größerer Verschiebungen im Unternehmensumfeld in jüngster Zeit über eine gemeinsame Maßgabe einander angenähert: den Imperativ des strategischen Lernens. Bei ihrer jüngsten Bezugnahme auf diesen Imperativ regen sie verschiedene Mechanismen des strategischen Lernens an – die Auswahl intern erzeugter Varianten (Burgelman, 1983), die Interaktion zwischen der Formulierung der Strategie und ihrer Ausführung (Andrews, 1980) oder die Interaktion zwischen beabsichtigter und auftauchender Strategie (Mintzberg, 1987).

Aber weder die „rationalen“ noch die „natürlichen“ Theoretiker der Erarbeitung einer Strategie haben sich dazu geäußert, wie die Interaktionen herbeizuführen sind, die sie als wesentlich für das strategische Lernen erachten, oder wie die Hindernisse für ihr Zustandekommen überwunden werden können. Keine Seite kann viel dazu sagen, was die Manager tatsächlich tun würden, wenn sie den Maßgaben folgten, oder auf welche Folgeprobleme sie stoßen könnten. Die Handlungsvorschläge der Autoren auf beiden Seiten sind offenbar Einfälle, die nach dem Theoretisieren kamen; dennoch werden sie so dargestellt, als wären sie selbstverständlich, wenn nur die richtigen Maßgaben befolgt würden oder die Manager nur in der Lage wären, ohne Einmischungen zu handeln. Das strategische Lernen steht (nach der ersten Sicht) für einen Wandel bei den Plänen und für einen Wandel bei den Verhaltensmustern der Unternehmen (nach der zweiten Sicht)[1],

[1] Beide sind eine Version von „gewinnen, bleiben; verlieren, ändern reicht aus“ (Weick, 1979 [dt. 1985]).

aber keine Sicht hebt das Problem der Umsetzung der Strategie besonders hervor: den strategischen Vorsatz zu fassen und dann Maßnahmen zu ergreifen, um die Absicht Wirklichkeit werden zu lassen. Beide Sichten lassen einen gewissen Mangel an Aufmerksamkeit gegenüber fehlender Übereinstimmung zwischen Vorsatz und Verwirklichung erkennen und bieten wenig, was uns weiterhilft.

Mangelnde Aufmerksamkeit gegenüber der Kluft zwischen Vorsatz und Verwirklichung

Die rationale Sicht präsentiert die Verwirklichung der Strategie als einen Prozeß der Auferlegung eines strategischen Vorsatzes durch die Umsetzung einer umfassenden Strategie; sie geht davon aus, daß strategische Absichten und die Entwürfe, um sie zu erreichen, während der Umsetzung nicht in Frage gestellt werden. Eine Theorie der Handlungsperspektive würde uns zu den Fragen veranlassen: In welchem Umfang realisiert ein vorgegebener Entwurf tatsächlich eine bestimmte strategische Absicht? Wie erfahren die Designer eigentlich von fehlender Übereinstimmung zwischen Vorsatz und Verwirklichung? Und wie reagieren sie darauf, wenn sie ihren Entwurf umsetzen? Allgemeiner würden wir fragen: Wie testen Designer ihren Entwurf bei der Arbeit, und wie gut ist der Test?

Nehmen wir zum Beispiel Doz und Prahalad (1987), die über die Untersuchung berichten, die zu der Vorstellung von der „strategischen Absicht“ (Hamel und Prahalad, 1989) führte. Die Autoren stellten fest, daß einige Manager in neugeschaffenen Produktionsabteilungen großer, geographisch verstreuter multinationaler Unternehmen eine Vision vom Wesen des japanischen Wettbewerbs entwickelt hatten. Diese Manager bemühten sich um die Legitimierung ihrer Vision, indem sie „die Berechtigung des vorherrschenden herkömmlichen Wissens untergruben“ (das auf regionalen Organisationen beruhte). Sie „sprachen nicht immer öffentlich über ihre Vision“, weil sie das Gefühl hatten, daß ihre Vorstellungen in der bestehenden Verhaltenswelt ihrer Organisationen „zu zaghaft und zu zerbrechlich“ waren. Statt „ihre Vision zu verraten“, schufen sie ein Gefühl für eine drohende Krise, indem sie „einen Leistungsabfall hervorhoben und neu auslegten“. Eine Theorie der Handlungsperspektive würde voraussagen, daß derartige „subversive“[1] Organisationstaktiken die bestehende Verhaltenswelt der Unternehmen verstärken (wenig Vertrauen, geringe Risikobereitschaft, hohes Maß an Wettbewerb) und unrealistische Entwürfe für organisationales Handeln nach sich ziehen, dessen

[1] Aus einem persönlichen Gespräch mit Yves Doz auf der *Strategic Management Conference* im englischen Cambridge im Dezember 1990; weiter ausgearbeitet bei Doz & Thanheiser (1992).

Umsetzung gerade von der Organisationsdynamik beeinträchtigt wird, die die Taktierer zu umgehen suchten.[1]

Die natürliche Sicht des Erstellens einer Strategie konzentriert sich auf aufkommende Strategien,[2] die auf Veränderungen im Umfeld reagieren; sie geht davon aus, daß die Manager, die diese Strategien entwickeln – wie Töpfer, die eine Vase herstellen –, ein geheimes Wissen von ihnen oder eigene Methoden haben, sie zu inszenieren, die nicht erklärt werden können. In einer Phase des Umsturzes verschmelzen verschiedene Ideen wie von selbst zu einer neuen Gestalt, die rückwirkend zur neuen beabsichtigten Strategie des Unternehmens wird. Aus handlungstheoretischer Perspektive würden wir zum Beispiel fragen: Wie hält man auftauchende Strategien „ruhig" oder „in Schach", bis eine revolutionäre Veränderung eintritt? Auf welche auftauchenden Strategien wird zurückgegriffen, auf welche nicht, und wie wird diese Auswahl gehandhabt? Wie werden mehrere auftauchende Strategien während einer Phase des Wandels integriert? Wie verbreiten sich rasch eine oder mehrere „aufgestaute" auftauchende Strategien unter Managern, zu wessen Lasten und durch welche „wechselseitigen Anpassungen"? Allgemeiner würden wir fragen: Welche Organisationspraktiken werden in Phasen revolutionären strategischen Wandels angewandt, und welche unbeabsichtigten Folgen hat ihre Anwendung?

Nehmen wir Quinn (1980), der eine formale Planung auf der Grundlage der rationalen Sichtweise ausdrücklich ablehnt mit der Begründung, daß wichtige strategische Entscheidungen außerhalb starrer Planungssysteme erfolgen. Er tritt dafür ein (S. 129), daß Topmanager einigen Vorschlägen ihrer informellen Netze folgen. Weiter sagt er, sie sollten

> „Vorstellungen fördern, die sie favorisieren, unerwünschte oder kaum unterstützte Optionen durch Untätigkeit sterben lassen und Hürden oder Tests vor stark favorisierten Ideen errichten, mit denen sie vielleicht nicht konform gehen, die sie aber auch nicht direkt angreifen möchten, und Optionen lieber durch Untergebene abwürgen lassen, als es selbst tun."

Die Theorie der Handlungsperspektive würde voraussagen, daß ein solches Verhalten der Unternehmensführung von den Managern der auftauchenden Strategie wahrscheinlich kopiert wird und ein hochpolitisches Spiel schafft, nicht unähnlich dem, das sich in dem formalen Planungssystem abspielt, das es abzuschaffen sucht.

Um die bei der rationalen Sicht von Hause aus vorhandene Kluft zwischen Entwurf und

---

[1] Das wird durch die Organisationsprobleme bestätigt, die Philips später erlebte, eine der von Doz und Prahalad untersuchten Firmen. Der Verfasser dieses Kapitels sprach damals über diesen Punkt mit den betriebsinternen Unternehmensberatern von Philips. Die betriebsinternen Berater berichteten: Nachdem „die Matrix [vom CEO] gekippt wurde" und die formalen Befugnisse von den General-Managern der „nationalen Organisationen" auf die General-Manager der „Produktsparten" umverteilt wurden, führten sich die neuen Leiter der Produktsparten bald wie die Leiter der „nationalen Organisationen" auf, das heißt wie „Fürsten".

[2] Die „Varianten" oder „Mutationen", die im „Reproduktionssystem" entstehen.

Ausführung zu überbrücken – und auch die dem evolutionären System eigene Kluft zwischen auftauchender und beabsichtigter Strategie –, müßte man sich mit Fragen der Art befassen, die früher aufgeworfen wurden. Doch weder die Verfechter der rationalen noch die der natürlichen Sicht haben das getan. Sie waren selektiv desinteressiert daran, wie ihr Rat eine Organisationsdynamik schaffen könnte, die ebendiesen Rat gerade untergräbt. Die rationale Sicht untersucht die besten Praktiken in verschiedenen Unternehmen, um daraus Lehren zu ziehen, die sie dann als grobe Richtlinien zum Handeln oder als allgemeine Grundsätze einführt, nach denen bestimmte Strategien geformt werden sollten. Die natürliche Sicht befaßt sich mit Mustern unternehmerischen Verhaltens im Zeitablauf, wobei sie häufig auf Informationen aus Archiven zurückgreift, die rückblickend untersucht werden. Bei jeder Perspektive machen die Autoren wie Doz und Prahalad oder Quinn organisationales Abwehrverhalten aus. Sie ignorieren jedoch die Auswirkungen, die ihr Rat wahrscheinlich auf eine bestehende Organisationsdynamik hat, die durch dieses Verhalten geprägt wird.

Dadurch, daß beide Perspektiven auslassen, was während der Umsetzung der Strategie tatsächlich geschieht (nach der rationalen Sicht), oder während der Integration von auftauchender und beabsichtigter Strategie (nach der evolutionären Sicht), und daß sie den Managern nicht helfen, diese Punkte anzusprechen, übersehen sie oft ein entscheidendes Element des strategischen Managements: die Mikroaktionen in *Echtzeit*, mit denen Manager auf die Angriffe auf Umsetzung oder Integration reagieren, zu denen es wahrscheinlich kommt, wenn Umfeld und Strategie eines Unternehmens größere Veränderungen erleben. Die Folge ist, daß beide Sichtweisen meistens nicht auf das Abwehrverhalten (der Individuen oder Organisationen) achten, das während der Umsetzung einer Strategie oder der Integration einer auftauchenden und einer beabsichtigten Strategie herrscht. Wie wir in diesem Kapitel darlegen, wirkt sich ein solches Abwehrverhalten nachhaltig auf die Fähigkeit einer Organisation aus, ihren strategischen Vorsatz zu verwirklichen und sich auf strategisches Lernen einzulassen.

Strategieverwirklichung als Sondierung des Umfeldes

Was sollen wir dann, aus der voraussichtlichen Sicht aktiver Manager, von einem Prozeß zur Erarbeitung einer Strategie halten, der sowohl die Verwirklichung als auch die Absicht umfaßt?

Erstens gründet die Erarbeitung einer Strategie durch ein Unternehmen auf dem künstlerischen Sinn seiner Manager für ein sich änderndes Umfeld. Weil Manager vielleicht mehr sehen und tun, als sie sagen können, kommen ihre strategischen Entwürfe möglicherweise nicht richtig zur Sprache. Dies heißt nicht, daß Manager nicht versuchen sollten, das, was sie über Strategien denken, auszusprechen, oder daß sie Gedanken nicht erfolgreich so weit artikulieren können, daß andere sie verstehen und etwas dazu sagen können. Als Reaktion auf die hilfreiche Nachfrage anderer lernen Manager vielleicht, ihre Gedanken umfassender zu artikulieren, sie als Hypothesen zu fassen und sie öffentlich zu überprüfen. Wenn ein strategischer Entwurf umgesetzt wird, läßt er darüber hinaus eher eine Artikulation und Überprüfung zu.

Zweitens haben wichtige Trends in der heutigen globalen Unternehmensumwelt die Wirkung, Tempo und Komplexität nicht alltäglicher Veränderungen zu erhöhen. So führt zum Beispiel die Integration generativer Technologien wie Computer, Halbleiter und Telekommunikation zu neuen und unerwarteten Produkten, ja, zu ganz neuen Branchen, und verlangt ihrerseits entweder die radikale Umstrukturierung bestehender Branchen oder läßt sie veralten. Die Trends zur Deregulierung der Märkte, der Privatisierung staatseigener Unternehmen und zum Rückzug des Staates aus vielen Bereichen der Wirtschaft entfernen viele der „Schutzschichten“, auf die die Firmen sich bisher verlassen konnten, auch wenn sie vielleicht neue „Schutzschichten“ entwickeln. Die Wettbewerbslandschaft verwandelt sich durch das Aufkommen des starken Wettbewerbs aus den Schwellenländern, durch die Last der GATT-Regeln, durch die Schaffung regionaler Handelsblöcke wie der NAFTA (Nordamerikanisches Freihandelsabkommen), der Europäischen Union (EU), der ASEAN (Vereinigung südostasiatischer Nationen) und durch die Öffnung aufstrebender Märkte wie China, Indien und Indonesien. Diese Trends schaffen allein und gemeinsam ein immer komplexer werdendes Unternehmensumfeld, in dem Manager nicht mehr in der Lage sind, umfassende und genaue Voraussagen über die Art und das Tempo der Veränderungen oder über wahrscheinliche Reaktionen der Unternehmen auf diese Veränderungen zu machen. Diese Erscheinungen verleihen der vertrauten Beobachtung eine neue Bedeutung, daß der Mensch mit seiner begrenzten Fähigkeit zur Verarbeitung von Informationen mit einer beschränkten Vernunft geschlagen ist (Cyert und March, 1963).

Drittens läßt die Interaktion der künstlerischen Reaktionen der Manager auf verschiedenen Firmenebenen innerhalb eines immer komplexer werdenden und sich schneller verändernden Umfelds ein strategisches „Gespräch“ zwischen dem Unternehmen und seinem Umfeld entstehen. Es erscheint sinnvoll, sich eine Firma als an einer wechselseitigen Transaktion mit ihrem Umfeld beteiligt vorzustellen, durch die sie sich klar über eine neue Umweltsituation wird, mit dem Entwurf und der Umsetzung neuer strategischer Schritte auf diese Situation eingeht und (zuweilen) ein erstaunliches Echo aus dem Umfeld erfährt, woraufhin die Firma veranlaßt wird, ihre Einschätzung des Umfelds zu überdenken und ihre Strategie umzugestalten.

Viertens werden Manager, die an einem solchen strategischen Gespräch beteiligt sind, manchmal gezwungen, in der Echtzeit Schritte als Reaktion auf sich ändernde Situationen zu unternehmen, die sich als unvereinbar mit der strategischen Absicht erweisen, so daß das rationale Vorgehen keinen Sinn ergibt. Manchmal unternehmen Manager Schritte, die kein vollständiges Verhalten zur Folge haben und deshalb kein hervortretendes Verhalten darstellen. Trotzdem lernen sie Lektionen, die sich nachhaltig darauf auswirken können, wie sie über die Strategien des Unternehmens und seine möglichen künftigen Schritte denken, und zwar auf eine Art, die das natürliche Vorgehen nicht erklärt.

Fünftens können widersprüchliche Schritte (zum Beispiel die Entdeckung eines Irrtums oder die überraschende Reaktion eines Kunden) und unvollständige Maßnahmen (zum Beispiel unerwartete nichttarifäre Zugangsbeschränkungen zu einem Auslandsmarkt) für die Strategie eines Unternehmen Konsequenzen haben, die durch einen Unternehmensprozeß gestaltet und bewertet werden müssen, der auf strategisches Lernen abgestimmt ist.

Wo Manager vielleicht mehr sehen oder tun, als sie sagen können, wo ihre Fähigkeit zur Informationsverarbeitung begrenzt ist, wo ihre Maßnahmen sich vielleicht nicht mit den geäußerten Absichten decken und wo sie vielleicht aus unvollständigen Schritten etwas lernen, sollte sechstens die Verwirklichung einer Strategie wie *eine Sondierung* des Unternehmensumfelds gesehen werden. Der Gedanke der Sondierung, eines tastenden Schrittes in die Umwelt, macht Manager auf die Möglichkeit aufmerksam, daß die Umsetzung einer Strategie neue, nicht alltägliche Informationen vermitteln kann, und zwar erstens darüber, was die Designer gesehen haben, aber nicht vollständig erzählen konnten, und zweitens über zuvor nicht gewürdigte Merkmale des Umfelds, die jetzt berücksichtigt werden müssen.

Siebtens hat die Verwirklichung einer Strategie deshalb einen Designprozeß zweiter Ordnung zur Folge: Der Entwurf einer Strategie sollte nicht nur als eine Hypothese über die Firmenumwelt betrachtet und getestet werden, das daraus folgende strategische Handeln sollte vielmehr selbst wie eine Sondierung dieses Umfelds gesehen werden, die möglicherweise neue Informationen über diese Umwelt und die Ideen der Designer enthüllt. Diese neue Darstellung der Ausarbeitung einer Strategie als Prozeß, in dem Aktionen zur Realisierung der Strategie auch als Entwurfsmaßnahmen und Sondierungen gesehen werden, hebt allmählich die lange bestehende Dichotomie zwischen Formulierung und Umsetzung einer Strategie auf, oder auch die zwischen beabsichtigter und auftauchender Strategie.

Die Verwirklichung einer neuen Strategie als Sondierung des Umfelds darzustellen bedeutet, daß Strategiedesigner und -ausführende ihre beabsichtigte Strategie einer vorgegebenen Unternehmenssituation nicht nur aufdrängen, sondern daß sie auch offen bleiben sollten für neue Informationen über das Umfeld, das vielleicht nicht alltägliche Veränderungen der Strategie erfordert. Diese Darstellung verlangt nach einer aktiven Haltung auf seiten

1. der Designer, die Informationen suchen sollten, um ihr Denken über das Umfeld zu überprüfen und vor allem zu widerlegen;
2. der Ausführenden, die Informationen suchen sollten, um zu überprüfen, ob die Aktionen des Unternehmens tatsächlich die strategische Absicht realisieren;
3. der Designer und Ausführenden gemeinsam, die Informationen suchen sollten, die

zu nicht alltäglichen Veränderungen der Strategie führen könnten, damit sie die neuen, aufkommenden Gelegenheiten oder die sich bietenden neuen Herausforderungen wahrnehmen können.

„Verwirklichen der Strategie" drückt demnach nicht nur den Gedanken des „Ausführens" oder Umsetzens aus, sondern auch den der „Bewußtwerdung" oder „Entdekkung".

Bedingungen für das organisationale Lernen

Die Verwirklichung einer neuen Strategie als eine Sondierung des Umfelds darzustellen ist etwas ganz anderes, als darin lediglich das Durchsetzen einer strategischen Absicht durch energisches Ausführen zu sehen; und es ist etwas anderes als die Verhaltensanpassung an eine veränderte Umwelt durch Lernen mittels Versuch und Irrtum. Im ersten Fall gilt die Absicht als gegeben, sobald sie festgestellt ist; im zweiten Fall wird die Absicht scheinbar übergangen. Beide Vorgehensweisen beruhen auf der zentralen Annahme, daß neue Informationen weder explizite noch implizite Absichten herausfordern, oder darauf, wie die Beteiligten sich deren Umsetzung vorstellen. Beide Vorgehensweisen gehen folglich zwei klare Risiken ein. Erstens können Manager Informationen übersehen, die auf mangelnde Übereinstimmung zwischen Absicht und Handeln hinweisen, insbesondere auf eine solche, die nicht durch eine bloße Änderung der Strategien instrumentalen Handelns korrigiert werden kann (das heißt Einschleifen-Lernen in der Theorie der Handlungsperspektive). Zweitens stellen sehr sensible Manager, die solche Informationen kennen und auch wissen, daß eine Verhaltensänderung nicht ausreicht, damit fertig zu werden, vielleicht fassungslos fest, daß sie nicht wissen, an was – außer einer Verhaltensänderung – sie noch denken könnten. Der Gedanke einer Strategie als Sondierung des Umfelds versucht, diesen Sachverhalt zu beheben, indem er eigens die Möglichkeit offenläßt, daß die strategische Absicht und die Art, wie die Beteiligten über ihre Realisierung denken, herausgefordert werden können und sollten.

Die Verwirklichung einer Strategie als Sondierung darzustellen verlangt bei Designern wie Ausführenden nach einem proaktiven Prozeß, eine gemeinsame Überwachung, Bewertung und Untersuchung zu organisieren. Dieser Untersuchungsprozeß in Organisationen oder Unternehmen (wenn er in einem Unternehmen erfolgt und strategische Geschäftsbereiche berührt) muß aktiv betrieben werden und unterscheidet sich davon, lediglich ein Feedback zu erhalten. Die organisationale Untersuchung, die darin besteht, aktiv Probleme herauszuarbeiten und zu klären, die beim Sondierungsprozeß entstanden sind, ist für das strategische Gespräch des Unternehmens mit seiner Umwelt und für die Förderung des strategischen Lernens unentbehrlich. Aus rationaler Sicht erfordert eine solche organisationale Untersuchung sich gegenseitig durchdringende Prozesse des Entwerfens und Umsetzens von Strategien dadurch, daß Designer und Ausführende gemeinsam über die von ihnen verwirklichte Strategie sowie über die Probleme, die sie enthält, nachdenken. Aus natürlicher Sicht verlangt sie von denen, die von der bewußten Firmenstrategie aus oder in ihr arbeiten, sich gemeinsam mit denen Gedanken zu machen, die mit der Entwicklung auftauchender Strategien zu tun haben.

Um ein Organisationsumfeld zu schaffen, das einer solchen Untersuchung und dem strategischen Lernen förderlich ist, müssen die Organisationsmitglieder in der Lage sein, *strategisch zu lernen*. Das bedeutet, daß Manager lernen sollten, ein Organisationsumfeld zu schaffen, in dem

1. Designer, die mehr sehen, als sie sagen können, ermuntert und unterstützt werden, ihre Gedanken offenzulegen, damit sie geprüft statt zurückgehalten werden;
2. Ausführende ermuntert und unterstützt werden, ihre Fragen zum Entwurf und ihren Sorgen in bezug auf die Umsetzung offen auszusprechen, statt ihre Beiträge und Sorgen für sich zu behalten;
3. sowohl Designern als auch Ausführenden geholfen wird zu erkennen, daß sie einer begrenzten Vernunft unterliegen und deshalb während der Verwirklichung der Strategie aktiv Beweise suchen müssen, die ihr Denken widerlegen können und zu neuen Informationen über die Umwelt führen.

Unter diesen Bedingungen ist es einer Organisation möglich, sich auf das künstlerische Gespür ihrer Manager zu verlassen und es zu entfalten.

Derartige organisationale Untersuchungen kommen in der Praxis zwar gelegentlich vor, oder zumindest versuchen Designer und Ausführende, sich daran zu beteiligen, aber sie sind nicht annähernd so selbstverständlich oder erfolgen nicht annähernd so automatisch, wie in der Literatur oft angenommen wird.[1] Ihre Erkundung ist von größter Bedeutung für Forscher, die daran interessiert sind, Managern zu helfen, die Probleme zu erfassen und zu lösen, die sie bei der Realisierung einer Strategie erleben.

Hier kann die aktionstheoretische Perspektive auf das organisationale Lernen hilfreich sein. In der heutigen Umgebung der Unternehmen sehen sich Designer wie Strategien Ausführende zunehmend schwierigen, nicht alltäglichen Informationen gegenüber, die wichtige Entwurfsannahmen und Implementierungsmaßnahmen in Frage stellen und damit die Kompetenz von Designern und Ausführenden angreifen. Die aktionstheoretische Perspektive sagt voraus, daß Designer wie Ausführende diese Angriffe wahrscheinlich als potentiell bedrohlich und unangenehm empfinden. In einer Modell-I-Welt lösen bedrohliche oder unangenehme Informationen normalerweise individuelle Abwehr aus und lassen organisationales Abwehrverhalten aufkommen. Letzteres fügt

---

[1] Sie sind nur insoweit selbstverständlich und erfolgen automatisch, als Einschleifen-Lernen und Einschleifen-Zweitlernen zu einer institutionalisierten Fähigkeit der besten Unternehmen geworden sind.

einer ohnehin schon komplexen strategischen Situation weitere komplexe Ebenen hinzu. Sie können verhindern, daß Manager gemeinsam über die Wirksamkeit der Strategie nachdenken und neue Informationen über das Umfeld des Unternehmens entdekken. Die Manager nehmen somit eventuell keine aufkommenden Gelegenheiten und Herausforderungen wahr, die nach einem Überdenken der Strategie oder ihrer Ausführung verlangen. Abwehrverhalten kann eine Trennung zwischen Entwurfsprozessen und Ausführung nach sich ziehen, die ihrerseits zu einer weiteren Distanzierung zwischen Designern und Ausführenden und zu einseitigen Versuchen der Planer führen, an wichtige Informationen heranzukommen, die Ausführenden zu umgehen und die Voraussetzungen für eine neue Schicht von Abwehrverhalten zu schaffen. Ein solcher Prozeß kann das produktive Wechselspiel zwischen Entwurf und Ausführung zunehmend erschweren.

Im folgenden Abschnitt erläutern wir den Gedanken der Verwirklichung einer Strategie als Sondierung des Unternehmensumfelds und umreißen die daraus resultierenden Erfordernisse für das organisationale Lernen. Die strategischen und organisationalen Veränderungen werden am Beispiel der Firma *Citadel* erörtert, eines Unternehmens mit einer langen Geschichte strategischen Sondierens und Lernens.

Der Fall Citadel

Der Blick nach innen: Citadels handlungsleitende Theorie für die Sondierung des Umfelds

Zu Beginn der 80er Jahre erlebte Citadel, eine bekannte mittelgroße Bauträgergesellschaft, eine größere Veränderung in ihrem Umfeld, die das Unternehmen veranlaßte, sein seit langem bestehendes Programm mit Wohnungen für Bezieher niedriger Einkommen aufzugeben und sich einem neuen Gebiet zuzuwenden, der Erschließung und Verwaltung von Hotels. Gleichzeitig beschloß Citadel, die Erschließung für luxuriöse Bürobauten fortzuführen. Die neue Hotelgruppe, die die Hotels plante und betrieb, und die Projektleitungsgruppe, die die Bauarbeiten an den Hotels beaufsichtigte, verwickelten sich bald in einige kleinere Meinungsverschiedenheiten. Bis zur Mitte der 80er Jahre hatten sich diese zu größeren Konflikten im Unternehmen ausgeweitet, die die meisten Führungskräfte tangierten, ihre Kräfte in Anspruch nahmen und ihnen das Gefühl vermittelten, an Kreativität und an strategischer Kontrolle über das Unternehmen zu verlieren.

Die Geschäftsführung von Citadel betrachtete das Problem als einen Konflikt zwischen den beiden Firmenbereichen und suchte nach Veränderungen in der Unternehmensstruktur, die Abhilfe bringen sollten. Vorgespräche ergaben, daß das mittlere Management beider Bereiche sich im Streit über unvereinbare Differenzen bei der Grundstückserschließung gegenseitig blockierte. Die Hotelgruppe wollte „Einheits"-Hotels bauen, die Projektleitungsgruppe favorisierte „außergewöhnliche" Bürogebäude. Nach Ansicht der

Manager der Hotelgruppe besaß Citadel ein revolutionäres Konzept zur Erschließung von Hotels und sollte diesen Vorteil, den es auf dem Hotelmarkt hatte, unbedingt nutzen. Die Projektleitungsgruppe hielt dagegen, Citadel sei „auf einem neuen Kurs" und sollte sich deshalb auf große, luxuriöse Büroprojekte konzentrieren, unter denen durchaus auch ein Hotelprojekt sein konnte.

Eine Untersuchung durch den Forscher (Overmeer) und den strategischen Planer von Citadel ergab, daß die Mitglieder der beiden Gruppen ihre Differenzen nicht beilegen konnten und jede Gruppe sich in ihrer Arbeit durch die Anforderungen der anderen Gruppe bedroht oder behelligt fühlte. Dieselbe Untersuchung förderte zutage, daß es in der Geschichte von Citadel schon des öfteren zu Streit zwischen zwei Erschließungsrichtungen analog der Hotel- und Projektleitungsgruppe gekommen war, was bis in die frühen 60er Jahre zurückreichte. Da diese Konflikte sporadisch aufflackerten, lösten sie Abwehr und Reaktionen aus, die sich gegenseitig aufschaukelten und weiteren Konfliktstoff schufen. Dieses Muster an Abwehrverhalten behinderte das produktive Wechselspiel zwischen denen, die die Strategie planten, und denen, die sie ausführten, zunehmend, schwächte die Qualität der Sondierungen des Umfelds durch das Unternehmen, die ihm zur Verfügung stehenden strategischen Wahlmöglichkeiten und seine Fähigkeit zum strategischen Lernen, die es in der Vergangenheit zu einem beachtlichen Wettbewerber gemacht hatte.

Um den Differenzen zwischen den Führungskräften der Gruppen auf den Grund zu kommen, entwarf der Forscher ein Diagramm, in das er ähnliche, abgeschlossene Entwicklungsprojekte einzeichnete (vgl. die Abbildung auf Seite 268). Dies war ein erster Schritt bei seinem Versuch, die handlungsleitende Theorie des Unternehmens zur Erarbeitung einer Strategie zu rekonstruieren. Das Diagramm zeigte ein erstaunlich reiches, komplexes und einheitliches Muster, das charakteristisch für das strategische Gespräch von Citadel mit seiner sich verändernden Umwelt war. Bei diesem Gespräch schienen die mannigfachen Sondierungen des Umfelds durch Citadel von einer begrenzten Zahl an Regeln beherrscht zu werden, von denen dies die wichtigsten waren:

1. Jede Gruppe mit ähnlichen Projekten stellte eine schnelle und frühe strategische Maßnahme als Reaktion auf eine Bundes- oder bundesstaatliche Initiative dar.
2. Innerhalb einer bestimmten Projektgruppe existierten Einzelprojekte in unterschiedlichen Entwicklungsstadien, was ermöglichte, daß man Erfahrungen aus früheren Projekten in späteren verwenden konnte. Projektgruppen wurden auch in einer Lernabfolge durchgeführt.
3. Jede Gruppe mit ähnlichen Projekten wurde gezielt als eine Sondierung des Umfelds betrieben.
4. Jede Projektgruppe prägte eine größere Programminitiative und trat auch mit der Zeit als „typisches" Citadel-Projekt hervor, das von Branchenkennern ohne weiteres zugeordnet werden konnte.
5. In jedem Zeitabschnitt war das Unternehmen immer mit mehreren Projektserien beschäftigt und streute so das Risiko.

Gruppen ähnlicher Entwicklungsprojekte im Zeitablauf

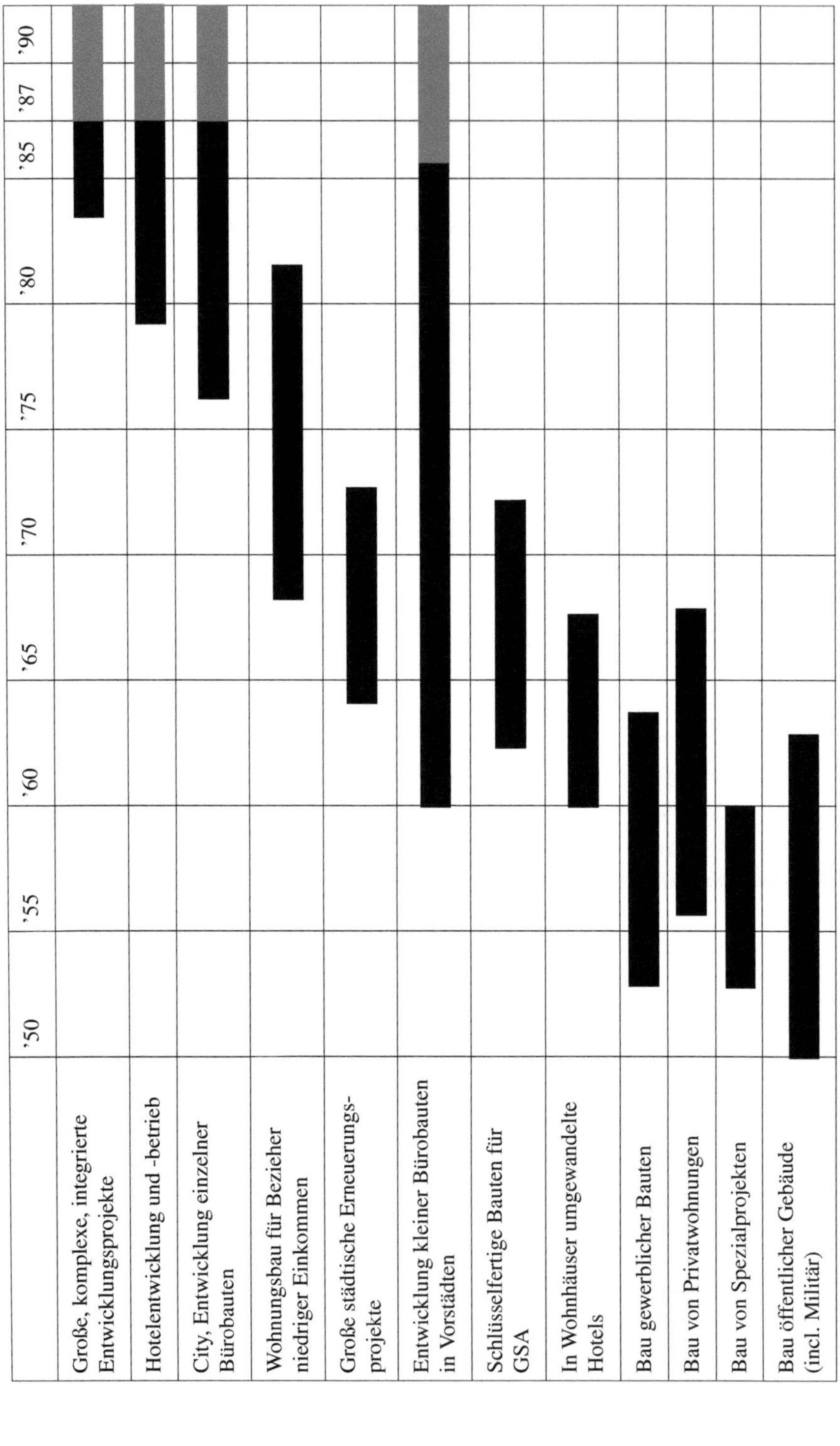

6. Das Unternehmen führte immer Projekte in zwei antizyklischen Bereichen des Bauträgergeschäfts durch, den frei finanzierten Nobelbüros und dem staatlich finanzierten Wohnungsbau für Einkommensschwache.
7. Das Unternehmen widmete sich seinen Geschäftsbereichen mit wechselnder Aufmerksamkeit, je nach Initiative in seiner Umgebung. Es schuf demzufolge einen beständigen und relativ stabilen Projektfluß in einer unbeständigen Unternehmensumgebung.
8. Die beiden Immobilienbereiche des Unternehmens ergänzten sich. Die „außergewöhnlichen" Büroprojekte zum Beispiel wurden wie eine Art „Immobilien-F&E" verfolgt, was die Firma zur Entwicklung neuer Kapazitäten antrieb, die anschließend bei den „Einheits-Projekten" zum Tragen kamen, die das Geld brachten, das man für die Bürogebäude brauchte.[1]

Diese Regeln zur Sondierung des Umfelds waren etwa vier Jahrzehnte erstaunlich konstant geblieben. Sie bildeten die globale handlungsleitende Theorie des Unternehmens zur Sondierung des Umfelds, dank deren es sich vom Renovieren von Ladenfronten im Jahr 1946 zu einem Programm emporgearbeitet hatte, mit dem es 1986 gleichzeitig mehrere große, integrierte, richtungweisende Projekte und eine Kette von First-Class-Hotels baute. Zur gleichen Zeit zeigte auch das strategische Verhaltensmuster des Unternehmens einige Unregelmäßigkeiten wie

1. ein hektisches Auf und Ab zwischen geographischer Expansion und abrupten Rückzügen, begleitet von Umsatzschwankungen;
2. das finanzielle Scheitern mehrerer Großprojekte Anfang der 70er Jahre, das den Fortbestand des Unternehmens gefährdete;
3. einen „Quantensprung" beim Umsatz kurz nach 1980 und einen rasch wachsenden Bestand an fertigen Projekten.

In dem Zeitraum von etwa vierzig Jahren wies das einheitliche strategische Verhaltensmuster von Citadel mitsamt seinen Unregelmäßigkeiten etwa achtjährige Perioden mit einem steten Muster fortwährender Sondierungen auf, unterbrochen von experimentellen Sondierungen zu Beginn der 50er, 60er, 70er und 80er Jahre, jeweils als Reaktion auf eine Unregelmäßigkeit in der Umgebung des Unternehmens.

Niemand bei Citadel hatte jemals versucht, ein solches Diagramm mit seinen begleitenden Schlußfolgerungen über die Logik der strategischen Maßnahmen des Unternehmens zu erstellen. Das Diagramm offenbarte, daß das Unternehmen Einheits- wie Luxusprojekte auf symbiotische Art durch ein Labyrinth überwiegend stillschweigender Regeln geschleust hatte. Jede Regel, und gelegentlich auch einige Unterregeln, war einem oder mehreren Managern bekannt oder wurde durch sie (wieder) bekannt, sobald sie angewandt wurde. Aber niemand im Unternehmen hatte ein vollständiges Bild vom Gesamtdiagramm, und man hatte auch nie versucht, die verschiedenen Vorstellungen aufeinander abzustimmen. Das Unternehmen konnte mehr tun, als seine Manager sagen konnten,

[1] Weitere Einzelheiten bei Overmeer (1995).

und die Manager hatten nur begrenzten Zugang zur globalen handlungsleitenden Theorie des Unternehmens zur Sondierung seines Umfelds.

Diese globale handlungsleitende Theorie unterscheidet sich von der strategischen Absicht, da sie zum Teil stillschweigend galt; sie erklärte die Verhaltensmuster des Unternehmens; sie war zeitlich bemerkenswert konstant; und sie war, wie wir noch sehen werden, erstaunlich widerstandsfähig gegen Änderungen. Sie unterscheidet sich auch von der Vorstellung von der „auftauchenden Strategie", denn jede Serie ähnlicher Projekte begründete eine gezielte strategische Maßnahme mit Citadel-typischen Merkmalen. Diese Maßnahmen waren keine vereinzelten Reaktionen auf Verschiebungen im Umfeld; im Zeitablauf zeigten sie ein Muster, das sich mit der globalen handlungsleitenden Theorie von Citadel zur Sondierung seines Umfelds deckte.

Der Blick nach draußen: Sondieren des Umfelds und der Verhaltenswelt des Unternehmens

Von außen betrachtet, hatte Citadel in den ersten dreieinhalb Jahrzehnten seines Bestehens eine Sondierung nach der anderen vollendet. Und als Reaktion auf ein unstetes Umfeld hatte das Unternehmen seine strategische Aufmerksamkeit mit großem Erfolg zwischen zwei antizyklischen Erschließungsprogrammen pendeln lassen und hatte auf zwei sich ergänzende Vorgehensweisen gesetzt. Von innen betrachtet, wie Befragungen mit Citadel-Managern ergaben, war die Synergie zwischen den beiden sich ergänzenden Vorgehensweisen allerdings mit jedem neuen Umschwenken der Aufmerksamkeit immer problematischer geworden.

In der zweiten Hälfte der 70er Jahre, vor der großen strategischen Änderung bei Citadel, spitzten sich die Meinungsunterschiede zwischen Joe, dem CEO und Mitbegründer, sowie John, dem Chef des Baubereichs, zu. Joe stand wegen der qualitativ hochwertigen richtungweisenden Projekte, die Citadel in den 60er und frühen 70er Jahren entwickelt hatte, in hohem Ansehen. Bei den letzten beiden derartigen Projekten hatte er jedoch auf Drängen des Architekten einen zusätzlichen Flügel anbauen lassen, nur um nach Fertigstellung des Projekts mit zuviel Raum dazustehen. Diese beiden Projekte gefährdeten den Fortbestand des Unternehmens, und für Joe arbeitende Manager waren zu dem Schluß gekommen, man müsse ihn vor sich selbst schützen. Zur gleichen Zeit hatte John in der Vorstadt Einheitsprojekte bauen lassen, das strategische Schwergewicht in den 70er Jahren. Weil John noch nie Verluste gemacht hatte, glaubten einige von Joes Assistenten, er setze seine Baubudgets bewußt zu hoch an, um sich die Blamage einer Budgetüberschreitung zu ersparen. Diese Assistenten hatten einseitig reagiert und die Budgets, die John vorlegte, um zehn Prozent gekürzt; John reagierte, wie sie meinten, damit, daß er beim nächsten Projekt zehn Prozent aufschlug und so fort. Dieses eskalierende Muster führte zu unzuverlässigen Informationen über die Projektkosten, obwohl ein computergestütztes Informationssystem eingeführt wurde, welches das Problem beheben sollte. Der Entwickler des Informationssystems klagte:

„Man kann dem System alles mögliche erzählen und es als Schutzschild benutzen und Kontrollen durch Computersysteme verhindern."

Gegen Ende der 70er Jahre bemerkte Joe eine allmähliche, aber nachhaltige Verlagerung im stagnierenden lokalen Umfeld von Citadel und lenkte die Aufmerksamkeit des Unternehmens mit dem Bau eines mittelgroßen Bürogebäudes in Citylage wieder auf die außergewöhnlichen Projekte. Aufgrund der architektonischen Komplexität dieses Projekts, seiner Nähe zu einem U-Bahntunnel, neuer geänderter städtischer Bestimmungen und einer belasteten Joint-Venture-Beziehung wurde Joe sehr in Anspruch genommen. Nach Johns Worten „war es etwas anderes, in der Heimatstadt zu arbeiten. Es war ein stark beachtetes Projekt, und der CEO wurde weit mehr beansprucht. Die Aufsicht war sehr viel enger. Alles, was der Architekt wollte, wurde vom CEO abgesegnet."

Zur gleichen Zeit klagte Joe, daß John „sich nicht in die Karten gucken lasse", „den Architekten überfahre" und „so tue, als ob er in allem Bescheid wisse".

Da die angespannte Beziehung ihn einschränkte, zog Joe einen psychoanalytisch geschulten Unternehmensberater hinzu, der die Situation untersuchte. Der Berater berichtete von „unendlich harten Verhandlungen" und „Ärger über kleinste Details". Er sah „eine untragbare Situation" und bezeichnete das Problem als eine „Tyrannei" und einen „Machtkampf", der „die kreative Position der Mitarbeiter der Erschließungsabteilung ruinierte". Um „kreative Energie freizusetzen" und „die Abhängigkeit [zwischen Joe und John] aufzubrechen", regte der Berater an, eine dritte Kraft in Gestalt eines Projektmanagers zu schaffen, der die Baudaten gleichsam speichern und die Konflikte auffangen sollte und der den Aktionsfluß unterbrechen konnte, bis der CEO „sich einschalten und Entscheidungen treffen" konnte. Joe akzeptierte diesen Vorschlag. Außerdem beschloß er, ohne den Baubereich zu unterrichten, daß der Bereich ein Profit Center werden müsse, so daß er in Zukunft verkauft werden konnte.

So entstand ein grundlegender Konflikt zwischen dem CEO, der sich ganz auf außergewöhnliche Bürobauten mit einem erweiterbaren Konstruktionsplan konzentrierte, und dem Chef der Bausparte, der sich seinen Einheitsprojekten widmete. Die Forderungen des einen beschworen bedrohliche oder unangenehme Situationen für den anderen herauf, der seinerseits meistens nicht in der Lage war, die Forderungen der anderen Seite mit den eigenen Vorstellungen in Einklang zu bringen. Jeder reagierte mit einseitigen Versuchen, Herr der Lage zu werden und den eigenen Bereich zu schützen. Keiner konnte, wie sich herausstellte, über den eigenen Schatten springen oder einen Schritt zurückgehen, um zu sehen, ob es nicht möglich war, die gegensätzlichen Leistungsnormen unter einen Hut zu bringen. Da sie nicht in der Lage waren, den innerbetrieblichen Konflikt anzusprechen, der sie davon abhielt, auf Veränderungen im Umfeld des Unternehmens zu reagieren, distanzierten sich die Planer und Entwickler, die die Strategie von Citadel entwarfen, vom Konflikt mit den Ausführenden (der Bausparte), indem sie eine äußerst defensive Änderung der Organisationsstruktur vornahmen. Damit koppelten sie sich auch von einer wertvollen Informationsquelle über einheitliches Bauen ab.

Vereinzeltes Sondieren bei größeren Veränderungen im Umfeld

1980 befaßten sich die Führungskräfte von Citadel angesichts eines nachlassenden Wohnungsbaumarktes mit einem Planungsprozeß, der nicht unähnlich demjenigen war, wie ihn Andrews (1980) beschrieben hat. Sie riefen außergewöhnliche, luxuriöse Bürotürme in ihrer Heimatstadt zur neuen strategischen Domäne aus und erließen eine Umstellungsregel des Unternehmens für seine strategische Aufmerksamkeit. Die neue strategische Absicht wurde jedoch in dem Moment attackiert, als die Manager versuchten, sie in die Tat umzusetzen, und der Planungsprozeß erwies sich lediglich als der Beginn eines längeren strategischen Änderungsprozesses. Über einen Zeitraum von zwei Jahren unternahm das Management eine Reihe strategischer Schritte, die alle scheiterten und neue, noch dringlichere strategische Zwangslagen heraufbeschworen, auf die man mit weiteren Maßnahmen reagierte, die entweder unvollständig waren oder sich nicht mit der strategischen Absicht deckten.

Rückblickend bildeten diese zahlreichen Maßnahmen einen komplexen Prozeß zur Sondierung des Umfelds, bei dem das Unternehmen versuchte, die handlungsleitende Theorie der Sondierung anzuwenden, die es unter weniger schwierigen Umständen entwickelt hatte. Über einen Zeitraum von zwei Jahren verfehlte diese handlungsleitende Theorie ihre Ziele; doch bei dem Versuch, sie durchzusetzen, ergab sich eine Strategie für die Hotelplanung. Während der Planung für einen großen Büroturm stellte Citadel fest, daß man ein Genehmigungsverfahren nicht durchbringen konnte. Daraufhin baute man ein Hotel an, was am Ende als strategische Erfindung angesehen wurde: Außergewöhnliche Projekte, die Büros und ein Hotel vereinten. Die Citadel-Manager merkten bald, daß es sehr schwer werden würde, Möglichkeiten für weitere Büro-Hotelprojekte ausfindig zu machen. Trotzdem eröffnete ihre Suche nach solchen Möglichkeiten eine regionale und später sogar nationale Nische für Hotels mit Luxussuiten. Das Management glaubte, auf ein revolutionäres Hotelkonzept gestoßen zu sein, mit dem der Schritt in die Zukunft gelingen konnte. Nach zwei wechselvollen Jahren und in höchster Bedrängnis (es wurden Mitarbeiter entlassen, die für das Unternehmen wichtige Tätigkeitsbereiche beherrschten) einigten sich die Citadel-Manager schließlich auf ein neues Programm, das zunächst aus fünf Hotels bestand. Anders als bei der natürlichen Theorie des strategischen Wandels wurde mit dieser auftauchenden Strategie nicht in Ruhe und kontrolliert verfahren, damit sie sich dann bei einem späteren „Quantensprung" rasch entfalten konnte; sie nahm vielmehr die Form einer ungewöhnlichen Maßnahme an (die Einführung eines Hotels, das einem Büroturm angegliedert war), die im Verlauf verschiedener Maßnahmen, die das Management angesichts neuer schwieriger strategischer Situationen ergriff, mehrmals umgeworfen wurde.

Als die Spitzenmanager von Citadel sich für ein Hotelprogramm entschieden, sahen sie es als Ersatz für ihr Wohnungsbauprogramm und zu Unrecht als antizyklisch zu ihrem Büroprogramm an. In ihren Augen waren Hotelerschließung und -management, die sie irrtümlich als eine Kombination aus Büroplanung und Wohnungsbaumanagement betrachteten, etwas, das die Firma beherrschte. Sie glaubten es, obwohl sie noch nie große und

komplexe Hotelprojekte in Einheitsbauweise entwickelt, noch nie ein Hotel (geschweige denn eine ganze Kette) geleitet und keine Verbindung zu einer Quelle hatten, die sich mit dieser Art von Einheitsprojekten auskannte.
Der hier beschriebene Sondierungsprozeß, der charakterisiert ist durch die Anwendung einer teilweise stillschweigenden handlungsleitenden Theorie, durch wiederholte Fehlschläge strategischer Maßnahmen und daraus resultierende schwierige strategische Situationen, durch eine veränderte Bedeutung einer Maßnahme unter dem Einfluß nachfolgender Maßnahmen und durch die verfehlte Fassung einer neuen Strategie in Form vertrauter Programme, unterscheidet sich deutlich sowohl von der rationalen als auch der natürlichen Beschreibung strategischer Veränderungen.

Strategieverwirklichung und das Aufkommen von Abwehrverhalten
Zwischen 1983 und 1986, als Citadel versuchte, seine neue Strategie zu verwirklichen, wurden seine Manager mit weiteren schwierigen Situationen konfrontiert.

Die Unternehmensstrategie wurde in Frage gestellt. *Kurz nach dem Anlaufen des Hotelprogramms wurde in der Heimatstadt von Citadel ein neuer Bürgermeister gewählt, und Citadel konnte sich zwei weitere integrierte Großprojekte sichern. Die daraus resultierende gleichzeitige Nachfrage nach neuen Mitteln für die beiden Programme, die Citadel für antizyklisch hielt, brachte ein strategisches Dilemma: Die Unternehmensführung mußte ihre Aufmerksamkeit entweder wieder den Büroprojekten zuwenden oder bei der Hotelplanung eine kritische Masse erreichen und die Gelegenheit nutzen, um die allgemeinen Unkosten auf mehrere Projekte verteilen zu können. Die Manager bemühten sich in den nächsten zwei Jahren auf verschiedenen Wegen darum, dieses Dilemma anzugehen:*
1. hielten sie eine normale strategische Planungssitzung ab, auf der es lediglich gelang, die Differenzen durch die Formulierung einer abstrakten Aufgabenbeschreibung notdürftig zu übertünchen;
2. untersuchten sie die finanziellen Risiken und riefen nach einem ausgeglichenen Portfeuille;
3. änderten sie das Entschädigungspaket für die Hotelgruppe.

Der Griff zu diesen herkömmlichen Führungstechniken bewies: Citadel hatte erkannt, an einem Scheideweg zu stehen, aber das Unternehmen löste das Problem nicht. Die Führungskräfte konzentrierten sich weiter auf Absprachen und unternahmen fast zwei Jahre kaum etwas.

Der Entwurf für das Hotelprogramm wurde in Frage gestellt. *Die Unternehmensführung von Citadel hatte ein Bauverfahren für Einheitshotels entwickelt, das voraussetzte:*
1. die Replikation eines computergestützten Grundrisses an fünf Standorten;
2. einen Standardentwurf mit minimalen Ausmaßen, der später erweitert werden konnte;
3. ein Schnellbauverfahren;

4. ein zwingendes Auftragsänderungssystem, und
5. eine gesunde Auseinandersetzung zwischen den Hotelplanern und den Projektmanagern, die die Hotels bauten.

Als die Citadel-Manager jedoch das neue Hotelumfeld sondierten, wurden ihre wichtigsten Annahmen umgeworfen. Erstens mußte Citadel statt des einen geplanten Hoteltyps vier Typen entwickeln. Zweitens wurden die ersten fünf Hotels gleichzeitig geplant, nicht nacheinander, weil es Verzögerungen durch Verhandlungen und Standortprobleme gab. Drittens wurden die Hotels teurer als erwartet, was bedeutete, daß Citadel mehr Hotels brauchen würde und daß die Unternehmensführung den Geschäftsabschlüssen mehr Aufmerksamkeit würde widmen müssen. Viertens erwies sich der Wettbewerbsvorteil als von sehr kurzer Dauer, und Citadel mußte die Planung beschleunigen, um der Konkurrenz einen Schritt voraus zu bleiben. Um die Hotels wettbewerbsfähiger zu machen, nahm Citadel fünftens einige wichtige Entwurfsänderungen vor, was die Kosten erhöhte und erneut mehr Hotels erforderte. Weil es sich schließlich als notwendig erwies, wegen unterschiedlicher lokaler Bedingungen unterschiedliche Grundrisse zu verwenden, waren die Hotels nicht annähernd so einheitlich wie erwartet, was zur Folge hatte, daß die Kosten, insbesondere die für die Architekten, erneut stiegen. Die Verwirklichung der neuen Strategie verletzte somit gleich mehrere der Regeln, die in die handlungsleitende Theorie der Firma zur Sondierung ihres Umfelds eingebaut waren – vor allem die Regel, die Projekte zu staffeln, damit die aus einem Projekt gewonnenen Erfahrungen dem nächsten zugute kommen konnten.

Ein Konflikt wird allmählich sichtbar. *Konflikte zwischen der Hotelgruppe und der Projektmanagementgruppe beeinträchtigten die strategische Sondierung des Umfelds durch Citadel ganz erheblich.*

Bei den ersten Erkundungen betrachteten junge Projektmanager, die ursprünglich für die außergewöhnlichen Bauvorhaben eingestellt worden waren, den Entwurf der Einheitshotels als billig und als abträglich für das, wofür der Name „Citadel" stand. Der erste Projektmanager (und spätere Vizepräsident) Karl berichtete, innerlich gespalten gewesen zu sein; er lieferte den erfahreneren Hotelplanern absolut kein Feedback und tat ihr Vorgehen als „bloßes Marketing" ab.

In der Planungsphase bescheinigte Karl den Planern rasch, daß ihre Baubudgets bewußt zu niedrig angesetzt und von A bis Z ein Witz seien, so daß er gezwungen sein würde, mehr zu arbeiten. Als er kurz davor war zusammenzubrechen und von den Planern als „Spinner" abgetan wurde, fand er sich schließlich mit ihren Zahlen ab, weil er, wie er sagte, „keine Ahnung hatte, wie ich sie hätte packen können".

Als die Projektmanager während der Entwurfsphase von den Planern nicht die technischen Informationen bekommen konnten, die sie haben wollten, fingen sie an, die Fähigkeit der Planer anzuzweifeln und den Hotelmanagern zu mißtrauen.

In der Bauphase wurde der Minimalspielraum für den Hotelentwurf erweitert, zuerst durch das obere Management, welches das Hotel in Anbetracht der Maßnahmen der anderen Hotelketten wettbewerbsfähiger machen wollte, später durch „Forderungen“ der Hotelmanager, die erst nach Abschluß des Hotelentwurfs eingestellt wurden und auf Entwurfsänderungen sowie dem Ausbügeln von Fehlern bestanden, wenn sie für das Endergebnis geradestehen sollten. Die Projektmanager, die den Architekten auf Tagesbasis eingespannt und das Budget bei der Baugruppe unverändert gelassen hatten, merkten, daß ihre Autorität erheblich litt. Sie klagten:

> „Man verliert jede Glaubwürdigkeit beim Planer und Bauunternehmer und hat das Gefühl, nicht dazuzugehören.“

Um den Planungsprozeß unter Kontrolle zu bekommen, schuf die Projektmanagementgruppe ein rigoroses System zur Überprüfung und Genehmigung von Änderungsaufträgen. Wenn der CEO und der Chef des Architekturunternehmens versuchten, Probleme in Ruhe zu erörtern, wie sie es immer getan hatten, brachten sie die Projekt- und Baumanager noch mehr auf. Die Projektmanager wollten verhindern, daß der CEO zusätzliche Kosten verursacht, und das eigene Ansehen wahren. Beim Bau des fünften Hotels, als Joe anfing, sich selbst in die Korrektur von Fehlern einzuschalten, äußerte der Vizepräsident der Projektmanagementgruppe privat und völlig ratlos: „Das gibt es auf keinem Schiff.“ Einige Projektmanager erklärten, daß sie lieber an den Einheitshotels weit weg von der Zentrale arbeiteten, ohne die, wie sie es sahen, Einmischungen seitens des oberen Managements.

So wiederholten die Projektmanagement- und die Hotelgruppe etwa zwei Jahre nach Beginn des Hotelprogramms in einem ständig eskalierenden Prozeß die gleiche Dynamik, die das Unternehmen Ende der 70er Jahre zwischen dem CEO Joe und dem Baumanager John schon einmal erlebt hatte, ein Problem, für dessen strukturelle Lösung die Rolle des Projektmanagers geschaffen worden war. Im übrigen bestanden die ungelösten Spannungen zwischen Geschäftsplanung und Bauabteilung aus den späten 70er Jahren in der Mitte der 80er Jahre immer noch und erhöhten die Schwierigkeiten bei der Hotelplanung. Das wiederum erschwerte die Beziehungen zwischen der Hotel- und der Projektmanagementgruppe, die immer angespannter geworden waren, als Zweck und Entwurf des Hotelprogramms in Bedrängnis gerieten. Schließlich konzentrierten sich die Topmanager, von denen jeder für eines der großen Programme des Unternehmens verantwortlich war, auf ihr eigenes Programm, hielten sich von Konflikten an der Front zurück und äußerten sich zu strategischen Problemen des Unternehmens nicht mehr.

Sondieren des Umfeldes, strategisches Lernen und organisationales Abwehrverhalten

Die Unfähigkeit der Hauptbeteiligten, ihre Konflikte produktiv zu bewältigen, löste neue Ebenen von Abwehrverhalten aus, was die Qualität der strategischen Sondierungen und des strategischen Lernens des Unternehmens untergrub.

Nach dem Bau von fünf Hotels berichteten die Projektmanager dem Forscher, sie seien hinreichend eingearbeitet und hätten den Prozeß analysiert. Das obere Management wurde ihrer Meinung nach durch die Führungskräfte des Hotels, die nur auf Mätzchen aus waren, in eine schwierige Lage gebracht. Die daraus resultierenden Entwurfsänderungen waren „so überflüssig wie ein Kropf“ und verhinderten, daß die Schnellbauweise zum Zuge kam. Die Projektmanager verschanzten sich und weigerten sich, die von den Hotelmanagern geforderten Entwurfsänderungen durchzuführen; sie behaupteten, daß kein Geld für die Änderungen da sei oder daß die Änderungen technisch nicht machbar seien, und bedienten sich der gleichen Argumente, die die Hotelgruppe in der Planungsphase vorgebracht hatte. Weil strittige Entwurfsfragen oft als geringere Probleme zur Sprache kamen, fingen die Manager der Hotelgruppe entgegen der abgesprochenen Unternehmenspolitik an, Fragen nach draußen zu tragen, und baten einzelne Hotelmanager, diese Probleme mit den Projektmanagern zu besprechen. Der Vizepräsident der Hotelgruppe berichtete:

> „Ich habe die strittigen Fragen nach draußen getragen. Sollen die damit fertig werden. Das verringert die Fragen; draußen werden die Kompromisse geschlossen; sie regen sich gegenseitig an; niemand weiß wie, und niemand kümmert sich darum.“

Zur gleichen Zeit hatte der Topmanager, der das Hotelprogramm überwachte, angefangen, sich bewußt von bestimmten Fragen fernzuhalten, vor allem wenn ihm das dafür notwendige Fachwissen fehlte.

Dieser unternehmensinterne Konflikt wurde so heftig, daß die Manager befürchteten, eine Untersuchung werde ihn nur noch verschlimmern. Als zum Beispiel ein Feuermelder am falschen Platz installiert wurde, erklärte das Bündnis von Hotel- und Planungsgruppe:

> „Es gibt offenbar keinen Ausweg ... jeder scheint schuld zu sein ... ich persönlich halte es für äußerst deprimierend, weil es da draußen immer noch eine ungelöste Frage ist ... nicht, daß ich deshalb nicht mehr schlafen könnte ... es könnte zu einem Problem werden, [aber] wahrscheinlich ist es die Sache nicht wert, daß man etwas unternimmt ...“

Die meisten Systeme an der Gebäuderückseite (wo Hotels sich von Bürogebäuden unterscheiden) gaben Anlaß für ähnliche Bewertungen. Das Bündnis meinte abschließend: „Die Baugruppe sammelt hoffentlich noch mehr Erfahrung.“ Der Vizepräsident der Hotelgruppe wollte sein eigenes Baubudget behalten, damit seine Gruppe nach Fertigstellung des Baus Designfehler, die bereits in Beton gegossen waren, korrigieren konnte.

Als das obere Management versuchte, auf diese Situation zu reagieren, und für jedes Projekt eine Eigentümerversammlung einberief, auf der die Hauptbeteiligten die Probleme prüfen konnten, beschlossen die Projektmanager, dieses Forum nicht dazu zu benutzen, jemanden [von der Hotelgruppe] in eine aussichtslose Lage zu bringen. Daß die Projektmanager keine Konfrontation suchten, wurde vom oberen Management privat so eingestuft: „Die Projektmanager drücken sich.“ Gleichzeitig waren die Topmanager zu dem Schluß gekommen, daß die Projektmanager die Eigentümerversammlungen als Mittel zur Selbstdarstellung benutzten, daß die Versammlungen zu Popularitätswettbewerben geworden waren und daß man weniger, aber bedeutsamere Versammlungen brauchte. Die Schwere der Probleme wurde deutlich, wie einer der Manager klar machte, der beim fünften Hotelprojekt sagte:

> „Wir haben die Kontrolle über das Budget verloren. Hinterher haben wir festgestellt, daß wir eine Million Dollar gespart haben, aber es hätte auch andersherum kommen können."

Dieses Projekt hatte gleich hinter dem Firmensitz gelegen und war vom CEO oft aufgesucht worden. Der Topmanager fragte sich, was alles geschehen könnte, wenn Citadel Hotels ein paar tausend Kilometer entfernt planen würde.

Um sich mit dem zu beschäftigen, was der CEO als ungesunde Konflikte aufgrund kultureller und machtbedingter Unterschiede zwischen den jungen, hochintelligenten Projektmanagern und den erfahrenen, reifen Managern bezeichnete, zog er noch einmal den Berater hinzu, den Citadel in den 80er Jahren beschäftigt hatte. Diesmal sagte der Berater:

> „Ein einzelner gestaltet eine Vision und baut eine Organisation auf, die ihm dabei hilft. Wenn jemand unsicher ist, richtet er es einfach so ein, daß die Struktur ihn schützt. Wenn wir begreifen können, wo die Empfindlichkeiten liegen, das Wesen ihrer Abwehr, könnten wir allmählich ein gewisses Maß an Freiheit erkennen."

Nachdem der Berater die Spitzenmanager der beiden Hotelgruppen befragt hatte, berief das Topmanagement mehrere Besprechungen auf höchster Ebene ein, um „die aktuellen Auffassungen" kennenzulernen und „ein sehr offenes Gespräch [zu führen], damit wir offen über Personalfragen reden können". Das Topmanagement lud die Hauptbeteiligten jedoch gar nicht ein, etwa den Präsidenten und Vizepräsidenten der Hotel-, der Planungs- und der Baugruppe. Die Manager der Hotelgruppe bemerkten sofort eine einseitige Änderung der von der Unternehmensführung eingeführten Leitlinien, und der Berater machte die Unternehmensführung offensichtlich nicht auf die Abwehrreaktionen aufmerksam, die dadurch hervorgerufen wurden. Bei den Gesprächen berichtete der Berater:

1. die Projektmanager waren „sehr darauf bedacht, der Verantwortung auszuweichen", und
2. die Führungskräfte der Hotelgruppe besaßen nicht den „gediegenen Hintergrund", den sie vorgaben, und er unterstellte ihnen, daß sie das auch wußten.

Er stellte daher bei der Besprechung mit der Gruppe der Unternehmensführung fest:

> „Sie sorgen sich um ihre Autorität, wenn die Projektmanager sie in Frage stellen. Sie geben sich stark und zuversichtlich, um ihre Unsicherheit zu verbergen, sie spielen den starken Mann, sie sind ein siamesischer Zwilling, der nach der Operation verlangt, bevor es zu spät ist."

Die Spitzenmanager hielten dagegen, das Unternehmen werde „geprügelt", und „die Tochter übernimmt die Mutter". Sie kamen zu dem Schluß, daß wir „zusammenhalten und einer Meinung in den wichtigen Punkten sein sollten. Wenn sie [etwas anderes] vermuten, dann gibt es einen Kampf um die Macht im Hause."

Auf Vorschlag des Beraters beschloß die Unternehmensführung, die formale Organisationsstruktur erneut zu ändern. Sie tat dies, um sich selbst zu schützen und – ganz so, wie man es in den 70er Jahren mit der Baugruppe gemacht hatte – eine Rolle zu schaffen, die die Gruppe herausfordern würde, die man als Bedrohung empfand. Sie beschloß, die Leitung der Hotelgruppe aufzuteilen, ohne dies mit den Managern der Gruppe zu besprechen, und deren Stellung gegenüber der Unternehmensführung zu ändern.

Bald darauf erwarb Citadel ein anderes Familienunternehmen zur Erschließung von Hotels. Dann verkündete man öffentlich, die gesamte Hotelgruppe verkaufen zu wollen. Und dann widerrief man diese Absicht.

Abschließend läßt sich festhalten: Das Unternehmen wiederholte Mitte der 80er Jahre nicht nur eine Organisationsdynamik, die der aus den späten 70er Jahren ähnelte – verschlimmert nun noch um das Wiederaufleben der Dynamik der späten 70er Jahre –, die Unternehmensführung und der Berater fanden auch Mitte der 80er Jahre die gleiche Lösung, mit der sie es Ende der 70er Jahre versucht hatten, wenngleich es genügend Hinweise gab, die nahelegten, daß sie nicht gegriffen hatte. Das Unternehmen war gefangen in einem Muster sich selbst verstärkender Aktionen und Reaktionen sowie formalen Organisationsänderungen, die alle auf einem defensiven Denken beruhten.

Strategisch lernen: Der Beitrag der aktionstheoretischen Perspektive zum strategischen Management

Die Organisationsdynamik, die die Citadel-Manager schufen, als sie eine Strategie erarbeiteten, ist ein Beispiel für die Dynamik, wie man sie in vielen Unternehmen antrifft. Ein Unternehmen mit engagierten, bestens ausgebildeten Führungskräften sondiert sein Geschäftsumfeld und ändert sachkundig seine Strategie, nur um hinterher festzustellen, daß die Strategie diese Sachkunde allmählich zerstört. Weder das rationale noch das natürliche System erklärt diese Dynamik oder hilft, sich mit ihr zu befassen. Der rationale Ansatz erklärt nicht, wie aus der Abwehr eine mangelnde Übereinstimmung zwischen dem Strategieentwurf und seiner Ausführung entstehen kann, was ein scheinbar irrationales Verhalten hervorruft – wie bei Citadel, wo vor der Eröffnung des Hotels Designfehler wissentlich in Beton gegossen wurden, nur um sie anschließend zu weit höheren Kosten wieder zu korrigieren. Das natürliche Vorgehen kann nicht erklären, warum Abwehr einen wahrgenommenen Mangel an Integration zwischen auftauchender und gezielter Strategie erzeugt – im Fall Citadel, warum das Abwehrverhalten zwischen der Hotelgruppe, der Projektmanagement-Gruppe und der Unternehmensführung zu höheren Baukosten führte, die die Wettbewerbsfähigkeit des Unternehmens beeinträchtigten. Keiner der Ansätze erklärt die Hartnäckigkeit einer auf irrigen Annahmen beruhenden Strategie angesichts scheinbar solider Führungstechniken und überzeugender Informationen.

Der Fall Citadel zeigt, wie das defensive O-I-Muster eines Konflikts bei Organisationen bei einer größeren Verlagerung im Umfeld allmählich in Erscheinung tritt und eskaliert. Beim Entwerfen der Strategie werden irrige Annahmen von denen, die sie umsetzen müssen, nicht beanstandet, was die Designer dazu verleitet, nicht auf die schwierigen Situationen zu achten, die die Ausführenden bei der Realisierung erleben. Neu aufkommendes Abwehrverhalten tritt nach und nach in Wechselbeziehung mit bereits bestehendem, was die Interaktionen zwischen Designern und Ausführenden noch mehr stört. Kommunikationsengpässe entstehen, wenn Designer und Ausführende sich den Forderungen der jeweils anderen Seite gegenübersehen. Kleinere Probleme führen dazu, daß einzelne „auf den Knopf drücken", was wiederum dazu führt, daß Gruppen auf den Knopf drücken, was dann einen eskalierenden Organisationskonflikt zur Folge hat. Wiederkehrende Konflikte im Abstand von wenigen Wochen und die Unfähigkeit des oberen Managements, produktiv damit umzugehen, zehren an der kreativen Energie, schaffen ein Gefühl, die strategische Kontrolle über das Geschäft zu verlieren, und stellen das Management bloß. Diese Wirkungen lösen beim oberen Management neue einseitige Aktionen wie die Einführung struktureller Lösungen oder die Entscheidung aus, einen unproduktiven Bereich abzustoßen, was kurzfristig zwar Erleichterung bringt, die defensive Dynamik aber langfristig verschärft. Citadels Problem des strategischen Lernens übersteigt die Fähigkeit der Manager des Unternehmens, ein wesentliches Charakteristikum eines begrenzten O-I-Lernsystems.

Den Kern dieser Dynamik bildet ein Konflikt zwischen zwei sehr unterschiedlichen Vorgehensweisen, zwei sehr unterschiedlichen Theorien des Vorgehens (Argyris und Schön, 1974), und die begrenzte Fähigkeit der Führungskräfte, produktiv mit den widersprüchlichen Leistungsnormen umzugehen, die aus diesen Vorgehensweisen und Theorien erwachsen. Danach folgt ein Kampf um die Herrschaft. Jede Managergruppe fühlt sich angesichts der Forderungen eines anderen Bereichs bedroht und/oder in die Enge getrieben. Wie die aktionstheoretische Perspektive voraussagt, tendieren Gruppen dahin, mit einseitigen Aktionen zu reagieren. Sie versuchen, die Situation zu beherrschen und sich zu schützen, so daß sie der Situation ihre Vorgehenstheorie aufzwingen können. Ihre Gegenspieler verhalten sich genauso. Die sich daraus ergebende konfliktgeladene und defensive Dynamik zwischen Personen und zwischen Gruppen bleibt öffentlich meistens tabu. Bemühungen, die Konsequenzen dieser Dynamik anzusprechen, lösen nur noch mehr Dynamik aus, was den Unternehmensmitgliedern eine ausweglose organisationale Untersuchung beschert, das heißt, eine Untersuchung des Problems verschärft das Problem meistens noch.

Etwa zwei Jahrzehnte lang konnte das Unternehmen, bei nur gelegentlich ausbrechenden Gegensätzen, den Konflikt zwischen seinen beiden Hauptbereichen zügeln – den außergewöhnlichen Büroprojekten mit ausbaufähigen Plänen und flexibler Bauweise und den Einheitswohnbauten mit ziemlich starren Plänen. Wie war das gelungen? Die Manager, die die beiden unterschiedlichen Arten der Grundstückserschließung praktizierten, hatten ihre Arbeit in zwei Gruppen unterteilt, die die Fähigkeiten im jeweils eigenen Bereich durch mehrere Sondierungen erweiterten, die sich auf ähnliche frühere Sondierungen stützten. Der Austausch zwischen den Bereichen erfolgte, wenn überhaupt, dank des Engagements des CEO. Gleichzeitig verließen sich die Manager auf zum Teil stillschweigende Regeln, die globale handlungsleitende Theorie für Sondierungen, um mit Veränderungen im Unternehmensumfeld zurechtzukommen. Eine größere Veränderung im Umfeld Mitte der 80er Jahre bedrohte allerdings nicht nur die stillschweigenden Regeln (vor allem die Umstellungsregel), sondern unterbrach auch den Prozeß der Führung durch Aufteilen.

Diese allmählichen, aber größeren Veränderungen im Umfeld verlangten von den verschiedenen Gruppen, gemeinsam über ihr Vorgehen im jeweiligen Bereich nachzudenken, um neue, gemischte Bereiche (Erster-Klasse-Hotels in Einheitsbauweise und bald darauf „außergewöhnliche" integrierte Projekte) angesichts der vielfältigen Unsicherheiten aufzubauen, die typisch für einen neuen und ungewohnten Unternehmenskontext waren. Diese Herausforderung verlangte von den Managern beider Bereiche, ihre Aktivitäten zu benennen und mit Managern zu diskutieren, die eine andere Vorgehensweise pflegten. Sie mußten nicht nur mittels mehrerer Projekte ein neues Vorgehen erfinden, schaffen und testen, sondern auch gemeinsam die Ergebnisse untersuchen und überdenken, die sie produzierten. Dabei bestand die Möglichkeit, eine neuartige Fähigkeit zu entwickeln, die ganz genau zum neuen Umfeld paßte und typisch für gerade dieses Unternehmen war. Dieses neue Vorgehen schuf dann vielleicht ein neues Gespür und neue Einsicht im Hinblick auf spätere Veränderungen des Umfelds.

Wie könnte man den Angehörigen von Citadel dann helfen, eine solche Fähigkeit zum organisationalen Zweit- und Doppelschleifen-Lernen zu entwickeln, die wesentlich für das Realisieren einer neuen Strategie und das Sondieren der Umgebung ist? Um sachkundig mit der Abwehrdynamik der Organisation umzugehen, müßten die Führungskräfte strategisch lernen. Das heißt zum einen, daß sie lernen müßten, sich dieser Dynamik anzunehmen, bevor eine Veränderung im Umfeld zu einem eskalierenden Konflikt führte, der sie dann veranlassen könnte, sich von den Ausführenden und damit von wichtigen Entwurfskenntnissen zu distanzieren und zu trennen. Ein solches Lernen beginnt idealerweise früh im Leben einer Organisation (vgl. Argyris, 1993, und Kapitel 7 dieses Buches), damit die Fähigkeit zum Zweit- und Doppelschleifen-Lernen von Anfang an vorhanden ist.[1] Die Manager können auch vor einer größeren Veränderung im Umfeld eine „Auszeit" nehmen, um gemeinsam über ihr Vorgehen nachzudenken und sich ein Repertoire an Fähigkeiten für die bereichsübergreifenden Gespräche

[1] Man beachte: Das Unternehmen, das Argyris untersuchte, bestand zwar erst seit kurzem, doch hatten die ranghohen Manager des Unternehmens frühere Erfahrungen aus ähnlichen Organisationen. Es war exakt ihre ausgesprochene gemeinsame Absicht, strategisch zu lernen, das zu vermeiden, was sie in ihrem früheren Arbeitsumfeld erlebt hatten. Daß sie dabei scheiterten, lieferte den starken Anstoß zum gemeinsamen Nachdenken über die Organisationsdynamik, die sie schufen.

zuzulegen. Die Citadel-Manager hätten sich zum Beispiel mit Hilfe eines Beraters mit einem solchen Prozeß befassen können, selbst als diese Untersuchung schon im Gange war, vor allem aber, als sie beschlossen, die Eigentümertreffen einzuberufen, an denen alle, die an zentraler Stelle mit der neuen Strategie zu tun hatten, teilnehmen sollten. Sie hätten beispielsweise damit beginnen können zu untersuchen, wie es möglich war, daß ein Projekt vor der eigenen Haustür eine Million Dollar billiger wurde, die Unternehmensleitung davon aber erst nach Fertigstellung des Projekts erfuhr.

Die Untersuchung eines so konkreten Problems, das höchst relevant für ein neues Projekt war, könnte die Unterschiede bei den Vorgehenstheorien der Hauptbeteiligten aufdecken, die Abwehrdynamik, die in jeder Projektphase um sie herum aufkam, das sich ansammelnde Abwehrverhalten in der Organisation und die Folgen dieser Phänomene für jedes Projekt und für die Unternehmenssondierungen des neuen Umfeldes, was alles bereits angesprochen worden ist. Die Unternehmensmitglieder könnten lernen, wie man sich dieser Dynamik sachkundiger widmet – erstens indem man betrachtete, wie sie vielleicht strittige Punkte beim fünften Hotelprojekt hätten behandeln können, und dann, wie sie ähnliche Fragen bei einem neuen Projekt hätten angehen können. Sobald sie ein Repertoire an kompetenten Antworten beisammen hätten, um Budgetproblemen auf den Grund zu gehen, würden sie sie höchstwahrscheinlich ausweiten, um auch anders gelagerte Probleme anpacken zu können.

Weitere Untersuchungen mit Hilfe eines Beraters/Forschers machten den Managern vielleicht klar, daß der in den einzelnen Vorgehensweisen und Bereichen angelegte Anspruchskonflikt „ein Citadel-typisches Problem" darstellte, das in der einen oder anderen Form schon lange in der Luft gelegen hatte. Dadurch, daß sie diese Versionen im Zeitablauf aufzeichneten, wie in dieser Fallstudie, und sie mit der handlungsleitenden Theorie des Unternehmens verbänden, könnten die Manager lernen:

1. daß ihnen diese Art von Problemen erhalten bleiben wird;
2. daß es durch Konflikte in der Organisation zum Ausdruck kommt;
3. statt sich mittels politischer Spielchen damit zu befassen, könnten sie es anerkennen und dergestalt einer sachkundigen Untersuchung unterziehen, daß wirklich jenes strategische Lernen und das Sondieren ausgeweitet würden, die einmal wesentlich für die außerordentliche strategische Fähigkeit des Unternehmens waren.

Selbst ein so kompetentes Unternehmen wie Citadel sähe sich großen Schwierigkeiten gegenüber, sollte es versuchen, eine Fähigkeit zum organisationalen Zweit- und Doppelschleifen-Lernen zu entwickeln. Im Verlauf der Untersuchung stellte man beispielsweise fest, daß trotz einer Tabuisierung des Konflikts zwischen den beiden Vorgehensweisen private Gespräche mit Citadel-Managern den Beweis erbrachten, daß:

1. diese Querelen bis in die frühen 60er Jahre zurückgingen;
2. Angehörige des Unternehmens, die bereits vor etwa 15 Jahren ausgeschieden waren, weiter so redeten, als reagierten sie noch immer in den vertrauten Konfliktmustern aufeinander;

3. die gegenwärtigen Firmenangehörigen kaum oder gar nicht wußten, daß die Differenzen zwischen den Unternehmensbereichen seit mindestens 25 Jahren bestanden und daß sie gewissermaßen einen alten Streit neu aufleben ließen;
4. die gegenwärtigen Firmenangehörigen nur bruchstückhaft von der symbiotischen Beziehung wußten, in der die beiden Unternehmensbereiche in den letzten 25 Jahren gestanden hatten;
5. der Konflikt zwischen den beiden Unternehmensbereichen dargestellt wurde als das, „worum es bei Citadel ging".

Im übrigen waren die gegenwärtigen Unternehmensangehörigen nicht davor zurückgewichen, Widersprüche in den Theorien ihres eigenen Vorgehens zu berücksichtigen. Zum Beispiel:

1. starteten neue Reihen von „Einheitsprojekten" mit einem „außergewöhnlichen" Projekt;
2. wiesen außergewöhnliche Projekte insofern Einheitsmerkmale auf, als außergewöhnliche architektonische Entwürfe um modulare Stahlstützkonstruktionen herum angelegt wurden;
3. mußten sich Einheitsprojekte im allgemeinen den außergewöhnlichen lokalen Umständen anpassen;
4. statt großangelegte integrierte Projekte als Chance zu sehen, darüber nachzudenken, wie Aspekte von außergewöhnlichen und von Einheitsprojekten kombiniert werden könnten, wie es im wesentlichen auch bei den Hotelprojekten hätte sein können, betrachteten die Manager sie meistens als neue Schlachtfelder für einseitige Kontrolle und als einen Schutz für ihre Bilanzen.

Diese gewaltigen Widerstände gegen das strategische Lernen haben Bestandsökologen auf dem Gebiet der Strategie zu dem Schluß kommen lassen, daß Unternehmen ihre Wirkung nicht regulieren können und daß das Überleben des Unternehmens im wesentlichen durch die Dynamik auf der Bestandsebene bestimmt wird, wo es dem Einfluß der Manager einzelner Firmen eindeutig entzogen ist – abhängig zum Beispiel vom Unterschied zwischen Branchenzu- und -abgängen und der sich daraus ergebenden Bestandsdichte. Eine solche Aussicht ist zwar verständlich, bietet den Unternehmensmanagern aber wenig Hilfe, außer daß sie neue Brancheneinsteiger und diejenigen genau überwachen können, die die Branche verlassen. Andere Forscher wie Porter (1980; 1985) sowie Miles und Snow (1978) haben über die Existenz von mehr als einer Vorgehensweise in einer Organisation und über die Schwierigkeiten berichtet, die das mit sich bringt, insbesondere wenn Unternehmen bei einer Branchensättigung den Übergang vom Differenzierer zum Kostenführer vollziehen oder versuchen, sowohl Abwehr- als auch Erforschereigenschaften im selben Unternehmen zu verkörpern. Angesichts von Schwierigkeiten, wie wir sie bereits beschrieben haben, kommen diese Forscher zu dem Schluß, daß verschiedene Vorgehensweisen organisatorisch getrennt werden müssen. Andrews (1980) schließlich, ein Vertreter des rationalen Ansatzes, erwähnt keine Unterschiede bei den Vorgehensweisen; Mintzberg (Mintzberg, 1987; Mintzberg und McHugh, 1985; Mintzberg und Waters, 1982), ein Vertreter des natürlichen Ansatzes, gibt keine besonderen Empfehlungen dazu, wie bestehende Vorgehensweisen in enger Übereinstimmung mit einer neuen Umgebung zu einem neuen Vorgehen zusammengefaßt werden sollen.

Eine handlungsbasierte Forschungsagenda für strategisches Management

Die aktionstheoretische Perspektive kann zwar einen Beitrag zum Gebiet des strategischen Managements leisten, es gibt aber auch einige Bereiche, in denen sie in Zusammenarbeit mit Praktikern und Forschern anderer Richtungen entwickelt werden muß, wenn sie zu Diagrammen für strategische Untersuchungen und Interventionen und zu Repertoires dieser Untersuchungen und Interventionen führen soll.

Erstens stellt die Aufgabe des Beraters/Forschers wahrscheinlich eine sehr viel größere Herausforderung dar, wenn eine Organisation bei größeren Veränderungen ihres Umfeldes einen eskalierenden Konflikt erlebt, wenn Strategiedesigner im Begriff sind, sich von den Ausführenden zu distanzieren und zu lösen oder wenn die Probleme der Organisation nach Ansicht der Manager das Überleben der Organisation gefährden. Die Aufgabe ist herausfordernder, weil der Einsatz höher ist und das Vorgehen des Beraters/Forschers von einer oder mehreren Gruppen vielleicht als ein Trick und eine Fortsetzung der bisherigen Politik in einem anderen Gewand wahrgenommen wird. Das kann vor allem dann zutreffen, wenn die Organisation in der Vergangenheit Berater angeheuert hat, die zuviel versprochen haben und nicht das einhalten konnten, was sie angekündigt haben.

Die Aufgabe kann sich insofern ändern, als sich instrumentale Probleme mit großem Nachdruck stellen. Wenn das Überleben eines Unternehmens bedroht ist, läßt das Politisieren meistens nach und wird eventuell sogar vorübergehend aufgegeben. Unter diesen Bedingungen bitten die Manager den Berater/Forscher vielleicht um einen bestimmten Beitrag im instrumentalen Bereich, bevor sie bereit sind, sich anderen lernorientierten Aktivitäten zuzuwenden. Der Berater/Forscher wird gebeten, beim Umgehen des Abwehrverhaltens der Organisation Hilfestellung zu leisten und gleichzeitig Gebiete für weitere Arbeit aufzuzeigen. Das Politisieren kehrt vielleicht wieder, sobald der Einsatz sinkt, aber der Berater/Forscher befindet sich aufgrund der erzielten Leistungen bei den Managern unter Umständen in einer ausgezeichneten Position, so daß er sie bitten kann, das Politisieren wiederaufzunehmen, um ihnen zu helfen, es in eine produktive Untersuchung umzuwandeln.

Zweitens sind in einer Organisation, deren Mitglieder von einer organisationalen Untersuchung und Intervention relativ stark bedroht werden oder sie ablehnen, das Aufkommen und die Rechtfertigung verschiedener Vorgehensweisen – die mitbetroffenen Theorien darüber, wie vorgegangen werden soll – und ihre Unvereinbarkeit unter Umständen nur ein Zwischenschritt zum Aufbau einer gedanklichen Organisationskompetenz, die interpersonelle Fähigkeiten umfaßt, die dem Modell II nachgebildet sind.

Wenn der Berater/Forscher drittens den Führungskräften erfolgreich hilft, ein zwischenmenschliches Verhalten zu entwickeln, das dem Modell II stärker nachgebildet ist, können diese Manager dann ihrerseits anderen Managern in der Organisation helfen, Modell-II-Fähigkeiten zu erlernen. Es bestehen jedoch zwei Gefahren, wenn die Bemühungen in der Organisation Verbreitung finden:

1. Andere Manager halten die Bemühungen vielleicht für eine neue Masche, die schnell zu erlernen ist (auf der Ebene einer vertretenen Theorie hört sich das Modell II wie „alles in Butter“ an), nur um dann baß erstaunt zu sein, wenn sie sie allmählich verstehen und einige ihrer Aspekte für bedrohlich halten;
2. Einige Gruppen fühlen sich vielleicht extrem bedroht und bauen eine organisationale, dem Typ B entsprechende Abwehr auf (Argyris, 1982; 1993 [dt. 1997]).

Wie können, viertens, Führungskräfte über ihren unmittelbaren Bereich hinaus die Entwicklung einer Fähigkeit überwachen, um eine Untersuchung in großen Organisationen durchzuführen? Welche Mittel könnten sie einsetzen? Wie können sie sich einschalten, um die Qualität der organisationalen Untersuchung zu verbessern?

Fünftens braucht ein Berater außer einem hochqualifizierten zwischenmenschlichen Verhalten, das sich am Modell II orientiert, auch einige andere Qualifikationen, die eng mit den zwischenmenschlichen zusammenhängen. Um erfolgreich zu sein, brauchen Berater/Forscher zum Beispiel die Fähigkeit, Führungskräften zu helfen, ihre Vorgehenstheorien richtig einzuschätzen und darzustellen und zu sehen, ob ihre vertretene und ihre handlungsleitende Theorie sich decken oder nicht; außerdem müssen sie sie auf die Notwendigkeit aufmerksam machen, über ihre Tätigkeit nachzudenken. Berater könnten Managern auch, wie im Fall Citadel, helfen zu erkennen, wie Vorgehensweisen aufeinander aufbauen, und zu sehen, daß ihre Bemühungen denen bei früheren Vorkommnissen im Zusammenhang mit strategischen Veränderungen ähneln.

Sechstens sind Beratung und Forschung in einer Aktionswissenschaft integriert. Die Beratung von Praktikern hinsichtlich ihrer speziellen Probleme ist gleichzeitig eine Erforschung der Probleme, die Manager haben, wenn sie eine neue Strategie verwirklichen und eine neue Umgebung sondieren. Eine solche Aktivität ist auch die Verwirklichung einer neuen Strategie für wissenschaftliche Berater, die Sondierung eines neuen Umfelds, was bisher von Theoretikern wie Praktikern gleichermaßen meistens vermieden wurde. Welchen Dilemmas begegnen diese wissenschaftlichen Berater in ihrem Berufsleben, wenn sie beispielsweise vor den gleichzeitigen Forderungen der On-line-Beratung und der legitimen wissenschaftlichen Forschung sowie der Lehre in einem Universitätssystem stehen?

Nachwort

Das Lernparadox

Unser Gedankengang kann anhand eines *Lernparadoxons* auch anders formuliert werden: Die Handlungen, die wir vornehmen, um das produktive Lernen in Organisationen zu fördern, verhindern in Wirklichkeit ein tiefergehendes Lernen.
Die meisten organisationalen „Lösungen" sind vom Einschleifen-Typ, selbst wenn sie von Intervenienten stammen, die für das Doppelschleifen-Lernen eintreten. Das wird an den Organisationsreformen deutlich, die wir in den Fällen Mercury und GE beschrieben haben, aber auch an denen aus Kapitel 9 sowie an den strukturellen Lösungen, die Citadel im Kapitel 10 übernommen hat. Diese Reformen und Lösungen werden mit der Zeit häufig durch ein allgemeines Abwehrmuster zersetzt, das von O-I-Lernsystemen abgeleitet ist, in Wechselwirkung mit handlungsleitenden Theorien und sozialen Tugenden jeweils vom Modell I. Dieses sich selbst verstärkende Abwehrmuster untergräbt nicht nur das Einschleifen-Lernen, sondern behindert auch das Doppelschleifen-Lernen bei der organisationalen Untersuchung. Es ist in den meisten Organisationen auf interpersonellen und Gruppenebenen sowie zwischen Gruppen anzutreffen. Im folgenden in vereinfachter Form die Schrittfolge, mit der es Organisationsreformen und Lösungen untergräbt:

1. *Probleme werden in Bereichen bestimmt, über die gesprochen werden kann*: zum Beispiel Organisationsstrukturen oder Informationssysteme. Die Bereiche, die tabu sind, werden umgangen, und das Umgehen wird verschleiert. Variablen im tabuisierten Bereich (die mit allgemeinen Abwehrmustern in Verbindung gebracht werden) können privat anerkannt und inoffiziell diskutiert werden, gelten aber als Äußerlichkeiten.
2. *Es werden Lösungen entwickelt, um sich mit Merkmalen der Probleme zu befassen, über die gesprochen werden kann.* Wichtige Merkmale im tabuisierten Bereich werden ausgeschlossen. Dieser Ausschluß wird verschleiert und häufig mit Gründen erklärt (zum Beispiel der „menschlichen Natur"), die außerhalb der Verantwortung der Beteiligten liegen oder sich ihrem Einfluß entziehen.
3. *In den frühen Interventionsphasen beheben die Lösungen offenbar tatsächlich einige Organisationsirrtümer.* Die meisten Lösungen sind Einschleifen-Lösungen, und die meisten Beteiligten haben die Fähigkeiten, die zu ihrer Durchführung erforderlich sind (oder sie können sie erlernen). Aber da die Irrtumskorrektur hinter den erwarteten Ergebnissen zurückbleibt, wird die Bedeutung der tabuisierten Fragen immer offensichtlicher.
4. *Die Beteiligten kommen allmählich in eine ausweglose Lage.* Wenn sie sich mit Fra-

gen auseinandersetzen, die sie als Tabu behandelt haben, müssen sie auch offen sagen, wie sie sie umgangen oder verschleiert haben. Wenn sie diese Fragen nicht offen ansprechen, dann wissen sie, daß sie die Korrektur der Irrtümer, die sie entdeckt haben, verhindern und daß sie das absichtlich tun. Falls das bekannt wird, könnten sie beschuldigt werden, ihre unternehmerische Verantwortung zu verletzen.

5. *Die Beteiligten können sich mit ihrer persönlichen kausalen Verantwortung befassen, indem sie sie leugnen oder dem Bereich der Äußerlichkeiten zuweisen.*

Das gesamte Muster, nach dem das Einschleifen-Lernen mit der Zeit dazu neigt, untergraben, und das Doppelschleifen-Lernen dazu, behindert zu werden, setzt sich somit aus vielen Ebenen sich gegenseitig durchdringender und wechselseitig abhängiger Prozesse zusammen.

Das Lernparadox überwinden

Das Lernparadox zu überwinden heißt, über diese Abwehrmuster nachzudenken – vor allem über die handlungsleitenden Theorien des Modells I, die wir in die Organisationsuntersuchung einbringen – und sie umzustrukturieren. Die folgenden Schritte stellen einen idealisierten Fortschritt hin zum Doppelschleifen-Lernen bei der organisationalen Untersuchung dar:

1. *Die Abwehrmuster beschreiben, die dem Lernparadox zugrunde liegen.* Eine solche Beschreibung schließt das maßgebliche Verhalten auf der individuellen, interpersonellen, Gruppen- und Organisationsebene sowie auf der Ebene zwischen Gruppen ein. Eine Möglichkeit, das zu erreichen, ist die, organisationale Handlungsdiagramme der Art zu erstellen, wie sie in Kapitel 5 beschrieben werden (der Fall des CIOs), eine andere die, den Organisationsagenten dabei zu helfen, die Verantwortung für ihr Zutun zu den primären und sekundären Hindernisschleifen deutlich zu machen und sie zu akzeptieren.
2. *Gemeinsam mit den Teilnehmern Wege finden, die periodischen, sich selbst verstärkenden Prozesse zu unterbrechen, die das Doppelschleifen-Lernen behindern.* Wir beginnen vorzugsweise damit, Organisationsprobleme aufzulisten, wie sie von den Finanzchefs in Kapitel 4 und den CIOs in Kapitel 5 beschrieben wurden. Als nächstes bitten wir die Teilnehmer, Szenarien niederzuschreiben, die zeigen, wie sie anfangen würden, die Probleme zu lösen, vorausgesetzt sie hätten die Kontrolle, die sie brauchten, um das zu entwerfen und auszuführen, was sie für eine „gesunde“, tragfähige Lösung halten.
3. *Den Teilnehmern helfen zu beurteilen, wie groß die Wahrscheinlichkeit ist, daß ihre Handlungsstrategien die Durchführung der Lösungen beeinträchtigen, die sie sich ausgedacht haben.* Dieser Schritt beinhaltet die Hilfe bei der Beurteilung der Frage, inwieweit sie sich der Diskrepanz zwischen den von ihnen vertretenen und den handlungsleitenden Theorien nicht bewußt sind, sowie bei der Erkenntnis, daß ihr

Nicht-Bewußtsein zurückgeht auf die eingeübte Ausführung von Strategien, die mit den handlungsleitenden Theorien des Modells I und dem Abwehrverhalten in Organisationen in Einklang stehen.

4. *Den Teilnehmern helfen zu erkennen, wie weit sie an der Schaffung und Aufrechterhaltung einer Verhaltenswelt mitgewirkt haben, in der die Strategien, die sie zur Korrektur der Situation neu entwerfen, wahrscheinlich nicht wirksam sind.* Sobald sie das richtig erfassen, bekommen die Teilnehmer mit der Zeit das Gefühl festzusitzen: Sie sind zum Scheitern verurteilt, ob sie etwas unternehmen oder nicht.
5. *Die Teilnehmer in Sitzungen einbeziehen, wie sie in Kapitel 7 beschrieben sind, wo sie die Vorstellungen und Fähigkeiten entwickeln können, die sie brauchen, um sich aus dieser mißlichen Lage zu befreien.* Sie stellen bald fest, daß es nicht genügt, ihre Handlungsstrategien zu ändern. Modell-II-Handlungsstrategien (zum Beispiel darstellen, was man anderen unterstellt, oder Annahmen einer öffentlichen Überprüfung unterziehen) müssen den Leitwerten des Modells II dienen. Wenn Modell-II-Handlungsstrategien Leitwerten des Modells I dienen, sind sie bestenfalls „die Masche des Jahres", schlechtestenfalls ein Schwindel. In beiden Fällen werden sie von anderen wahrscheinlich entlarvt, denn „Maschen" und „Schwindel" sind ein fester Bestandteil der Modell-I- und O-I-Welt.
6. *Defensives Denken einschränken, produktives Denken ausbauen.* Das bedeutet, daß der einzelne seine Entwürfe so plant und durchführt, daß deren Voraussetzungen und Schlüsse deutlich werden, und seine Schlußfolgerungen so gestaltet, daß ihr Anspruch auf Gültigkeit einer strengen Überprüfung unterliegt.
7. *Sekundäre Hindernisschleifen reduzieren, vor allem das Abwehrverhalten in Organisationen, und sie durch hochwertige Untersuchungen, gute Dialektik und Doppelschleifen-Lernen ersetzen.*

Wenn diese Schritte greifen, vergrößern sie den Bereich, in dem produktives organisationales Lernen erfolgt. Gebiete, die nicht zu beeinflussen und zu verändern waren, werden es. Auch die Fähigkeit zu lernen, wie man lernt, nimmt zu. Die Organisation wird immer eigenständiger und beherrscht ihre Managementprozesse und Leistungsergebnisse zunehmend besser.

Der Prozeß ist kein einfaches und ununterbrochenes Fortschreiten beim Lernen und den Fähigkeiten. Er birgt auch Rückschläge in sich und die Notwendigkeit, sich Fragen zu stellen, an die man vorher überhaupt nicht gedacht hat. Aber beides wird zur Gelegenheit, die Lernfähigkeiten auf allen Organisationsebenen zu stärken und zu vertiefen.

Die selektive Nichtbeachtung des Lernparadoxons erklären

Wenn wir recht mit unserer Diagnose des Lernparadoxons und mit unserer Analyse der Ursachen für den Fehlschlag der Lösungen und Reformen haben, dann stellt sich uns eine interessante Frage: Wieso sehen wir dies, während so viele andere, die das organisationale Lernen erforschen, das alles offenbar nicht sehen?

Wir glauben, daß eine Erklärung sich aus unserer Einbindung in die Organisationspraxis ergibt. Praktiker, die Organisationen verändern, insbesondere das produktive Lernen bei Organisationen einführen wollen, stoßen zwangsläufig auf die O-I-Muster, die als beständige Merkmale ihrer Alltagswelt existieren, an denen man nicht vorbeikommt. Praktiker können unterschiedlich auf diese Muster reagieren – mit Flucht, Kampf, Resignation oder Zynismus –, aber sie können sie nicht übergehen, wenngleich sie gemeinsame Sache mit ihnen machen können, indem sie so tun, als wären sie nicht vorhanden, und sie von der öffentlichen Diskussion ausschließen. In einigen Fällen reagieren Praktiker vielleicht völlig anders und versuchen, die organisationalen Abwehrmuster zu verstehen und zu ändern.

Wissenschaftler können sich dagegen von den O-I-Mustern distanzieren, die typisch für die bestehenden Organisationen sind, die sie untersuchen. Sie können das, indem sie über den Dingen stehen und sich fernhalten von den kleinen Ereignissen des Organisationslebens, oder auf eine „utopische" Art, indem sie sich ausschließlich auf einen erstrebenswerten künftigen Zustand konzentrieren (vgl. Gusfield, 1979). Sie können die Existenz von Abwehrmustern zur Kenntnis nehmen, sie aber dennoch als relativ unwichtig behandeln (wie Van de Ven und Burgelman es tun).

Es ist wert, festgehalten zu werden, daß Wissenschaftler meistens *nicht* selektiv unaufmerksam gegen Abwehrmuster in den organisationalen Umfeldern sind, in denen sie als Praktiker arbeiten – etwa den eigenen Universitätsabteilungen. Argyris hat beispielsweise in den letzten Jahren Untersuchungen durchgeführt, in denen erfahrene und junge Sozialwissenschaftler „Links-/Rechts"-Fälle abgeschlossen haben, ähnlich wie wir sie in den Kapiteln 4 und 5 beschrieben haben. Fast alle Fälle wurden niedergeschrieben, weil die Forscher Abwehrverhalten anderer erlebten, mit denen sie interagierten, und sämtliche Schwierigkeiten, die sie zu überwinden suchten, schlossen Merkmale primärer und sekundärer Schleifen ein. Aber auch wenn Forscher Abwehrmuster beim eigenen Vorgehen nicht vermeiden können, so können sie doch die eigene praktische Erfahrung von den Phänomenen ausschließen, über die sie sich theoretisch auslassen, und das tun sie auch.

Wenn wir das Verhältnis Praktiker/Forscher umkehren und zu dem Gedanken zurückkommen, den wir in Kapitel 2 geäußert haben, behandeln wir die Welt des organisationalen Vorgehens wie den primären Kontext für Untersuchungen über das organisationale Lernen. Bei diesem Prozeß versuchen wir nicht nur, etwas zu erklären, sondern auch etwas zu machen, das heißt seltene Ereignisse der Doppelschleifen-Untersuchung in Organisationen zu schaffen, die untersucht werden können. Dabei schließen wir uns den Praktikern an und stoßen zwangsläufig auf die O-I-Abwehrmuster, die produktives Lernen bei Organisationen behindern, die Muster, die den Fortbestand von Einschleifen-Lösungen und Doppelschleifen-Veränderungen in organisationalen handlungsleitenden Theorien bedrohen. Und wir erfahren in unserer Interventionsforschung die Notwendigkeit, die eigenen handlungsleitenden Theorien des Modells I zu überwinden, in der Praxis die Modell-II-Reaktionen zu übermitteln, die die Menschen in der Kundenorganisation am ehesten in die Lage versetzen, sich ihrer O-I-Systeme und persönlichen handlungsleitenden Theorien bewußt zu werden und zu sehen, wie sie anders denken und handeln könnten. Kurz, wir beteiligen uns an der gemeinsamen Forschung mit Organisationspraktikern, um organisationale Doppelschleifen-Untersuchungen zu schaffen und über sie nachzudenken.

In einem neueren Beitrag erkennen Miner und Mezias (1995) die begrenzte wissenschaftliche Forschung über das Doppelschleifen-Lernen an. Sie meinen, daß es im wesentlichen nur eine Frage der Zeit sei, bis die Wissenschaftler dahin kommen. Wir bezweifeln jedoch, daß die Zeit die wirklich dominierende Variable ist. Es gelten auch andere wichtige Variablen, und wenn sie nicht verändert werden, verhindern sie auch weiterhin, daß Wissenschaftler sich an der praxisorientierten Forschung beteiligen, die sie mit Abwehrmustern in Berührung bringen und auf die Notwendigkeit der Forschung über Doppelschleifen-Lernen bei Organisationsuntersuchungen hinweisen würde. Wir nehmen an, daß diese Variablen in die Normen eingebaut sind, die den größten Teil der normalen sozialwissenschaftlichen Forschung beherrschen.

Die meisten Sozialwissenschaftler halten sich an die Regel, daß die empirische Forschung deskriptiv sein sollte. Sie meiden Perspektiven, die normativ oder präskriptiv sind (eine Gewohnheit, die selbst eine normative Haltung enthüllt). Diese Gewohnheit veranlaßt die Sozialwissenschaftler, den Status quo als mit der sozialen Wirklichkeit zusammenfallend zu behandeln. Den Status quo zu ändern gehört nicht zu ihrer Aufgabe. Wir meinen jedoch, daß diese normative Haltung gegen eine Änderung des Status quo es unwahrscheinlich macht, daß sozialwissenschaftliche Forscher wichtige Lükken in ihren deskriptiven Theorien sehen oder sie zu schließen versuchen. Ein typisches Beispiel ist die Forschung, die Anhänger der „Verhaltenstheorie des Unternehmens“ betreiben und die wir weiter oben erörtert haben. Diese Forschung beschreibt „Bezugs“-Konzepte wie begrenztes Lernen, Scheinlösungen für Konflikte und Rivalitäten zwischen Gruppen, alles Phänomene, die sich mit den primären und sekundären Hindernisschleifen decken, die wir beschrieben haben (Argyris, 1996). Anhänger der Verhaltenstheorie des Unternehmens behandeln solche Phänomene wie gegebene Tatsachen der Organisationswelt, und das verstärkt die Neigung der Praktiker, die diese Phänomene geschaffen haben, sie als „natürlich“ anzusehen.

Schließlich weisen wir darauf hin, daß, wenn man die handlungsleitende Theorie prüft, die für die Durchführung der normalen sozialwissenschaftlichen Forschung erforderlich ist, sie mit dem Modell I übereinstimmt (Argyris, 1980). Daher verwenden die Praktiker der normalen Sozialwissenschaft eine Aktionstheorie für die strenge Forschung, die mit ihren interpersonellen handlungsleitenden Theorien übereinstimmt. Das bedeutet, daß diejenigen, die der deskriptiven Sozialwissenschaft anhängen, ein

Gebiet gewählt haben, das sie wahrscheinlich nicht veranlassen wird, die Grundlagen ihrer Fähigkeiten oder ihr Vertrauen in ihre Art des Umgangs mit Individuen und in die Durchführung von Forschung erneut zu überprüfen. Das Problem ist, daß derartige Fähigkeiten beim Schaffen von Doppelschleifen-Lernen nicht wirken, und wenn sie dabei keine Hilfe bekommen, finden Wissenschaftler wahrscheinlich keine Gelegenheit, es zu untersuchen.

Ziele für die künftige Forschung

Im folgenden einige Forschungsziele, die sich uns aus dem, was in diesem Buch angesprochen wurde, zu ergeben scheinen:

1. *Existenzbeweise.* Es besteht eine Notwendigkeit, Existenzbeweise für die Umwandlung von O-I- in O-II-Lernsysteme zu vermehren, wie es anhand der Arbeit von Argyris bei der Unternehmensberatungsfirma dargestellt ist (vgl. Kapitel 7). Das sollte die Entwicklung neuer und umfassenderer Arten einschließen, sowohl die Ergebnisse als auch die konstituierenden Prozesse derartiger Beispiele der Interventionsforschung zu dokumentieren.
2. *Analyse der Änderungsprozesse.* Es besteht eine Notwendigkeit für weitere Studien der „Anatomie" der Veränderungen, die beim Wechsel von O-I- zu O-II-Lernsystemen vorkommen. Das sollte sowohl die Prozesse einschließen, durch die Organisationen O-II-Lernsysteme entwickeln, als auch die ergänzenden Prozesse, mit denen ihre Mitglieder M-II-handlungsleitende Theorien entwickeln.
3. *Interaktionen zwischen Doppelschleifen-Lernen bei der organisationalen Untersuchung und Interventionen, die auf die Förderung „lernender Organisationen" abzielen.* Um Strategien für Wettbewerbsvorteile zu entwickeln, wäre es nützlich, weitere Studien durchzuführen zu den Wirkungen des Doppelschleifen-Lernens bei der organisationalen Untersuchung über das Schicksal von Organisationsreformen (wie TQM, Umstrukturierung, mehr Vollmachten für das Management) und von Verbesserungen beim Mehrliniensystem (wie aktivitätsbezogene Kostenberechnung und organisationales Lernen). Wie werden die Grenzen solcher Interventionen, von denen wir einige in Kapitel 9 beschrieben haben, durch die Entwicklung einer erweiterten Fähigkeit zum Doppelschleifen-Lernen beeinflußt?
4. *Beziehungen zwischen dem Doppelschleifen-Lernen bei der organisationalen Untersuchung und anderen Theorien des organisationalen Lernens.* Wie könnte gemeinschaftliche Aktionsforschung, die auf die Förderung der organisationalen Doppelschleifen-Untersuchung abzielt, robustere Tests der herrschenden Theorien des organisationalen Lernens liefern? Im folgenden Beispiele für einige relevante Untersuchungen:
   - Studien über die kognitive Fähigkeit zum produktiven Lernen bei Organisatio-

nen. Sie würden die Auswirkungen der gesteigerten Fähigkeit zur Doppelschleifen-Untersuchung solcher Phänomene wie Kompetenzfallen und abergläubisches Lernen erforschen.

- Studien zu den Beziehungen zwischen Doppelschleifen-Lernen bei der organisationalen Untersuchung und evolutionären Ansätzen zur Entwicklung des Unternehmens. Diese Studien würden sich mit der Frage der negativen und/oder positiven Auswirkungen des Abwehrverhaltens bei Organisationen beschäftigen. Ein besonders interessanter Gegenstand: das Verfolgen der Beziehungen zwischen langfristiger Organisationsdialektik, wie an der Mercury-Geschichte und dem Bericht von Burgelman über Intel dargestellt, und der Art der organisationalen Untersuchung, die an wichtigen „Verbindungsstellen" in der Dialektik stattfindet.
- Studien zu Beziehungen zwischen der handlungstheoretischen Perspektive über organisationales Lernen und Hirschmans (1958) Ansicht, daß Verhaltensänderungen durch die Einführung neuer Anreizstrukturen wie Schrittmacher- und Antriebsmechanismen hervorgerufen und erzwungen werden können.

5. *Die Methodologie gemeinschaftlicher Handlungsforschung.* Diese Forschung würde die Bedeutung der „angemessenen Strenge" und „Objektivität" in der gemeinschaftlichen Handlungsforschung über das organisationale Lernen weiterbringen. Sie würde die Entwicklung der Design- und Musterkausalität und die damit verbundenen Methodologien des Kausalschlusses verfolgen, auch das kausale Suchen und Experimentieren vor Ort.
6. *Moralische Auswirkungen der handlungstheoretischen Perspektive.* Diese Untersuchung würde prüfen, wie moralische Dilemmas in der Organisationspraxis entstehen und wie sie mit O-I-Systemen interagieren. Sie würde sich mit dem Problem des „organisationalen Lernens zu einem schlechten Zweck" befassen und die moralische Bedeutung der organisationalen Doppelschleifen-Untersuchung erforschen.
7. *Die Forschung benutzt Ausbildungseinrichtungen.* In Kapitel 6, dem „Seminar"-Kapitel, haben wir dargestellt, wie das Seminar dazu benutzt werden kann, die handlungsleitenden Theorien der Teilnehmer und die primären und sekundären Hindernisschleifen zu erforschen, die sie gemeinhin bei ihren Interaktionen erzeugen. Es wäre nützlich, Beispiele für eine solche Untersuchung zu vermehren, die zeigen, wie die Aufgaben der Ausbildung und Forschung fruchtbar kombiniert werden können.
8. *Eine Sozialwissenschaft der seltenen Ereignisse, möglicher Welten.* Diese Forschung würde weiter der Bedeutung und den Auswirkungen für die sozialwissenschaftliche Methodologie der „Schaffung seltener Ereignisse [nachgehen], um sie zu untersuchen". Ein besonders wichtiges Thema wäre, sich die durch O-II und M-II charakterisierten Organisationswelten vorzustellen und sie zu inszenieren.

ANHANG

Literatur

Ackoff, Russell (1974). *Redesigning the Future.* New York: John Wiley and Sons.

– (1981). *Creating the Corporate Future.* New York: John Wiley and Sons.

Andrews, Kenneth R. (1980; Erstveröffentlichung 1970). *The Concept of Corporate Strategy.* Homewood, Ill: Richard D. Irwin.

Ansoff, H. Igor (1965). *Corporate Strategy.* New York: McGraw-Hill.

Argyris, Chris (1980). *The Inner Contradictions of Rigorous Research.* New York: Academic Press.

– (1982). *Reasoning, Learning and Action: Individual and Organizational.* San Francisco: Jossey-Bass.

– (1991). „Teaching Smart People How to Learn". In *Harvard Business Review*, 69 (3), 99–109.

– (1993). *Knowledge for Action: A Guide to Overcoming Barriers to Organizational Change.* San Francisco: Jossey-Bass; dt. (1997). *Wissen in Aktion: Eine Fallstudie zur lernenden Organisation.* Stuttgart: Klett-Cotta.

– (1994). „Good Communication That Blocks Learning". In *Harvard Business Review*, 72 (4), 77–85.

– (1996). „Unrecognized Defenses of Scholars". In *Organizational Science.*

– und Kaplan, Robert (1993). „Implementing New Knowledge: The Case of Activity-Based Costing". Harvard Business School Working Paper, 8. November 1993.

– und Schön, Donald A. (1974). *Theory in Practice: Increasing Professional Effectiveness.* San Francisco: Jossey-Bass.

Ashby, W. Ross (1960). *Design for a Brain.* New York: John Wiley and Sons.

Bardach, Eugene (1980). „On Designing Implementable Programs". In: Giandomenico Majone und E. S. Quade (Hrsg.). *Pitfalls of Analysis.* Chichester, England: John Wiley & Sons.

Barker, Roger G. und Wright, H. F. (1954). *Midwest and Its Children.* New York: Row Peterson.

Barnard, Chester (1938; 2. Aufl. 1968). *The Functions of the Executive.* Cambridge, Mass.: Harvard University Press.

Bateson, Gregory (1972). *Steps to an Ecology of Mind.* San Francisco: Chandler Publishing Co.

Beer, Michael (1994). „Developing an Organization Capable of Implementing Strategy and Learning". Harvard Business School Work Paper, September 1994.

Bendix, Reinhard (1956). *Work and Authority in Industry.* New York: Harper & Row.

Bower, Joseph L. (1970). *Managing the Resource Allocation Process.* Boston: Division of Research, Harvard Business School.

Bowman, Edward (1995). „Next Steps for Corporate Strategy". In: P. Shrivastava, C. Stubbart, A. Huff und J. Dutton (Hrsg.). *Advances in Strategic Management*. Greenwich, Conn: JAI Press.

Burgelman, Robert (1983). „A Process Model of Internal Corporate Venturing in a Major Diversified Firm". In *Administrative Sciences Quarterly*, März 1983, 28, 223–244.

– (1994). „Fading Memories: A Process Theory of Strategic Business Exit in Dynamic Environments". In *Administrative Sciences Quarterly*, März 1994, 39, 24–56.

Campbell, Donald (1969). „Variation and Selective Retention in Socio-Cultural Evolution". In *General Systems*, 16, 69–85.

– und Stanley, J. C. (1963). *Experimental and Quasi-Experimental Designs for Research*. Skokie, Ill.: Rand McNally.

Cohen, Michael D. und March, J. G. (1974). *Leadership and Ambiguity*. Princeton: Carnegie Foundation for the Advancement of Teaching.

Crozier, Michel (1964; Erstveröffentlichung 1963). *The Bureaucratic Phenomenon*. Chicago, Ill.: University of Chicago Press.

Cyert, R. M. und March J. G. (1963). *A Behavioral Theory of the Firm*. Englewood Cliffs, N. J.: Prentice Hall.

DeMonchaux, Suzanne (1992). „The Loss of the Innocent Eye". Mimeo, Cambridge, Mass.

Devereaux, Georges (1967). *From Anxiety to Method in the Behavioral Sciences*. The Hague: Mouton.

Dewey, John (1938). *Logic: The Theory of Inquiry*. New York: Holt, Rinehart & Winston.

Doz, Yves L. und Prahalad, C. K. (1987). „A Process Model of Strategic Redirection in Large Complex Firms: The Case of Multinational Corporations". In: A. M. Pettigrew (Hrsg.), *The Management of Strategic Change*. Oxford: Basil Blackwell.

Doz, Yves L. und Thanheiser, H. (1992). „Regaining Competitiveness: A Process of Organizatinal Renewal". INSEAD Working Paper N-92/10/SM, Januar.

Fiol, C. M. und Lyles, M. A. (1985). „Organizational Learning". In *Academy of Management Review*, 10, 803–813.

Garvin, David (1993). „Building a Learning Organization". In *The Harvard Business Review*, Juli-August, 71 (4), 79–91.

Gusfield, Joseph (1979). „‚Buddy, Can You Paradigm?' The Crisis of Theory in the Welfare State". In *Pacific Sociological Review*, 22 (1), 3–22.

Hamel, Gary und Prahalad, C. K. (1989). „Strategic Intent". In *Harvard Business Review*, Mai-Juni, 67 (3).

Harre, R. und Secord P. F. (1972). *The Explanation of Social Behavior*. Oxford: Basil Blackwell.

Hayek, Friedrich von (1967). *Studies in Philosophy, Politics, and Economics*. Chicago: University of Chicago Press.

Hayes, R. H., Wheelwright S. C. und Clark, K. B. (1988). *Dynamic Manufacturing: Creating the Learning Organization*. New York: The Free Press.

Herbst, Philip G. (1974). *Socio-Technical Design: Strategies in Multidisciplinary Research*. London: Tavistock Publications.

Herrnstein, R. J. (1991). „Experiments on Stable Suboptimality in Individual Behavior". In *Learning and Adaptive Economic Behavior*, 81 (2), 360–364.

Hirschman, Albert (1958). *The Strategy of Economic Development*. New Haven: Yale University Press.

– (1970). *Exit, Voice and Loyalty: Responses to Decline in Firms, Organizations and States*. Cambridge, Mass.: Harvard University Press.

Holland, John H. und Miller, John H. (1991). „Artificial Adaptive Agents in Economic Theory". In *Learning and Adaptive Economic Behavior*, 81 (2), 365–370.

Huber, George P. (1989). „Organizational Learning: An Examination of the Contributing Processes and a Review of the Literature". Vorbereitet für die vom NSF gesponserte Conference on Organizational Learning, Carnegie-Mellon University, 18.-20. Mai 1989.

Hughes, Everett (1959). „The Study of Occupations". In: R. K. Merton, L. Broom und L. S. Cottrell jr. (Hrsg.), *Sociology Today*. New York: Basic Books.

Jacques, Elliott (1951). *The Changing Culture of a Factory*. London: Tavistock.

James, L. R., Mulaik, S. A. und Brett, J. M. (1982). *Causal Analysis: Assumptions, Models, and Data*. Beverly Hills, Calif.: Sage Publications.

Jones, Alan M. und Hendry, Chris (1992). *The Learning Organization: A Review of Literature and Practice*. Coventry, U. K.:Warwick Business School, University of Warwick.

Kim, Daniel (1993). „Creating Learning Organizations: Understanding the Link Between Individual and Organizational Learning". OL&IL Paper v3,5, MIT Sloan School of Management, MIT, Cambridge, Mass.

Kunda, Gideon (1992). *Engineering Culture*. Philadelphia: Temple University Press.

Lanzara, Gian-Francesco (1983). „Ephemeral Organizations". In *Management Studies*, 20 (1) (Ausgabe über „Lernen in Organisationen").

Leavitt, Barbara und March, James G. (1988). „Organizational Learning". In *Annual Review of Sociology*, 14, 319–40.

Lewin, Kurt und Grabbe, P. (1945). „Conduct, Knowledge, and Acceptance of New Values". In *The Journal of Social Issues*, 1 (3), August.

Lounamaa, P. und March, J. G. (1987). „Adaptive Coordination of a Learning Team". In *Management Science*, 33, 107–123.

Mallinger, Mark (1993). „Ambush Along the TQM Trail". Mimeo, Pepperdine University, Malibu, California.

March, James G. und Olsen, Johan (1976). *Ambiguity and Choice in Organizations.* Bergen, Norwegen: Universitetsforlaget.

– / – (1989). *Institutions Rediscovered.* New York: The Free Press.

– / – (1995). *Democratic Governance*, New York, The Free Press.

Marin, Dalia (1993). „Learning and Dynamic Comparative Advantage: Lessons from Austria's Postwar Pattern of Growth for Eastern Europe". Beitrag für das 17th Economic Policy Panel, Kopenhagen, 22.-23. April 1993.

Miles, R. E. und Snow, C. C. (1978). *Organizational Strategy, Structure, and Process.* New York: McGraw-Hill.

Mill, John Stuart (1949; Erstveröffentlichung 1843). *A System of Logic.* London: Longmans, Green; dt. (1862/63) *System der deductiven und inductiven Logik.* Braunschweig: Vieweg.

Miner, A. S. und Mezias, S. J. (1995). *Ugly Duckling No More: Pasts and Futures of Organizational Research.*

Minsky, Marvin (1987). *The Society of Mind.* New York: Simon & Schuster; dt. (1994) *Mentopolis.* (2. Aufl.) Stuttgart: Klett-Cotta.

Mintzberg, Henry (1987). „Crafting Strategy". In *Harvard Business Review*, Juli-August, 64 (4).

– und McHugh, A. (1985). „Strategy Formulation in an Adhocracy". In *Administrative Science Quarterly*, 30, 160–197.

– und Waters, J. A. (1982) „Tracking Strategy in an Entrepreneurial Firm". In *Academy of Management Review*, 25, 465–499.

Nelson, Richard und Winter, S. G. (1982). *An Evolutionary Theory of Economic Change.* Cambridge, Mass.: The Belknap Press of Harvard University Press.

Olafson, Frederick A. (1967). *Principles and Persons: An Ethical Interpretation of Existentialism.* Baltimore: The Johns Hopkins Press.

Overmeer, W. J. A. M. (1989). *Corporate Inquiry and Strategic Learning: The Role of Surprises and Improvisation in Organizing Major Strategic Change.* Cambridge, Mass.: MIT-Diss., School of Architecture and Planning.

– (1995). „Strategy Design, Learning and Realization: Exploring Designing Under Conditions of Major Change". In: H. Thomas, D. O'Neal und J. Kelly (Hrsg.), *Strategic Renaissance and Business Transformation.* Chichester, England: John Wiley & Sons.

Padgett, John F. (1992). „Learning from (and about) March". In *Organization Science*, 3 (Februar), 744–748.

Peirce, Charles S. (1877). „The Fixation of Belief"; dt. (1967) „Die Festlegung einer Überzeugung". In: *Schriften I. Zur Entstehung des Pragmatismus.* Frankfurt a. M.: Suhrkamp.

Perrow, Charles (1979). *Complex Organizations: A Critical Essay.* New York: Random House.

Pettigrew, Andrew M. (1973). *The Politics of Organizational Decision-Making*. London: Tavistock.

Polanyi, Michael (1958). *Personal Knowledge*. Chicago: University of Chicago Press.

– (1967). *The Tacit Dimension*. New York: Doubleday (Anchor).

Popper, Karl (1969). *Conjectures and Refutations*. New York: Harper & Row.

Porter, Micheal E. (1980). *Competitive Strategy: Techniques for Analyzing Industries and Competitors*. New York: The Free Press.

– (1985). *Competitive Advantage: Creating and Sustaining Superior Performance*. New York: The Free Press.

Pressman, Jeffrey und Wildavsky, A. (1973). *Implementation*. Berkeley: University of California Press.

Quinn, James B. (1980). *Strategies for Change: Logical Incrementalism*. Homewood, Ill.: Dorsey Press.

Rodwin, Lloyd und Schön, Donald A. (Hrsg.) (1994). *Rethinking the Development Experience: Essays Provoked by the Work of Albert Hirschman*. Washington, D. C.: The Brookings Institution.

Ross, J. und Staw, B. M. (1986). „Expo 86: An Escalation Prototype“. In *Administrative Science Quarterly*, 31, 274–297.

Roth, George (1993). *Business Process Re-Engineering in Business Service Companies*. Diss., Sloan School of Management, MIT, Cambridge, Mass.

Ryle, Gilbert (1949). *The Concept of Mind*. London: Hutchinson.

Schein, Edgar (1992; 1. Aufl. 1985). *Organizational Culture and Leadership*. San Francisco: Jossey-Bass; dt. (1995) *Unternehmenskultur. Handbuch für Führungskräfte*. Frankfurt: Campus.

Schneiderman, Arthur M. (1992). „Are There Limits to Total Quality Management?“ Mimeo, Analog Devices.

Schön, Donald A. (1967). *Technology and Change: The New Heraclitus*. New York: Delacorte Press.

– (1983). *The Reflective Practitioner*. New York: Basic Books.

– und Rein, Martin (1994). *Frame Reflection: Toward the Resolution of Intractable Policy Controversies*. New York: Basic Books.

Scribner, Sylvia (1984). „Studying Working Intelligence“. In: B. Rogoff und J. Lave (Hrsg.), *Everyday Cognition: Its Development in Social Context*. Cambridge, Mass.: Harvard University Press.

Senge, Peter (1990). *The Fifth Discipline: The Art and Practice of the Learning Organization*. New York. Doubleday; dt. (1996) *Die Fünfte Disziplin: Kunst und Praxis der lernenden Organisation*. (4. Aufl.) Stuttgart: Klett-Cotta.

Simon, Herbert (1973). „Applying Information Technology to Organization Design“. In *Public Administration Review*, 33, 268–278.

Simon, Herbert (1976). *The Sciences of the Artificial*. Cambridge, Mass.: MIT Press.

Thorsrud, Einar (1981). *Organization Development from a Scandinavian Point of View.* AI-doc. 51/80, Oslo: Work Research Institutes.

Trist, Eric und Bamforth, K. W. (1951). „Some Social and Psychological Consequences of the Longwall Method of Coal-Getting". In *Human Relations*, 4, 3–38.

Ulrich, David, Jick, Todd und von Glinow, Mary Ann (1993). „High-Impact Learning: Building and Diffusing Learning Capability". In *Organizational Dynamics*, Herbst, 52–66.

Van de Ven, Andrew und Polley, D. (1992). „Learning While Innovating". In *Organization Science*, 3 (1), Februar, 92–115.

Van Maanen, John (1988). *Tales of the Field.* Chicago: University of Chicago Press.

Veblen, Thorstein (1962; Erstveröffentlichung 1918). *The Higher Learning in America.* New York: Hill & Wang.

Vickers, Geoffrey (1968). *Value Systems and Social Process.* London: Tavistock.

Weber, Max (1946; Erstveröffentlichung 1910). „Bureaucracy". In: *From Max Weber: Essays in Sociology*, hrsg. u. übers. von Hans H. Gerth und C. Wright Mills, S. 196–230. Oxford, England: Oxford University Press.

Weick, Karl (1979). *The Social Psychology of Organizing* (2. Aufl.). Reading, Mass.: Addison Wesley; dt. (1985). *Der Prozeß des Organisierens.* Frankfurt: Suhrkamp.

Whitehead, Alfred North (1929). *The Aims of Education and Other Essays.* New York: Macmillan.

Zajonc, R. B. (1989). „Styles of Explanation in Social Psychology". In *The European Journal of Social Psychology*, September-Oktober.

Personenregister

Sachregister

Die Autoren

Donald A. Schön ist zur Zeit emeritierter Ford-Professor und Honorarprofessor an der Abteilung für Städtische Studien und Planung am *Massachusetts Institute of Technology* (MIT). Der „gelernte" Philosoph war Pädagoge, Organisationsberater, staatlicher Verwalter und Präsident einer gemeinnützigen Beratungsgesellschaft für Sozialforschung. Er hat sich in Theorie und Praxis mit Problemen technologischer Innovation, des organisationalen Lernens sowie der Berufsausbildung und -effektivität befaßt. 1970 hielt er auf Einladung die Reith-Vorlesung in der BBC.
In den letzten Jahren haben sich die Forschungs- und Beratungsinteressen von Dr. Schön auf drei große Gebiete konzentriert: Praxiswissen und gedankliche Praxis, Planungsforschung und Lernen in Organisationen. Seit er Anfang der 70er Jahre zum MIT kam, hat er sich mit der Art von „Wissen" beschäftigt, die auf ihrem Gebiet erfolgreiche Praktiker auszeichnet. Diese Studien, die mit der Architektur begannen und sich dann auf andere Gebiete wie Technik, Management, Medizin, Recht, Psychotherapie und Stadtplanung erstreckten, führten zu dem Buch *The Reflective Practitioner* (1983). Dort beschrieb er das latente aktive Wissen, das in den Alltag der Praktiker einfließt, dann die Fähigkeit zur „Reflexion-in-Aktion", die geschickte Praktiker in unsicheren, einmaligen und strittigen Situationen häufig bei dem einsetzen, was sie tun, und zwar während sie es tun, und schließlich die Fähigkeit, über das im Handeln wirksame Wissen und die darin aktive Reflexion nachzudenken, mit der die Praktiker ihre Handlungsstrategien und die Art, wie sie Probleme und Rollen darstellen, formulieren und hinterfragen können. Ein zweites Buch über Praxiswissen, *Educating the Reflective Practitioner* (1987), zog die Schlußfolgerungen aus diesen Gedanken für die Ausbildung der Praktiker und die Ausbildung allgemein. Es stellte die Bedeutung des „gedanklichen Praktikums" in den Vordergrund, das auf der Tradition des Planungsbüros bei der Architektenausbildung beruht. 1991 brachte Dr. Schön ein Buch mit Fallstudien von Überlegungen über die (in erster Linie Ausbildungs-)Praxis heraus, *The Reflective Turn*, und 1994 veröffentlichte er, gemeinsam mit Martin Rein, *Frame Reflection: Toward the Resolution of Intractable Policy Controversies*, das untersucht, wie Verfahrenspraktiker in konkreten Schieflagen über das System nachdenken können, das ihren eigensinnigen Streitigkeiten zugrunde liegt. Dr. Schön investiert viel Zeit in Workshops, Vorlesungen und Beratungstätigkeit bei Praktikern und Ausbildern, die auf der Suche nach einem eigenen Ansatz zur gedanklichen Praxis sind.
Dr. Schön beschäftigt sich seit langem mit der Planungsforschung – der Planung sowohl gegenständlicher Objekte als auch der Umwelt, wie bei den „Planungsberufen", und mit dem größeren Zusammenhang, in dem Planung eher als der Prozeß verstanden wird, Dinge unter schwierigen und unsicheren Bedingungen zu gestalten. Dabei wird

die Arbeit von Dr. Schön durch John Deweys Theorie der Forschung beeinflußt, die Gegenstand seiner Doktorarbeit war, und durch seine frühen Untersuchungen zur schöpferischen Metapher (*Displacement of Concepts*, 1963). Seine jüngsten Veröffentlichungen über Planung behandeln die Bedeutung von Prototypen, den Bau von „Planungswelten" und die Idee des Planens als „gedankliche Unterhaltung mit den Materialien einer Situation". In den letzten Jahren hat sich Dr. Schön zunehmend für Softwaredesign, die möglichen Rollen des Computers bei der Planung und den Einsatz von Planungsspielen interessiert, um die Fähigkeit zum Planen zu erforschen und zu entwickeln.

Das Interesse Dr. Schöns am organisationalen Lernen geht auf seine ersten Erfahrungen als Organisationsberater beim Industrieforschungsunternehmen *Arthur D. Little, Inc.* zurück, wo sein Freund und Kollege Dr. Raymond M. Hainer ihn ganz wesentlich beeinflußte. Seine Untersuchungen auf diesem Gebiet, die hauptsächlich auf seiner Erfahrung als Berater beruhen, stellte er in zwei frühen Büchern vor: *Technology and Change* (1967) und *Beyond the Stable State* (1971). Seit Anfang der 70er Jahre arbeitet Dr. Schön in Lehre, Forschung und Beratung eng mit Dr. Chris Argyris zusammen. Zu ihren gemeinsam verfaßten Büchern gehören *Theory in Practice: Increasing Professional Effectiveness* (1974) und *Organizational Learning: A Theory of Action Perspective* (1978).

Chris Argyris ist James Bryant Conant-Professor für Erziehungswissenschaften und Organisationsverhalten an der Harvard University. Er erhielt den Baccalaureus Artium in Psychologie an der Clark University (1947), den Magister Artium in Wirtschaftswissenschaften und Psychologie an der Kansas University (1949) und promovierte 1951 an der Cornell University mit einer Arbeit über Verhalten in Organisationen. Außerdem erhielt er den Ehrendoktortitel von der McGill University (1977), der Universität Löwen (1978), der Stockholmer Schule für Wirtschaftswissenschaften (1979), der DePaul Universität (1987) und dem IMCB von Buckingham (1987). Die *School of Industrial and Labor Relations* der Cornell University zeichnete ihn für wissenschaftliche Beiträge mit dem Judge William B. Grant Alumni Award aus. Von 1951 bis 1971 war er Mitglied der Yale University sowie Beach Professor und Ordinarius für Verwaltungswissenschaften.

Die frühen Forschungen von Argyris konzentrieren sich auf die unbeabsichtigten Konsequenzen, die formale Organisationsstrukturen, Unternehmensführung, Kontrollsysteme und Management-Informationssysteme für Menschen haben – und darauf, wie Menschen sich anpaßten, um diese Konsequenzen abzuändern (*Personality and Organization*, 1957; *Integrating the Individual and the Organization*, 1964). Dann wandte er seine Aufmerksamkeit den Veränderungsmöglichkeiten von Organisationen zu, vor allem dem Verhalten von Managern auf höheren Organisationsebenen (*Interpersonal Competence and Organizational Effectiveness*, 1962; *Organization and Innovation*, 1965).

Diese Forschungsrichtung veranlaßte ihn, sich auf die Rolle des Sozialwissenschaftlers als Forscher und Interventionist zu konzentrieren (*Intervention Theory and Method*, 1970; *The Inner Contradictions of Rigorous Research*, 1980). In den letzten zehn Jahren entwickelte er zusammen mit Donald Schön eine Lerntheorie für Personen und Organisationen, bei der das Denken des Menschen – nicht nur sein Verhalten – zur Grundlage der Diagnose und des Handelns wird (*Theory in Practice*, 1974; *Organizational Learning*, 1978). Zu den weiteren Veröffentlichungen von Argyris gehören *Strategy, Change and Defensive Routines* (1985), *Overcoming Organizational Defenses* (1990), *On Organizational Learning* (1992) und *Knowledge for Action* (1993; dt.: *Wissen in Aktion*, Verlag Klett-Cotta, 1997).

Zur Zeit arbeitet Argyris an einem langfristigen Projekt, um Merkmale unternehmerischer, funktionaler Disziplinen mit Gedanken seiner Handlungstheorie zu integrieren. Das aktuelle Augenmerk gilt den Finanzen und der Leitung, dem tätigkeitsbezogenen Rechnungswesen, der Informationswissenschaft und -technologie sowie der betrieblichen Tätigkeit.